电力施工安全检查宝典（上册）

田福兴　等　编著

中国水利水电出版社
www.waterpub.com.cn
·北京·

内 容 提 要

本书对电力工程施工现场的文明施工、基坑工程、模板工程、脚手架搭设、高处作业、有限空间作业、起重施工、焊接作业、土石方工程、地基与基础处理、爆破作业、架空输电线路、海上风电、防火与消防设施、施工用电、施工机械、危险化学品安全管理等各专业板块，进行现场安全检查时，如何掌握检查重点内容及检查方法，以及明确检查内容相对应的有关主要标准、规范的条款，做出了细致的梳理。同时，对项目部基础综合资料的检查也给出了具体的指导。对近些年因安全检查不到位、发现问题及整改不力而造成的各类典型事故案例进行了剖析；对于如何使用此宝典进行安全检查，也列出了现场作业部分典型安全检查案例加以说明；并对施工管理过程中易出错、混淆的有关安全技术及管理问题进行了解读。

本书可供从事电力工程施工各相关专业的安全、技术管理人员检查施工现场安全和综合基础资料时参考使用，也可作为施工人员及学员的安全教育、专业技能培训教材，还可供工程项目建设方、监理及安全专家组专家检查安全管理工作时参考。

图书在版编目（CIP）数据

电力施工安全检查宝典. 上册 / 田福兴等编著. 北京 ： 中国水利水电出版社, 2024. 11. -- ISBN 978-7-5226-2935-3

Ⅰ. TM7

中国国家版本馆CIP数据核字第2024X3G527号

书　　名	**电力施工安全检查宝典（上册）** DIANLI SHIGONG ANQUAN JIANCHA BAODIAN
作　　者	田福兴　等 编著
出版发行	中国水利水电出版社 （北京市海淀区玉渊潭南路1号D座　100038） 网址：www. waterpub. com. cn E-mail：sales@mwr. gov. cn 电话：（010）68545888（营销中心）
经　　售	北京科水图书销售有限公司 电话：（010）68545874、63202643 全国各地新华书店和相关出版物销售网点
排　　版	中国水利水电出版社微机排版中心
印　　刷	清淞永业（天津）印刷有限公司
规　　格	184mm×260mm　16开本　20.75印张　505千字
版　　次	2024年11月第1版　2024年11月第1次印刷
印　　数	0001—3500册
定　　价	**149.00**元

《电力施工安全检查宝典》（上册）编委会

顾　　问	张大明	薛占康	张建江	刘德忠	徐华夏
	崔东靖				
专家组成员	张三奇	程建棠	杨建平	孟　蔚	吴千平
	仉健康	张亭森	况明胜	邢书龙	颜　铭
主　　编	田福兴				
副 主 编	李荣霞	邵青叶	周建国	杜兴坤	刘顺刚
编著人员	王云辉	董春梅	赵　峰	谢长福	刘　松
	张海斌	梁汝波	詹安东	赵忠阔	孟兆海
	袁焱华	单　波	谷　伟	张军辉	徐庆淳
	张现清	张加平	付连兵	陈　熙	姚良炎
	郭　伟	王永胜	张　涛	袁明国	陈运初
	葛立军	吴　昊	冯国强	石朝阳	王应库
	王　凯	王佳佳	罗　刚	仉任杰	黄郑郑
	董　冰	姚　晖	丁　可	黄久文	
主　　审	郭俊峰	孔长春	黄卫杰	隋希勇	张瑞华
审稿人员	谢为金	马绪胜	辛广强	张汝瀞	刘金良
	刘祥光	张建忠	宋首元	田晓峰	潘福营
	范国栋	潘清波			

《电力施工安全检查宝典》（上册）主要编著和审稿单位

中国电建集团核电工程有限公司
中国电建集团海外投资有限公司
中国电力建设企业协会
中国电建集团安全质量环保监督部
中国电建集团工程管理部
中国华电集团有限公司山东分公司
中国水电建设集团十五工程局有限公司
中国水利水电第八工程局有限公司
中国水电基础局有限公司
中国水利水电第十二工程局有限公司
中国电建集团山东电力建设第一工程有限公司
中国电建集团山东电力建设第三工程有限公司
中国电建集团山东电力建设工程有限公司
中国电建集团华东勘测设计研究院有限公司
中国电建集团湖北电力建设有限公司
中电建生态环境集团有限公司
中电建建筑集团有限公司
中国能源建设集团湖南火电建设有限公司
中国能源建设集团西北电力建设工程有限公司
中国能源建设集团广东火电工程有限公司
中国能源建设集团安徽电力建设第二工程有限公司
中国能源建设集团浙江火电建设有限公司
中国华电科工集团有限公司
应急管理部上海消防研究所
中安广源检测评价技术服务股份有限公司
国家电网山东省电力公司经济技术研究院
国家电网新源集团有限公司
国能电力工程管理有限公司
国家开发投资集团山东省特种设备检验研究院集团有限公司
山东电力工程咨询院有限公司
新疆送变电有限公司

前言

安全工作是施工企业的一大软肋，电力工程施工的安全管理尤其如此。如何保证电力工程施工的安全，一直是各级领导及安全、技术管理人员探讨的话题。在诸多方法、措施中，通过有效的、针对性的安全检查发现安全隐患，采取有效措施消除之是被广泛认为最有效的手段之一，是在事故发生之前及时排查并化解可能存在的风险和隐患，从而避免事故发生的法宝。作者在多年的安全管理实践中发现，如何准确、快速地发现施工现场违反国家、行业标准、规范操作而造成的风险隐患，是一大难题，是首先必须要解决的问题。造成这一难题的原因则是我们的安全、技术管理人员对标准的学习一直不重视，或者说忙于应付现场事务性工作无暇认真研究学习标准、规范。这就形成了现场事实上已经违规造成了风险隐患，有关人员还熟视无睹、习以为常的怪圈。

另外，虽然电力工程施工企业安全生产标准化达标评级工作实施了多年，目前国家又修订为电力建设工程安全生产标准化实施规范，但在检查安全管理的基础资料时，也经常遇到企业不是十分清楚该留存、形成哪些资料，或形成的资料不完善、不规范的问题。

鉴于以上电力工程现场的状况，我们多年来一直在探索、研究如何让广大的安全、技术管理人员快速成为各相关专业的行家里手，尤其是在安全管理方面。我们在搜集、梳理了大量电力工程施工的国家、行业、特种设备等标准、规范及事故案例后发现，凡是涉及施工工序关键环节的重点内容，国家、行业等标准都有强调，必须严格执行或推荐执行标准条款。

为了更好地推广研究成果，惠及广大安全、技术管理人员，我们与双泽信息技术有限公司共同研发了“电力施工安全检查宝典”技术平台，其中，2022年出版的《电力建设工程施工安全检查指南》也是出于此平台的雏形。随着日益完善和经验的积累，该平台已逐步发挥了其应有的作用。撷取平台部分内容，编撰此《电力施工安全检查宝典》，一方面让广大读者对此平台有个初步的了解；另一方面可满足不同知识获取习惯读者的需求。更新颖、更全面、更智能的内容可在此平台上非常便捷地进行查阅。

本书第一篇主要阐述了电力建设工程施工安全管理现状及隐患排查治理的相关内容。第二篇内容编排较多，涉及文明施工、基坑工程、模板工程、脚手架施工、高处作业、有限空间作业、焊接作业、土石方、地基与基础处理、砂石料生产、爆破作业、架空输电线路、海上风电、起重施工、防火与消防设施、施工机械、施工用电、危险化学品安全管理等各专业板块施工安全检查重点、要求及方法。需要特别说明的是，个别章节中的内容看似与本篇其他通用章节内容有重复，但因有其特殊性，所以仍然有重点地进行了重复描述，需要两者结合查阅。第三篇主要从安全管理的基础资料入手，明确企业项目部或总部在日常的安全管理过程中应该形成、留存哪些基础资料及如何去做、做到什么程度是符合标准要求的等。第四篇则是一些典型事故案例的剖析，尤其是点明了这些事故的直接原因是违反了国家、行业哪些标准、规范的哪些条款，可以看出，不管是哪类事故，其直接原因都是违反标准、规范。至于间接原因，大都是管理不到位，其根源不言自明。第五篇还对一些大家认为比较模糊或易出事故的安全技术、管理问题进行了解析，这些对年轻技术人员、安全管理人员尤为重要。另外，对于如何使用此宝典进行安全检查，我们也列出了现场作业部分典型安全检查案例加以说明。

明确了安全检查的重点内容，也就清楚了施工过程中管理的重点和风险防控重点。因此，本书不仅有助于安全检查，同时对于技术管理及操作层的技能、安全意识培训也具重要意义。

最后要感谢中国水利水电出版社王春学副总编辑的支持和协助，才使得本书顺利出版。虽然作者来自不同专业，且在本专业理论和实践经验都非常丰富，但限于标准规范的更新较快和作者的水平、能力，书中定有不妥之处，在此恳请读者朋友们批评指正。

作者

2024 年 5 月 1 日

目录

前言

上 册

第一篇 概 述

第一章 电力建设工程施工安全管理现状及存在的问题 …… 3
第一节 电力建设工程施工安全管理的形势 …… 3
第二节 电力建设工程施工安全管理的特点 …… 4
第三节 电力建设工程施工易发事故及预防策略与建议 …… 5
第二章 事故隐患排查治理概述 …… 7
第一节 事故隐患分级及管理要求 …… 7
第二节 事故隐患排查的形式与方法 …… 8
第三章 电力建设工程事故隐患排查治理 …… 10
第一节 电力建设工程事故隐患排查治理的有关规定 …… 10
第二节 电力建设工程施工事故隐患排查治理工作中存在的问题 …… 11
第三节 电力建设工程施工事故隐患排查治理的对策与建议 …… 11

第二篇 作业安全检查

第一章 文明施工与主要设施布置 …… 15
第一节 施工现场总体规划布置 …… 15
第二节 施工现场主要设备设施布置及安全距离 …… 16
第三节 生活临建的设置 …… 19
第二章 基坑工程 …… 21
第一节 基坑工程概述 …… 21
第二节 基坑工程施工主要安全检查内容 …… 22
第三章 模板工程及支撑体系 …… 31
第一节 模板工程及支撑体系概述 …… 31
第二节 满堂扣件式钢管支撑架 …… 31
第三节 液压爬升（提升）模板系统 …… 40

第四章 脚手架施工 …… 42
第一节 脚手架施工概述 …… 42
第二节 脚手架施工通用规定 …… 42
第三节 扣件式钢管脚手架 …… 59
第四节 悬挑式脚手架 …… 68
第五节 承插型盘扣式脚手架 …… 80
第六节 附着式升降脚手架 …… 87
第七节 外挂防护架 …… 100
第五章 高处作业吊篮 …… 104
第一节 高处作业吊篮概述 …… 104
第二节 高处作业吊篮安全防护装置 …… 104
第三节 高处作业吊篮悬挂机构 …… 106
第四节 高处作业吊篮悬吊平台 …… 107
第五节 高处作业吊篮钢丝绳 …… 108
第六节 高处作业吊篮电气安全 …… 109
第七节 高处作业吊篮安拆及使用 …… 109
第六章 高处作业 …… 111
第一节 高处作业概述 …… 111
第二节 高处作业个人安全防护 …… 111
第三节 高处作业孔洞、临边及通道防护 …… 117
第四节 高处作业防护 …… 124
第七章 有限空间作业 …… 129
第一节 有限空间作业概述 …… 129
第二节 有限空间作业 …… 129
第八章 焊接作业 …… 132
第一节 焊接作业概述 …… 132
第二节 焊接作业通用规定 …… 132
第三节 电焊及电弧切割作业 …… 137
第四节 气焊气割作业 …… 148
第五节 热处理作业 …… 163
第九章 土石方工程 …… 164
第一节 土石方工程概述 …… 164
第二节 土石方填筑作业 …… 164
第三节 土石方明挖作业 …… 166
第四节 土石方暗挖作业 …… 170
第五节 土石方工程施工支护 …… 175

第十章　地基与基础处理 …… 177
第一节　地基与基础处理概述 …… 177
第二节　灌浆、桩基础、防渗墙施工通用规定 …… 178
第三节　灌浆施工 …… 184
第四节　桩基础施工 …… 187
第五节　防渗墙施工 …… 191

第十一章　砂石料生产 …… 195
第一节　砂石料生产概述 …… 195
第二节　天然砂石料开采 …… 195
第三节　人工砂石料开采 …… 200
第四节　砂石料加工系统 …… 206

第十二章　爆破作业 …… 223
第一节　爆破作业概述 …… 223
第二节　爆破器材 …… 223
第三节　爆破作业 …… 225

第十三章　架空输电线路工程施工 …… 230
第一节　架空输电线路工程施工概述 …… 230
第二节　架空输电线路施工绝缘安全防护 …… 230
第三节　架空输电线路杆塔施工 …… 233
第四节　架空输电线路架线施工 …… 242

第十四章　海上风电工程施工 …… 254
第一节　海上风电工程施工概述 …… 254
第二节　海上风电工程施工综合管理 …… 254
第三节　海上风电工程施工海上交通运输 …… 265
第四节　海上风电工程基础施工 …… 270
第五节　海上风电工程风力发电设备安装 …… 275
第六节　海上风电工程海底电缆敷设 …… 280
第七节　海上风电工程施工机具 …… 281

第十五章　起重施工 …… 285
第一节　起重施工概述 …… 285
第二节　起重施工通用规定 …… 285
第三节　起重施工工器具和吊索具 …… 289
第四节　起重施工一般吊装作业 …… 298

第十六章　防火与消防设施配备 …… 306
第一节　防火与消防设施配备概述 …… 306

第二节 防火与消防设施配备要求 …… 307

下　册

第十七章 主要施工机械 …… 315
第一节 主要施工机械概述 …… 315
第二节 起重机通用部件及装置 …… 315
第三节 塔式起重机 …… 324
第四节 施工升降机 …… 335
第五节 桥式起重机 …… 347
第六节 门式起重机 …… 355
第七节 履带起重机 …… 364
第八节 汽车起重机 …… 372
第九节 缆索起重机 …… 382
第十节 主要运输机械、混凝土机械及土石方机械 …… 384
第十一节 主要中小型机械设备 …… 399

第十八章 施工用电 …… 409
第一节 施工用电概述 …… 409
第二节 施工用电电源线路 …… 410
第三节 施工用电高压变配电装置与自备电源 …… 414
第四节 施工现场变配电系统 …… 417
第五节 施工现场用电设备 …… 425

第十九章 施工现场危险化学品安全管理 …… 428
第一节 施工现场危险化学品安全管理概述 …… 428
第二节 危险化学品管理 …… 428
第三节 危险化学品使用 …… 430

第三篇 安全管理资料检查

第一章 安全管理资料检查概述 …… 437

第二章 电力建设工程安全管理标准化制度 …… 438

第三章 安全管理基础资料检查内容及要求 …… 440
第一节 安全生产目标管理资料 …… 440
第二节 安全生产组织机构与职责管理资料 …… 443
第三节 安全生产费用管理资料 …… 447
第四节 安全生产法律法规与安全管理制度资料 …… 450
第五节 安全生产教育培训管理资料 …… 454
第六节 安全风险管控与隐患排查治理管理资料 …… 459

第七节　工程施工过程安全管理资料 …………………………………………………… 467
第八节　安全生产应急管理资料 ………………………………………………………… 485
第九节　安全文化建设管理资料 ………………………………………………………… 492
第十节　安全事故管理资料 ……………………………………………………………… 494
第十一节　安全绩效评定和持续改进管理资料 ………………………………………… 497

第四篇　事故案例剖析

第一章　高处坠落……………………………………………………………………… 503
第一节　安全设施（用品）设置和使用不当高处坠落事故 ……………………………… 503
第二节　违规作业失足高坠事故 ………………………………………………………… 510

第二章　起重伤害……………………………………………………………………… 513
第一节　履带起重机事故 ………………………………………………………………… 513
第二节　塔式起重机事故 ………………………………………………………………… 518
第三节　施工升降机事故 ………………………………………………………………… 521
第四节　汽车起重机事故 ………………………………………………………………… 524
第五节　缆索起重机事故 ………………………………………………………………… 526
第六节　其他起重机具事故 ……………………………………………………………… 529
第七节　起重吊装作业事故 ……………………………………………………………… 530

第三章　触电及火灾…………………………………………………………………… 533
第一节　触电事故 ………………………………………………………………………… 533
第二节　火灾事故 ………………………………………………………………………… 540

第四章　坍塌…………………………………………………………………………… 547
第一节　钢结构坍塌事故 ………………………………………………………………… 547
第二节　物料坍塌事故 …………………………………………………………………… 549
第三节　脚手架坍塌事故 ………………………………………………………………… 552
第四节　土石方坍塌事故 ………………………………………………………………… 554
第五节　杆塔倒塌事故 …………………………………………………………………… 560
第六节　模板支撑系统坍塌事故 ………………………………………………………… 561

第五章　机械伤害与物体打击………………………………………………………… 564
第一节　高空坠物伤害事故 ……………………………………………………………… 564
第二节　机械伤害事故 …………………………………………………………………… 566
第三节　杆塔倾倒打击事故 ……………………………………………………………… 570
第四节　构件滑落倾倒砸击事故 ………………………………………………………… 573

第六章　其他伤害……………………………………………………………………… 576
第一节　灼伤、爆炸、溺亡、挤压事故 ………………………………………………… 576
第二节　盲目施救致死亡扩大事故 ……………………………………………………… 580

第七章　现场作业部分典型安全检查案例 …… 585

第五篇　关键疑难解析

第一章　关键管理问题解读 …… 597
第一节　特种设备作业人员、建筑施工特种作业人员、特种作业人员解读 …… 597
第二节　超过一定规模危险性较大的分部分项工程专家论证中的专家资格答疑 …… 604
第三节　起重机械检验事项解读 …… 606
第四节　流动式起重机强制释放开关与安全使用的关系 …… 607
第五节　塔式起重机智能风险管控及隐患排查系统的应用 …… 613
第六节　起重机与输电线路之间的最小安全距离详解 …… 619
第七节　风电用动臂变幅塔机的特点、布置及使用 …… 620
第八节　电力建设施工企业机械设备的安全使用 …… 624
第二章　关键技术问题答疑 …… 626
第一节　履带起重机与汽车起重机接地比压计算和地基承载力试验 …… 626
第二节　起重机额定起重量是否包含吊钩重量答疑 …… 637
第三节　国内外楔形接头与钢丝绳的连接方法解析 …… 638
第四节　关于双机抬吊有关技术问题答疑 …… 641
第五节　高强度螺栓与铰制孔螺栓的异同及使用特点 …… 643
第六节　塔式起重机回转制动剖析 …… 649
第七节　电力驱动起重机械制动器常见问题及解决方案 …… 652
第八节　塔式起重机附着的系列问题解析 …… 656
第九节　脚手架设计计算 …… 658
第三章　技术保障安全剖析 …… 663
第一节　安全与技术的关系（避免重大吊装事故案例剖析） …… 663
第二节　链条葫芦使用与较大事故的关系 …… 665
第三节　正确捆绑方式与滑轮组的安全使用 …… 666
第四节　防止塔式起重机顶升降节事故的关键问题 …… 668
第五节　防止施工升降机常见事故的系列关键问题 …… 671
附录 …… 675
附录A　危险性较大的分部分项工程 …… 675
附录B　超过一定规模的危险性较大的分部分项工程 …… 678
附录C　应办理安全施工作业票的分部分项工程 …… 680
附录D　电力工程施工安全检查相关法规标准 …… 682

第一篇

概　　述

第一章

电力建设工程施工安全管理现状及存在的问题

第一节 电力建设工程施工安全管理的形势

施工安全管理作为电力建设工程管理的一项主要管理工作，贯穿施工生产的全过程。随着我国安全生产领域法治建设的日趋完善，安全生产“人民至上、生命至上”的理念不断牢固，安全管理工作在电力建设工程施工中占据越来越重要的地位。安全管理涉及生产的各要素、各个环节，因而对其绩效的影响因素多、情况复杂，加之随着我国建筑市场的结构变化、施工企业用工机制的变化，安全管理的形势也变得更加复杂，影响电力建设工程施工安全管理的因素不断增加，形势也更加严峻。

一、安全管理的法治化建设日趋完善

自我国2002年颁布《中华人民共和国安全生产法》以来，我国在安全生产法治建设方面不断出台法律、行政法规、安全规范标准，安全法规体系日趋完善。同时，电力行业的安全管理规范标准也在不断完善。近几年陆续颁布实施了《电力建设施工企业安全生产标准化实施规范》《电力建设工程安全生产标准化实施规范》《电力建设工程施工安全管理导则》《防止电力建设工程施工安全事故三十项重点要求》等行业标准规范。同时，电力施工企业作为建筑企业，住房和城乡建设领域的有关安全生产的部门规章、规范标准也适用电力建设工程施工，为电力建设工程施工依法管理提供了强有力的支撑。

二、竞争激烈的电力市场环境增加了安全风险

随着2022年国家发展和改革委员会和能源局《“十四五”现代能源体系规划》（发改能源〔2022〕210号）的发布与实施，可再生能源发电将成为主体电源。当前电力市场项目比较萎缩，特别是随着各发电企业在招标设计部分放宽参与投标资质范围，电力施工企业与非电力施工企业同台竞技，电力施工企业为了取得项目，在市场中获得一席之地，低价竞标的现象比较常见。加之一些民营企业投资项目，更多的关注项目产出，获取效益，过程投入不足，现场安全设施的规范化、标准化程度有所降低。

三、工程建设速度快、工期紧带来的风险骤升

一方面，目前火电工程建设总体建设期短、工期紧，电力施工企业要按期完美履约，满足业主需要，在生产组织中势必会超常规组织施工，造成交叉作业、夜间施工作业、特

殊天气下的连续作业等作业增多，安全风险上升。另一方面，工期紧缩也造成资源组织规模增大，施工人员增加，施工机具设备增加，特别是大型起重机械增多，转场快，安拆频繁，施工机械安全管理的压力增加。

四、队伍结构变化及人员变化造成安全管理的复杂化

随着电力施工企业承建项目规模的扩张，项目管理人员需求的增多，新上岗人员数量的增大，从业人员对本岗位专业知识、标准规范掌握不足的问题比较突出，存在管理能力与岗位安全需要不匹配的问题。电力建设工程施工一线作业人员主要来自分包单位，分包单位及其作业人员素质良莠不齐，加之现场作业人员流动性大，变动快，即便百分之百接受了入场三级安全教育，由于从事电力建设时间短，有些甚至刚从农业生产转入电力施工，个人安全生产的意识和操作技能距离管理要求存在很大差距。根据国家能源局近三年事故分析报告的统计数据，2018—2020 年，电力建设人身伤亡事故共 40 起，死亡 50 人，基本上都发生在分包单位。

第二节 电力建设工程施工安全管理的特点

一、系统性

电力建设工程施工安全管理贯穿于工程管理的各个系统，人力资源、工程技术、生产组织、物资材料、工程经营分包、党建工作等各项管理都会给安全生产管理带来影响。因此，做好安全管理工作，需要管理的各个子系统都能正常运转，才能保证整个工程的施工安全处于受控状态。安全管理是工程项目管理的晴雨表，安全绩效突出，也侧面反映出项目的各项子系统管理处于正常、有序的状态。

二、全过程性

从施工企业接到中标通知书，开始组建项目部，进行前期策划、临建建设，工程施工安全管理就开始了，直至项目的竣工移交，工程施工安全管理的周期才结束。而且在不同的阶段，安全管理的重点也有所不同。临建及工程基础施工阶段、项目收尾阶段相对于施工高峰期，作业人员少、机械使用少，施工工艺及方法简单，往往会使管理人员在思想上降低对施工安全的重视程度，而从以往事故发生的阶段统计来看，这些阶段也经常发生事故。因此，电力建设工程施工安全管理的全过程性必须引起高度重视。

三、风险的多样性和复杂性

电力建设工程建设从地基基础施工到竣工验收，包含了土建、安装、调试、试运等阶段，具有显著的多专业、多工种特点，且分部分项工程多，包括了深基坑工程、脚手架工程、临时用电工程、起重机械及吊装作业、焊接作业、有限空间作业等，加之人员、机械、材料、施工方法及工艺等的影响，决定了电力建设安全生产风险的多样性和复杂性。

四、动态性

工程安全管理的动态性最根本的因素是人员的动态性。机械的高频率转运场，作业部位、作业工序的变化等都决定了安全管理的动态性，因此，在电力建设工程施工安全管理中，加强动态管理尤为重要。

第三节 电力建设工程施工易发事故及预防策略与建议

一、易发事故

（1）高处坠落。主要集中在高处、临边、孔洞边作业、移位、行走等，因安全防护设施不完善、个人行为不规范等易造成此类事故。

（2）物体打击。主要集中在高处、临边及上下交叉作业等，因放置物件不稳、物件抛掷等易造成此类事故。

（3）坍塌。主要集中在深基坑开挖、大型网架施工、模板支撑脚手架等，因未按方案施工导致位移、超载等易造成此类事故。

（4）机械伤害。主要集中在操作钢筋机械、木工机械等，因操作不规范或机械本身防护缺陷等易造成此类事故。

（5）触电。主要集中在现场用电设备等，因存在缺陷、非电气作业人员违规操作等易造成此类事故。

（6）起重伤害。主要集中在起重机械运行及吊装作业等，因机械设备及吊索具本身存在的隐患、人员不规范操作等易造成此类事故。

二、预防策略及建议

（1）源头入手，选择优质的分包商，强化过程管控。施工分包商的施工经验、管理水平、人员能力、施工信誉等因素直接影响项目安全管理的结果。实践证明，一个优质的分包商对项目完善履约、项目安全质量目标的实现起着至关重要的作用。如果选择的施工队伍自我安全管理水平低、自我安全意识弱，施工过程安全风险会上移至项目部，造成项目部安全管理难度和压力增大。鉴于项目部在现场对施工人员的管理属于间接性的，现场也会出现作业人员不服从管理的现象。因此，选择优质的分包商，是项目安全管理的关键。在分包商的管理中，要在入场前通过项目安全协议的签订和交底、安全教育培训、召开会议等手段使分包单位明确项目安全管理的各项规定和要求，树立遵章守纪意识。同时要将分包商纳入项目安全管理体系，同标准、同要求、同培训、同检查、同考核，建立良好的沟通与联系，最终使得各项安全管理要求得以落实。

（2）强化安全组织体系建设，健全安全生产责任体系。项目部要根据项目规模设置项目管理机构，配备满足安全生产需要的专业管理人员。特别是技术、质量、机械、消防、物资、安全等影响安全绩效的关键岗位人员，确保事事有人管。要建立项目全员安全生产责任制，进行安全责任制的告知，并进行定期的安全生产责任考核，将考核结果与绩效考核挂钩，才能真正起到促进安全生产责任落实的效果。目前有些工程项目是按要求建立了安全责任体系，也定期进行了考核，但仅仅是安监部门进行了考核，考核结束也就结束了，并没有真正纳入项目的绩效考核体系，增加了工作量却没有实效。因此在安全生产责任考核工作中，项目负责人应亲自负责组织，并由人资部门最后将结果纳入项目的绩效考核体系。

（3）建立健全安全生产管理制度。项目安全生产管理制度是项目开展各项安全生产管理工作的依据。项目部在成立初期，要根据所属企业的管理要求、项目建设方对本项目安全管理的规定，组织制定本项目的安全生产管理制度，经项目主要负责人审批后实施。要组织项目管理人员、分包商管理人员对安全生产管理制度进行宣贯学习，并严格按照制度执行。

(4) 强化安全技术管理。技术是安全管理的保障，项目要建立健全安全技术保证体系，明确岗位职责，制订安全技术管理相关规定，规范施工方案的编、审、批管理，强化安全技术措施的执行落实。

(5) 强化员工的安全教育培训。人是安全管理的精髓，人的意识决定行为，安全管理要以人为本，分层开展有针对性的安全教育培训工作。管理人员重点加强相关安全生产法规、标准规范的学习，作业人员重点做好岗位安全操作规程、典型事故案例等的学习，同时要加强作业人员安全操作技能的培训，特别是特种作业岗位人员，除取得政府职能部门颁发的相关资格证书外，工程项目应根据项目进展情况，组织包括脚手架、焊接作业、起重作业、电气作业等专项培训工作。安全教育要长期化，要通过组织入场安全教育、每年年初定期安全教育等定期安全教育形式，加上过程检查纠偏、班前安全交底等动态安全教育形式，将安全理念深入每一位员工的内心，从而形成一种“要我安全”到“我要安全”的自觉性。

(6) 建立健全安全风险分级管控与事故隐患排查治理双重预防机制。按照分部分项工程全面识别人的行为、机械设备、作业方法及工艺、作业环境中的危险源，评价风险大小，确定不可容许风险，并从组织、制度、技术、教育培训等方面入手，明确并落实控制措施。同时要对危险源进行动态管理，强化分部分项作业危险源的辨识与作业前的交底工作，使作业人员“知危、知措、知应急”。电力建设工程施工推行安全生产风险分级预控管理，实行企业、项目部、施工队三级预控机制，明确各级预控的风险作业范围，并落实过程预控措施及监护责任，确保风险全面全过程管控到位。

健全项目事故隐患排查治理体系，发挥专业管理与综合监督管理的双重责任，建立事故隐患排查清单，可保证监督检查“动态化、全覆盖、无死角”，切实通过事故隐患排查，查找安全生产管理的短板、弱项；通过对事故隐患的定期统计分析，及时发现管理和体系运行存在的系统性障碍、缺陷，强化事故隐患的管理源头治理。

(7) 运用信息化手段，借助智慧化工地建设，为安全生产赋能。信息化手段在员工安全教育、人员动态管控、施工机械检查及运行状态监控、现场高危作业场所监控等方面的应用，为有效管控风险、及时发现问题起着积极作用。电力建设施工现场作业环境复杂，人员变动频繁，特别是风电、光伏及线路施工现场多为开放式，点多、面广、人员分散，信息化手段的有效使用更为重要。

第二章

事故隐患排查治理概述

安全生产重在预防，重点通过安全组织体系建设、安全生产责任体系建设、安全制度体系建设、安全风险分级管控机制建设、教育培训、安全检查及事故隐患排查等措施的有效实施，消除可能导致事故发生的各类隐患。事故隐患排查治理作为预防事故的一项重要机制，在2021年新修订的《中华人民共和国安全生产法》也做了进一步明确。第二十一条生产经营单位主要负责人的安全职责中增加了“组织建立并落实安全风险分级管控和事故隐患排查治理双重预防工作机制，督促、检查本单位的安全生产工作，及时消除生产安全事故隐患”；第四十一条规定：“生产经营单位应当建立健全并落实生产安全事故隐患排查治理制度，采取技术、管理措施，及时发现并消除事故隐患。事故隐患排查治理情况应当如实记录，并通过职工大会或者职工代表大会、信息公示栏等方式向从业人员通报。其中，重大事故隐患排查治理情况应当及时向负有安全生产监督管理职责的部门和职工大会或者职工代表大会报告。”对事故隐患的排查治理从法律层面进行了确定，如果事故隐患排查治理机制不建立，将会被依法追究责任。

第一节 事故隐患分级及管理要求

一、事故隐患的概念

事故隐患是指生产经营单位违反安全生产法律、法规、规章、标准、规程和安全生产管理制度的规定，或者因其他因素在生产经营活动中存在可能导致事故发生的物的危险状态、人的不安全行为和管理上的缺陷。

二、事故隐患的分级及分类

（1）事故隐患分为一般事故隐患和重大事故隐患。

1）一般事故隐患是指危害和整改难度较小，发现后能够立即整改排除的隐患。

2）重大事故隐患是指危害和整改难度较大，应当全部或者局部停产停业，并经过一定时间整改治理方能排除的隐患，或者因外部因素影响致使生产经营单位自身难以排除的隐患。

（2）事故隐患主要分基础管理类隐患和现场管理类隐患两类。

1）基础管理类隐患主要指安全生产管理机构及人员、安全生产责任制、安全生产管理制度、安全操作规程、安全技术方案、教育培训、安全生产管理档案、安全生产投入、应急救援、特种设备基础管理、职业健康基础管理、承（分）包单位资质证照与管理等方面存在的缺陷。

2）现场管理类隐患主要指特种设备现场管理、生产设备设施、场所环境、防护设施、从业人员作业行为、消防安全、用电安全、职业健康现场安全、有（受）限空间现场安全、辅助动力系统等方面存在的缺陷。

三、管理要求

（1）明确事故隐患排查责任。主要负责人对本单位事故隐患排查治理工作全面负责，并要逐级建立并落实从主要负责人到每个从业人员的事故隐患排查治理和监控责任。

（2）确保事故隐患排查资金到位。应当保证事故隐患排查治理所需的资金，建立资金使用专项制度。一般在项目安全生产费用计划中体现。

（3）定期组织开展事故隐患排查治理工作。定期组织安全生产管理人员、工程技术人员和其他相关人员排查本单位的事故隐患。对排查出的事故隐患，应当按照事故隐患的等级进行登记，建立事故隐患信息档案。

（4）建立事故隐患排查的报告制度。应当每季、每年对本单位事故隐患排查治理情况进行统计分析，并分别向安全监管监察部门和有关部门报送经项目负责人签字的书面统计分析表。对于重大事故隐患，生产经营单位除依照前款规定报送外，应当及时向安全监管监察部门和有关部门报告，报告内容包括重大事故隐患的现状及其产生原因、隐患的危害程度和整改难易程度分析、隐患的治理方案等。

（5）及时进行事故隐患的整改治理。事故隐患排查不仅是要及时发现隐患，更重要的是对发现的隐患及时进行整改，实现闭环管理。对发现的一般事故隐患，一般以“事故隐患通知单（书）”的形式下发责任单位，由责任单位按照整改措施、责任、资金、时限和预案的“五到位”原则组织整改，并在规定期限内将整改情况进行反馈，经复查验证后关闭。对发现的重大事故隐患，一般情况下要停工停产，无法停工停产的，要在采取保证安全措施的同时，制定包括治理的目标和任务、采取的方法和措施、经费和物资的落实、负责治理的机构和人员、治理的时限和要求、安全措施和应急预案的治理方案，进行全面治理，消除事故隐患。重大事故隐患治理后并经过评估，符合安全生产条件的，生产经营单位应当向安全监管监察部门和有关部门提出恢复生产的书面申请，经安全监管监察部门和有关部门审查同意后，方可恢复生产经营。

第二节 事故隐患排查的形式与方法

一、排查形式

（1）综合事故隐患排查。综合事故隐患排查是指对整个工程所有作业区域内的人员、机械材料、设备设施、作业环境等进行全面的事故隐患排查工作，通常定期安全检查均采取综合事故隐患排查形式，由项目负责人或生产负责人组织，安全监督、工程技术等部门人员参与检查。综合事故隐患排查是对整个项目近期安全管理情况的一次综合检查，查找项目安全管理的薄弱环节，采取改进措施。

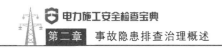

（2）专项事故隐患排查。专项事故隐患排查是指就某类作业、某一分部分项工程、某

一管理进行的专项检查，旨在全面排查此专项工作中存在的事故隐患，进行专项整治。专项事故隐患排查包括脚手架工程、临时用电、起重机械、分包安全管理等，此类检查通常由专业职能部门负责，安全监督部门参与检查。

（3）季节性事故隐患排查。季节性事故隐患排查通常是指在春季、夏季、秋冬季，结合季节特点开展的有针对性的事故隐患排查治理工作。一般也是综合性的事故隐患排查。

（4）节假日事故隐患排查。节假日事故隐患排查是指在各种节假日前后组织的事故隐患排查治理工作，主要是考虑到节假日人的思想容易受到影响，人的不安全因素增加，通过事故隐患排查，一方面提醒作业人员，另一方面通过排查消除导致事故发生的物的不安全因素，避免事故的发生。

（5）日常事故隐患排查。日常事故隐患排查是指安全监督人员、现场专业管理人员在日常管理中对现场的隐患进行排查，日常排查通常以施工现场事故隐患排查为主。

二、排查方法

（1）现场检查法。包括目测与实测两种方法。

1）目测主要是对现场人员的行为表现、各类装置、设施的设置情况，如孔洞、临边防护栏杆的设置、施工机械安全保护装置的设置、用电设备的接地（接零）、脚手架的剪刀撑、连墙件的设置等进行检查，从而发现人的不安全行为和物的不安全状态。

2）实测主要是利用安全检查测试工具，如利用电阻测试仪测定用电设备、施工机械、脚手架等工作接地电阻、防雷接地冲击电阻值，利用游标卡尺测定钢管的外径及壁厚，利用卷尺检查脚手架杆件的间距等，进行现场的实测实量，通过检测出的数量来判定是否符合规范要求。

（2）记录检查法。对安全管理过程形成的记录进行核查，如作业人员安全教育记录、特种作业人员资格证书、各项作业的施工方案及安全技术交底、机械入场验收及检验记录、脚手架的验收记录、临时用电投入使用前的验收、基坑检测记录等，通过管理记录的完善性、有效性来排查是否符合相关安全生产法规、标准的要求。

（3）询问法。事故隐患排查治理过程中，对相关管理人员从本岗位安全责任及落实情况、本专业管理制度的设置及执行情况，对现场作业人员从所操作和使用工具的安全操作规程掌握情况、个人安全教育及安全技术交底情况、相关安全资格证的持有情况等方面进行询问，从而判断管理是否符合相关法规、规定的要求。

在事故隐患排查过程中，往往是三种方法一并使用，使事故隐患排查更加全面和深入。

第三章

电力建设工程事故隐患排查治理

第一节 电力建设工程事故隐患排查治理的有关规定

一、《电力建设工程施工安全监督管理办法》（国家发展和改革委员会令第 28 号）

第二十六条规定：“施工单位应当定期组织施工现场安全检查和事故隐患排查治理，严格落实施工现场安全措施，杜绝违章指挥、违章作业、违反劳动纪律行为发生。”

二、《电力工程建设项目安全生产标准化规范及达标评级标准（试行）》（电监安全〔2012〕39 号）

（1）事故隐患排查。应建立事故隐患排查治理的管理制度，明确责任部门、人员、范围、方法等内容；在安全职责中，逐级明确全体人员的事故隐患排查治理责任；各参建单位应定期组织安全生产管理人员、工程技术人员和其他相关人员排查本单位的事故隐患。并对排查出的事故隐患进行分析评估，确定隐患等级，登记建档，及时采取有效的治理措施，形成“查找→分析→评估→报告→治理（控制）→验收”的闭环管理流程；法律法规、标准规范发生变更或更新，以及施工条件或工艺改变，对事故、事件或其他信息有新的认识，组织机构和人员发生大的调整的，应及时组织事故隐患排查；事故隐患排查前应制订实施方案，明确排查的目的、范围、时间、人员，结合安全检查、安全性评价，组织事故隐患排查工作。

（2）排查范围及方法。各单位开展事故隐患排查工作的范围，应包括所有与工程建设相关的场所、环境、人员、设备设施和活动；各单位应根据安全生产的需要和特点，采用综合检查、专项检查、季节性检查、节假日检查、日常检查等方式进行事故隐患排查。

（3）隐患治理。对于危害和整改难度较小，发现后能够立即整改排除的一般事故隐患，应立即组织整改排除；对于重大事故隐患，应制订隐患治理方案，隐患治理方案应包括目标和任务、方法和措施、经费和物资、机构和人员、时限和要求；对于重大事故隐患，在治理前应采取临时控制措施并制订应急预案。隐患治理措施包括工程技术措施、管理措施、教育措施、防护措施和应急措施；各单位应保证事故隐患排查治理所需的各类资源；隐患治理完成后，应对治理情况进行验证和效果评估。

三、《电力建设工程施工安全管理导则》（NB/T 10096—2018）

此导则对事故隐患排查治理闭环管理、重大事故隐患治理的规定遵循了电力建设项目安全标准化规范标准的要求。此导则对一般隐患的整改进行了补充：对危险和难度较小，发现后能立即整改排除的，应立即组织整改，对属于一般隐患但不能立即整改到位的应下达“隐患整改通知书”，制订隐患整改措施，限期落实整改。

第二节 电力建设工程施工事故隐患排查治理工作中存在的问题

一、事故隐患排查治理的责任不清晰

部分企业及项目部未建立覆盖所有岗位、全部生产和管理过程的事故隐患排查治理工作机制，主要负责人、专业管理部门和安全监督部门的事故隐患排查职责不清晰、责任不明确。

二、事故隐患排查的标准不完善

未根据本企业生产经营实际及承建工程的特点，建立健全各专业及综合监管的事故隐患排查标准。一般事故隐患与重大事故隐患的界定不明确，企业未根据实际建立重大事故隐患的判定标准。

三、事故隐患排查责任不落实

企业负责人未严格履行法定的生产安全事故隐患排查治理职责，未组织事故隐患排查或事故隐患排查的频次不满足制度要求。专业管理事故隐患排查治理责任不落实，企业本部或项目层面未组织专业事故隐患排查或事故隐患排查的频次不满足制度要求。部分企业或项目部存在以综合监管事故隐患排查代替专业管理事故隐患排查现象。综合监管事故隐患排查不深入，项目层面在组织定期事故隐患排查过程中，侧重现场设施隐患的排查，对基础管理事故隐患排查在思想上存在畏难情绪，放松或放弃对基础管理隐患的排查责任。

四、事故隐患整改责任不清晰

大多以安全监督部门的名义对事故隐患整改提出要求，专业管理的隐患治理管理责任虚化、弱化。

五、事故隐患整改不彻底

受外部环境和内部管理各方面因素制约，基础管理隐患的治理不深入、不彻底，现场设施隐患和作业行为违章屡次整改、重复发生。

六、事故隐患排查的统计分析不深入

对工程项目事故隐患排查的结果未进行或未认真进行统计、分析，不能深挖造成现场问题隐患的本源性、系统性原因，往往导致同一类事故隐患不能得到彻底整改。

第三节 电力建设工程施工事故隐患排查治理的对策与建议

一、健全企业和项目层面事故隐患排查工作机制、明晰专业管理与综合监管的事故隐患排查责任边界

企业及项目部应根据管理职责界定，明确公司本部、项目部各专业管理部门的事故隐患排查治理范围及责任，明确安全监督管理部门对事故隐患排查治理的综合监管责任。明确日常巡查和定期检查的频次及治理要求。

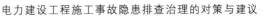

二、完善企业、项目层面事故隐患排查的标准

企业及项目部应根据企业生产经营实际和项目特点，分专业编制事故隐患排查的标准或细则，明确基础管理隐患、现场设施隐患的范围和特征。

三、提升专业人员事故隐患排查治理的工作能力

承担事故隐患排查治理综合监管的安全人员、相关专业的业务人员要加强对相关标准规范的学习和掌握，熟悉事故隐患排查标准，才能更有效地开展事故隐患排查治理工作。

四、强化项目部对基础管理隐患的排查治理力度

基础管理隐患是造成现场设施隐患及作业行为违章的主要管理根源。强化对基础管理隐患的治理，有利于降低现场设施隐患和作业行为违章的发生频率。项目部作为项目履约执行机构，应坚持基础管理隐患与现场事故隐患排查、作业行为违章治理并重，以管理规范、措施落实提升现场设施的标准化和可靠性，促进施工人员作业行为规范。

五、健全完善事故隐患排查治理的信息共享机制

企业及项目部应通过信息化办公系统、会议等形式建立事故隐患排查治理信息的共享工作机制，确保专业管理之间，专业管理与综合监管之间的信息通畅。发挥安全监督部门对事故隐患排查治理的综合监管与协调职能，防止因信息沟通不畅造成的事故隐患未及时整改关闭，引发或诱发生产安全事故。

六、健全完善事故隐患的定期分析机制

企业及项目部应定期对事故隐患排查治理情况组织分析，进行定性或定量评价。结合生产经营实际或施工生产状态对事故隐患的发生频率，结合现场施工人员、产值完成、后续施工作业安全风险等管理因素等进行趋势性分析，从制度、措施的适宜性和责任落实两个方面查找问题发生的根源，强化事故隐患排查治理的结果运用，研究改进和加强事故隐患治理、现场风险预控的有效刚性措施。

七、严肃事故隐患的管理责任倒查和责任追究

企业及项目部应强化事故隐患的激励约束，树立“教育千遍不如问责一遍”的观念，对事故隐患组织责任倒查，对直接责任人和其他管理、监督责任人员进行责任追究，强化问责约束，促进事故隐患排查治理责任落实，防范生产安全事故。

第二篇

作 业 安 全 检 查

第一章

文明施工与主要设施布置

项目文明施工是指保持施工场地整洁、卫生，施工组织科学，施工程序合理的一种施工活动。实现文明施工，不仅要着重做好现场的场容管理工作，而且还要相应做好现场材料、设备、安全、技术、保卫、消防和生活卫生等方面的管理工作。施工现场的临时设施，包括生产、办公、生活用房，仓库、料场、临时上下水管道，以及照明、动力线路，要严格按施工组织设计确定的施工平面图布置、搭设或埋设整齐。

文明施工是现场管理工作的一个重要组成部分，是安全生产的基本保证，是项目综合管理水平的体现。项目文明施工可保证工程质量，同时也可提升项目的经济效益。做好文明施工，可以确保安全施工，减少安全事故隐患。

第一节 施工现场总体规划布置

施工现场总体规划布置安全检查重点、要求及方法见表 2－1－1。

表 2－1－1　　施工现场总体规划布置安全检查重点、要求及方法

序号	检查重点	标 准 要 求	检查方法
1	施工现场总体规划布置要求	**1. 国家标准《建设工程施工现场消防安全技术规范》(GB 50720—2011)** **3.1.2** 下列临时用房和临时设施应纳入施工现场总平面布局： 1 施工现场的出入口、围墙、围挡。 2 场内临时道路。 3 给水管网或管路和配电线路敷设或架设的走向、高度。 4 施工现场办公用房、宿舍、发电机房、变配电房、可燃材料库房、易燃易爆危险品库房、可燃材料堆场及其加工场、固定动火作业场等。 5 临时消防车道、消防救援场地和消防水源。 **2. 电力行业标准《水电水利工程施工通用安全技术规程》(DL/T 5370—2017)** **4.1.1** 施工区域宜实行封闭管理。主要进出口处应设有施工警示标志和危险告知，与施工无关的人员、设备不应进入封闭作业区。在危险作业场所应设报警装置、设施及应急疏散通道。 **4.1.5** 施工设施的设置应符合防汛、防火、防砸、防风、防雷及职业健康等要求	现场检查施工区域封闭情况、危险作业场所应急设施情况。查看现场总平面布局，并测量现场施工设施的防汛、防火、防砸、防风、防雷及职业健康等要求

续表

序号	检查重点	标 准 要 求	检查方法
2	施工现场分区布置要求	**1. 电力行业标准《水电水利工程施工通用安全技术规程》（DL/T 5370—2017）** **4.2.1** 生产、生活、办公区和危险化学品仓库的布置，应遵守下列规定： 1 与工程施工顺序和施工方法相适应。 2 选址应进行地质灾害隐患排查，应地质稳定，不受洪水、滑坡、泥石流、塌方及危石等自然灾害威胁。 3 交通道路畅通，区域道路宜避免与施工主干线交叉。 4 生产车间、生活及办公房、仓库的间距应符合防火安全要求。 5 与危险化学品仓库的安全距离符合标准规定。 6 与高压线、燃气管道及输油管道的安全距离符合标准规定。 **2. 建筑行业标准《建筑施工安全检查标准》（JGJ 59—2011）** **3.2.3** 文明施工保证项目的检查评定应符合下列规定： 5 现场办公与住宿 1）施工作业、材料存放区与办公、生活区应划分清晰，并应采取相应的隔离措施。 **3.《建设工程安全生产管理条例》（国务院令第393号）** **第二十九条** 施工单位应当将施工现场的办公、生活区与作业区分开设置，并保持安全距离；办公、生活区的选址应当符合安全性要求	现场检查生产、生活、办公区和危险化学品仓库的选址；测量防火等安全距离

第二节 施工现场主要设备设施布置及安全距离

施工现场主要设备设施布置及安全距离检查重点、要求及方法见表2-1-2。

表2-1-2 施工现场主要设备设施布置及安全距离检查重点、要求及方法

序号	检查重点	标 准 要 求	检查方法
1	施工现场临时道路	**1. 国家标准《建设工程施工现场消防安全技术规范》（GB 50720—2011）** **3.3.1** 施工现场内应设置临时消防车道，临时消防车道与在建工程、临时用房、可燃材料堆场及其加工场的距离不宜小于5m，且不宜大于40m；施工现场周边道路满足消防车通行及灭火救援要求时，施工现场内可不设置临时消防车道。 **2. 电力行业标准《电力建设安全工作规程 第1部分：火力发电》（DL 5009.1—2014）** **4.3.4** 道路应符合下列规定： 1 施工现场的道路应畅通，路面应平整、坚实、清洁。 2 临时道路及通道宜采取硬化路面，并尽量避免与铁路交叉。主干道两侧应设置限速等符合国家标准的交通标志	现场检查测量道路平整、硬化、清洁、宽度、距离、标志、断路措施；查看施工现场周边道路是否满足消防车通行及灭火救援要求
2	施工现场道路防护栏杆	**1. 电力行业标准《电力建设安全工作规程 第1部分：火力发电》（DL 5009.1—2014）** **4.2.22** 防护栏杆 1 防护栏杆材质一般选用外径为48mm，壁厚不小于2mm的钢管。当选用其他材质材料时，防护栏杆应进行承载力试验。	检查验证栏杆的各项尺寸、承载力大小

续表

序号	检查重点	标准要求	检查方法
2	施工现场道路防护栏杆	2　防护栏杆应由上、下两道横杆及立杆柱组成，上杆离基准面高度为1.2m，中间栏杆与上、下构件的间距不大于500mm。立杆间距不得大于2m。坡度大于1：22的屋面，防护栏杆应设三道横杆，上杆离基准面不得低于1.5m，中间横杆离基准面高度为1m，并加挂安全立网。 3　防护栏杆应能经受1000N水平集中力。当栏杆所处位置有发生人群拥挤、车辆冲击或物件碰撞等可能时，应加大横杆截面或减小立杆间距。 4　安全通道的防护栏杆宜采用安全立网封闭。 **2. 建筑行业标准《建筑施工高处作业安全技术规范》（JGJ 80—2016）** **4.3**　防护栏杆的构造 **4.3.1**　临边作业的防护栏杆应由横杆、立杆及不低于180mm高的挡脚板组成，并应符合下列规定： 1　防护栏杆应为两道横杆，上杆距地面高度应为1.2m，下杆应在上杆和挡脚板中间设置。当防护栏杆高度大于1.2m时，应增设横杆，横杆间距不应大于600mm。 2　防护栏杆立杆间距不应大于2m。 **4.3.4**　栏杆立杆和横杆的设置、固定及连接，应确保防护栏杆在上下横杆和立杆任何处，均能承受任何方向的最小1kN外力作用，当栏杆所处位置有发生人群拥挤、车辆冲击和物件碰撞等可能时，应加大横杆截面或加密立杆间距。 **4.3.5**　防护栏杆应张挂密目式安全立网	
3	施工现场仓库的布设要求	**1. 国家标准《建设工程施工现场消防安全技术规范》（GB 50720—2011）** **3.1.7**　可燃材料堆场及其加工场、易燃易爆危险品库房不应布置在架空电力线下。 **3.2.1**　易燃易爆危险品库房与在建工程的防火间距不应小于15m，可燃材料堆场及其加工厂、固定动火作业场与在建工程的防火间距不应小于10m，其他临时用房、临时设施与在建工程的防火间距不应小于6m。 **2. 电力行业标准《电力建设安全工作规程　第1部分：火力发电》（DL 5009.1—2014）** **4.13.3**　气焊气割应符合下列规定： 4　气瓶库 7）乙炔气瓶仓库不得设在高压线路的下方、人员集中的地方或交通道路附近。 **4.14.3**　防火应符合下列规定： 1　库房应通风良好，配置足够的消防器材，设置“严禁烟火”警示牌，严禁住人	现场测量距离，查看库房布置及消防器材、警示牌
4	施工现场临时办公室、工具房的布设要求	**1. 电力行业标准《电力建设安全工作规程　第1部分：火力发电》（DL 5009.1—2014）** **4.5.5**　接地及接零应符合下列规定： 8　施工现场，下列电气设备的外露可导电部分及设施均应接地： 13）铁制集装箱式办公室、休息室、工具房及储物间的金属外壳。	现场查看临时办公室、工具房接地，查看办公室设置、距离

续表

序号	检查重点	标 准 要 求	检查方法
4	施工现场临时办公室、工具房的布设要求	**2. 建筑行业标准《建筑施工安全检查标准》(JGJ 59—2011)** **3.2.3** 文明施工保证项目的检查评定应符合下列规定： 5 现场办公和宿舍 1）施工作业、材料存放区与办公、生活区应划分并应采取相应的隔离措施。 **3. 建筑行业标准《建筑施工易发事故防治安全标准》(JGJ/T 429—2018)** **4.8.10** 临时建筑严禁设置在建筑起重机械安装、使用和拆除期间可能倒塌覆盖的范围内。 **4.《建筑工程安全生产管理条例》(国务院令第393号)** **第二十九条** 施工现场临时搭建的建筑物应当符合安全使用要求。施工现场使用的装配式活动房屋应当具有产品合格证	
5	氢站安全管理要求	**电力行业标准《电力建设安全工作规程 第1部分：火力发电》(DL 5009.1—2014)** **7.1.1** 工作场所应符合下列规定： 7 试运前应划定易燃易爆等危险区域，设置警示标识，设专人值班管理。 **7.6.5** 制氢与供氢应符合下列规定： 1 氢气站、发电机氢系统和其他装有氢气的设备附近，应严禁烟火，严禁放置易爆易燃物品，并应设“严禁烟火”的警示牌。 2 氢气站周围应设有不低于2m的实体围墙，进出大门应关闭，并悬挂“未经许可，不得进入”“严禁烟火”等明显的警示标识牌和相应管理制度，入口处应装设静电释放器。 3 进入氢气站的人员实行登记准入制度，不得携带无线通信设备、不得穿带铁钉的鞋，严禁携带火种。进入氢气站前应先消除静电。严禁无关人员进入制氢室和氢罐区。 4 氢气站内应设置氢气检漏装置。 5 氢气站应装防雷装置，防雷装置接地电阻值不大于4Ω。 7 氢气站、发电机附近，应有二氧化碳灭火器、砂子、石棉布等消防器材。 25 室外架空敷设的氢气管道，应设防雷接地装置。架空敷设氢气管道，每隔20m～25m处，应安装防雷接地线；法兰、阀门的连接处应有可靠的电气连接；对有振动、位移的设备和管道，其连接处应加挠性连接线过渡	1. 查看附近是否存放易爆易燃物品、设置警示牌。 2. 查看管理制度、警示标识牌。 3. 查看登记表、消除静电的设施。 4. 查看接地电阻测试记录。 5. 查看消防器材配置情况。 6. 现场查看防雷接地装置、电气连接状况
6	氨站安全管理要求	**电力行业标准《电力建设安全工作规程 第1部分：火力发电》(DL 5009.1—2014)** **7.1.1** 工作场所应符合下列规定： 7 试运前应划定易燃易爆等危险区域，设置警示标识，设专人值班管理。 **7.2.7** 脱硝系统试运应符合下列规定： 2 脱硝剂储存、制备区应设“严禁烟火”等明显警示标识，区内应保持清洁，不得搭建临时建筑。 3 脱硝装置区、脱硝剂制备区应配置氨气探测器，并在高处明显部位安装风向指示装置。 4 氨区卸氨时，应有专人就地检查，发现跑、冒、漏立即进行处理。严禁在雷雨天进行卸氨工作。	1. 检查卸氨检查记录。 2. 现场检查防爆设施、跨接线。 3. 检查是否设置警示标志。 4. 检查制定管理制度，查看现场执行情况。 5. 检查现场是否安装风向指示装置。 6. 检查停止作业的书面告知记录

续表

序号	检查重点	标准要求	检查方法
6	氨站安全管理要求	7 氨系统首次充氨时： 1）氨区电气设备、防爆设施、跨接线完整、可靠。 4）氨系统氮气置换时，应告知施工区域内作业人员暂停作业。 **7.6.2** 化学药品使用与管理应符合下列规定： 10 氨水、联氨管道系统应有“剧毒、危险、易燃易爆”警示标志	
7	烟囱工程施工安全管理要求	**电力行业标准《电力建设安全工作规程 第1部分：火力发电》(DL 5009.1—2014)** **5.7.1** 烟囱工程应符合下列规定： 1 筒身施工时应划定危险区并设置围栏，悬挂警示牌。当烟囱施工在100m以下时，其周围10m范围内为危险区；当烟囱施工到100m以上时，其周围30m范围内为危险区。危险区的进出口处应设专人管理。 2 烟囱出入口应设置安全通道，搭设安全防护棚，其宽度不得小于4m，高度以3m～5m为宜。施工人员必须由通道内出入，严禁在通道外逗留或通过。 3 材料及半成品宜堆放在危险区以外，设置在危险区内的设备，必须有可靠的防护措施	1. 现场查看设置的围栏、警示标志，并测量距离。 2. 现场查看安全通道，测量宽度、高度尺寸。 3. 查看危险区域内安全防护措施
8	冷却塔工程施工安全管理要求	**电力行业标准《电力建设安全工作规程 第1部分：火力发电》(DL 5009.1—2014)** **5.7.2** 冷却水塔工程应符合下列规定： 1 水塔施工周围30m范围内为危险区，应设置围栏，悬挂警示标识，严禁无关人员和车辆进入；危险区的进出口处应设专人管理。 2 水塔进出口应设置安全通道，搭设安全防护棚，其宽度不应小于6m，高度以3m～5m为宜。施工人员必须由通道内出入，严禁在通道外逗留或通过。 3 材料及半成品宜堆放在危险区以外，设置在危险区内的设备，必须有可靠的防护措施	1. 现场查看设置的围栏、警示标识，并测量距离。 2. 现场检查安全通道，测量宽度、高度尺寸。 3. 查看危险区域内安全防护措施

第三节 生活临建的设置

生活临建设置安全检查重点、要求及方法见表2-1-3。

表2-1-3 生活临建设置安全检查重点、要求及方法

序号	检查重点	标准要求	检查方法
1	生活临建宿舍设置	**1. 国家标准《建筑与市政施工现场安全卫生与职业健康通用规范》(GB 55034—2022)** **5.0.8** 施工现场生活区宿舍、休息室应根据人数合理确定使用面积、布置空间格局，且应设置足够的通风、采光、照明设施。 **2. 建筑行业标准《建筑施工现场环境与卫生标准》(JGJ 146—2013)** **5.1.5** 宿舍内应保证必要的生活空间，室内净高不得小于2.5m，	1. 米尺测量宿舍内高度、通道宽度，人均居住面积、设施配置。 2. 查看现场在施工程、伙房、库房是否住人

续表

序号	检查重点	标准要求	检查方法
1	生活临建宿舍设置	通道宽度不得小于0.9m，宿舍人员人均面积不得小于2.5m²，每间宿舍居住人员不得超过16人。 **5.1.9** 宿舍照明电源宜选用安全电压，采用强电照明的宜使用限流器。 **3. 建筑行业标准《建筑施工安全检查标准》(JGJ 59—2011)** **3.2.3** 文明施工保证项目的检查评定应符合下列规定： 5 现场办公与住宿 2）在施工程、伙房、库房不得兼做宿舍。 **4.《建设工程安全生产管理条例》(国务院令第393号)** **第二十九条** 施工单位不得在尚未竣工的建筑物内设置员工集体宿舍	
2	生活临建食堂设置	**1. 建筑行业标准《建筑施工现场环境与卫生标准》(JGJ 146—2013)** **5.1.10** 食堂应设置在远离厕所、垃圾站、有毒有害场所等有污染源的地方。 **5.1.12** 食堂应设置独立的制作间、储藏室、门扇下方应设不低于0.2m的防鼠挡板。制作间灶台及周边应采取易清洁、耐擦洗措施，墙面处理高度大于1.5m。 **5.2.2** 食堂应取得相关部门颁发的许可证，应悬挂在制作间醒目位置。炊事人员必须经体检合格并持证上岗。 **2. 建筑行业标准《建筑施工安全检查标准》(JGJ 59—2011)** **3.2.4** 文明施工一般项目的检查评定应符合下列规定： 3 生活设施 4）食堂使用的燃气罐应单独设置存放间，存放间应通风良好，并严禁存放其他物品	查看食堂周围是否有污染源；食堂的设施标准；人员证照；燃气罐的使用及储存
3	其他临时生活设施设置	**1. 建筑行业标准《建筑施工现场环境与卫生标准》(JGJ 146—2013)** **5.1.3** 办公区和生活区应设置封闭式垃圾容器。生活垃圾应分类存放，并应及时清运、消纳。 **5.1.18** 施工现场应设置水冲式或移动式厕所，厕所地面应硬化，门窗应齐全并通风良好。厕位宜设置门及隔板，高度不应小于0.9m。 **5.1.20** 沐浴间内应设置满足需要的淋浴喷头，并应设置储衣柜或挂衣架。 **2. 电力行业标准《水电水利工程施工通用安全技术规程》(DL/T 5370—2017)** **4.2.7** 员工宿舍、办公用房、仓库采用活动板房时应符合以下规定： 1 采用非燃性材料的金属夹芯板，其芯材的燃烧性能等级应符合A级的强制性要求。 2 活动板房应有产品出厂合格证。 3 对于两层的活动用房，当每层的建筑面积大于200m²时，应至少设两个安全出口或疏散楼梯；当每层的建筑面积不大于200m²且第二层使用人数不超过30人时，可只设置一个安全出口或疏散楼梯。活动房栋与栋之间的防火距离不小于3.5m。 4 活动房搭设不宜超过两层，其耐火等级达到四级要求，超过两层时，应按《建筑设计防火规范》GB 50016执行	1. 现场查看垃圾容器、厕所、沐浴间设置使用、卫生情况。 2. 现场检查活动板房的出厂合格证、芯材检验报告；测量防火距离等要求

第二章

基　坑　工　程

第一节　基坑工程概述

一、术语或定义

（1）基坑工程：指为建造地下结构而采取的围护、支撑、降水、隔水防渗、加固土（石）方开挖和回填等工程的总称。

（2）建筑边坡：指在建筑场地及其周边，由于建筑工程和市政工程开挖或填筑施工所形成的人工边坡和对建（构）筑物安全或稳定有不利影响的自然斜坡，简称“边坡”。

（3）边坡支护：指为保证边坡、基坑及其周边环境的安全，采取的支挡、加固与防护措施。

（4）地下水控制：指在基坑工程中，为了确保基坑工程顺利实施，减少施工对周边环境的影响而采取的排水、降水、隔水和回灌等措施。

（5）基坑工程监测：指在建筑基坑施工及使用阶段，采用仪器量测、现场巡视等手段和方法对基坑及周边环境的安全状况、变化特征及其发展趋势实施的定期或连续巡查、量测、监视以及数据采集、分析、反馈活动。

二、主要检查要求综述

因建筑基坑工程受所处地域环境、工程地质、基坑大小、开挖深度及作业方式等不同因素影响，基坑工程存在较大的安全风险，根据《电力建设工程施工安全管理导则》（NB/T 10096—2018）、《危险性较大的分部分项工程安全管理规定》（住房和城乡建设部令第 37 号）及《关于实施〈危险性较大的分部分项工程安全管理规定〉有关问题的通知》（建办质〔2018〕31 号）等有关要求，开挖深度超过 3m（含 3m）的基坑（槽）的土方开挖工程及开挖深度虽未超过 3m 但地质条件、周边环境等复杂基坑（槽）支护、降水工程的属于危险性较大的分部分项工程，施工前需编制专项施工方案［开挖深度超过 5m（含 5m）或虽未超过 5m 但地质条件、周围环境和地下管线复杂，或影响毗邻建（构）筑物安全的基坑（槽）的土方开挖、支护、降水工程属于超过一定规模的危险性较大的分部分项工程，专项施工方案需进行专家论证］。为此，基坑工程主要针对施工方案与交底、地下水控制（降排水）、基坑开挖、基坑支护、坡顶（肩）堆载及安全防护、基坑验收及基坑监测、应急预案等内容进行安全检查。

第二节 基坑工程施工主要安全检查内容

基坑工程施工安全检查重点、要求及方法见表 2－2－1。

表 2－2－1　　基坑工程施工安全检查重点、要求及方法

序号	检查重点	标 准 要 求	检查方法
1	基坑工程施工方案与交底	**1. 国家标准《土方与爆破工程施工及验收规范》（GB 50201—2012）** **3.0.3** 施工单位应结合工程实际情况，在土方与爆破工程施工前编制专项施工方案。 **5.1.2** 爆破工程应编制专项施工方案，方案应依据有关规定进行安全评估，并报经所在地公安部批准后，再进行爆破作业。 **2. 国家标准《建筑与市政地基基础通用规范》（GB 55003—2021）** **7.4.1** 基坑工程施工前，应编制基坑工程专项施工方案，其内容应包括：支护结构、地下水控制、土方开挖和回填等施工技术参数，基坑工程施工工艺流程，基坑工程施工方法，基坑工程施工安全技术措施，应急预案，工程监测要求等。 **3. 电力行业标准《电力建设施工技术规范　第 1 部分：土建结构工程》（DL/T 5190.1—2022）** **8.1.4** 基坑支护设计、施工与基坑开挖，应综合考虑水文地质条件、基坑周边环境、地下结构、施工季节变化及支护结构使用期等因素，因地制宜、合理选型。对于膨胀土、软土、湿陷性黄土、冻土等特殊地质条件地区应结合当地工程经验，编制专项措施。 **8.4.2** 基坑（槽）、管沟开挖前的准备工作应符合下列规定： 1　基坑（槽）、管沟开挖前，应根据挖深、地质条件、施工方法、地面荷载等资料制定施工方案、环境保护措施、监测方案，经相关单位审批后方可施工。 **4. 建筑行业标准《建筑施工安全检查标准》（JGJ 59—2011）** **3.11.3** 基坑工程保证项目的检查评定应符合下列规定： 1　施工方案 1）基坑工程施工前应编制专项施工方案，开挖深度超过 3m 或虽未超过 3m 但地质条件和周边环境复杂的基坑土方开挖、支护、降水工程，应单独编制专项施工方案； 2）专项施工方案应按规定进行审核、审批； 3）开挖深度超过 5m 的基坑土方开挖、支护、降水工程或开挖深度虽未超过 5m 但地质条件、周围环境复杂的基坑土方开挖、支护、降水工程专项施工方案，应组织专家进行论证； 4）当基坑周边环境或施工条件发生变化时，专项施工方案应重新进行审核、审批	1. 查看技术资料、基坑支护方案、基坑开挖方案、专家论证资料、技术交底记录等。 2. 检查确认方案内容、交底内容等与现场施工情况的符合性
2	基坑工程施工地下水控制（降排水）	**1. 国家标准《土方与爆破工程施工及验收规范》（GB 50201—2012）** **4.1.4** 土方开挖前应制定地下水控制和排水方案。 **4.1.5** 临时排水和降水时，应防止损坏附近建（构）筑物的地基和基础，并应避免污染环境和损害农田、植被、道路。 **4.2.3** 临时截水沟和临时排水沟的设置，应防止破坏挖、回填的边坡，并应符合下列规定：	1. 查阅工程地质及地下水资料及地下水控制和排水方案。 2. 查看基坑积水及排水设施设置情况。 3. 查看基坑降水情况。

续表

序号	检查重点	标　准　要　求	检查方法
2	基坑工程施工地下水控制（降排水）	1　临时截水沟至挖方边坡上缘的距离，应根据施工区域内的土质确定，不宜小于3m； 2　临时排水沟至回填坡脚应有适当距离； 3　排水沟底宜低于开挖面300mm～500mm。 **4.2.8**　地下水位宜保持低于开挖作业面和基坑（槽）底面500mm。 **4.2.10**　当基底下有承压水时，进行坑底突涌验算，必要时，应采取封底隔渗透或钻孔减压措施；当出现流沙、管涌现象时，应及时处理。 **4.2.11**　降水施工应满足下列要求： 2　降水过程中应进行降水监测； 3　降水过程中应配备保持连续抽水的备用电源。 **2. 国家标准《建筑地基基础工程施工质量验收标准》（GB 50202—2018）** **8.2.3**　降水井正式施工时应进行试成井。试成井数量不应少于2口（组），并应根据试成井检验成孔工艺、泥浆配比，复核地层情况等。 **8.2.7**　降水运行过程中，应监测和记录降水场区内和周边的地下水位。采用悬挂式帷幕基坑降水的，尚应计量和记录降水井抽水量。 **3. 国家标准《建筑地基基础工程施工规范》（GB 51004—2015）** **7.2.1**　应在基坑外侧设置由集水井和排水沟组成的地表排水系统，集水井、排水沟与坑边的距离不宜小于0.5m。基坑外侧地面集水井、排水沟应有可靠的防渗措施。 **7.2.2**　多级放坡开挖时，宜在分级平台上设置排水沟。 **7.2.3**　基坑内宜设集水井和排水明沟（或盲沟）。 **4. 国家标准《建筑与市政地基基础通用规范》（GB 55003—2021）** **7.3.1**　地下水控制设计应满足基坑坑底抗突涌、坑底和侧壁抗渗流稳定性验算的要求及基坑周边建（构）筑物，地下管线、道路、城市轨道交通等市政设施沉降控制的要求。 **7.3.2**　当降水可能对基坑周边建（构）筑物、地下管线、道路等市政设施造成危害或对环境造成长期不利影响时，应采用截水、回灌等方法控制地下水。 **7.4.6**　地下水控制施工应符合下列规定： 1　地表排水系统应能满足明水和地下水的排放要求，地表排水系统应采取防渗措施； 2　降水及回灌施工应设置水位观测井； 3　降水井的出水量及降水效果应满足设计要求； 4　停止降水后，应对降水管采取封井措施； 5　湿陷性黄土地区基坑工程施工时，应采取防止水浸入基坑的处理措施。 **5. 电力行业标准《电力建设施工技术规范　第1部分：土建结构工程》（DL/T 5190.1—2022）** **8.3.5**　软土地层或地下水位高，承压水水压大，易发生流沙、管涌地区的基坑，应确保降、排水系统有效运行；如发现涌水、流沙、管涌现象，应立即停止开挖，查明原因并妥善处理后方可继续开挖。	4. 查看降水过程中，基坑周边临近建（构）筑物沉降监测情况。 5. 检查地下水回灌情况（如有）

续表

<table>
<tr><th>序号</th><th>检查重点</th><th>标 准 要 求</th><th>检查方法</th></tr>
<tr><td>2</td><td>基坑工程施工地下水控制（降排水）</td><td>6. 建筑行业标准《建筑施工安全检查标准》（JGJ 59—2011）
3.11.3 基坑工程保证项目的检查评定应符合下列规定：
3 降排水
1）当基坑开挖深度范围内有地下水时，应采取有效的降排水措施；
2）基坑边沿周围地面应设排水沟；放坡开挖时，应对坡顶、坡面、坡脚采取降排水措施；
3）基坑底四周应按专项施工方案设排水沟和集水井，并应及时排除积水；
4）深基坑降水施工应分层降水，随时观测支护外观测井水位，防止临近建（构）筑物等沉降倾斜变形。
7. 建筑行业标准《建筑施工土石方工程安全技术规范》（JGJ 180—2009）
6.1.3 基坑开挖深度范围内有地下水时，应采取有效的地下水控制措施。
6.3.10 采用井点降水时，井口应设置防护盖板或围栏，设置明显的警示标志。降水完成后，应及时将井填实</td><td></td></tr>
<tr><td>3</td><td>基坑开挖</td><td>1. 国家标准《土方与爆破工程施工及验收规范》（GB 50201—2012）
4.4.1 土方开挖的坡度应符合下列规定：
2 临时性挖方边坡坡度应根据工程地质和开挖边坡高度要求，结合当地同类土体的稳定坡度确定；
3 在坡体整体稳定的情况下，如地质条件良好、土（岩）质较均匀，高度在3m以内的临时性挖方边坡坡度宜符合下表规定：
临时性挖方边坡坡度值
<table>
<tr><th colspan="2">土的类别</th><th>边坡坡度</th></tr>
<tr><td>砂土</td><td>不包括细砂、粉砂</td><td>1∶1.25～1∶1.50</td></tr>
<tr><td rowspan="2">一般黏性土</td><td>坚硬</td><td>1∶0.75～1∶1.00</td></tr>
<tr><td>硬塑</td><td>1∶1.00～1∶1.25</td></tr>
<tr><td rowspan="2">碎石类土</td><td>密实、中密</td><td>1∶0.50～1∶1.00</td></tr>
<tr><td>稍密</td><td>1∶1.00～1∶1.50</td></tr>
</table>
4.4.7 在滑坡地段挖方时，应符合下列规定：
2 不宜在雨期施工；
3 宜遵守先整治后开挖的施工程序；
5 在施工过程中，应设置位移观测点，定时观测滑坡体平面位移和沉降变化，并做好记录，当出现位移突变或滑坡迹象时，应立即暂停施工，必要时，所有人员和机械撤至安全地点；
6 严禁在滑坡体上堆载；
7 必须遵循由上至下的开挖顺序，严禁先切除坡脚。
2. 国家标准《建筑地基基础工程施工质量验收标准》（GB 50202—2018）
9.1.1 在土石方工程开挖施工前，应完成支护结构、地面排水、地下水控制、基坑及周边环境监测、施工条件验收和应急预案准备</td><td>1. 对灌注桩支护工程，开挖前检查支护桩混凝土试块强度报告。支护桩混凝土强度达到要求后方可开挖。
2. 现场检查基坑开挖施工是否按方案要求进行。尤其是支护桩的锚索、支撑等结构。
3. 现场检查施工机械地基是否稳定，是否有大型机械倾覆的风险。
4. 现场检查上、下基坑的坡道是否存在安全隐患</td></tr>
</table>

续表

序号	检查重点	标 准 要 求	检查方法
3	基坑开挖	等工作的验收，合格后方可进行土石方开挖。 **9.1.3** 土石方开挖的顺序、方法必须与设计工况和施工方案相一致，并应遵循“开槽支撑，先撑后挖，分层开挖，严禁超挖”的原则。 **3. 国家标准《建筑地基基础工程施工规范》(GB 51004—2015)** **8.2.5** 设有内支撑的基坑开挖应遵循“先撑后挖、限时支撑”的原则，减小基坑无支撑暴露的时间和空间。 **8.2.6** 下层土方的开挖应在支撑达到设计要求后方可进行。挖土机械和车辆不得直接在支撑上行走或作业，严禁在底部已经挖空的支撑上行走或作业。 **4. 国家标准《建筑与市政地基基础通用规范》(GB 55003—2021)** **7.4.3** 基坑开挖和回填施工，应符合下列规定： 1 基坑土方开挖的顺序应与设计工况相一致，严禁超挖；基坑开挖应分层进行，内支撑结构基坑开挖尚应均衡进行；基坑开挖不得损坏支护结构、降水设施和工程桩等； **5. 电力行业标准《电力建设施工技术规范 第1部分：土建结构工程》(DL/T 5190.1—2022)** **8.4.3** 土方开挖的顺序、方法必须与施工方案要求相一致，并遵循“开槽支撑，先撑后挖，分层开挖，严禁超挖”的原则。对沟槽的开挖，还应遵循“对称平衡”的原则。 **8.4.6** 基坑（槽）、管沟土方施工中应对支护结构、周围环境进行观察和监测，如出现异常情况应及时处理，待恢复正常后方可继续施工。 **8.4.7** 当土方工程挖方较深时，应采取措施，防止基坑底部土隆起并避免危害周边环境。 **8.4.10** 应做好上、下基坑的坡道，保证车辆行驶及施工人员通行安全。 **6. 建筑行业标准《建筑施工安全检查标准》(JGJ 59—2011)** **3.11.3** 基坑工程保证项目的检查评定应符合下列规定： 4 基坑开挖 1) 基坑支护结构必须在达到设计要求的强度后，方可开挖下层土方，严禁提前开挖和超挖； 2) 基坑开挖应按设计和施工方案的要求，分层、分段、均衡开挖，保证土体受力均衡和稳定。 3) 基坑开挖应采取措施防止碰撞支护结构、工程桩或扰动基底原状土土层； 4) 当采用机械在软土场地作业时，应采取铺设渣土或砂石等硬化措施，防止机械发生倾覆事故	
4	基坑支护	**1. 国家标准《土方与爆破工程施工及验收规范》(GB 50201—2012)** **4.3.2** 三级及以上安全等级边坡及基坑工程施工前，应由具有相应资质的单位进行边坡及基坑支护设计，由支护施工单位根据设计方案编制施工组织设计，并报送相关单位审核批准。 **4.4.5** 不具备自然放坡条件或有重要建（构）筑物地段的开挖，应根据具体情况采用支护措施。土方施工应按设计方案要求分层开挖，严禁超挖，且上一层支护结构施工完成，强度达到设计要求后，再进行下一层土方开挖，并对支护结构进行保护。	1. 检查基坑支护是否符合设计（施工）方案要求。 2. 现场采用角尺或经纬仪、全站仪检查基坑开挖边坡坡度。 3. 检查支护结构及位移监测记录、施工记录及验收资料等。

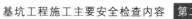

续表

序号	检查重点	标 准 要 求	检查方法
4	基坑支护	**2. 国家标准《建筑地基基础工程施工规范》(GB 51004—2015)** **6.9.1** （内）支撑系统的施工与拆除顺序应与支护结构的设计工况一致，应严格执行先撑后挖的原则。立柱穿过主体结构底板以及支撑穿越地下室外墙的部位应有止水构造措施。 **3. 国家标准《建筑与市政地基基础通用规范》(GB 55003—2021)** **7.4.4** 支护结构施工应符合下列规定： 1 支护结构施工前应进行工艺性试验确定施工技术参数； 2 支护结构的施工与拆除应符合设计工况的要求，并应遵循先撑后挖的原则； 3 支护结构施工与拆除应采取对周边环境的保护措施，不得影响周边建（构）筑物及邻近市政管线与地下设施等的正常使用；支撑结构爆破拆除前，应对永久性结构及周边环境采取隔离防护措施。 **4. 电力行业标准《电力建设施工技术规范 第1部分：土建结构工程》(DL/T 5190.1—2022)** **8.4.9** 在基坑（槽）或管沟工程等开挖施工中，现场不宜进行放坡开挖时，应对基坑（槽）、管沟进行支护后再开挖。 **5. 建筑行业标准《建筑施工安全检查标准》(JGJ 59—2011)** **3.11.3** 基坑工程保证项目的检查评定应符合下列规定： 2 基坑支护 1）人工开挖的狭窄基槽，开挖深度较大并存在边坡塌方危险时，应采取支护措施； 2）地质条件良好、土质均匀且无地下水的自然放坡的坡率应符合规范要求； 3）基坑支护结构应符合设计要求； 4）基坑支护结构水平位移应在设计允许范围内。 **3.11.4** 基坑工程一般项目的检查评定应符合下列规定： 2 支撑拆除 1）基坑支撑结构的拆除方式、拆除顺序应符合专项施工方案的要求； 2）当采用机械拆除时，施工荷载应小于支撑结构承载能力； 3）人工拆除时，应设置防护设施	4. 检查支护结构强度检测报告是否符合方案设计要求。 5. 检查基坑支撑结构拆除施工是否符合方案要求
5	基坑工程坡顶（肩）堆载及安全防护	**1. 国家标准《土方与爆破工程施工及验收规范》(GB 50201—2012)** **4.3.4** 边坡及基坑支护施工应符合下列规定： 3 坡肩荷载应满足设计要求，不得随意堆载。 **4.4.3** 在坡地开挖时，挖方上侧不宜堆土；对于临时性堆土，应视挖方边坡处的土质情况、边坡坡度和高度，设计确定堆放的安全距离，确保边坡的稳定。在挖方下侧堆土时，应将土堆表面平整，其高程应低于相邻挖方场地设计标高，保持排水畅通，堆土边坡不宜大于1∶1.5；在河岸处堆土时，不得影响河堤稳定安全和排水，不得阻塞污染河道。 **4.7.7** 雨期开挖基坑（槽）或管沟时，应注意边坡稳定，必要时可适当减小边坡坡度或设置支撑。施工中应加强对边坡和支撑的检查。	1. 现场检查基坑周边堆载及坑边临时道路情况是否符合方案要求。 2. 现场检查基坑边设置防护围栏的高度及距离基坑边沿的距离满足方案要求。 3. 现场检查基坑周边是否设置了挡水沿、防护围栏，降水井口防护、悬挂警示标识等安全防护措施是否齐全。

续表

序号	检查重点	标 准 要 求	检查方法
5	基坑工程坡顶（肩）堆载及安全防护	**2. 国家标准《建筑地基基础工程施工质量验收标准》（GB 50202—2018）** **9.4.3** 在基坑（槽）、管沟等周边堆土的堆载限值和堆载范围应符合基坑围护设计要求，严禁在基坑（槽）、管沟、地铁及建构（筑）物周边影响范围内堆土。 **3. 国家标准《建筑地基基础工程施工规范》（GB 51004—2015）** **10.0.7** 相邻基坑工程同时或相继施工时，应先协调施工进度，避免造成不利影响。 **4. 国家标准《建筑与市政地基基础通用规范》（GB 55003—2021）** **7.4.2** 基坑、管沟边沿及边坡等危险地段施工时，应设置安全护栏和明显的警示标志。夜间施工时，现场照明条件应满足施工要求。 **7.4.3** 基坑开挖和回填施工，应符合下列规定： 2 基坑周边施工材料、设施或车辆荷载严禁超过设计要求的地面荷载限值。 **5. 电力行业标准《电力建设安全工作规程 第1部分：火力发电》（DL 5009.1—2014）** **5.2.2** 土石方机械应符合下列规定： 9 挖掘机 2）拉铲或反铲作业时，履带式挖掘机的履带距工作面边缘安全距离应大于1m，轮胎式挖掘机的轮胎距工作面边缘安全距离应大于1.5m。 10 推土机 3）在基坑、深沟或陡坡处作业时，当垂直边坡高度超过2m时应放出安全边坡并采取可靠加固措施，同时禁止用推土刀侧面推土。 5）两台及以上推土机在同一区域作业时，前后距离应大于8m，左右距离应大于1.5m。 **5.3.1** 通用规定： 4 挖掘土石方应自上而下进行，严禁底脚挖空。挖掘前应将斜坡上的浮石、悬石清理干净，堆土的距离及高度应按《土方与爆破工程施工及验收规范》GB 50201的规定执行。 5 在深坑及井内作业应采取可靠的防坍塌措施，坑、井内通风应良好。作业中应定时检测，发现异常现象或可疑情况，应立即停止作业，撤离人员。 8 在交通道路、广场或施工区域内挖掘沟道或坑井时，应在其周围设置围栏及警示标志，夜间应设红灯示警，围栏离坑边不应小于800mm。 9 上下基坑时，应挖设台阶或铺设防滑走道板。坑边狭窄时，宜使用靠梯，严禁攀登挡土支撑架上下或在坑井边坡脚下休息。 10 夜间进行土石方施工时，施工区域照明应充足。 **5.3.3** 边坡及支撑应符合下列规定： 3 在边坡上侧堆土、堆放材料或移动施工机械时，应与边坡边缘保持一定的距离。当土质良好时，堆土或材料应距边缘800mm以外，高度不宜超过1.5m。 **6. 电力行业标准《电力建设施工技术规范 第1部分：土建结构工程》（DL/T 5190.1—2022）** **8.4.4** 基坑边界周围地面宜设截水沟或挡水坎，防止地表水流入	4. 现场测量防护栏杆的高度是否符合标准要求。 5. 基坑周围应设置夜间照明及警示灯

续表

序号	检查重点	标 准 要 求	检查方法
5	基坑工程坡顶（肩）堆载及安全防护	或渗入坑内。 **8.4.5** 基坑（槽）、管沟的挖土应分层进行。分层厚度应根据工程具体情况（包括土质、环境等）决定。在施工过程中，基坑（槽）管沟边堆置土方重力不应超过设计荷载，挖方时不应碰撞或损伤支护结构、降水设施。 **7. 建筑行业标准《建筑施工安全检查标准》（JGJ 59—2011）** **3.11.3** 基坑工程保证项目的检查评定应符合下列规定： 5 坑边荷载 1）基坑边堆置土、料具等荷载应在基坑支护设计允许范围内； 2）施工机械与基坑边沿的安全距离应符合设计要求，防止基坑支护结构超载。 6 安全防护 1）开挖深度超过 2m 及以上的基坑周边必须安装防护栏杆，并设置专用梯道，确保作业人员安全。 2）基坑内应设置供施工人员上下的专用梯道。梯道应设置扶手栏杆，梯道的宽度不应小于 1m，梯道搭设应符合规范要求； 3）降水井口应设置防护盖板或围栏，并应设置明显的警示标志。 **3.11.4** 基坑工程一般项目的检查评定应符合下列规定： 3 作业环境 2）上下垂直作业应在施工方案中明确防护措施； 3）在电力、通信、燃气、上下水等管线 2m 范围内挖土时，应采取安全保护措施，并应设专人监护； 4）施工作业区域应采光良好，当光线较弱时应设置有足够照度的光源。 **8. 建筑行业标准《建筑施工土石方工程安全技术规范》（JGJ 180—2009）** **6.2.1** 开挖深度超过 2m 的基坑周边必须安装防护栏杆。防护栏杆应符合下列规定： 1 防护栏杆高度不应低于 1.2m； 2 防护栏杆应由横杆及立杆组成；横杆应设 2 道～3 道，下杆离地高度宜为 0.3m～0.6m，上杆离地高度宜为 1.2m～1.5m；立杆间距不宜大于 2.0m，立杆离坡边距离宜大于 0.5m； 3 防护栏杆宜加挂密目安全网和挡脚板；安全网应自上而下封闭设置；挡脚板高度不应小于 180mm，挡脚板下沿离地高度不应大于 10mm； 4 防护栏杆应安装牢固，材料应有足够的强度。 **6.2.2** 基坑内宜设置供施工人员上下的专用梯道。梯道应设扶手栏杆，梯道的宽度不应小于 1m。梯道的搭设应符合相关安全规范的要求。 **6.2.4** 同一垂直作业面的上下层不宜同时作业。需同时作业时，上下层之间应采取隔离防护措施。 **6.3.3** 基坑边坡的顶部应设排水措施。基坑底四周宜设排水沟和集水井，并及时排除积水。基坑挖至坑底时应及时清理基底并浇筑垫层。 **6.3.11** 施工现场应采用防水型灯具，夜间施工的作业面及进出道路应有足够的照明措施和安全警示标志	

续表

序号	检查重点	标 准 要 求	检查方法
6	基坑验收及基坑监测	**1. 国家标准《土方与爆破工程施工及验收规范》(GB 50201—2012)** **4.3.4** 边坡及基坑支护施工应符合下列规定： 4 施工过程中，应进行边坡及基坑的变形监测。 **2. 国家标准《建筑地基基础工程施工质量验收标准》(GB 50202—2018)** **7.1.5** 基坑支护工程验收应以保证支护结构安全和周围环境安全为前提。 **3. 国家标准《建筑基坑工程监测技术标准》(GB 50497—2019)** **3.0.3** 基坑工程施工前，应由建设方委托具备相应能力的第三方对基坑工程实施现场监测。监测单位应编制监测方案，监测方案应经建设方、设计方等认可，必要时还应与基坑周边环境涉及的有关管理单位协商一致后方可实施。 **7.0.6** 当出现可能危及工程及周边环境安全的事故征兆时，应实时跟踪监测。 **4. 国家标准《建筑与市政地基基础通用规范》(GB 55003—2021)** **7.4.7** 基坑工程监测，应符合下列规定： 1 基坑工程施工前，应编制基坑工程监测方案； 2 应根据基坑支护结构的安全等级、周边环境条件、支护类型及施工场地等确定基坑工程监测项目、监测点布置、监测方法、监测频率和监测预警值； 3 基坑降水应对水位降深进行监测，地下水回灌施工应对回灌量和水质进行监测； 4 逆作法施工应进行全过程工程监测。 **5. 电力行业标准《电力建设施工技术规范 第1部分：土建结构工程》(DL/T 5190.1—2022)** **8.2.5** 在支护结构施工、基坑开挖以及基础施工期间，应对支护结构及周边环境进行监测和巡查。 **6. 建筑行业标准《建筑施工安全检查标准》(JGJ 59—2011)** **3.11.4** 基坑工程一般项目的检查评定应符合下列规定： 1 基坑监测 1）基坑开挖前应编制基坑监测方案，并应明确监测项目、监测报警值、监测方法和监测点的布置、监测周期等内容； 2）监测的时间间隔应根据施工进度确定。当监测结果变化速率较大时，应加密观测次数； 3）基坑开挖监测工程中，应根据设计要求提交阶段性监测报告。 **7. 建筑行业标准《建筑施工土石方工程安全技术规范》(JGJ 180—2009)** **6.4.1** 深基坑开挖过程中必须进行基坑变形监测，发现异常情况应及时采取措施。 **6.4.2** 土方开挖过程中，应定期对基坑及周边环境进行巡视随时检查基坑位移（土体裂缝）、倾斜、土体及周边道路沉陷或隆起、地下水涌出、管线开裂、不明气体冒出和基坑防护栏杆的安全性等	1. 检查基坑监测方案，检查方案内是否包含明确“监测项目、监测报警值、监测方法和监测点的布置、监测周期”等内容，是否符合标准要求。 2. 检查基坑开挖监测过程中是否提交阶段性监测报告。 3. 检查边坡位移监测方案，检查基坑边坡稳定性，是否符合方案要求。 4. 检查现场基坑边坡是否存在沉降、位移及渗水等安全隐患

续表

序号	检查重点	标 准 要 求	检查方法
7	基坑工程应急预案	**1. 国家标准《建筑与市政地基基础通用规范》（GB 55003—2021）** **7.4.8** 基坑工程监测数据超过预警值，或出现基坑、周边建（构）筑物、管线失稳破坏征兆时，应立即停止基坑危险部位的土方开挖及其他有风险的施工作业，进行风险评估，并采取应急处置措施。 **2. 电力行业标准《电力建设施工技术规范 第1部分：土建结构工程》（DL/T 5190.1—2022）** **8.2.4** 支护结构出现险情时，应立即启动应急预案，及时进行处理。 **3. 建筑行业标准《建筑施工安全检查标准》（JGJ 59—2011）** **3.11.4** 基坑工程一般项目的检查评定应符合下列规定： 4 应急预案 1）基坑工程应按规范要求结合工程施工过程中可能出现的支护变形、漏水等影响基坑工程安全的不利因素制订应急预案； 2）应急组织机构应健全，应急的物资、材料、工具、机具等品种、规格、数量应满足应急的需要，并应符合应急预案的要求。 **4. 建筑行业标准《建筑施工土石方工程安全技术规范》（JGJ 180—2009）** **6.1.4** 基坑工程应编制应急预案	1. 检查深基坑工程施工是否编制应急预案及应急预案编制、审批情况。 2. 检查应急组织机构是否健全，人员职责是否明确，应急物资准备是否充足，是否符合应急预案的要求。 3. 检查现场应急预案的执行情况

第三章

模板工程及支撑体系

第一节 模板工程及支撑体系概述

一、术语或定义

(1) 支撑架、临时支承（撑）结构：支撑架指为钢结构安装或浇筑混凝土结构而搭设的承力支架；临时支承（撑）结构指为建筑施工临时搭设的由立杆、水平杆及斜杆等构配件组成的支撑结构，施工期间存在的、施工结束后需要拆除的结构。

(2) 液压滑模：指以筒（墙）壁预埋支撑杆为支点，利用液压千斤顶提升工作平台和滑动模板，连续施工的工艺。滑动模板一次组装完成，上面设置有施工作业人员的操作平台。并从下而上采用液压或其他提升装置沿现浇混凝土表面边浇筑混凝土边进行同步滑动提升和连续作业，直到现浇结构的作业部分或全部完成。其特点是施工速度快、结构整体性能好、操作条件方便和工业化程度较高。

(3) 电动（液压）提模：指以筒（墙）壁预留孔或预埋支撑杆为支点，利用电动机或液压千斤顶提升工作平台和模板，倒模间歇性施工的工艺。

(4) 爬模：指以建筑物的钢筋混凝土墙体为支承主体，依靠自升式爬升支架使大模板完成提升、下降、就位、校正和固定等工作的模板系统。

二、主要检查要求综述

模板及承重支撑体系是工程施工过程中重要的作业工序，直接影响到工程施工质量及现场作业安全，因此模板及承重支撑体系作业作为电力建设工程施工安全检查的重点，主要从钢管满堂模板支撑架、液压爬升（提升）模板、悬挂式脚手架翻模、承重支撑体系等方面进行现场检查。

第二节 满堂扣件式钢管支撑架

满堂扣件式钢管支撑架是指在纵、横方向由不少于三排立杆并与水平杆、水平剪刀撑、竖向剪刀撑、扣件等构成的承力支架。该架体顶部的钢结构安装等（同类工程）施工荷载通过可调托撑轴心传力给立杆，顶部立杆呈轴心受压状态，满堂扣件式钢管支撑架简称满堂支撑架。

满堂支撑架主要检查重点包括施工（专项）方案与交底、构配件材质、支架基础、支架搭设、支架稳定性、杆件连接、底座与托撑、安全防护、使用、检查与验收、支架拆除、应急预案等内容，具体见表 2-3-1。

表 2-3-1　　满堂扣件式钢管支撑架安全检查重点、要求及方法

序号	检查重点	标 准 要 求	检查方法
1	模板工程及支撑体系施工（专项）方案与交底	**1. 国家标准《混凝土结构工程施工规范》(GB 50666—2011)** **4.1.1** 模板工程应编制专项施工方案。滑模、爬模等工具式模板工程及高大模板支架工程的专项施工方案，应进行技术论证。 **2. 国家标准《建筑与市政施工现场安全卫生与职业健康通用规范》(GB 55034—2022)** **3.5.9** 模板及支架应根据施工工况进行设计，并应满足承载力、刚度和稳定性要求。 **3. 建筑行业标准《建筑施工易发事故防治安全标准》（JGJ/T 429—2018)** **4.6.1** 模板及支撑架应根据施工过程中的各种工况进行设计，应具有足够的承载力、刚度和整体稳固性。施工中，模板支撑架应按专项施工方案及相关标准构造要求进行搭设。 **4. 建筑行业标准《建筑施工临时支撑结构技术规范》（JGJ 300—2013)** **3.0.6** 施工前，应按有关规定编制、评审和审批施工方案、并应进行技术交底。 **7.2.1** 支撑结构专项施工方案应包括：工程概况、编制依据、施工计划、施工工艺、施工安全保证措施、劳动力计划、计算书及相关图纸等。 **5.《危险性较大的分部分项工程安全管理规定》(住房和城乡建设部令第 37 号)** **第十条** 施工单位应当在危大工程施工前组织工程技术人员编制专项施工方案。 **第十二条** 对于超过一定规模的危大工程，施工单位应当组织召开专家论证会对专项施工方案进行论证。实行施工总承包的，由施工总承包单位组织召开专家论证会。专家论证前专项施工方案应当通过施工单位审核和总监理工程师审查。 **6.《关于实施〈危险性较大的分部分项工程安全管理规定〉有关问题的通知》(建办质〔2018〕31 号)** **附件 1：**危险性较大的分部分项工程范围 二、模板工程及支撑体系 （二）混凝土模板支撑工程：搭设高度 5m 及以上，或搭设跨度 10m 及以上，或施工总荷载（荷载效应基本组合的设计值，以下简称设计值）10kN/m^2 及以上，或集中线荷载（设计值）15kN/m 及以上，或高度大于支撑水平投影宽度且相对独立无联系构件的混凝土模板支撑工程。 **附件 2：**超过一定规模的危险性较大的分部分项工程范围 二、模板工程及支撑体系 （二）混凝土模板支撑工程：搭设高度 8m 及以上，或搭设跨度 18m 及以上，或施工总荷载（设计值）15kN/m^2 及以上，或集中线荷载（设计值）20kN/m 及以上	1. 查看施工方案的编审批及报审手续、技术交底记录等。 2. 检查确认方案内容、交底内容等与现场施工情况的符合性

续表

序号	检查重点	标 准 要 求	检查方法
2	模板及支撑架构配件材质	**1. 建筑行业标准《建筑施工扣件式钢管脚手架安全技术规范》(JGJ 130—2011)** **3.1.1** 脚手架钢管应采用现行国家标准《直缝电焊钢管》GB/T 13793或《低压流体输送用焊接钢管》GB/T 3091中规定的Q235普通钢管，钢管的钢材质量应符合现行国家标准《碳素结构钢》GB/T 700中Q235级钢的规定。 **3.1.2** 脚手架钢管宜采用 ϕ48.3×3.6钢管。每根钢管的最大质量不应大于25.8kg。 **3.2.1** 扣件应采用可锻铸铁或铸钢制作，其质量和性能应符合现行国家标准《钢管脚手架扣件》GB 15831的规定，采用其他材料制作的扣件，应经试验证明其质量符合该标准的规定后方可使用。 **3.2.2** 扣件在螺栓拧紧扭力矩达到65N·m时，不得发生破坏。 **3.4.1** 可调托撑螺杆外径不得小于36mm，直径与螺距应符合现行国家标准《梯形螺纹　第2部分：直径与螺距系列》GB/T 5796.2和《梯形螺纹　第3部分：基本尺寸》GB/T 5796.3的规定。 **3.4.2** 可调托撑的螺杆与支托板焊接应牢固，焊缝高度不得小于6mm；可调托撑螺杆与螺母旋合长度不得少于5扣，螺母厚度不得小于30mm。 **2. 建筑行业标准《建筑施工临时支撑结构技术规范》(JGJ 300—2013)** **3.0.3** 支撑结构所使用的构配件宜选用标准定型产品。 **3. 建筑行业标准《建筑施工易发事故防治安全标准》(JGJ/T 429—2018)** **4.6.2** 模板支撑架构配件进场应进行验收，构配件及材质应符合专项施工方案及相关标准的规定，不得使用严重锈蚀、变形、断裂、脱焊的钢管或型钢作模板支撑架，亦不得使用竹、木材和钢材混搭的结构。所采用的扣件应进行复试	现场检查、尺量、称重及力矩检测等
3	模板及支撑架基础	**1. 国家标准《混凝土结构工程施工规范》(GB 50666—2011)** **4.4.4** 支架立柱和竖向模板安装在土层上时，应符合下列规定： 1　应设置具有足够强度和支承面积的垫板； 2　土层应坚实，并应有排水措施，对湿陷性黄土、膨胀土，应有防水措施；对冻胀性土，应有防冻胀措施； 3　对软土地基，必要时可采用堆载预压的方法调整模板面板安装高度。 **4.4.16** 后浇带的模板及支架应独立设置。 **2. 建筑行业标准《建筑施工扣件式钢管脚手架安全技术规范》(JGJ 130—2011)** **7.2.3** 立杆垫板或底座底面标高宜高于自然地坪50mm～100mm。 **3. 建筑行业标准《建筑施工模板安全技术规范》(JGJ 162—2008)** **6.1.2** 模板构造与安装应符合下列规定： 3　当满堂或共享空间模板支架立柱高度超过8m时，若地基土达不到承载要求，无法防止立柱下沉，则应先施工地面下的工程，再分层回填夯实基土，浇筑地面混凝土垫层，达到强度后方可支模。 6　现浇多层或高层房屋和构筑物，安装上层模板及其支架应符合下列规定：	1. 检查支架基础及排水措施。 2. 检查支撑架底部垫板设置情况。 3. 检查支撑架立杆支撑处结构的强度（承载力）情况

续表

序号	检查重点	标　准　要　求	检查方法
3	模板及支撑架基础	1）下层楼板应具有承受上层施工荷载的承载能力，否则应加设支撑支架； 2）上层支架立柱应对准下层支架立柱，并应在立柱底铺设垫板。 **4. 建筑行业标准《建筑施工临时支撑结构技术规范》(JGJ 300—2013)** **3.0.4** 支撑结构地基应坚实可靠。当地基土不均匀时，应进行处理。 **5.1.2** 支撑结构的地基应符合下列规定： 1 搭设场地应坚实、平整，并应有排水措施； 2 支撑在地基土上的立杆下应设具有足够强度和支撑面积的垫板； 3 混凝土结构层上宜设可调底座或垫板； 4 对承载力不足的地基土或楼板，应进行加固处理； 5 对冻胀性土层，应有防冻胀措施； 6 湿陷性黄土、膨胀土、软土应有防水措施。 **5. 建筑行业标准《建筑施工易发事故防治安全标准》(JGJ/T 429—2018)** **4.6.3** 满堂钢管支撑架的构造应符合下列规定： 1 立杆地基应坚实、平整，土层场地应有排水措施，不应有积水，并应加设满足承载力要求的垫板；当支撑架支撑在楼板等结构物上时，应验算立杆支承处的结构承载力，当不能满足要求时，应采取加固措施	
4	满堂扣件式钢管支撑架搭设	**1. 国家标准《混凝土结构工程施工规范》(GB 50666—2011)** **4.3.10** 支架的高宽比不宜大于3；当高宽比大于3时，应加强整体稳固性措施。 **4.3.16** 采用门式、碗扣式、盘扣式或盘销式等钢管架搭设的支架，应采用支架立柱杆端插入可调托座的中心传力方式，其承载力及刚度可按国家现行有关标准的规定进行验算。 **4.4.7** 采用扣件式钢管作模板支架时，支架搭设应符合下列规定： 2 立杆纵距、立杆横距不应大于1.5m，支架步距不应大于2.0m；立杆纵向和横向宜设置扫地杆，纵向扫地杆距立杆底部不宜大于200mm，横向扫地杆宜设置在纵向扫地杆的下方；立杆底部宜设置底座或垫板。 4 立杆步距的上下两端应设置双向水平杆，水平杆与立杆的交错点应采用扣件连接，双向水平杆与立杆的连接扣件之间的距离不应大于150mm。 5 支架周边应连续设置竖向剪刀撑。支架长度或宽度大于6m时，应设置中部纵向或横向的竖向剪刀撑，剪刀撑的间距和单幅剪刀撑的宽度均不宜大于8m，剪刀撑与水平杆的夹角宜为45°～60°；支架高度大于3倍步距时，支架顶部宜设置一道水平剪刀撑，剪刀撑应延伸至周边。 8 支架立杆搭设的垂直偏差不宜大于1/200。 **4.4.8** 采用扣件式钢管作高大模板支架时，支架搭设除应符合本规范第4.4.7条的规定外，尚应符合下列规定： 1 宜在支架立杆顶端插可调托座，可调托座螺杆外径不应小于36mm，螺杆插钢管的长度不应小于150mm，螺杆伸出钢管的长度	1. 核查施工方案。 2. 检查支架结构。 3. 检查支架与结构的拉结情况

续表

序号	检查重点	标准要求	检查方法
4	满堂扣件式钢管支撑架搭设	不应大于 300mm，可调托座伸出顶层水平杆的悬臂长度不应大于 500mm。 2　立杆纵距、横距不应大于 1.2m，支架步距不应大于 1.8m。 4　立杆纵向和横向应设置扫地杆，纵向扫地杆距立杆底部不宜大于 200mm。 5　宜设置中部纵向或横向的竖向剪刀撑，剪刀撑的间距不宜大于 5m；沿支架高度方向搭设的水平剪刀撑的间距不宜大于 6m。 6　立杆的搭设垂直偏差不宜大于 1/200，且不宜大于 100mm。 **4.4.9**　采用碗扣式、盘扣式或盘销式钢管架作模板支架时，支架搭设应符合下列规定： 2　立杆上的上、下层水平杆间距不应大于 1.8m。 3　插立杆顶端可调托座伸出顶层水平杆的悬臂长度不应大于 650mm，螺杆插钢管的长度不应小于 150mm，其直径应满足与钢管内径间隙不大于 6mm 的要求。架体最顶层的水平杆步距应比标准步距缩小一个节点间距。 4　立柱间应设置专用斜杆或扣件钢管斜杆加强模板支架。 **4.4.12**　对现浇多层、高层混凝土结构，上、下楼层模板支架的立杆宜对准。 **2. 建筑行业标准《建筑施工扣件式钢管脚手架安全技术规范》(JGJ 130—2011)** **6.9.3**　满堂支撑架应根据架体的类型设置剪刀撑，并应符合下列规定： 1　普通型： 1）在架体外侧周边及内部纵、横向每 5m～8m，应由底至顶设置连续竖向剪刀撑，剪刀撑宽度应为 5m～8m。 2）在竖向剪刀撑顶部交点平面应设置连续水平剪刀撑。当支撑高度超过 8m，或施工总荷载大于 15kN/m^2，或集中线荷载大于 20kN/m 的支撑架，扫地杆的设置层应设置水平剪刀撑。水平剪刀撑至架体底平面距离与水平剪刀撑间距不宜超过 8m。 2　加强型： 1）当立杆纵、横间距为 0.9m×0.9m～1.2m×1.2m 时，在架体外侧周边及内部纵、横向每 4 跨（且不大于 5m），应由底至顶设置连续竖向剪刀撑，剪刀撑宽度应为 4 跨。 2）当立杆纵、横间距为 0.6m×0.6m～0.9m×0.9m（含 0.6m×0.6m，0.9m×0.9m）时，在架体外侧周边及内部纵、横向每 5 跨（且不小于 3m），应由底至顶设置连续竖向剪刀撑，剪刀撑宽度应为 5 跨。 3）当立杆纵、横间距为 0.4m×0.4m～0.6m×0.6m（含 0.4m×0.4m）时，在架体外侧周边及内部纵、横向每 3m～3.2m 应由底至顶设置连续竖向剪刀撑，剪刀撑宽度应为 3m～3.2m。 4）在竖向剪刀撑顶部交点平面应设置水平剪刀撑，扫地杆的设置层水平剪刀撑的设置应符合 6.9.3 条第 1 款第 2 项的规定，水平剪刀撑至架体底平面距离与水平剪刀撑间距不宜超过 6m，剪刀撑宽度应为 3m～5m。 **6.9.4**　竖向剪刀撑斜杆与地面的倾角应为 45°～60°，水平剪刀撑与支架纵（或横）向夹角应为 45°～60°，剪刀撑斜杆的接长应符合本规范第 6.3.6 条的规定。	

续表

序号	检查重点	标　准　要　求	检查方法
4	满堂扣件式钢管支撑架搭设	**3. 建筑行业标准《建筑施工临时支撑结构技术规范》(JGJ 300—2013)** **5.1.3** 立杆宜符合下列规定： 1 起步立杆宜采用不同长度立杆交错布置。 2 立杆的接头宜采用对接。 **5.1.4** 支撑结构应设置纵向和横向扫地杆，且宜符合下列规定： 1 对扣件式支撑结构，扫地杆高度不宜超过200mm。 2 对碗扣式支撑结构，扫地杆高度不宜超过350mm。 3 对承插式支撑结构，扫地杆高度不宜超过550mm。 **7.3.2** 支撑结构搭设应按施工方案进行，并应符合下列规定： 1 剪刀撑、斜杆与连墙件应随立杆、纵横向水平杆同步搭设，不得滞后安装； 2 每搭完一步，应按规定校正步距、纵距、横距、立杆的垂直度及水平杆的水平偏差； 3 每步的纵向、横向水平杆应双向拉通； 4 在多层楼板上连续搭设支撑结构时，上下层支撑立杆宜对准。 **4. 建筑行业标准《建筑施工易发事故防治安全标准》(JGJ/T 429—2018)** **4.6.3** 满堂钢管支撑架的构造应符合下列规定： 2 立杆间距、水平杆步距应符合专项施工方案的要求。 3 扫地杆离地间距、立杆伸出顶层水平杆中心线至支撑点的长度应符合相关标准的规定。 4 水平杆应按步距沿纵向和横向通长连续设置，不得缺失。在立杆底部应设置纵向和横向扫地杆，水平杆和扫地杆应与相邻立杆连接牢固。 5 架体应均匀、对称设置剪刀撑或斜撑杆、交叉拉杆，并应与架体连接牢固，连成整体，其设置跨度、间距应符合相关标准的规定。 6 顶部施工荷载应通过可调托撑向立杆轴心传力，可调托撑伸出顶层水平杆的悬臂长度应符合相关标准要求，插入立杆长度不应小于150mm，螺杆外径与立杆钢管内径的间隙不应大于3mm	
5	满堂扣件式钢管支撑架稳定性	**1. 国家标准《混凝土结构工程施工规范》(GB 50666—2011)** **4.4.11** 支架的竖向斜撑和水平斜撑应与支架同步搭设，支架应与成型的混凝土结构拉结。钢管支架的竖向斜撑和水平斜撑的搭设，应符合国家现行有关钢管脚手架标准的规定。 **2. 建筑行业标准《建筑施工临时支撑结构技术规范》(JGJ 300—2013)** **5.1.6** 当有既有结构时，支撑结构应与既有结构可靠连接，并宜符合下列规定： 1 竖向连接间隔不宜超过2步，优先布置在水平剪刀撑或水平斜杆层处。 2 水平方向连接间隔不宜超过8m。 3 附柱（墙）拉结杆件距支撑结构主节点宜不大于300mm。 4 当遇柱时，宜采用抱柱连接措施。 **5.1.7** 在坡道、台阶、坑槽和凸台等部位的支撑结构，应符合下列规定：	1. 核查施工方案。 2. 检查支架与结构的拉结情况

续表

序号	检查重点	标准要求	检查方法
5	满堂扣件式钢管支撑架稳定性	1 支撑结构地基高差变化时，在高处扫地杆应与此处的纵横向水平杆拉通； 2 设置在坡面上的立杆底部应有可靠的固定措施。 **5.1.8** 当支撑结构高宽比大于3，且四周无可靠连接时，宜在支撑结构上对称设置缆风绳或采取其他防止倾覆的措施。 **3. 建筑行业标准《建筑施工易发事故防治安全标准》(JGJ/T 429—2018)** **4.6.3** 满堂钢管支撑架的构造应符合下列规定： 7 支撑架高宽比超过3时，应采用将架体与既有结构连接、扩大架体平面尺寸或对称设置缆风绳等加强措施。 8 桥梁满堂支撑架搭设完成后应进行预压试验	
6	满堂扣件式钢管支撑架杆件连接	**国家标准《混凝土结构工程施工规范》(GB 50666—2011)** **4.4.7** 采用扣件式钢管作模板支架时，支架搭设应符合下列规定： 3 立杆接长除顶层步距可采用搭接外，其余各层步距接头应采用对接扣件连接，两个相邻立杆的接头不应设置在同一步距内。 6 立杆、水平杆、剪刀撑的搭接长度，不应小于0.8m，且不应少于2个扣件连接，扣件盖板边缘至杆端不应小于100mm。 **4.4.8** 采用扣件式钢管作高大模板支架时，支架搭设除应符合本规范第4.4.7条的规定外，尚应符合下列规定： 3 立杆顶层步距内采用搭接时，搭接长度不应小于1m，且不应少于3个扣件连接； 7 应根据周边结构的情况，采取有效的连接措施加强支架整体稳固性。 **4.4.9** 采用碗扣式、盘扣式或盘销式钢管架作模板支架时，支架搭设应符合下列规定： 1 碗扣架、盘扣架或盘销架的水平杆与立柱的扣接应牢靠，不应滑脱	1. 支撑架杆件连接可靠性。 2. 支撑架杆件搭接情况。 3. 杆件与周边结构的连接情况
7	满堂扣件式钢管支撑架底座与托撑	**建筑行业标准《建筑施工扣件式钢管脚手架安全技术规范》(JGJ 130—2011)** **6.9.6** 满堂支撑架的可调底座、可调托撑螺杆伸出长度不宜超过300mm，插入立杆内的长度不得小于150mm。 **7.3.3** 底座安放应符合下列规定： 1 底座、垫板均应准确地放在定位线上。 2 垫板应采用长度不少于2跨、厚度不小于50mm、宽度不小200mm的木垫板	1. 现场查看。 2. 测量检查
8	满堂扣件式钢管支撑架安全防护	**1. 建筑行业标准《建筑施工扣件式钢管脚手架安全技术规范》(JGJ 130—2011)** **9.0.8** 当有六级强风及以上风、浓雾、雨或雪天气时应停止脚手架搭设与拆除作业。雨、雪后上架作业应有防滑措施，并应扫除积雪。 **9.0.9** 夜间不宜进行脚手架搭设与拆除作业。 **9.0.15** 满堂脚手架与满堂支撑架在安装过程中，应采取防倾覆的临时固定措施。 **2. 建筑行业标准《建筑施工临时支撑结构技术规范》(JGJ 300—2013)**	1. 检查支撑架防雷接地措施。 2. 检查支撑架安全警示标志及防护措施。 3. 检查支撑架使用过程的交叉情况。 4. 检查支撑架安拆作业顺序

续表

序号	检查重点	标 准 要 求	检查方法
8	满堂扣件式钢管支撑架安全防护	**5.1.9** 支撑结构应采取防雷接地措施，并应符合国家相关标准的规定。 **7.1.1** 支撑结构严禁与起重机械设备、施工脚手架等连接。 **7.1.3** 支撑结构使用过程中，严禁拆除构配件。 **7.3.3** 当支撑结构搭设过程中临时停工，应采取安全稳固措施。 **7.3.4** 支撑结构作业面应铺设脚手板，并应设置防护措施。 **7.7.2** 支撑结构作业层上的施工荷载不得超过设计允许荷载。 **7.7.4** 支撑结构在使用过程中，应设专人监护施工，当发现异常情况，应立即停止施工，并应迅速撤离作业面上的人员，启动应急预案。排除险情后，方可继续施工。 **7.7.6** 支撑结构搭设和拆除过程中，地面应设置围栏和警戒标志，派专人看守，严禁非操作人员进入作业范围。 **7.7.7** 支撑结构与架空输电线应保持安全距离，接地防雷措施等应符合现行行业标准《施工现场临时用电安全技术规范》JGJ 46的有关规定。 **3. 建筑行业标准《建筑施工易发事故防治安全标准》(JGJ/T 429—2018)** **3.0.8** 施工现场出入口、施工起重机械、临时用电设施以及脚手架、模板支撑架等施工临时设施、临边与洞口等危险部位，应设置明显的安全警示标志和必要的安全防护设施，并应经验收合格后方可使用。临时拆除或变动安全防护设施时，应按程序审批，经验收合格后方可使用。 **4.6.10** 支撑架严禁与施工起重设备、施工脚手架等设施、设备连接。 **4.6.11** 支撑架使用期间，严禁擅自拆除架体构配件。 **4.6.16** 在浇筑混凝土作业时，支撑架下部范围内严禁人员作业、行走或停留。 **5.4.1** 上下模板支撑架应设置专用攀登通道，不得在连接件和支撑件上攀登，不得在上下同一垂直面上装拆模板	
9	模板及支撑架使用、检查与验收	**1. 国家标准《混凝土结构工程施工规范》(GB 50666—2011)** **4.2.2** 模板及支架宜选用轻质、高强、耐用的材料。连接件宜选用标准定型产品。 **4.6.1** 模板、支架杆件和连接件的进场检查，应符合下列规定： 2 模板的规格和尺寸，支架杆件的直径和壁厚，及连接件的质量，应符合设计要求； 4 必要时，应对模板、支架杆件和连接件的力学性能进行抽样检查； 5 应在进场时和周转使用前全数检查外观质量。 **2. 国家标准《建筑与市政施工现场安全卫生与职业健康通用规范》(GB 55034—2022)** **3.5.12** 临时支撑结构安装、使用时应符合下列规定： 1 严禁与起重机械设备、施工脚手架等连接； 2 临时支撑结构作业层上的施工荷载不得超过设计允许荷载； 3 使用过程中，严禁拆除构配件。 **3. 建筑行业标准《建筑施工临时支撑结构技术规范》(JGJ 300—2013)**	现场检查，查阅相关记录文件

续表

序号	检查重点	标 准 要 求	检查方法
9	模板及支撑架使用、检查与验收	**7.1.2** 当有下列条件之一时，宜对支撑结构进行预压或监测： 1 承受重载或设计有特殊要求时。 2 特殊支撑结构或需了解其内力和变形时。 3 地基为不良的地质条件时。 4 跨空和悬挑支撑结构。 5 其他认为危险性大的重要临时支撑结构。 **7.5.1** 支撑结构使用中构造或用途发生变化时，必须重新对施工方案进行设计和审批。 **7.5.2** 在沟槽开挖等影响支撑结构地基与地基的安全时，必须对其采取加固措施。 **7.5.3** 在支撑结构上进行施焊作业时，必须有防火措施。 **4. 建筑行业标准《建筑施工易发事故防治安全标准》(JGJ/T 429—2018)** **4.6.15** 支撑架在使用过程中应实施监测，出现异常或监测数据达到监测报警值时，应立即停止作业，待查明原因并经处理合格后方可继续施工	
10	模板及支撑架拆除	**1. 国家标准《混凝土结构工程施工规范》(GB 50666—2011)** **4.5.2** 底模及支架应在混凝土强度达到设计要求后再拆除。 **4.5.4** 多个楼层间连续支模的底层支架拆除时间，应根据连续支模的楼层间荷载分配和混凝土强度的增长情况确定。 **4.5.5** 快拆支架体系的支架立杆间距不应大于2m。拆模时，应保留立杆并顶托支承楼板，拆模时的混凝土强度应达到构件设计强度的50%。 **2. 建筑行业标准《建筑施工扣件式钢管脚手架安全技术规范》(JGJ 130—2011)** **7.4.4** 架体拆除作业应设专人指挥，当有多人同时操作时，应明确分工、统一行动，且应具有足够的操作面。 **3. 建筑行业标准《建筑施工临时支撑结构技术规范》(JGJ 300—2013)** **7.1.4** 支撑结构搭设和拆除应设专人负责监督检查。特种作业人员应取得相应资格证书，持证上岗。 **7.1.5** 当有六级及以上强风、浓雾、雨或雪天气时，应停止支撑结构的搭设、使用及拆除作业。 **7.6.1** 支撑结构拆除应按专项施工方案确定的方法和顺序进行。 **7.6.2** 支撑结构的拆除应符合下列规定： 1 拆除作业前，应先对支撑结构的稳定性进行检查确认。 2 拆除作业应分层、分段，由上至下顺序拆除。 3 当只拆除部分支撑结构时，拆除前应对不拆除支撑结构进行加固，确保稳定。 4 对多层支撑结构，当楼层结构不能满足承载要求时，严禁拆除下层支撑。 5 严禁抛掷拆除的构配件。 6 对设有缆风绳的支撑结构，缆风绳应对称拆除。 7 有六级及以上强风或雨、雪时，应停止作业。 **7.6.3** 在暂停拆除施工时，应采取临时固定措施，已拆除和松开的构配件应妥善放置。	1. 现场查看支撑架安拆作业顺序。 2. 查看支撑架拆除时混凝土同条件试件强度报告。 3. 支撑架拆除过程如有暂停拆除施工时，现场查看采取的临时固定措施

续表

序号	检查重点	标 准 要 求	检查方法
10	模板及支撑架拆除	**7.7.5** 模板支撑结构拆除前，项目技术负责人、项目总监理工程师应核查混凝土同条件试块强度报告，达到拆模强度后方可拆除，并履行拆模审批签字手续。 **4. 建筑行业标准《建筑施工易发事故防治安全标准》(JGJ/T 429—2018)** **4.6.17** 混凝土浇筑顺序及支撑架拆除顺序应按专项施工方案的规定进行	
11	满堂扣件式钢管支撑架应急预案	**建筑行业标准《建筑施工扣件式钢管脚手架安全技术规范》(JGJ 130—2011)** **9.0.6** 满堂支撑架在使用过程中，应设有专人监护施工，当出现异常情况时，应立即停止施工，并应迅速撤离作业面上人员。应在采取确保安全的措施后，查明原因、做出判断和处理	现场查看

第三节 液压爬升（提升）模板系统

液压爬升（提升）模板系统主要检查重点包括模板及支撑设计和选用、模板安装及使用、安全防护以及施工方案与交底、构配件材质、检查验收、使用与检测、模板拆除、应急预案等内容，其中施工方案与交底、构配件材质、使用、检查与验收、模板拆除、应急预案等，检查要求及检查方法可参见本章第二节相关内容。液压爬升（提升）模板系统安全检查重点、要求及方法见表 2-3-2。

表 2-3-2　液压爬升（提升）模板系统安全检查重点、要求及方法

序号	检查重点	标 准 要 求	检查方法
1	液压爬升（提升）模板及支撑设计和选用	**1. 国家标准《烟囱工程技术标准》(GB/T 50051—2021)** **7.7.1** 模板及其支撑结构应具有足够的承载能力、刚度和稳定性。 **2. 建筑行业标准《建筑施工模板安全技术规范》(JGJ 162—2008)** **5.1.11** 烟囱、水塔和其他高大构筑物的模板工程，应根据其特点进行专项设计，制定专项施工安全措施。 **6.1.1** 模板安装前必须做好下列安全技术准备工作： 1 应审查模板结构设计与施工说明书中的荷载、计算节点构造和安全措施，设计审批手续应齐全。 2 应进行全面的安全技术交底，操作班组应熟悉设计与施工说明书，并应做好模板安装作业的分工准备。采用爬模、飞模、隧道模等特殊模板施工时，所有参加作业人员必须经过专门技术培训，考核合格后方可上岗	1. 查看施工方案的编审批及报审手续、技术交底记录等。 2. 查看施工方案的专家论证资料。 3. 检查确认方案内容、交底内容等与现场施工情况的符合性
2	液压爬升（提升）模板安装及使用	**1. 国家标准《烟囱工程技术标准》(GB/T 50051—2021)** **7.7.4** 当采用电动（液压）提模工艺安装模板时，内、外模板应设置对拉螺杆，对拉螺杆的间距、规格、位置应经计算确定。上、下层模板宜采用承插方式连接，模板上口应设置对撑。内、外均应设置收分模板，外模板应捆紧，缝隙应堵严，内模板应支顶牢固。 **20.0.15** 采用电动（液压）提模或滑动模板工艺施工，混凝土未达到规定的强度时，不得提升或滑升模板。	1. 现场查看。 2. 测量检查

续表

序号	检查重点	标准要求	检查方法
2	液压爬升（提升）模板安装及使用	**2. 建筑行业标准《建筑施工模板安全技术规范》（JGJ 162—2008）** **6.4.3** 施工过程中爬升大模板及支架时，应符合下列规定： 4 大模板爬升时，新浇混凝土的强度不应低于 $1.2N/mm^2$。支架爬升时的附墙架穿墙螺栓受力处的新浇混凝土强度应达到 $10N/mm^2$ 以上。 5 爬升设备每次使用前均应检查，液压设备应由专人操作。 **6.4.9** 所有螺栓孔均应安装螺栓，螺栓应采用 50N·m～60N·m 的扭矩紧固。 **3. 建筑行业标准《建筑施工易发事故防治安全标准》（JGJ/T 429—2018）** **4.6.8** 当采用液压滑动模板施工时，应符合下列规定： 1 液压提升系统所需的千斤顶和支承杆的数量和布置方式应符合现行国家标准《滑动模板工程技术规范》GB 50113 及专项施工方案的规定；支承杆的直径、规格应与所使用的千斤顶相适应； 2 提升架、操作平台、料台和吊脚手架应具有足够的承载力和刚度； 3 模板的滑升速度、混凝土出模强度应符合现行国家标准《滑动模板工程技术规范》GB 50113 及专项施工方案的规定。 **5.4.4** 翻模、爬模、滑模等工具式模板应设置操作平台，上下操作平台间应设置专用攀登通道	
3	液压爬升（提升）模板系统安全防护	**1. 建筑行业标准《建筑施工模板安全技术规范》（JGJ 162—2008）** **6.4.6** 爬模的外附脚手架或悬挂脚手架应满铺脚手板，脚手架外侧应设防护栏杆和安全网。爬架底部亦应满铺脚手板和设置安全网。 **2. 建筑行业标准《建筑施工易发事故防治安全标准》（JGJ/T 429—2018）** **3.0.8** 施工现场出入口、施工起重机械、临时用电设施以及脚手架、模板支撑架等施工临时设施、临边与洞口等危险部位，应设置明显的安全警示标志和必要的安全防护设施，并应经验收合格后方可使用。临时拆除或变动安全防护设施时，应按程序审批，经验收合格后方可使用	现场查看

第四章

脚 手 架 施 工

第一节 脚手架施工概述

一、术语或定义

（1）脚手架：指由杆件或结构单元、配件通过可靠连接而组成，能承受相应荷载，具有安全防护功能，为建筑施工提供作业条件的结构架体。包括作业脚手架和支撑脚手架。

（2）作业脚手架：指由杆件或结构单元、配件通过可靠连接而组成，支撑于地面、建筑物上或附着于工程结构上，为建筑施工提供作业平台和安全防护的脚手架。包括以各类不同杆件（构件）和节点形式构成的落地作业脚手架、悬挑脚手架、附着式升降脚手架等。

（3）架体构造：指由架体杆件、结构单元、配件组成的脚手架结构形式、连接方式及其相互关系。

二、主要检查要求综述

脚手架是建筑施工现场不可缺少的临时设施之一，因脚手架存在的缺陷所造成的高处坠落、坍塌和物体打击事故占比一直较高，为建筑施工伤害之首。其安全隐患总量也长期居于建筑施工现场安全隐患前列，给现场作业人员带来极大的人身伤害安全风险，严重危害着施工人员的生命和健康。本节从电力建设工程施工常用的扣件式钢管脚手架、悬挑式脚手架、承插型盘扣式脚手架、附着式升降脚手架及外挂防护架入手，详细讲述脚手架的安全检查要点和检查方法。

第二节 脚手架施工通用规定

脚手架施工通用安全检查重点、要求及方法见表 2－4－1。

表 2－4－1　　脚手架施工通用安全检查重点、要求及方法

序号	检查重点	标　准　要　求	检查方法
1	脚手架搭拆人员资格要求	**1.《中华人民共和国安全生产法》（2021 年 6 月 10 日第十三届全国人民代表大会常务委员会第二十九次会议第三次修订）** **第三十条**　生产经营单位的特种作业人员必须按照国家有关规定经专门的安全作业培训，取得相应资格，方可上岗作业。	主要通过现场询问、查看证件、网上验证等方式方法查验脚手架搭拆人员资格是否符合要

续表

序号	检查重点	标 准 要 求	检查方法
1	脚手架搭拆人员资格要求	**2.《建设工程安全生产管理条例》(国务院令第393号)** **第二十五条** 垂直运输机械作业人员、安装拆卸工、爆破作业人员、起重信号工、登高架设作业人员等特种作业人员，必须按照国家有关规定经过专门的安全作业培训，并取得特种作业操作资格证书后，方可上岗作业。 **3.《特种作业人员安全技术培训考核管理规定》[国家安全生产监督管理总局令第30号(2015年5月29日国家安全生产监督管理总局令第80号，第二次修订)]** **第五条** 特种作业人员必须经专门的安全技术培训并考核合格，取得《中华人民共和国特种作业操作证》后，方可上岗作业。 附件：特种作业目录 **3.1** 登高架设作业 指在高处从事脚手架、跨越架架设或拆除的作业。 **4. 住建部《建筑施工特种作业人员管理规定》(建质〔2008〕75号)** **第三条** 建筑施工特种作业包括： (二)建筑架子工。 **第四条** 建筑施工特种作业人员必须经建设主管部门考核合格，取得建筑施工特种作业人员操作资格证书(以下简称"资格证书")，方可上岗从事相应作业。 **5. 国家标准《建筑施工脚手架安全技术统一标准》(GB 51210—2016)** **11.1.3** 脚手架的搭设和拆除作业应由专业架子工担任，并应持证上岗。 **6. 电力行业标准《电力建设安全工作规程 第1部分：火力发电》(DL 5009.1—2014)** **4.8.1** 通用规定 1 脚手架搭、拆人员应经过培训考核合格，取得特种作业人员操作证	求。资格证书查验方式见第五篇第一章第一节
2	脚手架搭拆施工方案与交底	**1. 国家标准《建筑施工脚手架安全技术统一标准》(GB 51210—2016)** **3.1.1** 在脚手架搭设和拆除作业前，应根据工程特点编制专项施工方案，并应经审批后组织实施。 **9.0.1** 脚手架搭设和拆除作业应按专项施工方案施工。 **9.0.2** 脚手架搭设作业前，应向作业人员进行安全技术交底。 **11.1.2** 脚手架工程应按下列规定实施安全管理： 1 搭设和拆除作业前，应审核专项施工方案。 **2. 国家标准《施工脚手架通用规范》(GB 55023—2022)** **2.0.3** 脚手架搭设和拆除作业以前，应根据工程特点编制脚手架专项施工方案，并应经审批后实施。脚手架专项施工方案应包括下列主要内容： 1 工程概况和编制依据； 2 脚手架类型选择； 3 所用材料、构配件类型及规格； 4 结构与构造设计施工图； 5 结构设计计算书；	1. 查看专项施工方案编制、审核、批准手续是否齐全、完善。超过一定规模的危险性较大的脚手架工程是否经专家论证。 2. 查看脚手架专项施工方案内容是否符合标准要求。 3. 查看安全技术交底记录，是否开展逐级交底，交底人及所有参与施工人员均需参加交底并签字。查看交底内容是否与专项方案安全技术措施一致。

续表

序号	检查重点	标 准 要 求	检查方法
2	脚手架搭拆施工方案与交底	6 搭设、拆除施工计划； 7 搭设、拆除技术要求； 8 质量控制措施； 9 安全控制措施； 10 应急预案。 **2.0.4** 脚手架搭设和拆除作业前，应将脚手架专项施工方案向施工现场管理人员及作业人员进行安全技术交底。 **2.0.6** 当脚手架专项施工方案需要修改时，修改后的方案应经审批后实施。 **3. 电力行业标准《电力建设安全工作规程 第1部分：火力发电》（DL 5009.1—2014）** **4.1.8** 安全技术应符合下列规定： 7 施工作业前必须进行安全技术交底，交底人和被交底人应签字并保存记录。 **4.8.1** 通用规定： 3 脚手架搭、拆应有经过审批的专项施工方案或安全技术措施。 5 超高、超重、大跨度的脚手架搭、拆应编制专项安全技术措施。 **4.《危险性较大的分部分项工程安全管理规定》（住房和城乡建设部令第37号）** **第十条** 施工单位应当在危大工程施工前组织工程技术人员编制专项施工方案。 **第十二条** 对于超过一定规模的危大工程，施工单位应当组织召开专家论证会对专项施工方案进行论证。 **第十五条** 专项施工方案实施前，编制人员或者项目技术负责人应当向施工现场管理人员进行方案交底。 施工现场管理人员应当向作业人员进行安全技术交底，并由双方和项目专职安全生产管理人员共同签字确认。 **5.《关于实施〈危险性较大的分部分项工程安全管理规定〉有关问题的通知》（建办质〔2018〕31号）** **附件1** 危险性较大的分部分项工程范围 四、脚手架工程： （一）搭设高度24m及以上的落地式钢管脚手架工程（包括采光井、电梯井脚手架）。 （二）附着式升降脚手架工程。 （三）悬挑式脚手架工程。 （四）高处作业吊篮。 （五）卸料平台、操作平台工程。 （六）异型脚手架工程。 **附件2** 超过一定规模的危险性较大的分部分项工程范围 四、脚手架工程： （一）搭设高度50m及以上的落地式钢管脚手架工程。 （二）提升高度在150m及以上的附着式升降脚手架工程或附着式升降操作平台工程。 （三）分段架体搭设高度20m及以上的悬挑式脚手架工程	4. 现场抽查作业人员，询问了解安全技术交底情况

续表

序号	检查重点	标 准 要 求	检查方法
3	脚手架构配件材质	**1. 国家标准《建筑施工脚手架安全技术统一标准》（GB 51210—2016）** **4.0.1** 脚手架所用钢管宜采用现行国家标准《直缝电焊钢管》GB/T 13793 或《低压流体输送用焊接钢管》GB/T 3091 中规定的普通钢管，其材质应符合现行国家标准《碳素结构钢》GB/T 700 中 Q235 级钢或《低合金高强度结构钢》GB/T 1591 中 Q345 级钢的规定。 **4.0.2** 脚手架所使用的型钢、钢板、圆钢应符合国家现行相关标准的规定，其材质应符合现行国家标准《碳素结构钢》GB/T 700 中 Q235 级钢或《低合金高强度结构钢》GB/T 1591 中 Q345 级钢的规定。 **4.0.3** 铸铁或铸钢制作的构配件材质应符合现行国家标准《可锻铸铁件》GB/T 9440 中 KTH－330－08 或《一般工程用铸造碳钢件》GB/T 11352 中 ZG270－500 的规定。 **4.0.7** 底座和托座应经设计计算后加工制作，其材质应符合现行国家标准《碳素结构钢》GB/T 700 中 Q235 级钢或《低合金高强度结构钢》GB/T 1591 中 Q345 级钢的规定，并应符合下列要求： 1 底座的钢板厚度不得小于 6mm，托座 U 形钢板厚度不得小于 5mm，钢板与螺杆应采用环焊，焊缝高度不应小于钢板厚度，并宜设置加劲板； 2 可调底座和可调托座螺杆插入脚手架立杆钢管的配合公差应小于 2.5mm； 3 可调底座和可调托座螺杆与可调螺母啮合的承载力应高于可调底座和可调托座的承载力，应通过计算确定螺杆与调节螺母啮合的齿数，螺母厚度不小于 30mm。 **4.0.9** 钢筋吊环或预埋锚固螺栓材质应符合现行国家标准《混凝土结构设计规范》GB 50010 的规定。 **4.0.10** 脚手架所用钢丝绳应符合现行国家标准《一般用途钢丝绳》GB/T 20118、《重要用途钢丝绳》GB/T 8918、《钢丝绳用普通套环》GB/T 5974.1 和《钢丝绳夹》GB/T 5976 的规定。 **4.0.14** 脚手架构配件应具有良好的互换性，且可重复使用。杆件、构配件的外观质量应符合下列规定： 1 不得使用带有裂纹、折痕、表面明显凹陷、严重锈蚀的钢管。 2 铸件表面应光滑、不得有砂眼、气孔、裂纹、浇冒口残余等缺陷，表面粘砂应清除干净。 3 冲压件不得有毛刺、裂纹、明显变形、氧化皮等缺陷。 4 焊接件的焊缝应饱满，焊渣应清除干净，不得有未焊透、夹渣、咬肉、裂纹等缺陷。 **2. 国家标准《施工脚手架通用规范》（GB 55023—2022）** **3.0.1** 脚手架材料与构配件的性能指标应满足脚手架使用的需要，质量应符合国家现行相关标准的规定。 **3.0.2** 脚手架材料与构配件应有产品质量合格证明文件。	1. 新采购的构配件查阅厂家产品质量合格证、质量检验报告。 2. 周转使用的旧构配件查阅构配件检查验收报告等资料。 3. 查阅设计计算书。 4. 采用目测等方法进行外观检查。 5. 卷尺、钢板尺测量。 6. 游标卡尺测量厚度、直径等。其中，外径 41～50mm 的钢管，偏差为±0.5mm。钢管壁厚为±10%。 7. 扭力扳手抽查扣件紧固力矩。 8. 抽查询问现场作业人员和管理人员

续表

序号	检查重点	标准要求	检查方法
3	脚手架构配件材质	**3.0.3** 脚手架所用杆件和构配件应配套使用，并应满足组架方式及构造要求。 **3.0.4** 脚手架材料与构配件在使用周期内，应及时检查、分类、维护、保养，对不合格品应及时报废，并应形成文件记录。 **3. 电力行业标准《电力建设安全工作规程　第1部分：火力发电》(DL 5009.1—2014)** **4.8.1** 通用规定： 10 脚手架材料、各构配件使用前应进行验收，验收结果应符合国家现行标准。新进场材料、构配件须有厂家质量证明材料，严禁使用不合格的材料、构配件。	
4	脚手架立杆基础	**1. 国家标准《建筑施工脚手架安全技术统一标准》(GB 51210—2016)** **9.0.3** 脚手架的搭设场地应平整、坚实，场地排水应顺畅，不应有积水。脚手架附着于建筑结构处的混凝土强度应满足安全承载要求。 **2. 国家标准《施工脚手架通用规范》(GB 55023—2022)** **4.1.3** 脚手架地基应符合下列规定： 1 应平整坚实，应满足承载力和变形要求； 2 应设置排水措施，搭设场地不应积水； 3 冬期施工应采取防冻胀措施。 **3. 电力行业标准《电力建设安全工作规程　第1部分：火力发电》(DL 5009.1—2014)** **4.8.1** 通用规定 14 脚手架搭设处地基必须稳固，承载力达不到要求时应进行地基处理；搭设前应清除地面杂物，排水畅通，经验收合格后方可搭设。 **4.《防止电力建设工程施工安全事故三十项重点要求》(国能发安全〔2022〕55号)** **3.4.2** 脚手架地基与基础必须满足脚手架所受荷载、搭设高度等要求，严禁在不具备承载力的基础上搭设脚手架。基础排水必须畅通，不得有积水。混凝土结构面上的立杆必须采取防滑措施	1. 现场实地观察。 2. 卷尺、钢板尺等工具测量立杆的间距、步距等。 3. 抽查询问现场作业人员和管理人员
5	脚手架架体搭设	**1. 国家标准《建筑施工脚手架安全技术统一标准》(GB 51210—2016)** **8.2.5** 作业脚手架底部立杆上应设置纵向和横向扫地杆。 **9.0.4** 脚手架应按顺序搭设，并应符合下列规定： 1 落地作业脚手架、悬挑脚手架的搭设应与工程施工同步，一次搭设高度不应超过最上层连墙件两步，且自由高度不应大于4m。 3 剪刀撑、斜撑杆等加固杆件应随架体同步搭设，不得滞后安装。 5 每搭设完一步架体后，应按规定校正立杆间距、步距、垂直度及水平杆的水平度。 **11.1.4** 搭设和拆除脚手架作业应有相应的安全设施，操作人员应佩戴个人防护用品，穿防滑鞋。	1. 查阅专项施工方案和阶段验收记录等资料。 2. 现场实地观察检查。 3. 卷尺或钢板尺测量杆件的间距等。利用吊坠、水平仪等检查杆件的垂直度和水平度。 4. 抽查询问现场作业人员和管理人员

续表

序号	检查重点	标 准 要 求	检查方法
5	脚手架架体搭设	**11.2.3** 雷雨天气、6级及以上强风天气应停止架上作业；雨、雪、雾天气应停止脚手架的搭设和拆除作业；雨、雪、霜后上架作业应采取有效的防滑措施，并应清除积雪。 **2. 国家标准《施工脚手架通用规范》（GB 55023—2022）** **4.4.5** 脚手架底部立杆应设置纵向和横向扫地杆，扫地杆应与相邻立杆连接稳固。 **5.1.1** 搭设和拆除脚手架作业应有相应的安全措施，操作人员应佩戴个人防护用品，应穿防滑鞋。 **5.2.1** 脚手架应按顺序搭设，并应符合下列规定： 1 落地作业脚手架、悬挑脚手架的搭设应与主体结构工程施工同步，一次搭设高度不应超过最上层连墙件2步，且自由高度不应大于4m； 2 剪刀撑、斜撑杆等加固杆件应随架体同步搭设； 3 构件组装类脚手架的搭设应自一端向另一端延伸，应自下而上按步逐层搭设；并应逐层改变搭设方向； 4 每搭设完一步距架体后，应及时校正立杆间距、步距、垂直度及水平杆的水平度。 **5.2.2** 作业脚手架连墙件安装应符合下列规定： 1 连墙件的安装应随作业脚手架搭设同步进行； 2 当作业脚手架操作层高出相邻连墙件2个步距及以上时，在上层连墙件安装完毕前，应采取临时拉结措施。 **3. 建筑行业标准《建筑施工易发事故防治安全标准》（JGJ/T 429—2018）** **4.5.2** 脚手架应按设计计算和构造要求设置能承受压力和拉力的连墙件，连墙件应与建筑结构和架体连接牢固。连墙件设置间距应符合相关标准及专项施工方案的规定。脚手架使用中，严禁任意拆除连墙件。 **4.5.3** 脚手架连墙件的安装，应符合下列规定： 1 连墙件的安装应随架体升高及时在规定位置处设置，不得滞后安装； 2 当作业脚手架操作层高出相邻连墙件以上2步时，在上层连墙件安装完毕前，应采取临时拉结措施。 **4.5.5** 脚手架应按相关标准的构造要求设置剪刀撑或斜撑杆、交叉拉杆，并应与立杆连接牢固，连成整体。 **5.3.5** 当遇6级及以上大风、雨雪、浓雾天气时，应停止脚手架的搭设与拆除作业以及脚手架上的施工作业。雨雪、霜后脚手架作业时，应有防滑措施，并应扫除积雪。夜间不得进行脚手架搭设与拆除作业。 **5.3.6** 搭设和拆除脚手架作业应有相应的安全设施，操作人员应佩戴安全帽、安全带和防滑鞋。 **4. 电力行业标准《电力建设安全工作规程 第1部分：火力发电》（DL 5009.1—2014）** **4.8.1** 通用规定：	

续表

序号	检查重点	标准要求	检查方法
5	脚手架架体搭设	2 脚手架搭、拆作业人员应无妨碍所从事工作的生理缺陷和禁忌证。非专业工种人员不得搭、拆脚手架。搭设脚手架时作业人员应挂好安全带，穿防滑鞋，递杆、撑杆作业人员应密切配合。 4 特殊脚手架和承重平台应由专业技术人员按国家现行标准进行受力计算并设计。在建（构）筑物上搭设脚手架、承重平台应验算建（构）筑物的强度。 6 脚手架不得钢、木、竹混搭，不同外径的钢管严禁混合使用。钢管上严禁打孔。 16 脚手架的立杆应垂直，底部应设置扫地杆。钢管立杆底部应设置金属底座或垫木。竹、木立杆应埋入地下 300mm～500mm，杆坑底部应夯实并垫砖石；遇松土或无法挖坑时应设置扫地杆。横杆应平行并与立杆成直角搭设。 22 斜道板、跳板的坡度不得大于 1∶3，宽度不得小于 1.5m，并应钉防滑条。防滑条的间距不得大于 300mm。 25 在通道及扶梯处的脚手架横杆不得阻碍通行。阻碍通行时应抬高并加固。在搬运器材的或有车辆通行的通道处的脚手架，立杆应设围栏并挂警示牌。 34 夜间不宜进行脚手架、承重平台搭、拆作业。 35 当有六级及以上强风、雾霾、雨或雪天气时应停止脚手架、承重平台搭、拆作业。雨、雪后上架作业应有防滑措施，并应及时清扫积雪。 **5.《防止电力建设工程施工安全事故三十项重点要求》（国能发安全〔2022〕55 号）** **3.4.3** 脚手架搭设必须按规定设置扫地杆、剪刀撑、连墙件等。 **3.4.4** 双排脚手架起步立杆必须采用不同长度的杆件交错布置，架体相邻立杆接头必须错开设置，严禁设置在同步内。开口形双排脚手架的两端均必须设置横向斜撑	
6	脚手架架体稳定	**1. 国家标准《建筑施工脚手架安全技术统一标准》（GB 51210—2016）** **3.1.2** 脚手架的构造设计应能保证脚手架结构体系的稳定。 **3.1.3** 脚手架的设计、搭设、使用和维护应满足下列要求： 2 结构应稳固，不得发生影响使用的变形； 4 在使用中，脚手架结构性能不得发生明显改变； 5 当遇意外作用或偶然超载时，不得发生整体破坏； 6 脚手架所依附、承受的工程结构不应受到损害。 **3.1.4** 脚手架应构造合理、连接牢固、搭设与拆除方便、使用安全可靠。 **4.0.12** 脚手架挂扣式连接、承插式连接的连接件应有防止退出或防止脱落的措施。 **8.1.1** 脚手架的构造和组架工艺应能满足施工需求，并应保证架体牢固、稳定。 **8.1.4** 脚手架的竖向和水平剪刀撑应根据其种类、荷载、结构和构造设置，剪刀撑斜杆应与相邻立杆连接牢固；可采用斜撑杆、交叉拉杆代替剪刀撑。	1. 查阅专项施工方案。 2. 现场实地观测检查。 3. 卷尺、钢板尺等工具测量脚手架的宽度、层高、间距、步距等。 4. 经纬仪、角度测量仪等测量。 5. 现场抽查询问作业人员和管理人员

续表

序号	检查重点	标 准 要 求	检查方法
6	脚手架架体稳定	**8.2.1** 作业脚手架的宽度不应小于0.8m，且不宜大于1.2m。作业层高度不应小于1.7m，且不宜大于2.0m。 **8.2.2** 作业脚手架应按设计计算和构造要求设置连墙件，并应符合下列规定： 1 连墙件应采用能承受压力和拉力的构造，并应与建筑结构和架体连接牢固； 2 连墙件的水平间距不得超过3跨，竖向间距不得超过3步，连墙点之上架体的悬臂高度不应超过2步； 3 在架体的转角处、开口型作业脚手架端部应增设连墙件，连墙件的垂直间距不应大于建筑物层高，且不应大于4.0m。 **8.2.3** 在作业脚手架的纵向外侧立面上应设置竖向剪刀撑，并应符合下列规定： 1 每道剪刀撑的宽度应为4跨～6跨，且不应小于6m，也不应大于9m；剪刀撑斜杆与水平面的倾角应在45°～60°之间。 2 搭设高度在24m以下时，应在架体两端、转角及中间每隔不超过15m各设置一道剪刀撑，并由底至顶连续设置；搭设高度在24m及以上时，应在全外侧立面上由底至顶连续设置。 **8.2.4** 当采用竖向斜撑杆、竖向交叉拉杆替代作业脚手架竖向剪刀撑时，应符合下列规定： 1 在作业脚手架的端部、转角处应各设置一道。 2 搭设高度在24m以下时，应每隔5跨～7跨设置一道；搭设高度在24m及以上时，应每隔1跨～3跨设置一道，相邻竖向斜撑杆应朝向对称呈八字形设置。 3 每道竖向斜撑杆、竖向交叉拉杆应在作业脚手架外侧相邻纵向立杆由底至顶按步连续设置。 **8.3.1** 支撑脚手架的立杆间距和步距应按设计计算确定，且间距不宜大于1.5m，步距不应大于2.0m。 **8.3.2** 支撑脚手架独立架体高宽比不应大于3.0。 **8.3.3** 当有既有建筑结构时，支撑脚手架应与既有建筑结构可靠连接，连接点至架体主节点的距离不宜大于300mm，应与水平杆同层设置，并应符合下列规定： 1 连接点竖向间距不宜超过2步； 2 连接点水平向间距不宜大于8m。 **8.3.4** 支撑脚手架应设置竖向剪刀撑，并应符合下列规定： 1 安全等级为Ⅱ级的支撑脚手架应在架体周边、内部纵向和横向每隔不大于9m设置一道； 2 安全等级为Ⅰ级的支撑脚手架应在架体周边、内部纵向和横向每隔不大于6m设置一道； 3 竖向剪刀撑斜杆间的水平距离宜为6m～9m，剪刀撑斜杆与水平面的倾角应为45°～60°。 **8.3.5** 当采用竖向斜撑杆、竖向交叉拉杆代替支撑脚手架竖向剪刀撑时，应符合下列规定： 1 安全等级为Ⅱ级的支撑脚手架应在架体周边、内部纵向和横向每隔6m～9m设置一道；安全等级为Ⅰ级的支撑脚手架应在架体	

续表

序号	检查重点	标准要求	检查方法
6	脚手架架体稳定	周边、内部纵向和横向每隔 4m～6m 设置一道。 2　每道竖向斜撑杆、竖向交叉拉杆可沿支撑脚手架纵向、横向每隔 2 跨在相邻立杆间从底至顶连续设置；也可沿支撑脚手架竖向每隔 2 步距连续设置。斜撑杆可采用八字形对称布置。 **8.3.6**　支撑脚手架应设置水平剪刀撑，并应符合下列规定： 1　安全等级为Ⅱ级的支撑脚手架宜在架顶处设置一道水平剪刀撑； 2　安全等级为Ⅰ级的支撑脚手架应在架顶、竖向每隔不大于 8m 各设置一道水平剪刀撑； 3　每道水平剪刀撑应连续设置，剪刀撑的宽度宜为 6m～9m。 **8.3.7**　当采用水平斜撑杆、水平交叉拉杆代替支撑脚手架每层的水平剪刀撑时，应符合下列规定： 1　安全等级为Ⅱ级的支撑脚手架应在架体水平面的周边、内部纵向和横向每隔不大于 12m 设置一道； 2　安全等级为Ⅰ级的支撑脚手架宜在架体水平面的周边、内部纵向和横向每隔不大于 8m 设置一道； 3　水平斜撑杆、水平交叉拉杆应在相邻立杆间连续设置。 **8.3.8**　支撑脚手架剪刀撑或斜撑杆、交叉拉杆的布置应均匀、对称。 **8.3.13**　支撑脚手架的可调底座和可调托座插入立杆的长度不应小于 150mm，其可调螺杆的外伸长度不宜大于 300mm。当可调托座调节螺杆的外伸长度较大时，宜在水平方向设有限位措施，其可调螺杆的外伸长度应按计算确定。 **8.13.5**　满堂支撑脚手架应在外侧立面、内部纵向和横向每隔 6m～9m 由底至顶连续设置一道竖向剪刀撑；在顶层和竖向间隔不大于 8m 处各设置一道水平剪刀撑，并应在底层立杆上设置纵向和横向扫地杆。 **8.13.6**　可移动的满堂支撑脚手架搭设高度不应超过 12m，高宽比不应大于 1.5。应在外侧立面、内部纵向和横向间隔不大于 4m 由底至顶连续设置一道竖向剪刀撑；应在顶层、扫地杆设置层和竖向间隔不超过 2 步分别设置一道水平剪刀撑。应在底层立杆上设置纵向和横向扫地杆。 **2. 国家标准《施工脚手架通用规范》(GB 55023—2022)** **4.4.6**　作业脚手架应按设计计算和构造要求设置连墙件，并应符合下列要求： 1　连墙件应采用能承受压力和拉力的刚性构件，并应与工程结构和架体连接牢固； 2　连墙点的水平间距不得超过 3 跨，竖向间距不得超过 3 步，连墙点之上架体的悬臂高度不应超过 2 步； 3　在架体的转角处、开口型作业脚手架端部应增设连墙件，连墙件竖向间距不应大于建筑物层高，且不应大于 4m。 **4.4.7**　作业脚手架的纵向外侧立面上应设置竖向剪刀撑，并应符合下列规定：	

续表

序号	检查重点	标 准 要 求	检查方法
6	脚手架架体稳定	1 每道剪刀撑的宽度应为4跨～6跨，且不应小于6m，也不应大于9m；剪刀撑斜杆与水平面的倾角应在45°～60°之间； 2 当搭设高度在24m以下时，应在架体两端、转角及中间每隔不超过15m各设置一道剪刀撑，并应由底至顶连续设置；当搭设高度在24m及以上时，应在全外侧立面上由底至顶连续设置。 **4.4.10** 应对下列部位的作业脚手架采取可靠的构造加强措施： 1 附着、支承于工程结构的连接处； 2 平面布置的转角处； 3 塔式起重机、施工升降机、物料平台等设施断开或开洞处； 4 楼面高度大于连墙件设置竖向高度的部位； 5 工程结构突出物影响架体正常布置处。 **4.4.12** 支撑脚手架独立架体高宽比不应大于3.0。 **4.4.13** 支撑脚手架应设置竖向和水平剪刀撑，并应符合下列规定： 1 剪刀撑的设置应均匀、对称； 2 每道竖向剪刀撑的宽度应为6m～9m，剪刀撑斜杆的倾角应在45°～60°之间。 **4.4.14** 支撑脚手架的水平杆应按步距沿纵向和横向通长连续设置，且应与相邻立杆连接稳固。 **4.4.15** 脚手架可调底座和可调托撑调节螺杆插入脚手架立杆内的长度不应小于150mm，且调节螺杆伸出长度应经计算确定，并应符合下列规定： 1 当插入的立杆钢管直径为42mm时，伸出长度不应大于200mm； 2 当插入的立杆钢管直径为48.3mm及以上时，伸出长度不应大于500mm。 **4.4.16** 可调底座和可调托撑螺杆插入脚手架立杆钢管内的间隙不应大于2.5mm。 **3.《防止电力建设工程施工安全事故三十项重点要求》(国能发安全〔2022〕55号)** **3.4.5** 满堂钢管支撑架的构造应遵守下列规定： **3.4.5.1** 严禁不按方案搭设支撑架，立杆间距、水平杆步距必须根据实际情况进行设计验算。 **3.4.5.2** 水平杆必须按步距沿纵向和横向通长连续设置，严禁缺失。必须按规定在立杆底部设置纵向和横向扫地杆。 **3.4.5.3** 架体必须均匀、对称设置剪刀撑或斜拉杆、交叉拉杆，并与架体连接牢固，连成整体。 **3.4.5.4** 支撑架高宽比超过3时，必须采取架体与既有结构连接、扩大架体平面尺寸或对称设置缆风绳等加强措施，否则严禁作业	
7	脚手架脚手板与防护栏杆	**1. 国家标准《建筑施工脚手架安全技术统一标准》(GB 51210—2016)** **4.0.6** 脚手板应满足强度、耐久性和重复使用要求，钢脚手板材质应符合现行国家标准《碳素结构钢》GB/T 700中Q235级钢的规定；冲压钢板脚手板的钢板厚度不宜小于1.5mm，板面冲孔内切圆直径应小于25mm。	1. 新采购的构配件查阅厂家产品质量合格证、质量检验报告。 2. 周转使用的旧构配件查阅钢管、扣件及脚

续表

序号	检查重点	标准要求	检查方法
7	脚手架脚手板与防护栏杆	**8.2.8** 作业脚手架的作业层上应满铺脚手板，并应采取可靠的连接方式与水平杆固定。当作业层边缘与建筑物间隙大于 150mm 时，应采取防护措施。作业层外侧应设置栏杆和挡脚板。 **11.2.5** 作业脚手架临街的外侧立面、转角处应采取硬防护措施，硬防护的高度不应小于 1.2m，转角处硬防护的宽度应为作业脚手架的宽度。 **2. 国家标准《施工脚手架通用规范》(GB 55023—2022)** **4.4.4** 脚手架作业层应采取安全防护措施，并应符合下列规定： 1 作业脚手架、满堂支撑脚手架、附着式升降脚手架作业层应满铺脚手板，并应满足稳固可靠的要求。当作业层边缘与结构外表面的距离大于 150mm 时，应采取防护措施。 2 采用挂钩连接的钢脚手板，应带有自锁装置且与作业层水平杆锁紧。 3 木脚手板、竹串片脚手板、竹笆脚手板应有可靠的水平杆支承，并应绑扎稳固。 4 脚手架作业层外边缘应设置防护栏杆和挡脚板。 5 作业脚手架底层脚手板应采取封闭措施。 **3. 建筑行业标准《建筑施工易发事故防治安全标准》(JGJ/T 429—2018)** **5.3.1** 脚手架作业层上脚手板的设置，应符合下列规定： 1 作业平台脚手板应铺满、铺稳、铺实、铺平； 2 脚手架内立杆与建筑物距离不宜大于 150mm；当距离大于 150mm 时，应采取封闭防护措施； 3 工具式钢脚手板应有挂钩，并应带有自锁装置与作业层横向水平杆锁紧，不得浮放； 4 木脚手板、竹串片脚手板、竹笆脚手板两端应与水平杆绑牢，作业层相邻两根横向水平杆间应加设间水平杆，脚手板探头长度不应大于 150mm。 **5.3.2** 脚手架作业层上防护栏杆的设置，应符合下列规定： 1 扣件式和普通碗扣式钢管脚手架应在外侧立杆 0.6m 及 1.2m 高处搭设两道防护栏杆； 2 承插型盘扣式和高强碗扣式钢管脚手架应在外侧立杆 0.5m 及 1.0m 高的立杆节点处搭设两道防护栏杆； 3 防护栏杆下部应设置高度不小于 180mm 的挡脚板； 4 防护栏杆和挡脚板均应设置在外立杆内侧。 **4. 电力行业标准《电力建设安全工作规程 第 1 部分：火力发电》(DL 5009.1—2014)** **4.8.1** 通用规定 20 脚手板的铺设： 1）脚手板应满铺，不应有空隙和探头板。脚手板与墙面的间距不得大于 200mm。 2）脚手板的搭接长度不得小于 200mm。对头搭接处应设双排小横杆。双排小横杆的间距不得大于 200mm。 3）在架子拐弯处，脚手板应交错搭接。 4）脚手板应铺设平稳并绑牢，不平处用木块垫平并钉牢，严禁垫砖。	手板检查验收报告等资料。 3. 卷尺、钢板尺等工具测量。 4. 游标卡尺测量。 5. 现场观察检查。 6. 现场抽查询问作业人员和管理人员

续表

序号	检查重点	标　准　要　求	检查方法
7	脚手架脚手板与防护栏杆	5）在架子上翻脚手板时，应由两人从里向外按顺序进行。工作时必须挂好安全带，下方应设安全网。 21　脚手架的外侧、斜道和平台应搭设由上下两道横杆及立杆组成的防护栏杆。上杆离基准面高度 1.2m，中间栏杆与上、下构件的间距不大于 500mm，并设 180mm 高的挡脚板或设防护立网，里脚手的高度应低于外墙 200mm。 **5.《防止电力建设工程施工安全事故三十项重点要求》（国能发安全〔2022〕55 号）** **2.2.1**　作业层脚手板必须铺满、铺稳、铺实、铺平并绑扎固定，禁止铺设单板，脚手板探头长度不得大于 150mm；脚手架内立杆与建筑物距离大于 150mm 时，必须采取封闭防护措施。 **2.2.2**　脚手架作业层外侧应设置两道防护栏杆和不低于 180mm 高的挡脚板	
8	脚手架杆件连接	**1. 国家标准《建筑施工脚手架安全技术统一标准》（GB 51210—2016）** **8.1.2**　脚手架杆件连接节点应满足其强度和转动刚度要求，应确保架体在使用期内安全，节点无松动。 **8.1.3**　脚手架所用杆件、节点连接件、构配件等应能配套使用，并应能满足各种组架方法和构造要求。 **2. 国家标准《施工脚手架通用规范》（GB 55023—2022）** **4.4.1**　脚手架构造措施应合理、齐全、完整，并应保证架体传力清晰、受力均匀。 **4.4.2**　脚手架杆件连接节点应具备足够强度和转动刚度，架体在使用期内节点应无松动。 **3. 电力行业标准《电力建设安全工作规程　第 1 部分：火力发电》（DL 5009.1—2014）** **4.8.1**　通用规定： 17　脚手架的立杆间距不得大于 2m，大横杆间距不得大于 1.8m，小横杆间距不得大于 1.5m。 18　钢管立杆、大横杆的接头应错开，横杆搭接长度不得小于 500mm，承插式的管接头插接长度不得小于 80mm；水平承插式接头应有穿销并用扣件连接，不得用铁丝或绳子绑扎	1. 新采购的杆件、节点连接件、构配件等查阅厂家产品型号规格、合格证等资料。 2. 周转使用的旧杆件、节点连接件、构配件查阅抽检报告等资料。 3. 卷尺测量间距、搭接长度等。 4. 现场实地观察检查。 5. 现场抽查询问作业和管理人员
9	安全防护	**1. 国家标准《建筑施工脚手架安全技术统一标准》（GB 51210—2016）** **11.2.4**　作业脚手架外侧和支撑脚手架作业层栏杆应采用密目式安全网或其他措施全封闭防护。密目式安全网应为阻燃产品。 **11.2.9**　在搭设和拆除脚手架作业时，应设置安全警戒线、警戒标志，并应派专人监护，严禁非作业人员入内。 **11.2.10**　脚手架与架空输电线路的安全距离、工地临时用电线路架设及脚手架接地、防雷措施，应按现行行业标准《施工现场临时用电安全技术规范》JGJ 46 执行。 **2. 国家标准《施工脚手架通用规范》（GB 55023—2022）** **4.4.4**　脚手架作业层应采取安全防护措施，并应符合下列规定： 6　沿所施工建筑物每 3 层或高度不大于 10m 处应设置一层水平防护。 7　作业层外侧应采用安全网封闭。当采用密目安全网封闭时，密目安全网应满足阻燃要求。	1. 查阅专项施工方案。 2. 查阅密目式安全网质量合格证及验收记录等资料。 3. 卷尺等工具测量。 4. 接地电阻测试仪器测量。 5. 现场观测检查

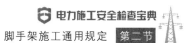

续表

序号	检查重点	标　准　要　求	检查方法
9	安全防护	8　脚手板伸出横向水平杆以外的部分不应大于200mm。 **4.4.11**　临街作业脚手架的外侧立面、转角处应采取有效硬防护措施。 **5.1.2**　在搭设和拆除脚手架作业时，应设置安全警戒线、警戒标志，并应由专人监护，严禁非作业人员入内。 **5.1.3**　当在脚手架上架设临时施工用电线路时，应有绝缘措施，操作人员应穿绝缘防滑鞋；脚手架与架空输电线路之间应设有安全距离，并应设置接地、防雷设施。 **5.1.4**　当在狭小空间或空气不流通空间进行搭设、使用和拆除脚手架作业时，应采取保证足够的氧气供应措施，并应防止有毒有害、易燃易爆物质积聚。 **5.2.4**　脚手架安全防护网和防护栏杆等防护设施应随架体搭设同步安装到位。 **3. 建筑行业标准《建筑施工易发事故防治安全标准》(JGJ/T 429—2018)** **5.3.3**　脚手架外侧应采用密目式安全立网全封闭，不得留有空隙，并应与架体绑扎牢固。 **5.3.4**　脚手架作业层脚手板下宜采用安全平网兜底，以下每隔不大于10m应采用安全平网封闭。 **4. 电力行业标准《电力建设安全工作规程　第1部分：火力发电》(DL 5009.1—2014)** **4.8.1**　通用规定： 12　脚手架、承重平台搭拆施工区周围应设围栏或警示标志，设专人监护，严禁无关人员入内。 13　临近道路搭设脚手架时，外侧应有防止坠物伤人的防护措施。 27　脚手架最高点在施工现场避雷设施保护范围以外时，20m及以上钢管脚手架应安装避雷装置。附近有架空线路时，应符合规定并采取可靠的隔离防护措施。 **5.《防止电力建设工程施工安全事故三十项重点要求》(国能发安全〔2022〕55号)** **2.2.3**　工具式脚手架外侧、承重式脚手架作业层必须采用符合阻燃要求的密目式安全立网全封闭，不得留有空隙，必须与架体绑扎牢固。 **2.2.4**　脚手架作业层脚手板下必须采用安全平网兜底，以下每隔不大于10m必须采用安全平网封闭。 **2.2.5**　脚手架作业层里排架体与建筑物之间空隙应采用脚手板或安全平网封闭	
10	脚手架检查验收	**1. 国家标准《建筑施工脚手架安全技术统一标准》(GB 51210—2016)** **10.0.1**　施工现场应建立健全脚手架工程的质量管理制度和搭设质量检查验收制度。 **10.0.2**　脚手架工程应按下列规定进行质量控制： 1　对搭设脚手架的材料、构配件和设备应进行现场检验； 2　脚手架搭设过程中应分步校验，并应进行阶段施工质量检查； 3　在脚手架搭设完工后应进行验收，并应在验收合格后方可使用。	1. 查阅产品质量合格证、质量检验报告、复验记录等。 2. 查阅阶段检查与验收记录。 3. 外观观测检查。 4. 现场检查观测。 5. 现场抽查询问搭设人员、技术人员及其他相关人员等

续表

序号	检查重点	标　准　要　求	检查方法
10	脚手架检查验收	**10.0.3**　搭设脚手架的材料、构配件和设备应按进入施工现场的批次分品种、规格进行检验，检验合格后方可搭设施工，并应符合下列规定： 1　新产品应有产品质量合格证，工厂化生产的主要承力杆件、涉及结构安全的构件应具有型式检验报告； 2　材料、构配件和设备质量应符合本标准及国家现行相关标准的规定； 3　按规定应进行施工现场抽样复验的构配件，应经抽样复验合格； 4　周转使用的材料、构配件和设备，应经维修检验合格。 **10.0.4**　在对脚手架材料、构配件和设备进行现场检验时，应采用随机抽样的方法抽取样品进行外观检验、实量实测检验、功能测试检验。抽样比例应符合下列规定： 1　按材料、构配件和设备的品种、规格应抽检1%～3%； 2　安全锁扣、防坠装置、支座等重要构配件应全数检验； 3　经过维修的材料、构配件抽检比例不应少于3%。 **10.0.5**　脚手架在搭设过程中和阶段使用前，应进行阶段施工质量检查，确认合格后方可进行下道工序施工或阶段使用，在下列阶段应进行阶段施工质量检查： 1　搭设场地完工后及脚手架搭设前；附着式升降脚手架支座、悬挑脚手架悬挑结构固定后； 2　首层水平杆搭设安装后； 3　落地作业脚手架和悬挑作业脚手架每搭设一个楼层高度，阶段使用前； 4　附着式升降脚手架在每次提升前、提升就位后和每次下降前、下降就位后。 **10.0.6**　脚手架在进行阶段施工质量检查时，应依据本标准及脚手架相关的国家现行标准的要求，采用外观检查、实量实测检查、性能测试等方法进行检查。 **10.0.7**　在落地作业脚手架、悬挑脚手架、支撑脚手架达到设计高度后，附着式升降脚手架安装就位后，应对脚手架搭设施工质量进行完工验收。脚手架搭设施工质量合格判定应符合下列规定： 1　所用材料、构配件和设备质量应经现场检验合格； 2　搭设场地、支承结构件固定应满足稳定承载的要求； 3　阶段施工质量检查合格，符合本标准及脚手架相关的国家现行标准、专项施工方案的要求； 4　观感质量检查应符合要求； 5　专项施工方案、产品合格证及型式检验报告、检查记录、测试记录等技术资料应完整。 **2. 国家标准《施工脚手架通用规范》(GB 55023—2022)** **6.0.4**　脚手架搭设过程中，应在下列阶段进行检查，检查合格后方可使用；不合格应进行整改，整改合格后方可使用： 1　基础完工后及脚手架搭设前； 2　首层水平杆搭设后； 3　作业脚手架每搭设一个楼层高度； 4　附着式升降脚手架支座、悬挑脚手架悬挑结构搭设固定后； 5　附着式升降脚手架在每次提升前、提升就位后，以及每次下	

续表

序号	检查重点	标 准 要 求	检查方法
10	脚手架检查验收	降前、下降就位后； 6 外挂防护架在首次安装完毕、每次提升前、提升就位后； 7 搭设支撑脚手架，高度每2步～4步或不大于6m。 **6.0.5** 脚手架搭设达到设计高度或安装就位后，应进行验收，验收不合格的，不得使用。脚手架的验收应包括下列内容： 1 材料与构配件质量； 2 搭设场地、支承结构件的固定； 3 架体搭设质量； 4 专项施工方案、产品合格证、使用说明及检测报告、检查记录、测试记录等技术资料。 **3. 电力行业标准《电力建设安全工作规程 第1部分：火力发电》（DL 5009.1—2014）** **4.8.1** 通用规定 10 脚手架材料、各构配件使用前应进行验收，验收结果应符合国家现行标准。新进场材料、构配件须有厂家质量证明材料，严禁使用不合格的材料、构配件。 28 脚手架搭设完成后，宜使用检定合格的扭力扳手抽查扣件紧固力矩，抽检数量应符合国家现行标准。 29 搭设好的脚手架应经相关管理部门及使用单位验收合格并挂牌后方可使用，使用中应定期检查和维护。 **4.《防止电力建设工程施工安全事故三十项重点要求》（国能发安全〔2022〕55号）** **3.4.1** 搭设脚手架所用管件、底座、可调托撑等必须进行验收，严禁使用不合格材料搭设脚手架	
11	脚手架使用与检测	**1. 国家标准《建筑施工脚手架安全技术统一标准》（GB 51210—2016）** **4.0.13** 周转使用的脚手架杆件、构配件应制定维修检验标准，每使用一个安装拆除周期后，应及时检查、分类、维护、保养，对不合格品应及时报废。 **9.0.12** 脚手架在使用过程中应分阶段进行检查、监护、维护、保养。 **11.1.1** 施工现场应建立脚手架工程施工安全管理体系和安全检查、安全考核制度。 **11.1.2** 脚手架工程应按下列规定实施安全管理： 1 搭设和拆除作业前，应审核专项施工方案； 2 应查验搭设脚手架的材料、构配件、设备检验和施工质量检查验收结果； 3 使用过程中，应检查脚手架安全使用制度的落实情况。 **11.1.5** 脚手架在使用过程中，应定期进行检查，检查项目应符合下列规定： 1 主要受力杆件、剪刀撑等加固杆件、连墙件应无缺失、无松动，架体应无明显变形； 2 场地应无积水，立杆底端应无松动、无悬空； 3 安全防护设施应齐全、有效，应无损坏缺失； 4 附着式升降脚手架支座应牢固，防倾、防坠装置应处于良好工作状态，架体升降应正常平稳；	1. 查阅安全检查、维护保养等记录。 2. 现场检查观测。 3. 抽查询问作业人员及管理人员、技术人员

续表

序号	检查重点	标　准　要　求	检查方法
11	脚手架使用与检测	5　悬挑脚手架的悬挑支承结构应固定牢固。 **11.1.6**　当脚手架遇有下列情况之一时，应进行检查，确认安全后方可继续使用： 1　遇有6级及以上强风或大雨过后； 2　冻结的地基土解冻后； 3　停用超过1个月； 4　架体部分拆除； 5　其他特殊情况。 **11.2.6**　作业脚手架同时满载作业的层数不应超过2层。 **11.2.7**　在脚手架作业层上进行电焊、气焊和其他动火作业时，应采取防火措施，并应设专人监护。 **11.2.8**　在脚手架使用期间，立杆基础下及附近不宜进行挖掘作业。当因施工需要需进行挖掘作业时，应对架体采取加固措施。 **2. 国家标准《施工脚手架通用规范》（GB 55023—2022）** **5.3.1**　脚手架作业层上的荷载不得超过荷载设计值。 **5.3.2**　雷雨天气、6级及以上大风天气应停止架上作业；雨、雪、雾天气应停止脚手架的搭设和拆除作业，雨、雪、霜后上架作业应采取有效的防滑措施，雪天应清除积雪。 **5.3.3**　严禁将支撑脚手架、缆风绳、混凝土输送泵管、卸料平台及大型设备的支承件等固定在作业脚手架上。严禁在作业脚手架上悬挂起重设备。 **5.3.4**　脚手架在使用过程中，应定期进行检查并形成记录，脚手架工作状态应符合下列规定： 1　主要受力杆件、剪刀撑等加固杆件和连墙件应无缺失、无松动，架体应无明显变形； 2　场地应无积水，立杆底端应无松动、无悬空； 3　安全防护设施应齐全、有效，应无损坏缺失。 **5.3.5**　当遇到下列情况之一时，应对脚手架进行检查并应形成记录，确认安全后方可继续使用： 1　承受偶然荷载后； 2　遇有6级及以上强风后； 3　大雨及以上降水后； 4　冻结的地基土解冻后； 5　停用超过1个月； 6　架体部分拆除； 7　其他特殊情况。 **5.3.6**　脚手架在使用过程中出现安全隐患时，应及时排除；当出现下列状态之一时，应立即撤离作业人员，并应及时组织检查处置： 1　杆件、连接件因超过材料强度破坏，或因连接节点产生滑移，或因过度变形而不适于继续承载； 2　脚手架部分结构失去平衡； 3　脚手架结构杆件发生失稳； 4　脚手架发生整体倾斜； 5　地基部分失去继续承载的能力。 **5.3.7**　支撑脚手架在浇筑混凝土、工程结构件安装等施加荷载的过程中，架体下严禁有人。	

续表

序号	检查重点	标 准 要 求	检查方法
11	脚手架使用与检测	**5.3.8** 在脚手架内进行电焊、气焊和其他动火作业时，应在动火申请批准后进行作业，并应采取设置接火斗、配置灭火器、移开易燃物等防火措施，同时应设专人监护。 **5.3.9** 脚手架使用期间，严禁在脚手架立杆基础下方及附近实施挖掘作业。 **3. 建筑行业标准《建筑施工易发事故防治安全标准》（JGJ/T 429—2018）** **4.5.6** 脚手架作业层应在显著位置设置限载标志，注明限载数值。在使用过程中，作用在作业层上的人员、机具和堆料等严禁超载。 **4. 电力行业标准《电力建设安全工作规程 第1部分：火力发电》（DL 5009.1—2014）** **4.8.1** 通用规定： 15 严禁将电缆桥架、仪表管等作为脚手架或作业平台支承点。 31 脚手架应在大风、暴雨后及解冻期加强检查。长期停用的脚手架，在恢复使用前应经检查、重新验收合格后方可使用。 32 严禁超负荷使用脚手架及承重平台；严禁将脚手架、承重平台作为重物支点、悬挂吊点、牵拉承力点。 33 不得将模板支架、缆风绳、泵送混凝土和砂浆的输送管等固定在架体上；严禁拆除或移动架体上安全防护设施。 **5.《防止电力建设工程施工安全事故三十项重点要求》（国能发安全〔2022〕55号）** **3.4.7** 脚手架使用期间应遵守下列规定： **3.4.7.1** 严禁拆除主节点处的纵、横向水平杆，纵、横向扫地杆。严禁拆除连墙件。严禁使用重锤敲砸架体上的钢管和扣件。 **3.4.7.2** 开挖脚手架基础下的设备基础或管沟时，必须对脚手架采取加固措施。严禁在模板支撑架及脚手架基础开挖深度影响范围内进行挖掘作业。 **3.4.7.3** 严禁满堂支撑架顶部实际荷载超过设计规定。 **3.4.7.4** 严禁作业层上的施工荷载超过设计规定。严禁将模板支架、缆风绳、泵送混凝土和砂浆输送管等固定在脚手架上。严禁将脚手架作为起吊重物的承力点	
12	脚手架架体拆除	**1. 国家标准《建筑施工脚手架安全技术统一标准》（GB 51210—2016）** **9.0.1** 脚手架搭设和拆除作业应按专项施工方案施工。 **9.0.10** 脚手架的拆除作业不得重锤击打、撬别。拆除的杆件、构配件应采用机械或人工运至地面，严禁抛掷。 **2. 国家标准《施工脚手架通用规范》（GB 55023—2022）** **5.4.1** 脚手架拆除前，应清除作业层上的堆放物。 **5.4.2** 脚手架的拆除作业应符合下列规定： 1 架体拆除应按自上而下的顺序按步逐层进行，不应上下同时作业。 2 同层杆件和构配件应按先外后内的顺序拆除；剪刀撑、斜撑杆等加固杆件应在拆卸至该部位杆件时拆除。 3 作业脚手架连墙件应随架体逐层、同步拆除，不应先将连墙件整层或数层拆除后再拆架体。 4 作业脚手架拆除作业过星中，当架体悬臂段高度超过2步时，应加设临时拉结。	1. 查阅专项施工方案。 2. 实地检查观测。 3. 抽查询问拆除作业人员、技术人员、安全管理人员等相关人员

续表

序号	检查重点	标 准 要 求	检查方法
12	脚手架架体拆除	**5.4.3** 作业脚手架分段拆除时，应先对未拆除部分采取加固处理措施后再进行架体拆除。 **5.4.4** 架体拆除作业应统一组织，并应设专人指挥，不得交叉作业。 **5.4.5** 严禁高空抛掷拆除后的脚手架材料与构配件。 **3. 建筑行业标准《建筑施工易发事故防治安全标准》(JGJ/T 429—2018)** **4.5.4** 脚手架的拆除作业，应符合下列规定： 1 架体拆除应自上而下逐层进行，不得上下层同时拆除； 2 连墙件应随脚手架逐层拆除，不得先将连墙件整层或数层拆除后再拆除架体； 3 拆除作业过程中，当架体的自由端高度大于2步时，应增设临时拉结件。 **4. 电力行业标准《电力建设安全工作规程 第1部分：火力发电》(DL 5009.1—2014)** **4.8.1** 通用规定： 30 脚手架使用期间，严禁拆除主节点处的纵、横向水平杆，纵、横向扫地杆，连墙件等。 36 脚手架拆除前应清除脚手架上杂物及地面障碍物。 37 脚手架拆除前应全面检查扣件连接、连墙件及支撑体系，确认可靠后方可拆除。对不符合拆除要求的，应采取可靠的措施。 38 拆除脚手架应按自上而下的顺序进行，严禁上下同时作业或将脚手架整体推倒。连墙件或拉结点应随脚手架逐层拆除，严禁先将连墙件整层或数层拆除后再拆脚手架；拆下的构配件应及时集中运至地面，严禁抛扔。 **5.《防止电力建设工程施工安全事故三十项重点要求》(国能发安全〔2022〕55号)** **3.4.8** 脚手架拆除应遵守下列规定： **3.4.8.1** 双排脚手架拆除作业必须由上而下逐层进行，严禁上下同时拆除；连墙件必须随脚手架逐层拆除，严禁先将连墙件整层或数层拆除后再拆脚手架；分段拆除高差大于两步时，必须增设连墙件加固。 **3.4.8.2** 满堂支撑架拆除时，应按“先搭后拆，后搭先拆”的原则，从顶层开始，逐层向下进行，严禁上下层同时拆除	

第三节 扣件式钢管脚手架

一、术语或定义

扣件式钢管脚手架是指为建筑施工而搭设的、承受荷载的由扣件和钢管等构成的脚手架与支撑架，主要包括落地式单、双排扣件式钢管脚手架、满堂扣件式钢管脚手架、型钢悬挑扣件式钢管脚手架、满堂扣件式钢管支撑架等。

(1) 扣件：指采用螺栓紧固的扣接连接件为扣件；包括直角扣件、旋转扣件、对接扣件。

（2）水平杆：指脚手架中的水平杆件。沿脚手架纵向设置的水平杆为纵向水平杆；沿脚手架横向设置的水平杆为横向水平杆。

（3）扫地杆：指贴近楼（地）面，连接立杆根部的纵、横向水平杆件；包括纵向扫地杆、横向扫地杆。

（4）连墙件：指将脚手架架体与建筑物主体构件连接，能够传递拉力和压力的构件。

（5）剪刀撑：指在脚手架竖向或水平向成对设置的交叉斜杆。

（6）主节点：指立杆、纵向水平杆、横向水平杆三杆紧靠的扣接点。

二、主要检查内容

扣件式钢管脚手架安全检查重点、要求及方法见表 2－4－2。

表 2－4－2　　扣件式钢管脚手架安全检查重点、要求及方法

序号	检查重点	标准要求	检查方法
1	扣件式钢管脚手架搭拆人员资格要求	**建筑行业标准《建筑施工扣件式钢管脚手架安全技术规范》（JGJ 130—2011）** **9.0.1** 扣件式钢管脚手架安装与拆除人员必须是经考核合格的专业架子工。架子工应持证上岗。	通用要求及检查方法见本章第二节通用规定
2	扣件式钢管脚手架施工方案与交底	**1. 建筑行业标准《建筑施工扣件式钢管脚手架安全技术规范》（JGJ 130—2011）** **1.0.3** 扣件式钢管脚手架施工前，应按本规范的规定对其结构构件与立杆地基承载力进行设计计算，并应编制专项施工方案。 **7.1.1** 脚手架搭设前，应按专项施工方案向施工人员进行交底。 **2. 建筑行业标准《建筑施工安全检查标准》（JGJ 59—2011）** **3.3.3** 扣件式钢管脚手架保证项目的检查评定应符合下列规定： 1 施工方案 1）架体搭设应编制专项施工方案，结构设计应进行计算，并按规定进行审核、审批。 6 交底与验收 1）架体搭设前应进行安全技术交底，并应有文字记录	通用要求及检查方法见本章第二节通用规定
3	扣件式钢管脚手架构配件材质	**1. 建筑行业标准《建筑施工扣件式钢管脚手架安全技术规范》（JGJ 130—2011）** **3.1.2** 脚手架钢管宜采用 ϕ48.3×3.6 钢管。每根钢管的最大质量不应大于 25.8kg。 **3.2.2** 扣件在螺栓拧紧扭力矩达到 65N·m 时，不得发生破坏。 **3.3.1** 脚手板可采用钢、木、竹材料制作，单块脚手板的质量不宜大于 30kg。 **3.3.3** 木脚手板材质应符合现行国家标准《木结构设计规范》GB 50005 中Ⅱa 级材质的规定。脚手板厚度不应小于 50mm，两端宜各设置直径不小于 4mm 的镀锌钢丝箍两道。 **3.4.1** 可调托撑螺杆外径不得小于 36mm。 **3.4.2** 可调托撑螺杆与螺母旋合长度不得少于 5 扣，螺母厚度不得小于 30mm。 **2. 建筑行业标准《建筑施工安全检查标准》（JGJ 59—2011）** **3.3.4** 扣件式钢管脚手架一般项目的检查评定应符合下列规定： 4 构配件材质 1）钢管直径、壁厚、材质应符合规范要求； 2）钢管弯曲、变形、锈蚀应在规范允许范围内； 3）扣件应进行复试且技术性能符合规范要求。	1. 通用要求及检查方法见本章第二节通用规定。 2. 游标卡尺等工具测量。 3. 扭力扳手抽查扣件紧固力矩，螺栓拧紧扭力矩值不应小于 40N·m，且不应大于 65N·m

续表

序号	检查重点	标 准 要 求	检查方法
3	扣件式钢管脚手架构配件材质	**3. 电力行业标准《电力建设安全工作规程　第1部分：火力发电》(DL 5009.1—2014)** **4.8.1** 通用规定 7 扣件式钢脚手架材料： 1) 脚手架钢管宜采用 ϕ48.3×3.6 钢管，长度宜为 4m～6.5m 及 2.1m～2.8m。凡弯曲、压扁、有裂纹或已严重锈蚀的钢管，严禁使用。 2) 扣件应有出厂合格证，在螺栓拧紧扭力矩达到 65N·m 时，不得发生破坏。凡有脆裂、变形或滑丝的，严禁使用	
4	扣件式钢管脚手架立杆基础	**1. 建筑行业标准《建筑施工扣件式钢管脚手架安全技术规范》(JGJ 130—2011)** **6.3.1** 每根立杆底部宜设置底座或垫板。 **6.3.2** 脚手架必须设置纵、横向扫地杆。纵向扫地杆应采用直角扣件固定在距钢管底端不大于 200mm 处的立杆上。横向扫地杆应采用直角扣件固定在紧靠纵向扫地杆下方的立杆上。 **6.3.4** 单、双排脚手架底层步距均不应大于 2m。 **7.2.3** 立杆垫板或底座底面标高宜高于自然地坪 50mm～100mm。 **7.2.4** 脚手架基础经验收合格后，应按施工组织设计或专项施工方案的要求放线定位。 **7.3.3** 底座安放应符合下列规定： 2 垫板应采用长度不少于 2 跨、厚度不小于 50mm、宽度不小于 200mm 的木垫板。 **2. 建筑行业标准《建筑施工安全检查标准》(JGJ 59—2011)** **3.3.3** 扣件式钢管脚手架保证项目的检查评定应符合下列规定： 2 立杆基础 1) 立杆基础应按方案要求平整、夯实，并应采取排水措施，立杆底部设置的垫板、底座应符合规范要求； 2) 架体应在距立杆底端高度不大于 200mm 处设置纵、横向扫地杆，并应用直角扣件固定在立杆上，横向扫地杆应设置在纵向扫地杆的下方。 **3. 电力行业标准《电力建设安全工作规程　第1部分：火力发电》(DL 5009.1—2014)** **4.8.2** 扣件式钢管脚手架应符合下列规定： 2 脚手架垫板、底座应平稳铺放，不得悬空	1. 通用要求及检查方法见本章第二节通用规定。 2. 现场观察检查。 3. 卷尺、钢板尺等工具测量
5	扣件式钢管脚手架架体搭设	**建筑行业标准《建筑施工扣件式钢管脚手架安全技术规范》(JGJ 130—2011)** **6.7.1** 人行并兼作材料运输的斜道的形式宜按下列要求确定： 1 高度不大于 6m 的脚手架，宜采用一字型斜道； 2 高度大于 6m 的脚手架，宜采用之字形斜道。 **7.1.4** 应清除搭设场地杂物，平整搭设场地，并应使排水畅通。 **7.3.1** 单、双排脚手架必须配合施工进度搭设，一次搭设高度不应超过相邻连墙件以上两步；如果超过相邻连墙件以上两步，无法设置连墙件时，应采取撑拉固定等措施与建筑结构拉结。 **7.3.2** 每搭完一步脚手架后，应按规定校正步距、纵距、横距及立杆的垂直度。 **9.0.2** 搭拆脚手架人员必须戴安全帽、系安全带、穿防滑鞋。	1. 通用要求及检查方法见本章第二节通用规定。 2. 现场实地观察检查。 3. 卷尺、钢板尺等工具检查。 4. 经纬仪或吊线和卷尺等工具，检查立杆垂直度

续表

序号	检查重点	标 准 要 求	检查方法
5	扣件式钢管脚手架架体搭设	**9.0.8** 当有六级强风及以上风、浓雾、雨或雪天气时应停止脚手架搭设与拆除作业。雨、雪后上架作业应有防滑措施，并应扫除积雪。 **9.0.9** 夜间不宜进行脚手架搭设与拆除作业	
6	扣件式钢管脚手架架体稳定	**1. 建筑行业标准《建筑施工扣件式钢管脚手架安全技术规范》(JGJ 130—2011)** **6.4.3** 连墙件的布置应符合下列规定： 1 应靠近主节点设置，偏离主节点的距离不应大于 300mm； 2 应从底层第一步纵向水平杆处开始设置，当该处设置有困难时，应采用其他可靠措施固定； 3 应优先采用菱形布置，或采用方形、矩形布置。 **6.4.5** 连墙件中的连墙杆应呈水平设置，当不能水平设置时，应向脚手架一端下斜连接。 **6.4.6** 连墙件必须采用可承受拉力和压力的构造。对高度 24m 以上的双排脚手架，应采用刚性连墙件与建筑物连接。 **6.4.7** 当脚手架下部暂不能设连墙件时应采取防倾覆措施。当搭设抛撑时，抛撑应采用通长杆件，并用旋转扣件固定在脚手架上，与地面的倾角应在 45°～60°之间；连接点中心至主节点的距离不应大于 300mm。抛撑应在连墙件搭设后方可拆除。 **6.5.1** 单、双排脚手架门洞宜采用上升斜杆、平行弦杆桁架结构型式，斜杆与地面的倾角 α 应在 45°～60°之间。 **6.5.3** 单排脚手架过窗洞时应增设立杆或增设一根纵向水平杆。 **6.5.4** 门洞桁架下的两侧立杆应为双管立杆，副立杆高度应高于门洞口 1～2 步。 **6.5.5** 门洞桁架中伸出上下弦杆的杆件端头，均应增设一个防滑扣件，该扣件宜紧靠主节点处的扣件。 **6.6.1** 双排脚手架应设置剪刀撑与横向斜撑，单排脚手架应设置剪刀撑。 **6.6.2** 单、双排脚手架剪刀撑的设置应符合下列规定： 1 每道剪刀撑宽度不应小于 4 跨，且不应小于 6m，斜杆与地面的倾角应在 45°～60°之间； 2 剪刀撑斜杆的接长应采用搭接或对接； 3 剪刀撑斜杆应用旋转扣件固定在与之相交的横向水平杆的伸出端或立杆上，旋转扣件中心线至主节点的距离不应大于 150mm。 **6.6.4** 双排脚手架横向斜撑的设置应符合下列规定： 1 横向斜撑应在同一节间，由底至顶层呈之字形连续布置； 2 高度在 24m 以下的封闭型双排脚手架可不设横向斜撑，高度在 24m 以上的封闭型脚手架，除拐角应设置横向斜撑外，中间应每隔 6 跨距设置一道。 **7.3.4** 立杆搭设应符合下列规定： 2 脚手架开始搭设立杆时，应每隔 6 跨设置一根抛撑，直至连墙件安装稳定后，方可根据情况拆除； 3 当架体搭设至有连墙件的主节点时，在搭设完该处的立杆、纵向水平杆、横向水平杆后，应立即设置连墙件。 **2. 建筑行业标准《建筑施工安全检查标准》(JGJ 59—2011)** **3.3.3** 扣件式钢管脚手架保证项目的检查评定应符合下列规定：	1. 通用要求及检查方法见本章第二节通用规定。 2. 现场观测检查。 3. 卷尺、钢板尺等工具测量。 4. 经纬仪、角度测量仪等仪器测量

续表

序号	检查重点	标准要求	检查方法
6	扣件式钢管脚手架架体稳定	3 架体与建筑结构拉结 2）连墙件应从架体底层第一步纵向水平杆处开始设置，当该处设置有困难时应采取其他可靠措施固定； 3）对搭设高度超过24m的双排脚手架，应采用刚性连墙件与建筑结构可靠拉结。 **3. 电力行业标准《电力建设安全工作规程　第1部分：火力发电》（DL 5009.1—2014）** **4.8.2** 扣件式钢管脚手架应符合下列规定： 1 脚手架的两端、转角处以及每隔6根～7根立杆，应设支杆及剪刀撑。支杆和剪刀撑与地面的夹角不得大于60°。架子高度在7m以上或无法设支杆时，竖向每隔4m、横向每隔7m必须与建（构）筑物连接牢固。 4 纵、横向水平杆对接接头应交错布置，不应设在同步、同跨内，相邻接头水平距离不应小于500mm，并应避免设在纵向水平杆的跨中。 5 架体连墙件和拉结点应均匀布置。 6 剪刀撑、横向支撑应随立柱、纵横向水平杆等同步搭设。每道剪刀撑跨越立柱的根数宜在5根～7根之间。每道剪刀撑宽度不应小于4跨，且不应小于6m，斜杆与地面的倾角宜在45°～60°之间	
7	扣件式钢管脚手架脚手板与防护栏杆	**1. 建筑行业标准《建筑施工扣件式钢管脚手架安全技术规范》（JGJ 130—2011）** **6.2.4** 脚手板的设置应符合下列规定： 1 作业层脚手板应铺满、铺稳、铺实。 2 冲压钢脚手板、木脚手板、竹串片脚手板等，应设置在三根横向水平杆上。当脚手板长度小于2m时，可采用两根横向水平杆支承，但应将脚手板两端与横向水平杆可靠固定，严防倾翻。脚手板的铺设应采用对接平铺或搭接铺设。脚手板对接平铺时，接头处应设两根横向水平杆，脚手板外伸长度应取130mm～150mm，两块脚手板外伸长度的和不应大于300mm；脚手板搭接铺设时，接头应支在横向水平杆上，搭接长度不应小于200mm，其伸出横向水平杆的长度不应小于100mm。 3 竹笆脚手板应按其主竹筋垂直于纵向水平杆方向铺设，且应对接平铺，四个角应用直径不小于1.2mm的镀锌钢丝固定在纵向水平杆上。 4 作业层端部脚手板探头长度应取150mm，其板的两端均应固定于支承杆件上。 **6.7.2** 斜道的构造应符合下列规定： 4 斜道两侧及平台外围均应设置栏杆及挡脚板。栏杆高度应为1.2m，挡脚板高度不应小于180mm。 **6.7.3** 斜道脚手板构造应符合下列规定： 1 脚手板横铺时，应在横向水平杆下增设纵向支托杆，纵向支托杆间距不应大于500mm； 2 脚手板顺铺时，接头应采用搭接；下面的板头应压住上面的板头，板头的凸棱处应采用三角木填顺； 3 人行斜道和运料斜道的脚手板上应每隔250mm～300mm设置	1. 通用要求及检查方法见本章第二节通用规定 2. 新采购的脚手板、扣件等配件查阅厂家产品质量合格证、质量检验报告。 3. 周转使用的脚手板、扣件等旧构配件查阅检查验收报告等资料。 4. 卷尺、钢板尺等工具测量。 5. 游标卡尺测量。 6. 现场观察检查

续表

序号	检查重点	标 准 要 求	检查方法
7	扣件式钢管脚手架脚手板与防护栏杆	一根防滑木条，木条厚度应为 20mm～30mm。 **7.3.12** 作业层、斜道的栏杆和挡脚板的搭设应符合下列规定： 1 栏杆和挡脚板均应搭设在外立杆的内侧； 2 上栏杆上皮高度应为 1.2m； 3 挡脚板高度不应小于 180mm； 4 中栏杆应居中设置。 **7.3.13** 脚手板的铺设应符合下列规定： 1 脚手板应铺满、铺稳，离墙面的距离不应大于 150mm； 2 脚手板探头应用直径 3.2mm 镀锌钢丝固定在支承杆件上； 3 在拐角、斜道平台口处的脚手板，应用镀锌钢丝固定在横向水平杆上，防止滑动。 **8.1.5** 脚手板的检查应符合下列规定： 1 冲压钢脚手板 1）新脚手板应有产品质量合格证； 2）尺寸偏差应符合规定，且不得有裂纹、开焊与硬弯； 3）新、旧脚手板均应涂防锈漆； 4）应有防滑措施。 2 木脚手板、竹脚手板： 1）不得使用扭曲变形、劈裂、腐朽的脚手板。 **9.0.11** 脚手板应铺设牢靠、严实，并应用安全网双层兜底。施工层以下每隔 10m 应用安全网封闭。 **2. 建筑行业标准《建筑施工安全检查标准》（JGJ 59—2011）** **3.3.3** 扣件式钢管脚手架保证项目的检查评定应符合下列规定： 5 脚手板与防护栏杆 1）脚手板材质、规格应符合规范要求，铺板应严密、牢靠； 2）架体外侧应采用密目式安全网封闭，网间连接应严密； 3）作业层应按规范要求设置防护栏杆； 4）作业层外侧应设置高度不小于 180mm 的挡脚板	
8	扣件式钢管脚手架杆件连接	**1. 建筑行业标准《建筑施工扣件式钢管脚手架安全技术规范》（JGJ 130—2011）** **6.2.1** 纵向水平杆的构造应符合下列规定： 1 纵向水平杆应设置在立杆内侧，单根杆长度不应小于 3 跨； 2 纵向水平杆接长应采用对接扣件连接或搭接。并应符合下列规定： 1）两根相邻纵向水平杆的接头不应设置在同步或同跨内；不同步或不同跨两个相邻接头在水平方向错开的距离不应小于 500mm；各接头中心至最近主节点的距离不应大于纵距的 1/3； 2）搭接长度不应小于 1m，应等间距设置 3 个旋转扣件固定，端部扣件盖板边缘至搭接纵向水平杆杆端的距离不应小于 100mm。 **6.2.2** 横向水平杆的构造应符合下列规定： 1 作业层上非主节点处的横向水平杆，宜根据支承脚手板的需要等间距设置，最大间距不应大于纵距的 1/2； 2 当使用冲压钢脚手板、木脚手板、竹串片脚手板时，双排脚手架的横向水平杆两端均应采用直角扣件固定在纵向水平杆上；单排脚手架的横向水平杆的一端应用直角扣件固定在纵向水平杆上，另一端应插入墙内，插入长度不应小于 180mm。	1. 通用要求及检查方法见本章第二节通用规定。 2. 新采购的杆件、节点连接件、构配件查阅厂家产品型号规格、合格证等，验证是否能配套使用，满足构造要求。 3. 周转使用的旧杆件、节点连接件、构配件查阅抽检报告等资料，验证是否能配套使用，满足构造要求。 4. 可采用观测或卷尺等工具，检查搭接长度、相邻接头错开距离等指标。 5. 卷尺或钢板尺测量

续表

序号	检查重点	标 准 要 求	检查方法
8	扣件式钢管脚手架杆件连接	3 当使用竹笆脚手板时，双排脚手架的横向水平杆两端，应用直角扣件固定在立杆上；单排脚手架的横向水平杆的一端，应用直角扣件固定在立杆上，另一端应插入墙内，插入长度亦不应小于180mm。 **6.3.6** 脚手架立杆对接、搭接应符合下列规定： 1 当立杆采用对接接长时，立杆的对接扣件应交错布置，两根相邻立杆的接头不应设置在同步内，同步内隔一根立杆的两个相隔接头在高度方向错开的距离不宜小于500mm；各接头中心至主节点的距离不宜大于步距的1/3； 2 当立杆采用搭接接长时，搭接长度不应小于1m，并应采用不少于2个旋转扣件固定。端部扣件盖板的边缘至杆端距离不应小于100mm。 **6.3.7** 脚手架立杆顶端栏杆宜高出女儿墙上端1m，宜高出檐口上端1.5m。 **7.3.5** 脚手架纵向水平杆的搭设应符合下列规定： 1 脚手架纵向水平杆应随立杆按步搭设，并应采用直角扣件与立杆固定； 2 纵向水平杆的搭设应符合本规范的规定； 3 在封闭型脚手架的同一步中，纵向水平杆应四周交圈设置，并应用直角扣件与内外角部立杆固定。 **7.3.6** 脚手架横向水平杆搭设应符合下列规定： 1 搭设横向水平杆应符合本规范的规定； 2 双排脚手架横向水平杆的靠墙一端至墙装饰面的距离不应大于100mm； 3 单排脚手架的横向水平杆不应设置在下列部位： 1）设计上不允许留脚手眼的部位； 2）过梁上与过梁两端成60°角的三角形范围内及过梁净跨度1/2的高度范围内 3）宽度小于1m的窗间墙。 **7.3.11** 扣件安装应符合下列规定： 1 扣件规格必须与钢管外径相同； 2 螺栓拧紧扭力矩不应小于40N·m，且不应大于65N·m； 3 在主节点处固定横向水平杆、纵向水平杆、剪刀撑、横向斜撑等用的直角扣件、旋转扣件的中心点的相互距离不应大于150mm； 4 对接扣件开口应朝上或朝内； 5 各杆件端头伸出扣件盖板边缘长度不应小于100mm。 **2. 建筑行业标准《建筑施工安全检查标准》（JGJ 59—2011）** **3.3.4** 扣件式钢管脚手架一般项目的检查评定应符合下列规定： 1 横向水平杆设置 1）横向水平杆应设置在纵向水平杆与立杆相交的主节点处，两端应与纵向水平杆固定； 2）作业层应按铺设脚手板的需要增加设置横向水平杆； 3）单排脚手架横向水平杆插入墙内不应小于180mm。 2 杆件连接 1）纵向水平杆杆件宜采用对接，若采用搭接，其搭接长度不应小于1m，且固定应符合规范要求； 2）立杆除顶层顶步外，不得采用搭接；	

续表

序号	检查重点	标 准 要 求	检查方法
8	扣件式钢管脚手架杆件连接	3）杆件对接扣件应交错布置，并符合规范要求。 4）扣件紧固力矩不应小于 40N·m，且不应大于 65N·m。 **3. 电力行业标准《电力建设安全工作规程 第 1 部分：火力发电》（DL 5009.1—2014）** **4.8.2** 扣件式钢管脚手架应符合下列规定： 3 立柱上的对接扣件应交错布置，两个相邻立柱接头不应设在同步同跨内，两相邻立柱接头在高度方向错开的距离不应小于 500mm。 7 扣件规格应与钢管外径相同，各杆件端头伸出扣件盖板边缘的长度不应小于 100mm	
9	扣件式钢管脚手架安全防护	**1. 建筑行业标准《建筑施工扣件式钢管脚手架安全技术规范》（JGJ 130—2011）** **9.0.12** 单、双排脚手架、悬挑式脚手架沿架体外围应用密目式安全网全封闭，密目式安全网宜设置在脚手架外立杆的内侧，并应与架体绑扎牢固。 **9.0.16** 临街搭设脚手架时，外侧应有防止坠物伤人的防护措施。 **9.0.18** 工地临时用电线路的架设及脚手架接地、避雷措施等，应按现行行业标准《施工现场临时用电安全技术规范》JGJ 46 的有关规定执行。 **9.0.19** 搭拆脚手架时，地面应设围栏和警戒标志，并应派专人看守，严禁非操作人员入内。 **2. 建筑行业标准《建筑施工安全检查标准》（JGJ 59—2011）** **3.3.4** 扣件式钢管脚手架一般项目的检查评定应符合下列规定： 3 层间防护 1）作业层脚手板下应采用安全平网兜底，以下每隔 10m 应采用安全平网封闭； 2）作业层里排架体与建筑物之间应采用脚手板或安全平网封闭。 5 通道 1）架体应设置供人员上下的专用通道； 2）专用通道的设置应符合规范要求	1. 通用要求及检查方法见本章第二节通用规定。 2. 卷尺或钢板尺等工具测量。 3. 接地电阻测试仪器测量。 4. 现场观测检查
10	扣件式钢管脚手架检查验收	**1. 建筑行业标准《建筑施工扣件式钢管脚手架安全技术规范》（JGJ 130—2011）** **7.1.2** 应按本规范的规定和脚手架专项施工方案要求对钢管、扣件、脚手板、可调托撑等进行检查验收，不合格产品不得使用。 **8.1.1** 新钢管的检查应符合下列规定： 1 应有产品质量合格证； 3 钢管表面应平直光滑，不应有裂缝、结疤、分层、错位、硬弯、毛刺、压痕和深的划道。 **8.1.2** 旧钢管的检查应符合下列规定： 1 锈蚀检查应每年一次。检查时，应在锈蚀严重的钢管中抽取三根，在每根锈蚀严重的部位横向截断取样检查，当锈蚀深度超过规定值时不得使用。 **8.1.3** 扣件验收应符合下列规定： 1 扣件应有生产许可证、法定检测单位的测试报告和产品质量合格证。 2 新、旧扣件均应进行防锈处理。 **8.2.1** 脚手架及其地基基础应在下列阶段进行检查与验收：	1. 通用要求及检查方法见本章第二节通用规定。 2. 查阅产品质量合格证、质量检验报告、复验记录等资料。 3. 查阅阶段检查与验收记录、技术交底文件。 4. 外观检查。 5. 扭力扳手检查拧紧扭力矩

续表

序号	检查重点	标准要求	检查方法
10	扣件式钢管脚手架检查验收	1 基础完工后及脚手架搭设前； 2 作业层上施加荷载前； 3 每搭设完 6m～8m 高度后； 4 达到设计高度后； 5 遇有六级强风及以上风或大雨后，冻结地区解冻后； 6 停用超过一个月。 **8.2.2** 应根据下列技术文件进行脚手架检查、验收： 1 本规范第 8.2.3～8.2.5 条的规定； 2 专项施工方案及变更文件； 3 技术交底文件； 4 构配件质量检查表。 **8.2.5** 安装后的扣件螺栓拧紧扭力矩应采用扭力扳手检查，抽样方法应按随机分布原则进行。不合格的必须重新拧紧至合格。 **9.0.3** 脚手架的构配件质量与搭设质量，应按本规范的规定进行检查验收，并应确认合格后使用。 **2. 建筑行业标准《建筑施工安全检查标准》(JGJ 59—2011)** **3.3.3** 扣件式钢管脚手架保证项目的检查评定应符合下列规定： 6 交底与验收 2）当架体分段搭设、分段使用时，应进行分段验收； 3）搭设完毕应办理验收手续，验收应有量化内容并经责任人签字确认	
11	扣件式钢管脚手架使用与检测	**建筑行业标准《建筑施工扣件式钢管脚手架安全技术规范》(JGJ 130—2011)** **8.2.3** 脚手架使用中，应定期检查下列要求内容： 1 杆件的设置和连接，连墙件、支撑、门洞桁架等的构造应符合本规范和专项施工方案要求； 2 地基应无积水，底座应无松动，立杆应无悬空； 3 扣件螺栓应无松动； 4 高度在 24m 以上的双排、满堂脚手架，其立杆的沉降与垂直度的偏差应符合本规范的规定； 5 安全防护措施应符合本规范要求； 6 应无超载使用。 **9.0.17** 在脚手架上进行电、气焊作业时，应有防火措施和专人看守	1. 通用要求及检查方法见本章第二节通用规定。 2. 查阅安全检查记录等资料。 3. 现场观察检查
12	扣件式钢管脚手架架体拆除	**1. 建筑行业标准《建筑施工扣件式钢管脚手架安全技术规范》(JGJ 130—2011)** **7.4.1** 脚手架拆除应按专项方案施工，拆除前应做好下列准备工作： 1 应全面检查脚手架的扣件连接、连墙件、支撑体系等是否符合构造要求； 2 应根据检查结果补充完善脚手架专项方案中的拆除顺序和措施，经审批后方可实施； 3 拆除前应对施工人员进行交底； 4 应清除脚手架上杂物及地面障碍物。 **7.4.3** 当脚手架拆至下部最后一根长立杆的高度（约 6.5m）时，应先在适当位置搭设临时抛撑加固后，再拆除连墙件。当单、双排	1. 通用要求及检查方法见本章第二节通用规定。 2. 查阅专项施工方案、交底记录。 3. 现场观察检查

续表

序号	检查重点	标　准　要　求	检查方法
12	扣件式钢管脚手架架体拆除	脚手架采取分段、分立面拆除时，对不拆除的脚手架两端，应先按本规范的有关规定设置连墙件和横向斜撑加固。 **7.4.4** 架体拆除作业应设专人指挥，当有多人同时操作时，应明确分工、统一行动，且应具有足够的操作面。 **2. 电力行业标准《电力建设安全工作规程　第1部分：火力发电》（DL 5009.1—2014）** **4.8.2** 扣件式钢管脚手架应符合下列规定： 8 当脚手架采取分段、分立面拆除时，对不拆除的脚手架两端，应先设置连墙件和横向支撑加固	

第四节 悬挑式脚手架

一、术语或定义

悬挑式脚手架是指架体结构卸荷在附着于建筑结构的刚性悬挑梁（架）上的脚手架，用于建筑施工中的主体或装修工程的作业及其安全防护需要，每段搭设高度不宜大于20m。通常适用于钢筋混凝土结构、钢结构高层或超高层，建筑施工中的主体或装修工程的作业平台和安全防护需要。

（1）门式钢管脚手架：指以门架、交叉支撑、连接棒、水平架、锁臂、底座等组成基本结构，再以水平加固杆、剪刀撑、扫地杆加固，能承受相应荷载，具有安全防护功能，为建筑施工提供作业条件的一种定型化钢管脚手架。包括门式作业脚手架和门式支撑架。简称门式脚手架。

（2）门式作业脚手架：指采用连墙件与建筑物主体结构附着连接，为建筑施工提供作业平台和安全防护的门式钢管脚手架。包括落地作业脚手架、悬挑脚手架、架体构架以门架搭设的建筑施工用附着式升降作业安全防护平台。

（3）门架：是门式脚手架的主要构件，其受力杆件为焊接钢管，由立杆、横杆、加强杆及锁销等相互焊接组成的门字形框架式结构件。

二、主要检查内容

悬挑式脚手架安全检查重点、要求及方法见表2-4-3。

表2-4-3　悬挑式脚手架安全检查重点、要求及方法

序号	检查重点	标　准　要　求	检查方法
1	悬挑式脚手架搭拆人员资格要求	**建筑行业标准《建筑施工门式钢管脚手架安全技术标准》（JGJ/T 128—2019）** **9.0.1** 搭拆门式脚手架应由架子工担任，并应经岗位作业能力培训考核合格后，持证上岗	通用要求及检查方法见本章第二节通用规定
2	悬挑式脚手架施工方案与交底	**1. 建筑行业标准《建筑施工门式钢管脚手架安全技术标准》（JGJ/T 128—2019）** **7.1.1** 门式脚手架搭设与拆除作业前，应根据工程特点编制专项施工方案，经审核批准后方可实施。专项施工方案应向作业人员进行安全技术交底，并应由安全技术交底双方书面签字确认。	通用要求及检查方法见本章第二节通用规定

续表

序号	检查重点	标 准 要 求	检查方法
2	悬挑式脚手架施工方案与交底	**7.1.2** 门式脚手架搭拆施工的专项施工方案，应包括下列内容： 1 工程概况、设计依据、搭设条件、搭设方案设计。 2 搭设施工图： 1）架体的平面图、立面图、剖面图； 2）脚手架连墙件的布置及构造图； 3）脚手架转角、通道口的构造图； 4）脚手架斜梯布置及构造图； 5）重要节点构造图。 3 基础做法及要求。 4 架体搭设及拆除的程序和方法。 5 季节性施工措施。 6 质量保证措施。 7 架体搭设、使用、拆除的安全、环保、绿色文明施工措施。 8 设计计算书。 9 悬挑脚手架搭设方案设计。 10 应急预案。 **9.0.3** 门式脚手架使用前，应向作业人员进行安全技术交底。 **2. 建筑行业标准《建筑施工安全检查标准》（JGJ 59—2011）** **3.8.3** 悬挑式脚手架保证项目的检查评定应符合下列规定： 1 施工方案 1）架体搭设应编制专项施工方案，结构设计应进行计算； 2）架体搭设超过规范允许高度，专项施工方案应按规定组织专家论证； 3）专项施工方案应按规定进行审核、审批。 6 交底与验收 1）架体搭设前应进行安全技术交底，并应有文字记录	
3	悬挑式脚手架构配件材质	**1. 建筑行业标准《建筑施工扣件式钢管脚手架安全技术规范》（JGJ 130—2011）** **6.10.3** 用于锚固的U形钢筋拉环或螺栓应采用冷弯成型。U形钢筋拉环、锚固螺栓与型钢间隙应用钢楔或硬木楔楔紧。 **6.10.4** 钢丝绳与建筑结构拉结的吊环应使用HPB235级钢筋，其直径不宜小于20mm，吊环预埋锚固长度应符合现行国家标准《混凝土结构设计规范》GB 50010中钢筋锚固的规定 **2. 建筑行业标准《建筑施工门式钢管脚手架安全技术标准》（JGJ/T 128—2019）** **3.0.4** 门式脚手架所用门架及配套的钢管应符合现行国家标准《直缝电焊钢管》GB/T 13793或《低压流体输送用焊接钢管》GB/T 3091中规定的普通钢管，其材质应符合现行国家标准《碳素结构钢》GB/T 700中Q235级钢或《低合金高强度结构钢》GB/T 1591中Q345级钢的规定。宜采用规格为ϕ42mm×2.5mm的钢管，也可采用直径ϕ48mm×3.5mm的钢管；相应的扣件规格也应分别为ϕ42mm、ϕ48mm或ϕ42mm/ϕ48mm。水平加固杆、剪刀撑、斜撑杆等加固杆件的材质与规格应与门架配套，其承载力不应低于门架立杆。 **3.0.5** 门架钢管不得接长使用。当门架钢管壁厚存在负偏差时，宜选用热镀锌钢管。	1. 通用要求及检查方法见本章第二节通用规定。 2. 卷尺、钢板尺等工具测量。 3. 游标卡尺测量。 4. 扭力扳手抽查扣件紧固力矩。 5. 现场观察检查

续表

序号	检查重点	标准要求	检查方法
3	悬挑式脚手架构配件材质	**3.0.6** 门架与配件规格、型号应统一，应具有良好的互换性，应有生产厂商的标志，其外观质量应符合下列规定： 1 不得使用带有裂纹、折痕、表面明显凹陷、严重锈蚀的钢管； 2 冲压件不得有毛刺、裂纹、明显变形、氧化皮等缺陷； 3 焊接件的焊缝应饱满，焊渣应清除干净，不得有未焊透、夹渣、咬肉、裂纹等缺陷。 **3.0.8** 铸造生产的扣件应采用可锻铸铁或铸钢制作。……连接外径为 ϕ42mm/ϕ48mm 钢管的扣件应有明显标记。 **3.0.9** 底座和托座应经设计计算后加工制作，……并应符合下列规定： 1 底座和托座的承载力极限值不应小于 40kN； 2 底座的钢板厚度不应小于 6mm，托座 U 形钢板厚度不应小于 5mm，钢板与螺杆应采用环焊，焊缝高度不应小于钢板厚度，并宜设置加劲板； 3 可调底座和可调托座螺杆直径应与门架立杆钢管直径配套，插入门架立杆钢管内的间隙不应大于 2mm； 4 可调底座和可调托座螺杆与可调螺母啮合的承载力应高于可调底座和可调托座的承载力，螺母厚度不应小于 30mm，螺母与螺杆的啮合齿数不应少于 6 扣； 5 可调托座和可调底座螺杆宜采用实心螺杆；当采用空心螺杆时，壁厚不应小于 6mm，并应进行承载力试验。 **3.0.10** 连墙件宜采用钢管或型钢制作，其材质应符合现行国家标准《碳素结构钢》GB/T 700 中 Q235 级钢或《低合金高强度结构钢》GB/T 1591 中 Q345 级钢的规定。 **6.3.5** 用于型钢悬挑梁锚固的 U 形钢筋拉环或螺栓应采用冷弯成型，钢筋直径不应小于 16mm。 **6.3.11** 每个型钢悬挑梁外端宜设置钢拉杆或钢丝绳与上部建筑结构斜拉结，并应符合下列规定： 2 刚性拉杆或钢丝绳与建筑结构拉结的吊环宜采用 HPB300 级钢筋制作，其直径不宜小于 ϕ18mm，吊环预埋锚固长度应符合现行国家标准《混凝土结构设计规范》GB 50010 的规定。 **3. 建筑行业标准《建筑施工安全检查标准》（JGJ 59—2011）** **3.8.4** 悬挑式脚手架一般项目的检查评定应符合下列规定： 4 构配件材质 1）型钢、钢管、构配件规格材质应符合规范要求； 2）型钢、钢管弯曲、变形、锈蚀应在规范允许范围内。 **4. 电力行业标准《电力建设安全工作规程 第 1 部分：火力发电》（DL 5009.1—2014）** **4.8.6** 悬挑式脚手架应符合下列规定： 3 制作悬挑承力架的材料应有产品合格证、质量检验报告等质量证明文件；构件焊缝的高度和长度应满足设计要求，不得有焊接裂缝、构件变形、锈蚀等缺陷。 6 不得采用冷加工钢筋制作拉环和锚环	
4	悬挑式脚手架立杆基础	**1. 国家标准《建筑施工脚手架安全技术统一标准》（GB 51210—2016）** **8.2.6** 悬挑脚手架立杆底部应与悬挑支承结构可靠连接；应在立杆底部设置纵向扫地杆，并应间断设置水平剪刀撑或水平斜撑杆。	1. 通用要求及检查方法见本章第二节通用规定。 2. 卷尺、钢板尺等工具测量。

续表

序号	检查重点	标准要求	检查方法
4	悬挑式脚手架立杆基础	**2. 国家标准《施工脚手架通用规范》(GB 55023—2022)** **4.4.8** 悬挑脚手架立杆底部应与悬挑支承结构可靠连接；应在立杆底部设置纵向扫地杆，并应间断设置水平剪刀撑或水平斜撑杆。 **3. 建筑行业标准《建筑施工门式钢管脚手架安全技术标准》(JGJ/T 128—2019)** **6.1.2** 上下榀门架立杆应在同一轴线位置上，门架立杆轴线的对接偏差不应大于2mm。 **6.1.6** 底部门架的立杆下端可设置固定底座或可调底座。 **6.1.7** 可调底座和可调托座插入门架立杆的长度不应小于150mm，调节螺杆伸出长度不应大于200mm。 **6.6.2** 门式脚手架的搭设场地应平整坚实，并应符合下列规定： 1 回填土应分层回填，逐层夯实； 2 场地排水应顺畅，不应有积水。 **6.6.3** 搭设门式作业脚手架的地面标高宜高于自然地坪标高50mm～100mm。 **6.6.4** 当门式脚手架搭设在楼面等建筑结构上时，门架立杆下宜铺设垫板。 **7.1.5** 对搭设场地应进行清理、平整，并应采取排水措施。 **7.1.6** 悬挑脚手架搭设前应检查预埋件和支撑型钢悬挑梁的混凝土强度。 **7.1.7** 在搭设前，应根据架体结构布置先在基础上弹出门架立杆位置线，垫板、底座安放位置应准确，标高应一致。 **4. 电力行业标准《电力建设安全工作规程 第1部分：火力发电》(DL 5009.1—2014)** **4.8.6** 悬挑式脚手架应符合下列规定： 7 支承悬挑梁的混凝土结构的强度应大于25MPa	3. 现场观察检查
5	悬挑式脚手架架体搭设	**1. 建筑行业标准《建筑施工门式钢管脚手架安全技术标准》(JGJ/T 128—2019)** **7.2.1** 门式脚手架的搭设程序应符合下列规定： 1 作业脚手架的搭设应与施工进度同步，一次搭设高度不宜超过最上层连墙件两步，且自由高度不应大于4m； 3 门架的组装应自一端向另一端延伸，应自下而上按步架设，并应逐层改变搭设方向； 4 每搭设完两步门架后，应校验门架的水平度及立杆的垂直度； 5 安全网、挡脚板和栏杆应随架体的搭设及时安装。 **7.2.2** 搭设门架及配件应符合下列规定： 1 交叉支撑、水平架、脚手板应与门架同时安装。 2 连接门架的锁臂、挂钩应处于锁住状态。 3 钢梯的设置应符合专项施工方案组装布置图的要求，底层钢梯底部应加设钢管，并应采用扣件与门架立杆扣紧。 **7.2.6** 门式作业脚手架通道口的斜撑杆、托架梁及通道口两侧门架立杆的加强杆件应与门架同步搭设。 **9.0.2** 当搭拆架体时，施工作业层应临时铺设脚手板，操作人员应站在临时设置的脚手板上进行作业，并应按规定使用安全防护用品，穿防滑鞋。 **9.0.6** 6级及以上强风天气应停止架上作业；雨、雪、雾天应停止门式脚手架的搭拆作业；雨、雪、霜后上架作业应采取有效的防滑措施，并应扫除积雪。	1. 通用要求及检查方法见本章第二节通用规定。 2. 查阅分段检查验收记录。 3. 现场观察检查。 4. 卷尺、钢板尺等工具测量。 5. 经纬仪或吊线、卷尺等工具测量。 6. 扭力扳手抽查扣件扭紧力矩

续表

序号	检查重点	标 准 要 求	检查方法
5	悬挑式脚手架架体搭设	**2. 电力行业标准《电力建设安全工作规程 第1部分：火力发电》(DL 5009.1—2014)** **4.8.6** 悬挑式脚手架应符合下列规定： 1 搭、拆应符合扣件式脚手架相关规定，一次悬挑脚手架高度不宜超过20m。 12 以钢丝绳、钢筋等作为吊拉构件的悬挑式脚手架，应有可靠的调紧装置	
6	悬挑式脚手架架体稳定	**1. 国家标准《建筑施工脚手架安全技术统一标准》(GB 51210—2016)** **8.2.3** 在作业脚手架的纵向外侧立面上应设置竖向剪刀撑，并应符合下列规定： 3 悬挑脚手架、附着式升降脚手架应在全外侧立面上由底至顶连续设置。 **9.0.6** 悬挑脚手架、附着式升降脚手架在搭设时，其悬挑支承结构、附着支座的锚固和固定应牢固可靠。 **2. 国家标准《施工脚手架通用规范》(GB 55023—2022)** **4.4.7** 作业脚手架的纵向外侧立面上应设置竖向剪刀撑，并应符合下列规定： 3 悬挑脚手架、附着式升降脚手架应在全外侧立面上由底至顶连续设置。 **5.2.3** 悬挑脚手架、附着式升降脚手架在搭设时，悬挑支承结构、附着支座的锚固应稳固可靠。 **3. 建筑行业标准《建筑施工扣件式钢管脚手架安全技术规范》(JGJ 130—2011)** **6.10.1** 一次悬挑脚手架高度不宜超过20m。 **6.10.4** 每个型钢悬挑梁外端宜设置钢丝绳或钢拉杆与上一层建筑结构斜拉结。 **6.10.8** 锚固位置设置在楼板上时，楼板的厚度不宜小于120mm。如果楼板的厚度小于120mm应采取加固措施。 **6.10.10** 悬挑架的外立面剪刀撑应自下而上连续设置。 **4. 建筑行业标准《建筑施工安全检查标准》(JGJ 59—2011)** **3.8.3** 悬挑式脚手架保证项目的检查评定应符合下列规定： 3 架体稳定 1) 立杆底部应与钢梁连接柱固定； 2) 承插式立杆接长应采用螺栓或销钉固定； 3) 纵横向扫地杆的设置应符合规范要求； 4) 剪刀撑应沿悬挑架体高度连续设置，角度应为45°～60°； 5) 架体应按规定设置横向斜撑； 6) 架体应采用刚性连墙件与建筑结构拉结，设置的位置、数量应符合设计和规范要求。 **5. 建筑行业标准《建筑施工门式钢管脚手架安全技术标准》(JGJ/T 128—2019)** **6.1.3** 门式脚手架设置的交叉支撑应与门架立杆上的锁销锁牢，交叉支撑的设置应符合下列规定： 1 门式作业脚手架的外侧应按步满设交叉支撑，内侧宜设置交叉支撑；当门式作业脚手架的内侧不设交叉支撑时，应符合下列规定：	1. 通用要求及检查方法见本章第二节通用规定。 2. 现场观察检查。 3. 卷尺、钢板尺等工具测量。 4. 可经纬仪、角度测量仪等仪器测量

续表

序号	检查重点	标 准 要 求	检查方法
6	悬挑式脚手架架体稳定	1）在门式作业脚手架内侧应按步设置水平加固杆； 2）当门式作业脚手架按步设置挂扣式脚手板或水平架时，可在内侧的门架立杆上每2步设置一道水平加固杆。 **6.1.8** 门式脚手架应设置水平加固杆，水平加固杆的构造应符合下列规定： 1 每道水平加固杆均应通长连续设置； 2 水平加固杆应靠近门架横杆设置，应采用扣件与相关门架立杆扣紧； 3 水平加固杆的接长应采用搭接，搭接长度不宜小于1000mm，搭接处宜采用2个及以上旋转扣件扣紧。 **6.1.9** 门式脚手架应设置剪刀撑，剪刀撑的构造应符合下列规定： 1 剪刀撑斜杆的倾角应为45°～60°； 2 剪刀撑应采用旋转扣件与门架立杆及相关杆件扣紧； 3 每道剪刀撑的宽度不应大于6个跨距，且不应大于9m；也不宜小于4个跨距，且不宜小于6m； 4 每道竖向剪刀撑均应由底至顶连续设置； 5 剪刀撑斜杆的接长应符合本标准6.1.8条第3款的规定。 **6.3.9** 悬挑脚手架的底层门架立杆上应设置纵向通长扫地杆，并应在脚手架的转角处、开口处和中间间隔不超过15m的底层门架上各设置一道单跨距的水平剪刀撑，剪刀撑斜杆应与门架立杆底部扣紧。 **6.3.10** 在建筑平面转角处，型钢悬挑梁应经单独设计后设置；架体应按规定设置水平连接杆和斜撑杆。 **7.2.3** 加固杆的搭设应符合下列规定： 1 水平加固杆、剪刀撑斜杆等加固杆件应与门架同步搭设； 2 水平加固杆应设于门架立杆内侧，剪刀撑斜杆应设于门架立杆外侧。 **7.2.4** 门式作业脚手架连墙件的安装应符合下列规定： 1 连墙件应随作业脚手架的搭设进度同步进行安装； 2 当操作层高出相邻连墙件以上2步时，在上层连墙件安装完毕前，应采取临时拉结措施，直到上一层连墙件安装完毕后方可根据实际情况拆除。 **6. 电力行业标准《电力建设安全工作规程 第1部分：火力发电》（DL 5009.1—2014）** **4.8.6** 悬挑式脚手架应符合下列规定： 9 脚手架立杆应支承于悬挑承力架或纵向承力钢梁上，在脚手架全外侧立面上应设置连续剪刀撑。 11 承力架、斜撑杆应与各主体结构连接稳固，并有防失稳措施	
7	悬挑式脚手架脚手板与防护栏杆	**1. 建筑行业标准《建筑施工安全检查标准》（JGJ 59—2011）** **3.8.3** 悬挑式脚手架保证项目的检查评定应符合下列规定： 4 脚手板 1）脚手板材质、规格应符合规范要求； 2）脚手板铺设应严密、牢固，探出横向水平杆长度不应大于150mm。 **3.8.4** 悬挑式脚手架一般项目的检查评定应符合下列规定： 2 架体防护	1. 通用要求及检查方法见本章第二节通用规定。 2. 卷尺、钢板尺等工具测量。 3. 游标卡尺测量。 4. 现场观察检查

续表

序号	检查重点	标　准　要　求	检查方法
7	悬挑式脚手架脚手板与防护栏杆	1）作业层应按规范要求设置防护栏杆； 2）作业层外侧应设置高度不小于180mm的挡脚板； 3）架体外侧应采用密目式安全网封闭，网间连接应严密。 **2. 建筑行业标准《建筑施工门式钢管脚手架安全技术标准》（JGJ/T 128—2019）** **6.3.13** 悬挑脚手架在底层应满铺脚手板，并应将脚手板固定。 **7.2.2** 搭设门架及配件应符合下列规定： 4 在施工作业层外侧周边应设置180mm高的挡脚板和两道栏杆，上道栏杆高度应为1.2m，下道栏杆应居中设置。挡脚板和栏杆均应设置在门架立杆的内侧	
8	悬挑式脚手架杆件连接	**1. 建筑行业标准《建筑施工安全检查标准》（JGJ 59—2011）** **3.8.4** 悬挑式脚手架一般项目的检查评定应符合下列规定： 1 杆件间距 1）立杆纵、横向间距、纵向水平杆步距应符合设计和规范要求； 2）作业层应按脚手板铺设的需要增加横向水平杆。 **2. 建筑行业标准《建筑施工门式钢管脚手架安全技术标准》（JGJ/T 128—2019）** **3.0.3** 门架立杆加强杆的长度不应小于门架高度的70%；门架宽度外部尺寸不宜小于800mm；门架高度不宜小于1700mm。 **6.1.4** 上下榀门架的组装必须设置连接棒，连接棒插入立杆的深度不应小于30mm，连接棒与门架立杆配合间隙不应大于2mm。 **6.1.5** 门式脚手架上下榀门架间应设置锁臂。当采用插销式或弹销式连接棒时，可不设锁臂。 **6.3.6** 当型钢悬挑梁与建筑结构采用螺栓钢压板连接固定时，钢压板宽厚尺寸不应小于100mm×10mm；当压板采用角钢时，角钢的规格不应小于63mm×63mm×6mm。 **6.3.7** 型钢悬挑梁与U形钢筋拉环或螺栓连接应紧固。当采用钢筋拉环连接时，应采用钢楔或硬木楔塞紧；当采用螺栓钢压板连接时，应采用双螺帽拧紧。 **6.3.8** 悬挑脚手架底层门架立杆与型钢悬挑梁应可靠连接，门架立杆不得滑动或窜动。型钢梁上应设置定位销，定位销的直径不应小于30mm，长度不应小于100mm，并应与型钢梁焊接牢固。门架立杆插入定位销后与门架立杆的间隙不宜大于3mm。 **6.3.11** 每个型钢悬挑梁外端宜设置钢拉杆或钢丝绳与上部建筑结构斜拉结，并应符合下列规定： 1 刚性拉杆可参与型钢悬挑梁的受力计算，钢丝绳不宜参与型钢悬挑梁的受力计算，刚性拉杆与钢丝绳应有张紧措施。刚性拉杆的规格应经设计确定，钢丝绳的直径不宜小于15.5mm。 **7.2.5** 当加固杆、连墙件等杆件与门架采用扣件连接时，应符合下列规定： 1 扣件规格应与所连接钢管的外径相匹配； 2 扣件螺栓拧紧扭力矩值应为40N·m～65N·m； 3 杆件端头伸出扣件盖板边缘长度不应小于100mm。 **3. 电力行业标准《电力建设安全工作规程　第1部分：火力发电》（DL 5009.1—2014）** **4.8.6** 悬挑式脚手架应符合下列规定：	1. 通用要求及检查方法见本章第二节通用规定。 2. 卷尺等工具测量。 3. 游标卡尺等工具测量。 4. 力矩扳手检查扣件螺栓拧紧力矩。 5. 现场观察检查

续表

序号	检查重点	标 准 要 求	检查方法
8	悬挑式脚手架杆件连接	10 悬挂式钢管吊架在搭设过程中，除立杆与横杆的扣件必须牢固外，立杆的上下两端还应加设一道保险扣件。立杆两端伸出横杆的长度不得少于200mm	
9	悬挑式脚手架悬挑钢梁	**1. 建筑行业标准《建筑施工扣件式钢管脚手架安全技术规范》(JGJ 130—2011)** **6.10.2** 型钢悬挑梁宜采用双轴对称截面的型钢。悬挑钢梁型号及锚固件应按设计确定，钢梁截面高度不应小于160mm。悬挑梁尾端应在两处及以上固定于钢筋混凝土梁板结构上。锚固型钢悬挑梁的U形钢筋拉环或锚固螺栓直径不宜小于16mm。 **6.10.5** 悬挑梁悬挑长度按设计确定。固定段长度不应小于悬挑段长度的1.25倍。型钢悬挑梁固定端应采用2个（对）及以上U形钢筋拉环或锚固螺栓与建筑结构梁板固定，U形钢筋拉环或锚固螺栓应预埋至混凝土梁、板底层钢筋位置，并应与混凝土梁、板底层钢筋焊接或绑扎牢固，其锚固长度应符合现行国家标准《混凝土结构设计规范》GB 50010中钢筋锚固的规定。 **6.10.6** 当型钢悬挑梁与建筑结构采用螺栓钢压板连接固定时，钢压板尺寸不应小于100mm×10mm（宽×厚）；当采用螺栓角钢压板连接时，角钢规格不应小于63mm×63mm×6mm。 **6.10.7** 型钢悬挑梁悬挑端应设置能使脚手架立杆与钢梁可靠固定的定位点，定位点离悬挑梁端部不应小于100mm。 **6.10.9** 悬挑梁间距应按悬挑架架体立杆纵距设置，每一纵距设置一根。 **2. 建筑行业标准《建筑施工安全检查标准》(JGJ 59—2011)** **3.8.3** 悬挑式脚手架保证项目的检查评定应符合下列规定： 2 悬挑钢梁 1）钢梁截面尺寸应经设计计算确定，且截面型式应符合设计和规范要求； 2）钢梁锚固端长度不应小于悬挑长度的1.25倍； 3）钢梁锚固处结构强度、锚固措施应符合设计和规范要求； 4）钢梁外端应设置钢丝绳或钢拉杆与上层建筑结构拉结； 5）钢梁间距应按悬挑架体立杆纵距设置。 **3. 建筑行业标准《建筑施工门式钢管脚手架安全技术标准》(JGJ/T 128—2019)** **3.0.11** 悬挑脚手架的悬挑梁或悬挑桁架应采用型钢制作。其材质应符合现行国家标准《碳素结构钢》GB/T 700中Q235B级钢或《低合金高强度结构钢》GB/T 1591中Q345级钢的规定。用于固定型钢悬挑梁或悬挑桁架的U形钢筋拉环或锚固螺栓材质应符合现行国家标准《钢筋混凝土用钢 第1部分：热轧光圆钢筋》GB 1499.1中HPB300级钢筋的规定。 **6.3.1** 悬挑脚手架的悬挑支承结构应根据施工方案布设，其位置宜与门架立杆位置对应，每一跨距宜设置一根型钢悬挑梁，并应按确定的位置设置预埋件。 **6.3.2** 型钢悬挑梁锚固段长度不宜小于悬挑段长度的1.25倍，悬挑支承点应设置在建筑结构的梁板上，并应根据混凝土的实际强度进行承载能力验算，不得设置在外伸阳台或悬挑楼板上。 **6.3.3** 型钢悬挑梁宜采用双轴对称截面的型钢，型钢截面型号应经设计确定。	1. 新采购的型钢，查阅厂家产品型号规格、合格证等资料。 2. 钢尺、卷尺等工具测量。 3. 现场观察检查。 4. 现场抽查询问作业人员

续表

序号	检查重点	标 准 要 求	检查方法
9	悬挑式脚手架悬挑钢梁	**6.3.4** 对锚固型钢悬挑梁的楼板应进行设计验算，当承载力不能满足要求时，应采取在楼板内增配钢筋、对楼板进行反支撑等措施。型钢悬挑梁的锚固段压点宜采用不少于2个（对）预埋U形钢筋拉环或螺栓固定；锚固位置的楼板厚度不应小于100mm，混凝土强度不应低于20MPa。U形钢筋拉环或螺栓应埋设在梁板下排钢筋的上边，用于锚固U形钢筋拉环或螺栓的锚固钢筋应与结构钢筋焊接或绑扎牢固，其锚固长度应符合现行国家标准《混凝土结构设计规范》GB 50010中钢筋锚固的规定。 **4. 电力行业标准《电力建设安全工作规程 第1部分：火力发电》（DL 5009.1—2014）** **4.8.6** 悬挑式脚手架应符合下列规定： 2 悬挑梁应选用双轴对称截面的型钢。 4 悬挑钢梁型号及锚固件应按设计确定，钢梁截面高度不应小于160mm。 5 悬挑梁尾端应至少有两处固定于建（构）筑物的结构上，固定段长度不应小于悬挑段长度的1.25倍。 6 锚固型钢悬挑梁的U形钢筋拉环或锚固螺栓直径不宜小于16mm。钢筋拉环、锚固螺栓与型钢间隙应用钢楔或硬木楔楔紧，悬挑梁严禁晃动。 **5.《防止电力建设工程施工安全事故三十项重点要求》（国能发安全〔2022〕55号）** **3.4.6** 悬挑脚手架钢梁悬挑长度必须按设计确定，严禁固定段长度小于悬挑段长度的1.25倍。型钢悬挑梁固定端必须采用2对及以上U形钢筋拉环或锚固螺栓与建筑结构梁板固定，U形钢筋拉环或锚固螺栓必须预埋至混凝土梁、板底层钢筋位置，必须与混凝土梁、板底层钢筋焊接或绑扎牢固	
10	悬挑式脚手架安全防护	**1. 建筑行业标准《建筑施工安全检查标准》（JGJ 59—2011）** **3.8.4** 悬挑式脚手架一般项目的检查评定应符合下列规定： 3 层间防护 1）架体作业层脚手板下应采用安全平网兜底，以下每隔10m应采用安全平网封闭； 2）作业层里排架体与建筑物之间应采用脚手板或安全平网封闭； 3）架体底层沿建筑结构边缘在悬挑钢梁与悬挑钢梁之间应采取措施封闭； 4）架体底层应进行封闭。 **2. 建筑行业标准《建筑施工门式钢管脚手架安全技术标准》（JGJ/T 128—2019）** **3.0.7** 当交叉支撑、锁臂、连接棒等配件与门架相连时，应有防止退出松脱的构造，当连接棒与锁臂一起应用时，连接棒可不受此限。水平架、脚手板、钢梯与门架的挂扣连接应有防止脱落的构造。 **9.0.11** 门式作业脚手架临街及转角处的外侧立面应按步采取硬防护措施，硬防护的高度不应小于1.2m，转角处硬防护的宽度应为作业脚手架宽度。 **9.0.12** 门式作业脚手架外侧应设置密目式安全网，网间应严密。 **9.0.13** 门式作业脚手架与架空输电线路的安全距离、工地临时用电线路架设及作业脚手架接地、防雷措施，应按现行行业标准《施工现场临时用电安全技术规范》JGJ 46的有关规定执行	1. 通用要求及检查方法见本章第二节通用规定。 2. 查阅密目式安全网质量合格证及验收记录等资料。 3. 卷尺、钢板尺等工具测量。 4. 接地电阻测试仪器测量。 5. 现场观察检查

续表

序号	检查重点	标 准 要 求	检查方法
11	悬挑式脚手架检查验收	**1. 国家标准《施工脚手架通用规范》(GB 55023—2022)** **6.0.3** 附着式升降脚手架支座及防倾、防坠、荷载控制装置、悬挑脚手架悬挑结构件等涉及架体使用安全的构配件应全数检验。 **2. 建筑行业标准《建筑施工安全检查标准》(JGJ 59—2011)** **3.8.3** 悬挑式脚手架保证项目的检查评定应符合下列规定: 6 交底与验收 2) 架体分段搭设、分段使用时,应进行分段验收; 3) 搭设完毕应办理验收手续,验收应有量化内容并经责任人签字确认。 **3. 建筑行业标准《建筑施工门式钢管脚手架安全技术标准》(JGJ/T 128—2019)** **7.1.3** 门架与配件、加固杆等在使用前应进行检查和验收。 **7.1.6** 悬挑脚手架搭设前应检查预埋件和支撑型钢悬挑梁的混凝土强度。 **8.1.1** 门式脚手架搭设前,应按现行行业标准《门式钢管脚手架》JG 13 的规定对门架与配件的基本尺寸、质量和性能进行检查,确认合格后方可使用。 **8.1.2** 施工现场使用的门架与配件应具有产品质量合格证,应标志清晰,并应符合下列规定: 1 门架与配件表面应平直光滑,焊缝应饱满,不应有裂缝、开焊、焊缝错位、硬弯、凹痕、毛刺、锁柱弯曲等缺陷; 2 门架与配件表面应涂刷防锈漆或镀锌; 3 门架与配件上的止退和锁紧装置应齐全、有效。 **8.1.3** 周转使用的门架与配件,应按本标准附录 A 的规定经分类检查确认为 A 类方可使用;B 类、C 类应经维修或试验后维修达到 A 类方可使用;不得使用 D 类门架与配件。 **8.1.4** 在施工现场每使用一个安装拆除周期后,应对门架和配件采用目测、尺量的方法检查一次。当进行锈蚀深度检查时,应按本标准附录 A 第 A.3 节的规定抽取样品,在每个样品锈蚀严重的部位宜采用测厚仪或横向截断的方法取样检测,当锈蚀深度超过规定值时不得使用。 **8.1.5** 加固杆、连接杆等所用钢管和扣件的质量应符合下列规定: 1 当钢管壁厚的负偏差超过−0.2mm 时,不得使用; 2 不得使用有裂缝、变形的扣件,出现滑丝的螺栓应进行更换; 3 钢管和扣件宜涂有防锈漆。 **8.1.6** 底座和托座在使用前应对调节螺杆与门架立杆配合间隙进行检查。 **8.1.7** 连墙件、型钢悬挑梁、U 形钢筋拉环或锚固螺栓,在使用前应进行外观质量检查。 **8.2.1** 搭设前,应对门式脚手架的地基与基础进行检查,经检验合格后方可搭设。 **8.2.2** 门式作业脚手架每搭设 2 个楼层高度或搭设完毕,门式支撑架每搭设 4 步高度或搭设完毕,应对搭设质量及安全进行一次检查,经检验合格后方可交付使用或继续搭设。 **8.2.3** 在门式脚手架搭设质量验收时,应具备下列文件: 1 专项施工方案; 2 构配件与材料质量的检验记录;	1. 通用要求及检查方法见本章第二节通用规定。 2. 查阅产品质量合格证、质量检验报告、复验记录等资料。 3. 查阅阶段检查与验收记录、定期维护检查记录。 4. 卷尺、钢板尺等工具测量。 5. 游标卡尺等工具测量。 6. 现场观察检查

续表

序号	检查重点	标 准 要 求	检查方法
11	悬挑式脚手架检查验收	3 安全技术交底及搭设质量检验记录。 **8.2.4** 门式脚手架搭设质量验收应进行现场检验，在进行全数检查的基础上，应对下列项目进行重点检验，并应记入搭设质量验收记录： 1 构配件和加固杆的规格、品种应符合设计要求，质量应合格，构造设置应齐全，连接和挂扣应紧固可靠； 2 基础应符合设计要求，应平整坚实； 3 门架跨距、间距应符合设计要求； 4 连墙件设置应符合设计要求，与建筑结构、架体连接应可靠； 5 加固杆的设置应符合设计要求； 6 门式作业脚手架的通道口、转角等部位搭设应符合构造要求； 7 架体垂直度及水平度应经检验合格； 8 悬挑脚手架的悬挑支承结构及与建筑结构的连接固定应符合设计要求，U形钢筋拉环或锚固螺栓的隐蔽验收应合格； 9 安全网的张挂及防护栏杆的设置应齐全、牢固。 **8.2.6** 门式脚手架扣件拧紧力矩的检查与验收，应符合现行行业标准《建筑施工扣件式钢管脚手架安全技术规范》JGJ 130的规定。 **4. 电力行业标准《电力建设安全工作规程 第1部分：火力发电》（DL 5009.1—2014）** **4.8.6** 悬挑式脚手架应符合下列规定： 3 制作悬挑承力架的材料应有产品合格证、质量检验报告等质量证明文件	
12	悬挑式脚手架使用与检测	**1. 国家标准《施工脚手架通用规范》（GB 55023—2022）** **5.3.4** 脚手架在使用过程中，应定期进行检查并形成记录，脚手架工作状态应符合下列规定： 5 悬挑脚手架的悬挑支承结构应稳固。 **2. 建筑行业标准《建筑施工门式钢管脚手架安全技术标准》（JGJ/T 128—2019）** **8.3.1** 门式脚手架在使用过程中应进行日常维护检查，发现问题应及时处理，并应符合下列规定： 1 地基应无积水，垫板及底座应无松动，门架立杆应无悬空； 2 架体构造应完整，无人为拆除，加固杆、连墙件应无松动，架体应无明显变形； 3 锁臂、挂扣件、扣件螺栓应无松动； 4 杆件、构配件应无锈蚀、无泥浆等污染； 5 安全网、防护栏杆应无缺失、损坏； 6 架体上或架体附近不得长期堆放可燃易燃物料； 7 应无超载使用。 **8.3.2** 门式脚手架在使用过程中遇有下列情况时，应进行检查，确认安全后方可继续使用： 1 遇有8级以上强风或大雨后； 2 冻结的地基土解冻后； 3 停用超过一个月，复工前； 4 架体遭受外力撞击等作用后； 5 架体部分拆除后； 6 其他特殊情况。	1. 通用要求及检查方法见本章第二节通用规定。 2. 查阅安全检查记录、维护保养记录等资料。 3. 现场观察检查

续表

序号	检查重点	标 准 要 求	检查方法
12	悬挑式脚手架使用与检测	**9.0.4** 门式脚手架作业层上的荷载不得超过设计荷载，门式作业脚手架同时满载作业的层数不应超过2层。 **9.0.5** 严禁将支撑架、缆风绳、混凝土输送泵管、卸料平台及大型设备的支承件等固定在作业脚手架上；严禁在门式作业脚手架上悬挂起重设备。 **9.0.7** 门式脚手架在使用期间，当预见可能有强风天气所产生的风压值超出设计的基本风压值时，应对架体采取临时加固等防风措施。 **9.0.8** 在门式脚手架使用期间，立杆基础下及附近不宜进行挖掘作业；当因施工需进行挖掘作业时，应对架体采取加固措施。 **9.0.14** 在门式脚手架上进行电气焊和其他动火作业时，应符合现行国家标准《建设工程施工现场消防安全技术规范》GB 50720的规定，应采取防火措施，并应设专人监护。 **9.0.15** 不得攀爬门式作业脚手架。 **9.0.17** 对门式脚手架应进行日常性的检查和维护，架体上的建筑垃圾或杂物应及时清理。 **9.0.19** 当门式脚手架在使用过程中出现安全隐患时，应及时排除；当出现可能危及人身安全的重大隐患时，应停止架上作业，撤离作业人员，并应由专业人员组织检查、处置	
13	悬挑式脚手架架体拆除	**1. 建筑行业标准《建筑施工门式钢管脚手架安全技术标准》(JGJ/T 128—2019)** **7.3.1** 架体拆除应按专项施工方案实施，并应在拆除前做好下列准备工作： 1 应对拆除的架体进行拆除前检查，当发现有连墙件、加固杆缺失，拆除过程中架体可能倾斜失稳的情况时，应先行加固后再拆除； 2 应根据拆除前的检查结果补充完善专项施工方案； 3 应清除架体上的材料、杂物及作业面的障碍物。 **7.3.2** 门式脚手架拆除作业应符合下列规定： 1 架体的拆除应从上而下逐层进行； 2 同层杆件和构配件应按先外后内的顺序拆除，剪刀撑、斜撑杆等加固杆件应在拆卸至该部位杆件时再拆除； 3 连墙件应随门式作业脚手架逐层拆除，不得先将连墙件整层或数层拆除后再拆架体。拆除作业过程中，当架体的自由高度大于2步时，应加设临时拉结。 **7.3.3** 当拆卸连接部件时，应先将止退装置旋转至开启位置，然后拆除，不得硬拉、敲击。拆除作业中，不应使用手锤等硬物击打、撬别。 **7.3.4** 当门式作业脚手架分段拆除时，应先对不拆除部分架体的两端加固后再进行拆除作业。 **7.3.5** 门架与配件应采用机械或人工运至地面，严禁抛掷。 **7.3.6** 拆卸的门架与配件、加固杆等不得集中堆放在未拆架体上，并应及时检查、整修和保养，宜按品种、规格分别存放。 **9.0.10** 门式作业脚手架在使用期间，不应拆除加固杆、连墙件、转角处连接杆、通道口斜撑杆等加固杆件。 **2. 电力行业标准《电力建设安全工作规程 第1部分：火力发电》(DL 5009.1—2014)** **4.8.6** 悬挑式脚手架应符合下列规定： 13 严禁任意拆除型钢悬挑构件、松动型钢悬挑结构锚环、螺栓及其锁定装置	1. 通用要求及检查方法见本章第二节通用规定。 2. 查阅专项施工方案。 3. 查阅拆除前安全检查记录。 4. 实地观察检查

第五节 承插型盘扣式脚手架

一、术语或定义

承插型盘扣式脚手架根据使用用途可分为支撑脚手架和作业脚手架。立杆之间采用外套管或内插管连接，水平杆和斜杆采用杆端扣接头卡入连接盘，用楔形插销连接，能承受相应的荷载，并具有作业安全和防护功能的结构架体。

（1）基座：指焊接有连接盘和连接套管，底部插入可调底座，顶部可插接立杆的竖向杆件。

（2）可调底座：指插入立杆底端可调节高度的底座。

（3）可调托撑：指插入立杆顶端可调节高度的托撑。

（4）连接盘：指焊接于立杆上可扣接8个方向扣接头的八边形或圆环形八孔板。

（5）盘扣节点：指脚手架立杆上的连接盘与水平杆及斜杆端上的扣接头用插销组合的连接。

（6）扣接头：指位于水平杆或斜杆杆件端头与立杆上的连接盘快速扣接的零件。

（7）插销：指装配在扣接头内，用于固定扣接头与连接盘的专用楔形零件。

二、主要检查内容

承插型盘扣式脚手架安全检查重点、要求及方法见表2-4-4。

表2-4-4　承插型盘扣式脚手架安全检查重点、要求及方法

序号	检查重点	标准要求	检查方法
1	承插型盘扣式脚手架搭拆人员资格要求	**建筑行业标准《建筑施工承插型盘扣式钢管脚手架安全技术标准》(JGJ/T 231—2021)** **7.1.2** 操作人员应经过专业技术培训和专业考试合格后，持证上岗	通用要求及检查方法见本章第二节通用规定
2	承插型盘扣式脚手架施工方案与交底	**1. 建筑行业标准《建筑施工承插型盘扣式钢管脚手架安全技术标准》(JGJ/T 231—2021)** **7.1.1** 脚手架施工前应根据施工现场情况、地基承载力、搭设高度编制专项施工方案，并应经审核批准后实施。 **7.1.2** 脚手架搭设前，应按专项施工方案的要求对操作人员进行技术和安全作业交底。 **7.2.1** 专项施工方案应包括下列内容： 1 编制依据：相关法律、法规、规范性文件、标准及施工图设文件、施工组织设计等； 2 工程概况：危险性较大的分部分项工程概况和特点、施工平面布置、施工要求和技术保证条件； 3 施工计划：包括施工进度计划、材料与设备计划； 4 施工工艺技术：技术参数、工艺流程、施工方法、操作要求、检查要求等； 5 施工安全质量保证措施：组织保障措施、技术措施、监测监控措施； 6 施工管理及作业人员配备和分工：施工管理人员、专职安全生产管理人员、特种作业人员、其他作业人员等；	通用要求及检查方法见本章第二节通用规定

续表

序号	检查重点	标 准 要 求	检查方法
2	承插型盘扣式脚手架施工方案与交底	7 验收要求：验收标准、验收程序、验收内容、验收人员等； 8 应急处置措施； 9 计算书及相关施工图纸。 **2. 建筑行业标准《建筑施工安全检查标准》（JGJ 59—2011）** **3.6.3** 承插型盘扣式钢管脚手架保证项目的检查评定应符合下列规定： 1 施工方案 1）架体搭设应编制专项施工方案，结构设计应进行计算； 2）专项施工方案应按规定进行审核、审批。 6 交底与验收 1）架体搭设前应进行安全技术交底，并应有文字记录	
3	承插型盘扣式脚手架构配件材质	**1. 建筑行业标准《建筑施工承插型盘扣式钢管脚手架安全技术标准》（JGJ/T 231—2021）** **3.0.1** 脚手架构件、材料及其制作质量应符合现行行业标准《承插型盘扣式钢管支架构件》JG/T 503的规定。 **2. 建筑行业标准《承插型盘扣式钢管支架构件》（JG/T 503—2016）** **4.1.2** 标准型支架的立杆钢管的外径应为48.3mm，水平杆和水平斜杆钢管的外径应为48.3mm，竖向斜杆钢管的外径可为33.7mm、38mm、42.4mm和48.3mm，可调底座和可调托撑丝杆的外径应为38mm。 **4.1.3** 重型支架的立杆钢管的外径应为60.3mm，水平杆和水平斜杆钢管的外径应为48.3mm，竖向斜杆钢管的外径可为33.7mm、38mm、42.4mm和48.3mm，可调底座和可调托撑丝杆的外径应为48mm。 **5.1.2** 立杆不应低于GB/T 1591中Q345的规定；水平杆和水平斜杆不应低于GB/T 700中Q235的规定；竖向斜杆不应低于GB/T 700中Q195的规定。 **5.2.1** 立杆、水平杆、斜杆及构配件内外表面应热浸镀锌，不应涂刷油漆和电镀锌，构件表面应光滑，在连接处不应有毛刺、滴瘤和结块，镀层应均匀、牢固。 **5.2.3** 铸件表面应做光整处理，不应有裂纹、气孔、缩松、砂眼等铸造缺陷，应将粘砂、浇冒口残余、批缝、毛刺、氧化皮等清除干净。 **5.2.4** 冲压件应去毛刺，无裂纹、氧化皮等缺陷。 **5.2.5** 制作构件的钢管不应接长使用。 **3. 建筑行业标准《建筑施工安全检查标准》（JGJ 59—2011）** **3.6.4** 承插型盘扣式钢管脚手架一般项目的检查评定应符合下列规定： 3 构配件材质 1）架体构配件的规格、型号、材质应符合规范要求； 2）钢管不应有严重的弯曲、变形、锈蚀。 **4. 电力行业标准《电力建设安全工作规程 第1部分：火力发电》（DL 5009.1—2014）** **4.8.5** 承插型盘扣式钢管脚手架应符合下列规定： 1 主要构配件种类、规格、材质、质量标准、地基承载力计算应符合《建筑施工承插型盘扣式钢管支架安全技术规程》JGJ 231的要求	1. 通用要求及检查方法见本章第二节通用规定。 2. 游标卡尺测量。 3. 现场观察检查

续表

序号	检查重点	标准要求	检查方法
4	承插型盘扣式脚手架架体基础	**1. 建筑行业标准《建筑施工承插型盘扣式钢管脚手架安全技术标准》(JGJ/T 231—2021)** **7.3.1** 脚手架基础应按专项施工方案进行施工，并应按基础承载力要求进行验收，脚手架应在地基基础验收合格后搭设。 **7.3.2** 土层地基上的立杆下应采用可调底座和垫板，垫板的长度不宜少于2跨。 **7.3.3** 当地基高差较大时，可利用立杆节点位差配合可调底座进行调整。 **2. 建筑行业标准《建筑施工安全检查标准》(JGJ 59—2011)** **3.6.3** 承插型盘扣式钢管脚手架保证项目的检查评定应符合下列规定： 2 架体基础 1）立杆基础应按方案要求平整、夯实，并应采取排水措施； 2）土层地基上立杆底部必须设置垫板和可调底座，并应符合规范要求； 3）架体纵、横向扫地杆设置应符合规范要求。 **3. 电力行业标准《电力建设安全工作规程 第1部分：火力发电》(DL 5009.1—2014)** **4.8.5** 承插型盘扣式钢管脚手架应符合下列规定： 5 直接支承在土体上的模板支架及脚手架，立杆底部应设置可调底座，土体应采取压实、铺设块石或浇筑混凝土垫层等加固措施，也可在立杆底部垫设垫板，垫板的长度不宜少于两跨	1. 通用要求及检查方法见本章第二节通用规定。 2. 查阅专项施工方案。 3. 现场观察检查
5	承插型盘扣式脚手架架体搭设	**1. 建筑行业标准《建筑施工承插型盘扣式钢管脚手架安全技术标准》(JGJ/T 231—2021)** **7.5.1** 作业架立杆应定位准确，并应配合施工进度搭设，双排外作业架一次搭设高度不应超过最上层连墙件两步，且自由高度不应大于4m。 **9.0.1** 脚手架搭设作业人员应正确佩戴使用安全帽、安全带和防滑鞋。 **9.0.2** 应执行施工方案要求，遵循脚手架安装及拆除工艺流程。 **2. 建筑行业标准《建筑施工安全检查标准》(JGJ 59—2011)** **3.6.3** 承插型盘扣式钢管脚手架保证项目的检查评定应符合下列规定： 4 杆件设置 1）架体立杆间距、水平杆步距应符合设计和规范要求； 2）应按专项施工方案设计的步距在立杆连接插盘处设置纵、横向水平杆； 3）当双排脚手架的水平杆层未设挂扣式钢脚手板时，应按规范要求设置水平斜杆。 **3.6.4** 承插型盘扣式钢管脚手架一般项目的检查评定应符合下列规定： 4 通道 1）架体应设置供人员上下的专用通道； 2）专用通道的设置应符合规范要求	1. 通用要求及检查方法见本章第二节通用规定。 2. 查阅施工方案和阶段检查验收记录并现场查证。 3. 现场观察检查。 4. 卷尺、钢板尺等工具测量

续表

序号	检查重点	标 准 要 求	检查方法
6	承插型盘扣式脚手架架体稳定	**1. 建筑行业标准《建筑施工承插型盘扣式钢管脚手架安全技术标准》(JGJ/T 231—2021)** **6.1.1** 脚手架的构造体系应完整，脚手架应具有整体稳定性。 **6.1.2** 应根据施工方案计算得出的立杆纵横向间距选用定长的水平杆和斜杆，并应根据搭设高度组合立杆、基座、可调托撑和可调底座。 **6.3.1** 作业架的高宽比宜控制在3以内；当作业架高宽比大于3时，应设置抛撑或揽风绳等抗倾覆措施。 **6.3.2** 当搭设双排外作业架时或搭设高度24m及以上时，应根据使用要求选择架体几何尺寸，相邻水平杆步距不宜大于2m。 **6.3.3** 双排外作业架首层立杆宜采用不同长度的立杆交错布置，立杆底部宜配置可调底座或垫板。 **6.3.4** 当设置双排外作业架人行通道时，应在通道上部架设支撑横梁，横梁截面大小应按跨度以及承受的荷载计算确定，通道两侧作业架应加设斜杆。 **6.3.5** 双排作业架的外侧立面上应设置竖向斜杆，并应符合下列规定： 1 在脚手架的转角处、开口型脚手架端部应由架体底部至顶部连续设置斜杆； 2 应每隔不大于4跨设置一道竖向或斜向连续斜杆；当架体搭设高度在24m以上时，应每隔不大于3跨设置一道竖向斜杆； 3 竖向斜杆应在双排作业架外侧相邻立杆间由底至顶连续设置。 **6.3.6** 连墙件的设置应符合下列规定： 1 连墙件应采用可承受拉、压荷载的刚性杆件，并应与建筑主体结构和架体连接牢固； 2 连墙件应靠近水平杆的盘扣节点设置； 3 同一层连墙件宜在同一水平面，水平间距不应大于3跨，连墙件之上架体的悬臂高度不应超过2步； 4 在架体的转角处或开口型双排脚手架的端部应按楼层设置，且竖向间距不应大于4m； 5 连墙件宜从底层第一道水平杆处开始设置； 6 连墙件宜采用菱形布置，也可采用矩形布置； 7 连墙件应均匀分布； 8 当脚手架下部不能搭设连墙件时，宜外扩搭设多排脚手架并设置斜杆，形成外侧斜面状附加梯形架。 **6.3.7** 三脚架与立杆连接及接触的地方，应沿三脚架长度方向增设水平杆，相邻三脚架应连接牢固。 **7.1.4** 作业架连墙件、托架、悬挑梁固定螺栓或吊环等预埋件的设置，应按设计要求预埋。 **7.5.2** 双排外作业架连墙件应随脚手架高度上升，在规定位置处同步设置，不得滞后安装和任意拆除。 **7.5.4** 加固件、斜杆应与作业架同步搭设。当加固件、斜撑采用扣件钢管时，应符合现行行业标准《建筑施工扣件式钢管脚手架安全技术规范》JGJ 130的有关规定。 **2. 建筑行业标准《建筑施工安全检查标准》(JGJ 59—2011)** **3.6.3** 承插型盘扣式钢管脚手架保证项目的检查评定应符合下列规定： 3 架体稳定 1）架体与建筑结构拉结应符合规范要求，并应从架体底层第一	1. 通用要求及检查方法见本章第二节通用规定。 2. 查阅施工方案。 3. 现场观察检查。 4. 卷尺、钢板尺等工具测量。 5. 经纬仪、角度测量仪等仪器测量

续表

序号	检查重点	标 准 要 求	检查方法
6	承插型盘扣式脚手架架体稳定	步水平杆处开始设置连墙件，当该处设置有困难时应采取其他可靠措施固定； 2）架体拉结点应牢固可靠； 3）连墙件应采用刚性杆件； 4）架体竖向斜杆、剪刀撑的设置应符合规范要求； 5）竖向斜杆的两端应固定在纵、横向水平杆与立杆汇交的盘扣节点处； 6）斜杆及剪刀撑应沿脚手架高度连续设置，角度应符合规范要求。 **3. 电力行业标准《电力建设安全工作规程 第1部分：火力发电》(DL 5009.1—2014)** **4.8.5** 承插型盘扣式钢管脚手架应符合下列规定： 3 双排脚手架的连墙件必须采用可承受拉压荷载的刚性杆件，连墙件与脚手架立面及墙体应保持垂直，同一层连墙件应在同一平面，水平间距不应大于3跨；连墙件应设置在有水平杆的盘扣节点旁。 4 当双排脚手架下部暂不能搭设连墙件时，应用扣件钢管搭设抛撑。抛撑杆与地面的倾角应在45°～60°之间，并与脚手架通长杆件可靠连接。 7 搭设高度不宜大于24m	
7	承插型盘扣式脚手架脚手板与防护栏杆	**1. 建筑行业标准《建筑施工承插型盘扣式钢管脚手架安全技术标准》(JGJ/T 231—2021)** **7.5.3** 作业层设置应符合下列规定： 1 应满铺脚手板； 2 双排外作业架外侧应设挡脚板和防护栏杆，防护栏杆可在每层作业面立杆0.5m和1.0m的连接盘处布置两道水平杆，并应在外侧满挂密目安全网； 3 作业层与主体结构间的空隙应设置水平防护网； 4 当采用钢脚手板时，钢脚手板的挂钩应稳固扣在水平杆上，挂钩应处于锁住状态。 **7.5.5** 作业架顶层的外侧防护栏杆高出顶层作业层的高度不应小于1500mm。 **2. 建筑行业标准《建筑施工安全检查标准》(JGJ 59—2011)** **3.6.3** 承插型盘扣式钢管脚手架保证项目的检查评定应符合下列规定： 5 脚手板 1）脚手板材质、规格应符合规范要求； 2）脚手板应铺设严密、平整、牢固； 3）挂扣式钢脚手板的挂扣必须完全挂扣在水平杆上，挂钩应处于锁住状态。 **3.6.4** 承插型盘扣式钢管脚手架一般项目的检查评定应符合下列规定： 1 架体防护 1）架体外侧应采用密目式安全网进行封闭，网间连接应严密； 2）作业层应按规范要求设置防护栏杆； 3）作业层外侧应设置高度不小于180mm的挡脚板； 4）作业层脚手板下应采用安全平网兜底，以下每隔10m应采用安全平网封闭	1. 通用要求及检查方法见本章第二节通用规定。 2. 卷尺、钢板尺等工具测量。 3. 游标卡尺测量。 4. 现场观察检查

续表

序号	检查重点	标　准　要　求	检查方法
8	承插型盘扣式脚手架杆件连接	**1. 建筑行业标准《建筑施工承插型盘扣式钢管脚手架安全技术标准》(JGJ/T 231—2021)** **3.0.2** 杆端扣接头与连接盘的插销连接锤击自锁后不应拔脱。搭设脚手架时，宜采用不小于 0.5kg 锤子敲击插销顶面不少于 2 次，直至插销销紧。销紧后应再次击打，插销下沉量不应大于 3mm。 **3.0.3** 插销销紧后，扣接头端部弧面应与立杆外表面贴合。 **2. 建筑行业标准《建筑施工安全检查标准》(JGJ 59—2011)** **3.6.4** 承插型盘扣式钢管脚手架一般项目的检查评定应符合下列规定： 2 杆件连接 1) 立杆的接长位置应符合规范要求； 2) 剪刀撑的接长应符合规范要求。 **3. 电力行业标准《电力建设安全工作规程　第 1 部分：火力发电》(DL 5009.1—2014)** **4.8.1** 通用规定： 18 钢管立杆、大横杆的接头应错开，横杆搭接长度不得小于 500mm。承插式的管接头插接长度不得小于 80mm；水平承插式接头应有穿销并用扣件连接，不得用铁丝或绳子绑扎。 26 盘扣式、碗扣式脚手架插销连接应有防滑脱措施	1. 通用要求及检查方法见本章第二节通用规定。 2. 卷尺、钢直尺等工具测量。 3. 经纬仪或吊线和卷尺等工具测量。 4. 现场观察检查
9	承插型盘扣式脚手架安全防护	**建筑行业标准《建筑施工承插型盘扣式钢管脚手架安全技术标准》(JGJ/T 231—2021)** **9.0.10** 脚手架应与架空输电线路保持安全距离，野外空旷地区搭设脚手架应按现行行业标准《施工现场临时用电安全技术规范》JGJ 46 的有关规定设置防雷措施。 **9.0.11** 架体门洞、过车通道，应设置明显警示标识及防超限栏杆	1. 通用要求及检查方法见本章第二节通用规定。 2. 现场观察检查
10	承插型盘扣式脚手架检查验收	**1. 建筑行业标准《建筑施工承插型盘扣式钢管脚手架安全技术标准》(JGJ/T 231—2021)** **7.5.7** 作业架应分段搭设、分段使用，应经验收合格后方可使用。 **8.0.1** 对进入施工现场的脚手架构配件的检查与验收应符合下列规定： 1 应有脚手架产品标识及产品质量合格证、型式检验报告； 2 应有脚手架产品主要技术参数及产品使用说明书； 3 当对脚手架及构件质量有疑问时，应进行质量抽检和整架试验。 **8.0.4** 当出现下列情况之一时，作业架应进行检查和验收： 1 基础完工后及作业架搭设前； 2 首段高度达到 6m 时； 3 架体随施工进度逐层升高时； 4 搭设高度达到设计高度后； 5 停用 1 个月以上，恢复使用前； 6 遇 6 级及以上强风、大雨及冻结的地基土解冻后。 **8.0.5** 作业架检查与验收应符合下列规定：	1. 通用要求及检查方法见本章第二节通用规定。 2. 查阅产品标识、产品质量合格证、型式检验报告、产品主要技术参数及产品使用说明书等资料。 3. 查阅阶段检查与验收记录。 4. 外观检查。 5. 现场观察检查

续表

序号	检查重点	标 准 要 求	检查方法
10	承插型盘扣式脚手架检查验收	1 搭设的架体应符合设计要求，斜杆或剪刀撑设置应符合本标准第6章的规定； 2 立杆基础不应有不均匀沉降，可调底座与基础间的接触不应有松动和悬空现象； 3 连墙件设置应符合设计要求，并应与主体结构、架体可靠连接； 4 外侧安全立网、内侧层间水平网的张挂及防护栏杆的设置应齐全、牢固； 5 周转使用的脚手架构配件使用前应进行外观检查，并应做记录； 6 搭设的施工记录和质量检查记录应及时、齐全； 7 水平杆扣接头、斜杆扣接头与连接盘的插销应销紧。 **8.0.7** 支撑架和作业架验收后应形成记录。 **2. 建筑行业标准《建筑施工安全检查标准》(JGJ 59—2011)** **3.6.3** 承插型盘扣式钢管脚手架保证项目的检查评定应符合下列规定： 6 交底与验收 2) 架体分段搭设、分段使用时，应进行分段验收； 3) 搭设完毕应办理验收手续，验收应有量化内容并经责任人签字确认	
11	承插型盘扣式脚手架使用与检测	**1. 建筑行业标准《建筑施工承插型盘扣式钢管脚手架安全技术标准》(JGJ/T 231—2021)** **9.0.3** 脚手架使用过程应明确专人管理。 **9.0.4** 应控制作业层上的施工荷载，不得超过设计值。 **9.0.5** 如需预压，荷载的分布应与设计方案一致。 **9.0.6** 脚手架受荷过程中，应按对称、分层、分级的原则进行，不应集中堆载、卸载；并应派专人在安全区域内监测脚手架的工作状态。 **9.0.7** 脚手架使用期间，不得擅自拆改架体结构杆件或在架体上增设其他设施。 **9.0.8** 不得在脚手架基础影响范围内进行挖掘作业。 **9.0.9** 在脚手架上进行电气焊作业时，应有防火措施和专人监护。 **9.0.10** 脚手架应与架空输电线路保持安全距离，野外空旷地区搭设脚手架应按现行行业标准《施工现场临时用电安全技术规范》JGJ 46的有关规定设置防雷措施。 **9.0.12** 脚手架工作区域内应整洁卫生，物料码放应整齐有序，通道应畅通。 **9.0.13** 当遇有重大突发天气变化时，应提前做好防御措施。 **2. 电力行业标准《电力建设安全工作规程 第1部分：火力发电》(DL 5009.1—2014)** **4.8.5** 承插型盘扣式钢管脚手架应符合下列规定： 2 装修脚手架同时作业不宜超过3层，结构脚手架同时作业不宜超过2层。 6 应对连墙件、立杆基础、可调底座、斜杆和剪刀撑等进行经常性检查	1. 通用要求及检查方法见本章第二节通用规定。 2. 查阅专项施工方案和检查记录等资料。 3. 现场观察检查

续表

序号	检查重点	标准要求	检查方法
12	承插型盘扣式脚手架架体拆除	**建筑行业标准《建筑施工承插型盘扣式钢管脚手架安全技术标准》(JGJ/T 231—2021)** **7.5.8** 作业架应经单位工程负责人确认并签署拆除许可令后，方可拆除。 **7.5.9** 当作业架拆除时，应划出安全区，应设置警戒标志，并应派专人看管。 **7.5.10** 拆除前应清理脚手架上的器具、多余的材料和杂物。 **7.5.11** 作业架拆除应按先装后拆、后装先拆的原则进行，不应上下同时作业。双排外脚手架连墙件应随脚手架逐层拆除，分段拆除的高度差不应大于两步。当作业条件限制，出现高度差大于两步时，应增设连墙件加固。 **7.5.12** 拆除至地面的脚手架及构配件应及时检查、维修及保养，并应按品种、规格分类存放	1. 通用要求及检查方法见本章第二节通用规定。 2. 查阅拆除许可令。 3. 现场观察检查

第六节 附着式升降脚手架

一、术语或定义

附着式升降脚手架是指搭设一定高度并附着于工程结构上，依靠自身的升降设备和装置，可随工程结构逐层爬升或下降，具有防倾覆、防坠落装置的外脚手架。

(1) 整体式附着升降脚手架：指有三个以上提升装置的连跨升降的附着式升降脚手架。

(2) 单跨式附着升降脚手架：指仅有两个提升装置并独自升降的附着升降脚手架。

(3) 附着支承结构：指直接附着在工程结构上，并与竖向主框架相连接，承受并传递脚手架荷载的支承结构。

(4) 架体结构：指附着式升降脚手架的组成结构，一般由竖向主框架、水平支承桁架和架体构架等3部分组成。

(5) 防倾覆装置：指防止架体在升降和使用过程中发生倾覆的装置。

(6) 防坠落装置：指架体在升降或使用过程中发生意外坠落时的制动装置。

(7) 升降机构：指控制架体升降运行的动力机构，有电动和液压两种。

(8) 荷载控制系统：指能够反映、控制升降机构在工作中所承受荷载的装置系统。

(9) 悬臂梁：指一端固定在附墙支座上，悬挂升降设备或防坠落装置的悬挑钢梁，又称悬吊梁。

(10) 导轨：指附着在附墙支承结构或者附着在竖向主框架上，引导脚手架上升和下降的轨道。

(11) 同步控制装置：指在架体升降中控制各升降点的升降速度，使各升降点的荷载或高差在设计范围内，即控制各点相对垂直位移的装置。

二、主要检查内容

附着式升降脚手架安全检查重点、要求及方法见表2-4-5。

表 2-4-5　附着式升降脚手架安全检查重点、要求及方法

序号	检查重点	标准要求	检查方法
1	附着式升降脚手架搭拆人员资格要求	**1. 建筑行业标准《建筑施工工具式脚手架安全技术规范》（JGJ 202—2010）** **7.0.5** 工具式脚手架专业施工单位应设置专业技术人员、安全管理人员及相应的特种作业人员。特种作业人员应经专门培训，并应经建设行政主管部门考核合格，取得特种作业操作资格证书后，方可上岗作业。 **7.0.6** 施工现场使用工具式脚手架应由总承包单位统一监督，并应符合下列规定： 2 应对专业承包人员的配备和特种作业人员的资格进行审查。 **7.0.7** 监理单位应对施工现场的工具式脚手架使用状况进行安全监理并应记录，出现隐患应要求及时整改，并应符合下列规定： 1 应对专业承包单位的资质及有关人员的资格进行审查。 **2. 建筑行业标准《建筑施工安全检查标准》（JGJ 59—2011）** **3.9.4** 附着式升降脚手架一般项目的检查评定应符合下列规定： 4 安全作业 3）安装拆除单位资质应符合要求，特种作业人员应持证上岗	通用要求及检查方法见本章第二节通用规定
2	附着式升降脚手架施工方案与交底	**1. 建筑行业标准《建筑施工工具式脚手架安全技术规范》（JGJ 202—2010）** **7.0.1** 工具式脚手架安装前，应根据工程结构、施工环境等特点编制专项施工方案，并应经总承包单位技术负责人审批、项目总监理工程师审核后实施。 **7.0.2** 专项施工方案应包括下列内容： 1 工程特点； 2 平面布置情况； 3 安全措施； 4 特殊部位的加固措施； 5 工程结构受力核算； 6 安装、升降、拆除程序及措施； 7 使用规定。 **7.0.6** 施工现场使用工具式脚手架应由总承包单位统一监督，并应符合下列规定： 1 安装、升降、使用、拆除等作业前，应向有关作业人员进行安全教育；并应监督对作业人员的安全技术交底。 **2. 建筑行业标准《建筑施工安全检查标准》（JGJ 59—2011）** **3.9.3** 附着式升降脚手架保证项目的检查评定应符合下列规定： 1 施工方案 1）附着式升降脚手架搭设作业应编制专项施工方案，结构设计应进行计算； 2）专项施工方案应按规定进行审核、审批； 3）脚手架提升超过规定允许高度，应组织专家对专项施工方案进行论证。 **3.9.4** 附着式升降脚手架一般项目的检查评定应符合下列规定： 4 安全作业 1）操作前应对有关技术人员和作业人员进行安全技术交底，并应有文字记录； 2）作业人员应经培训并定岗作业	通用要求及检查方法见本章第二节通用规定

续表

序号	检查重点	标 准 要 求	检查方法
3	附着式升降脚手架构配件材质	**建筑行业标准《建筑施工工具式脚手架安全技术规范》（JGJ 202—2010）** **3.0.1** 附着式升降脚手架和外挂防护架架体用的钢管，应采用现行国家标准《直缝电焊钢管》GB/T 13793 和《低压流体输送用焊接钢管》GB/T 3091 中的 Q235 号普通钢管，应符合现行国家标准《焊接钢管尺寸及单位长度重量》GB/T 21835 的规定，其钢材质量应符合现行国家标准《碳素结构钢》GB/T 700 中 Q235－A 级钢的规定，且应满足下列规定： 1 钢管应采用 ϕ48.3×3.6mm 的规格； 2 钢管应具有产品质量合格证和符合现行国家标准《金属材料室温拉伸试验方法》GB/T 228 有关规定的检验报告； 3 钢管应平直，其弯曲度不得大于管长的 1/500，两端端面应平整，不得有斜口，有裂缝、表面分层硬伤、压扁、硬弯、深划痕、毛刺和结疤等不得使用； 4 钢管表面的锈蚀深度不得超过 0.25mm； 5 钢管在使用前应涂刷防锈漆。 **3.0.2** 工具式脚手架主要的构配件应包括：水平支承桁架、竖向主框架、附墙支座、悬臂梁、钢拉杆、竖向桁架、三角臂等。当使用型钢、钢板和圆钢制作时，其材质应符合现行国家标准《碳素结构钢》GB/T 700 中 Q235－A 级钢的规定。 **3.0.3** 当室外温度大于或等于－20℃时，宜采用 Q235 钢和 Q345 钢。承重桁架或承受冲击荷载作用的结构，应具有 0℃ 冲击韧性的合格保证。当冬季室外温度低于－20℃时，尚应具有－20℃冲击韧性的合格保证。 **3.0.4** 钢管脚手架的连接扣件应符合现行国家标准《钢管脚手架扣件》GB 15831 的规定。在螺栓拧紧的扭力矩达到 65N·m 时，不得发生破坏。 **3.0.5** 架体结构的连接材料应符合下列规定： 1 手工焊接所采用的焊条，应符合现行国家标准《碳钢焊条》GB/T 5117 或《低合金钢焊条》GB/T 5118 的规定，焊条型号应与结构主体金属力学性能相适应，对于承受动力荷载或振动荷载的桁架结构宜采用低氢型焊条； 2 自动焊接或半自动焊接采用的焊丝和焊剂，应与结构主体金属力学性能相适应，并应符合国家现行有关标准的规定； 3 普通螺栓应符合现行国家标准《六角头螺栓 C 级》GB/T 5780 和《六角头螺栓》GB/T 5782 的规定； 4 锚栓可采用现行国家标准《碳素结构钢》GB/T 700 中规定的 Q235 钢或《低合金高强度结构钢》GB/T 1591 中规定的 Q345 钢制成。 **3.0.15** 工具式脚手架的构配件，当出现下列情况之一时，应更换或报废： 1 构配件出现塑性变形的； 2 构配件锈蚀严重，影响承载能力和使用功能的； 3 防坠落装置的组成部件任何一个发生明显变形的； 5 穿墙螺栓在使用一个单体工程后，凡发生变形、磨损、锈蚀的； 6 钢拉杆上端连接板在单项工程完成后，出现变形和裂纹的； 7 电动葫芦链条出现深度超过 0.5mm 咬伤的	1. 通用要求及检查方法见本章第二节通用规定。 2. 卷尺、钢板尺等工具测量。 3. 游标卡尺测量。 4. 扭力扳手抽查扣件紧固力矩。 5. 现场观察检查

续表

序号	检查重点	标 准 要 求	检查方法
4	附着式升降脚手架安全装置	**1. 建筑行业标准《建筑施工工具式脚手架安全技术规范》(JGJ 202—2010)** **4.5.2** 防倾覆装置应符合下列规定： 1 防倾覆装置中应包括导轨和两个以上与导轨连接的可滑动的导向件； 2 在防倾导向件的范围内应设置防倾覆导轨，且应与竖向主框架可靠连接； 3 在升降和使用两种工况下，最上和最下两个导向件之间的最小间距不得小于2.8m或架体高度的1/4； 4 应具有防止竖向主框架倾斜的功能； 5 应采用螺栓与附墙支座连接，其装置与导轨之间的间隙应小于5mm。 **4.5.4** 同步控制装置应符合下列规定： 1 附着式升降脚手架升降时，必须配备有限制荷载或水平高差的同步控制系统。连续式水平支承桁架，应采用限制荷载自控系统；简支静定水平支承桁架，应采用水平高差同步自控系统；当设备受限时，可选择限制荷载自控系统。 2 限制荷载自控系统应具有下列功能： 1）当某一机位的荷载超过设计值的15%时，应采用声光形式自动报警和显示报警机位；当超过30%时，应能使该升降设备自动停机； 2）应具有超载、失载、报警和停机的功能；宜增设显示记忆和储存功能； 3）应具有自身故障报警功能，并应能适应施工现场环境； 4）性能应可靠、稳定，控制精度应在5%以内。 3 水平高差同步控制系统应具有下列功能： 1）当水平支承桁架两端高差达到30mm时，应能自动停机； 2）应具有显示各提升点的实际升高和超高的数据，并应有记忆和储存的功能； 3）不得采用附加重量的措施控制同步。 **2. 建筑行业标准《建筑施工安全检查标准》(JGJ 59—2011)** **3.9.3** 附着式升降脚手架保证项目的检查评定应符合下列规定： 2 安全装置 1）附着式升降脚手架应安装防坠落装置，技术性能应符合规范要求； 2）防坠落装置与升降设备应分别独立固定在建筑结构上； 3）防坠落装置应设置在竖向主框架处，与建筑结构附着； 4）附着式升降脚手架应安装防倾覆装置，技术性能应符合规范要求； 5）升降和使用工况时，最上和最下两个防倾装置之间最小间距应符合规范要求； 6）附着式升降脚手架应安装同步控制装置，并应符合规范要求。 **3. 电力行业标准《电力建设安全工作规程 第1部分：火力发电》(DL 5009.1—2014)** **4.8.7** 附着式升降脚手架应符合下列规定： 1 脚手架的提升装置、防倾覆装置、附着支撑装置、同步控制系统等构配件质量应符合国家现行标准，并有出厂质量证明材料。	1. 查验附着式升降脚手架的鉴定或验收证书，产品进场前的自检记录，各种材料、工具的质量合格证、材质单、测试报告，主要部件及提升机构的合格证等资料。 2. 卷尺、钢板尺等工具测量。 3. 现场观察检查。 4. 抽查询问现场管理人员及作业人员

续表

序号	检查重点	标准要求	检查方法
4	附着式升降脚手架安全装置	2　升降设备、同步控制系统及防坠落装置等专项设备应配套，宜选用同一厂家产品。 4　架体结构、附着支承结构、防倾装置、防坠装置、索具、吊具、导轨（或导向柱）、升降动力设备的设计计算应符合《建筑施工工具式脚手架安全技术规范》JGJ 202 的规定	
5	附着式升降脚手架架体构造	**1. 建筑行业标准《建筑施工工具式脚手架安全技术规范》（JGJ 202—2010）** **4.4.1**　附着式升降脚手架应由竖向主框架、水平支承桁架、架体构架、附着支承结构、防倾装置、防坠装置等组成。 **4.4.3**　附着式升降脚手架应在附着支承结构部位设置与架体高度相等的与墙面垂直的定型的竖向主框架，竖向主框架应是桁架或刚架结构，其杆件连接的节点应采用焊接或螺栓连接，并应与水平支承桁架和架体构架构成有足够强度和支撑刚度的空间几何不可变体系的稳定结构。竖向主框架结构构造应符合下列规定： 1　竖向主框架可采用整体结构或分段对接式结构。结构形式应为竖向桁架或门形刚架形式等。各杆件的轴线应汇交于节点处，并应采用螺栓或焊接连接，如不交汇于一点，应进行附加弯矩验算； 2　当架体升降采用中心吊时，在悬臂梁行程范围内竖向主框架内侧水平杆去掉部分的断面，应采取可靠的加固措施； 3　主框架内侧应设有导轨； 4　竖向主框架宜采用单片式主框架；或可采用空间桁架式主框架。 **4.4.4**　在竖向主框架的底部应设置水平支承桁架，其宽度应与主框架相同，平行于墙面，其高度不宜小于 1.8m。水平支承桁架结构构造应符合下列规定： 1　桁架各杆件的轴线应相交于节点上，并宜采用节点板构造连接，节点板的厚度不得小于 6mm； 2　桁架上下弦应采用整根通长杆件或设置刚性接头。腹杆上下弦连接应采用焊接或螺栓连接； 3　桁架与主框架连接处的斜腹杆宜设计成拉杆； 4　架体构架的立杆底端应放置在上弦节点各轴线的交汇处； 5　内外两片水平桁架的上弦和下弦之间应设置水平支撑杆件，各节点应采用焊接或螺栓连接； 6　水平支承桁架的两端与主框架的连接，可采用杆件轴线交汇于一点，且为能活动的铰接点；或可将水平支承桁架放在竖向主框架的底端的桁架底框中。 **4.4.6**　架体构架宜采用扣件式钢管脚手架，其结构构造应符合现行行业标准《建筑施工扣件式钢管脚手架安全技术规范》JGJ 130 的规定。架体构架应设置在两竖向主框架之间，并应以纵向水平杆与之相连，其立杆应设置在水平支承桁架的节点上。 **4.4.16**　附着式升降脚手架应在每个竖向主框架处设置升降设备，升降设备应采用电动葫芦或电动液压设备，单跨升降时可采用手动葫芦，并应符合下列规定： 1　升降设备应与建筑结构和架体有可靠连接； 2　固定电动升降动力设备的建筑结构应安全可靠； 3　设置电动液压设备的架体部位，应有加强措施。	1. 通用要求及检查方法见本章第二节通用规定。 2. 查阅产品合格证、质量报告等资料。 3. 现场观察检查。 4. 卷尺、钢板尺等工具测量

续表

序号	检查重点	标　准　要　求	检查方法
5	附着式升降脚手架架体构造	**4.6.7** 采用扣件式脚手架搭设的架体构架，其构造应符合现行行业标准《建筑施工扣件式钢管脚手架安全技术规范》JGJ 130 的要求。 **4.6.8** 升降设备、同步控制系统及防坠落装置等专项设备，均应采用同一厂家的产品。 **2. 建筑行业标准《建筑施工安全检查标准》（JGJ 59—2011）** **3.9.3** 附着式升降脚手架保证项目的检查评定应符合下列规定： 3 架体构造 1）架体高度不应大于 5 倍楼层高度，宽度不应大于 1.2m； 2）直线布置的架体支承跨度不应大于 7m，折线、曲线布置的架体支撑点处的架体外侧距离不应大于 5.4m； 3）架体水平悬挑长度不应大于 2m，且不应大于跨度的 1/2； 4）架体悬臂高度不应大于架体高度的 2/5，且不应大于 6m； 5）架体高度与支承跨度的乘积不应大于 110m²。 4 附着支座 1）附着支座数量、间距应符合规范要求； 2）使用工况应将竖向主框架与附着支座固定； 3）升降工况应将防倾、导向装置设置在附着支座上； 4）附着支座与建筑结构连接固定方式应符合规范要求。 **3. 电力行业标准《电力建设安全工作规程 第 1 部分：火力发电》（DL 5009.1—2014）** **4.8.7** 附着式升降脚手架应符合下列规定： 3 架体宜采用扣件式钢管脚手架	
6	附着式升降脚手架架体安装	**1. 国家标准《施工脚手架通用规范》（GB 55023—2022）** **4.4.9** 附着式升降脚手架应符合下列规定： 1 竖向主框架、水平支承桁架应采用桁架或刚架结构，杆件应采用焊接或螺栓连接； 2 应设有防倾、防坠、停层、荷载、同步升降控制装置，各类装置应灵敏可靠； 3 在竖向主框架所覆盖的每个楼层均应设置一道附墙支座；每道附墙支座应能承担竖向主框架的全部荷载； 4 当采用电动升降设备时，电动升降设备连续升降距离应大于一个楼层高度，并应有制动和定位功能。 **2. 建筑行业标准《建筑施工工具式脚手架安全技术规范》（JGJ 202—2010）** **4.6.1** 附着式升降脚手架应按专项施工方案进行安装，可采用单片式主框架的架体，也可采用空间桁架式主框架的架体。 **4.6.2** 附着式升降脚手架在首层安装前应设置安装平台，安装平台应有保障施工人员安全的防护设施，安装平台的水平精度和承载能力应满足架体安装的要求。 **4.6.3** 安装时应符合下列规定： 1 相邻竖向主框架的高差不应大于 20mm； 2 竖向主框架和防倾导向装置的垂直偏差不应大于 5‰，且不得大于 60mm； 3 预留穿墙螺栓孔和预埋件应垂直于建筑结构外表面，其中心误差应小于 15mm；	1. 通用要求及检查方法见本章第二节通用规定。 2. 水平仪等工具测量。 3. 经纬仪或吊线和卷尺、钢板尺等工具测量。 4. 现场观察检查

续表

序号	检查重点	标 准 要 求	检查方法
6	附着式升降脚手架架体安装	4 连接处所需要的建筑结构混凝土强度应由计算确定，但不应小于C10； 5 升降机构连接应正确且牢固可靠； 6 安全控制系统的设置和试运行效果应符合设计要求； 7 升降动力设备工作正常。 **4.6.4** 附着支承结构的安装应符合设计规定，不得少装和使用不合格螺栓及连接件。 **7.0.21** 工具式脚手架作业人员在施工过程中应戴安全帽、系安全带、穿防滑鞋，酒后不得上岗作业。 **3. 建筑行业标准《建筑施工安全检查标准》(JGJ 59—2011)** **3.9.3** 附着式升降脚手架保证项目的检查评定应符合下列规定： 5 架体安装 1）主框架和水平支承桁架的节点应采用焊接或螺栓连接，各杆件的轴线应汇交于节点； 2）内外两片水平支承桁架的上弦和下弦之间应设置水平支撑杆件，各节点应采用焊接或螺栓连接； 3）架体立杆底端应设在水平桁架上弦杆的节点处； 4）竖向主框架组装高度应与架体高度相等； 5）剪刀撑应沿架体高度连续设置，并应将竖向主框架、水平支承桁架和架体构架连成一体，剪刀撑斜杆水平夹角应为45°～60°。 **4. 建筑行业标准《建筑施工易发事故防治安全标准》(JGJ/T 429—2018)** **4.5.7** 当采用附着式升降脚手架施工时，应符合下列规定： 1 附着式升降脚手架的架体高度、架体宽度、架体支承跨度、水平悬挑长度、架体全高与支承跨度的乘积应符合现行行业标准《建筑施工工具式脚手架安全技术规范》JGJ 202规定。 2 竖向主框架所覆盖的每个楼层处应设置一道附墙支座，其构造应符合相关标准规定，并应满足承载力要求。在使用工况时，应将竖向主框架固定于附墙支座上；在升降工况时，附墙支座上应设具有防倾、导向功能的结构装置。 3 附着式升降脚手架应设置安全可靠的具有防倾覆、防坠落和同步升降控制功能的结构装置。升降时应设专人对脚手架作业区域进行监护，每提升一次都应经验收合格后方可作业。 4 附着式升降脚手架和建筑物连接处的混凝土强度应由设计计算确定，且不得低于10MPa。 5 附着式升降脚手架应按产品设计性能指标规定进行使用，不得随意扩大使用范围，不得超载堆放物料	
7	附着式升降脚手架架体稳定	**1. 国家标准《建筑施工脚手架安全技术统一标准》(GB 51210—2016)** **8.2.3** 在作业脚手架的纵向外侧立面上应设置竖向剪刀撑，并应符合下列规定： 3 悬挑脚手架、附着式升降脚手架应在全外侧立面上由底至顶连续设置。 **2. 国家标准《施工脚手架通用规范》(GB 55023—2022)** **4.4.7** 作业脚手架的纵向外侧立面上应设置竖向剪刀撑，并应符合下列规定：	1. 通用要求及检查方法见本章第二节通用规定。 2. 卷尺、钢板尺等工具测量。 3. 经纬仪、角度测量仪等仪器测量。 4. 现场观察检查

续表

序号	检查重点	标准要求	检查方法
7	附着式升降脚手架架体稳定	3 悬挑脚手架、附着式升降脚手架应在全外侧立面上由底至顶连续设置。 **5.2.3** 悬挑脚手架、附着式升降脚手架在搭设时，悬挑支承结构、附着支座的锚固应稳固可靠。 **3. 建筑行业标准《建筑施工工具式脚手架安全技术规范》（JGJ 202—2010）** **4.4.6** 架体构架应设置在两竖向主框架之间，并应以纵向水平杆与之相连，其立杆应设置在水平支承桁架的节点上。 **4.4.8** 架体悬臂高度不得大于架体高度的2/5，且不得大于6m。 **4.4.9** 当水平支承桁架不能连续设置时，局部可采用脚手架杆件进行连接，但其长度不得大于2.0m，且应采取加强措施，确保其强度和刚度不得低于原有的桁架。 **4.4.12** 架体外立面应沿全高连续设置剪刀撑，并应将竖向主框架、水平支承桁架和架体构架连成一体，剪刀撑斜杆水平夹角应为45°～60°；应与所覆盖架体构架上每个主节点的立杆或横向水平杆伸出端扣紧；悬挑端应以竖向主框架为中心成对设置对称斜拉杆，其水平夹角不应小于45°。 **4.4.13** 架体结构应在以下部位采取可靠的加强构造措施： 1 与附墙支座的连接处； 2 架体上提升机构的设置处； 3 架体上防坠、防倾装置的设置处； 4 架体吊拉点设置处； 5 架体平面的转角处； 6 架体因碰到塔吊、施工升降机、物料平台等设施而需要断开或开洞处； 7 其他有加强要求的部位。 **4.4.17** 两主框架之间架体的搭设应符合现行行业标准《建筑施工扣件式钢管脚手架安全技术规范》JGJ 130的规定。 **7.0.17** 剪刀撑应随立杆同步搭设	
8	附着式升降脚手架架体升降	**1. 国家标准《施工脚手架通用规范》（GB 55023—2022）** **5.3.11** 当附着式升降脚手架在升降作业时或外挂防护架在提升作业时，架体上严禁有人，架体下方不得进行交叉作业。 **2. 建筑行业标准《建筑施工工具式脚手架安全技术规范》（JGJ 202—2010）** **4.7.1** 附着式升降脚手架可采用手动、电动和液压三种升降形式，并应符合下列规定： 1 单跨架体升降时，可采用手动、电动和液压三种升降形式； 2 当两跨以上的架体同时整体升降时，应采用电动或液压设备。 **4.7.3** 附着式升降脚手架的升降操作应符合下列规定： 1 应按升降作业程序和操作规程进行作业； 2 操作人员不得停留在架体上； 3 升降过程中不得有施工荷载； 4 所有妨碍升降的障碍物应已拆除； 5 所有影响升降作业的约束应已解除； 6 各相邻提升点间的高差不得大于30mm，整体架最大升降差不得大于80mm。	1. 通过查验升降机构产品进场前的自检记录、质量合格证、材质单、测试报告等资料，验证升降机构是否符合规范要求。 2. 查阅专项施工方案、作业程序和操作规程。 3. 钢板尺等工具测量。 4. 现场观察检查。 5. 抽查询问管理人员及作业人员

续表

序号	检查重点	标准要求	检查方法
8	附着式升降脚手架架体升降	**4.7.4** 升降过程中应实行统一指挥、统一指令。升降指令应由总指挥一人下达；当有异常情况出现时，任何人均可立即发出停止指令。 **4.7.5** 当采用环链葫芦作升降动力时，应严密监视其运行情况，及时排除翻链、绞链和其他影响正常运行的故障。 **4.7.6** 当采用液压设备作升降动力时，应排除液压系统的泄漏、失压、颤动、油缸爬行和不同步等问题和故障，确保正常工作。 **4.7.7** 架体升降到位后，应及时按使用状况要求进行附着固定；在没有完成架体固定工作前，施工人员不得擅自离岗或下班。 **7.0.15** 遇5级以上大风和雨天，不得提升或下降工具式脚手架。 **3. 建筑行业标准《建筑施工安全检查标准》(JGJ 59—2011)** **3.9.3** 附着式升降脚手架保证项目的检查评定应符合下列规定： 6 架体升降 1）两跨以上架体同时升降应采用电动或液压动力装置，不得采用手动装置； 2）升降工况附着支座处建筑结构混凝土强度应符合设计和规范要求； 3）升降工况架体上不得有施工荷载，严禁人员在架体上停留。 **4. 电力行业标准《电力建设安全工作规程 第1部分：火力发电》(DL 5009.1—2014)** **4.8.7** 附着式升降脚手架应符合下列规定： 7 升降路径不得有妨碍脚手架运行的障碍物。 10 脚手架升降时应统一指挥，架体上不得有施工人员，不得有施工荷载。 11 架体升降到位后，应及时进行附着固定。架体未固定前，架体固定作业人员不得擅自离开。 12 在五级及以上大风、雷雨、大雪、雾霾等恶劣天气时不得进行升降作业	
9	附着式升降脚手架脚手板与防护栏杆	**1. 建筑行业标准《建筑施工工具式脚手架安全技术规范》(JGJ 202—2010)** **3.0.6** 脚手板可采用钢、木、竹材料制作，其材质应符合下列规定： 1 冲压钢板和钢板网脚手板，其材质应符合现行国家标准《碳素结构钢》GB/T 700中Q235A级钢的规定。新脚手板应有产品质量合格证；板面挠曲不得大于12mm和任一角翘起不得大于5mm；不得有裂纹、开焊和硬弯。使用前应涂刷防锈漆。钢板网脚手板的网孔内切圆直径应小于25mm。 2 竹脚手板包括竹胶合板、竹笆板和竹串片脚手板。可采用毛竹或楠竹制成；竹胶合板、竹笆板宽度不得小于600mm，竹胶合板厚度不得小于8mm，竹笆板厚度不得小于6mm，竹串片脚手板厚度不得小于50mm；不得使用腐朽、发霉的竹脚手板。 3 木脚手板应采用杉木或松木制作，其材质应符合现行国家标准《木结构设计标准》GB 50005中Ⅱ级材质的规定。板宽度不得小于200mm，厚度不得小于50mm，两端应用直径为4mm镀锌钢丝各绑扎两道。 4 胶合板脚手板，应选用现行国家标准《胶合板 第3部分：普	1. 通用要求及检查方法见本章第二节通用规定。 2. 卷尺、钢板尺等工具测量。 3. 力矩扳手检查扣件螺栓的拧紧力矩。 4. 卷尺、钢板尺测量。 5. 游标卡尺测量。 6. 现场观察检查

续表

序号	检查重点	标 准 要 求	检查方法
9	附着式升降脚手架脚手板与防护栏杆	通胶合板通用技术条件》GB/T 9846.3 中的Ⅱ类普通耐水胶合板，厚度不得小于 18mm，底部木方间距不得大于 400mm，木方与脚手架杆件应用钢丝绑扎牢固，胶合板脚手板与木方应用钉子钉牢。 **4.4.7** 水平支承桁架最底层应设置脚手板，并应铺满铺牢，与建筑物墙面之间也应设置脚手板全封闭，宜设置可翻转的密封翻板。在脚手板的下面应采用安全网兜底。 **4.4.14** 附着式升降脚手架的安全防护措施应符合下列规定： 1 架体外侧应采用密目式安全立网全封闭，密目式安全立网的网目密度不应低于 2000 目/100cm^2，且应可靠地固定在架体上； 2 作业层外侧应设置 1.2m 高的防护栏杆和 180mm 高的挡脚板； 3 作业层应设置固定牢靠的脚手板，其与结构之间的间距应满足现行行业标准《建筑施工扣件式钢管脚手架安全技术规范》JGJ 130 的相关规定。 **7.0.18** 扣件的螺栓拧紧力矩不应小于 40N·m，且不应大于 65N·m。 **2. 建筑行业标准《建筑施工安全检查标准》(JGJ 59—2011)** **3.9.4** 附着式升降脚手架一般项目的检查评定应符合下列规定： 2 脚手板 1）脚手板应铺设严密、平整、牢固； 2）作业层里排架体与建筑物之间应采用脚手板或安全平网封闭； 3）脚手板材质、规格应符合规范要求。 **3. 电力行业标准《电力建设安全工作规程 第 1 部分：火力发电》(DL 5009.1—2014)** **4.8.7** 附着式升降脚手架应符合下列规定： 5 水平支承桁架最底层应满铺脚手板，挂设安全兜网	
10	附着式升降脚手架安全防护	**1. 建筑行业标准《建筑施工工具式脚手架安全技术规范》(JGJ 202—2010)** **4.4.11** 当架体遇到塔吊、施工升降机、物料平台需断开或开洞时，断开处应加设栏杆和封闭，开口处应有可靠的防止人员及物料坠落的措施。 **4.6.5** 安全保险装置应全部合格，安全防护设施应齐备，且应符合设计要求，并应设置必要的消防设施。 **4.6.6** 电源、电缆及控制柜等的设置应符合现行行业标准《施工现场临时用电安全技术规范》JGJ 46 的有关规定。 **4.6.9** 升降设备、控制系统、防坠落装置等应采取防雨、防砸、防尘等措施。 **7.0.8** 工具式脚手架所使用的电气设施、线路及接地、避雷措施等应符合现行行业标准《施工现场临时用电安全技术规范》JGJ 46 的规定。 **7.0.11** 临街搭设时，外侧应有防止坠物伤人的防护措施。 **7.0.12** 安装、拆除时，在地面应设围栏和警戒标志，并应派专人看守，非操作人员不得入内。 **8.1.6** 附着式升降脚手架所使用的电气设施和线路应符合现行行业标准《施工现场临时用电安全技术规范》JGJ 46 的要求。 **2. 建筑行业标准《建筑施工安全检查标准》(JGJ 59—2011)** **3.9.4** 附着式升降脚手架一般项目的检查评定应符合下列规定：	1. 通用要求及检查方法见本章第二节通用规定。 2. 接地电阻测试仪器测量。 3. 现场观察检查

续表

序号	检查重点	标　准　要　求	检查方法
10	附着式升降脚手架安全防护	3　架体防护 1）架体外侧应采用密目式安全网封闭，网间连接应严密； 2）作业层应按规范要求设置防护栏杆； 3）作业层外侧应设置高度不小于180mm的挡脚板。 4　安全作业 4）架体安装、升降、拆除时应设置安全警戒区，并应设置专人监护； 5）荷载分布应均匀，荷载最大值应在规范允许范围内。 **3. 电力行业标准《电力建设安全工作规程　第1部分：火力发电》(DL 5009.1—2014)** **4.8.7**　附着式升降脚手架应符合下列规定： 6　架体升降需断开时，临边应加设防护栏杆。 8　脚手架上应设置消防设施。升降设备、控制系统、防坠落装置等应采取防雨、防砸、防尘措施	
11	附着式升降脚手架检查验收	**1. 国家标准《施工脚手架通用规范》(GB 55023—2022)** **6.0.3**　附着式升降脚手架支座及防倾、防坠、荷载控制装置、悬挑脚手架悬挑结构件等涉及架体使用安全的构配件应全数检验。 **2. 建筑行业标准《建筑施工工具式脚手架安全技术规范》(JGJ 202—2010)** **4.7.8**　附着式升降脚手架架体升降到位固定后，应按本规范进行检查，合格后方可使用；遇5级及以上大风和大雨、大雪、浓雾和雷雨等恶劣天气时，不得进行升降作业。 **7.0.6**　施工现场使用工具式脚手架应由总承包单位统一监督，并应符合下列规定： 3　安装、升降、拆卸等作业时，应派专人进行监督； 4　应组织工具式脚手架的检查验收； 5　应定期对工具式脚手架使用情况进行安全巡检。 **7.0.7**　监理单位应对施工现场的工具式脚手架使用状况进行安全监理并应记录，出现隐患应要求及时整改，并应符合下列规定： 2　在工具式脚手架的安装、升降、拆除等作业时应进行监理； 3　应参加工具式脚手架的检查验收； 4　应定期对工具式脚手架使用情况进行安全巡检； 5　发现存在隐患时，应要求限期整改，对拒不整改的，应及时向建设单位和建设行政主管部门报告。 **7.0.9**　进入施工现场的附着式升降脚手架产品应具有国务院建设行政主管部门组织鉴定或验收的合格证书，并应符合本规范的有关规定。 **7.0.10**　工具式脚手架的防坠落装置应经法定检测机构标定后方可使用；使用过程中，使用单位应定期对其有效性和可靠性进行检测。安全装置受冲击载荷后应进行解体检验。 **7.0.20**　工具式脚手架在施工现场安装完成后应进行整机检测。 **8.1.1**　附着式升降脚手架安装前应具有下列文件： 1　相应资质证书及安全生产许可证； 2　附着式升降脚手架的鉴定或验收证书； 3　产品进场前的自检记录； 4　特种作业人员和管理人员岗位证书；	1. 通用要求及检查方法见本章第二节通用规定。 2. 查阅施工单位资质证书及安全生产许可证、特种作业人员和管理人员岗位证书等资料。 3. 查阅阶段检查与验收记录。 4. 查验总承包单位和监理单位定期检查检测记录或监理旁站记录等。 5. 查阅建设行政主管部门鉴定或验收的合格证书；查阅检测机构检验合格证。 6. 外观检查。 7. 现场检查观察脚手架检查验收及使用是否有违章行为

续表

序号	检查重点	标准要求	检查方法
11	附着式升降脚手架检查验收	5 各种材料、工具的质量合格证、材质单、测试报告； 6 主要部件及提升机构的合格证。 **8.1.2** 附着式升降脚手架应在下列阶段进行检查与验收： 1 首次安装完毕； 2 提升或下降前； 3 提升、下降到位，投入使用前。 **8.1.3** 附着式升降脚手架首次安装完毕及使用前，应按规定进行检验，合格后方可使用。 **8.1.4** 附着式升降脚手架提升、下降作业前应按规定进行检验，合格后方可实施提升或下降作业。 **8.1.5** 在附着式升降脚手架使用、提升和下降阶段均应对防坠、防倾装置进行检查，合格后方可作业。 **3. 建筑行业标准《建筑施工安全检查标准》(JGJ 59—2011)** **3.9.4** 附着式升降脚手架一般项目的检查评定应符合下列规定： 1 检查验收 1）动力装置、主要结构配件进场应按规定进行验收； 2）架体分区段安装、分区段使用时，应进行分区段验收； 3）架体安装完毕应按规定进行整体验收，验收应有量化内容并经责任人签字确认； 4）架体每次升、降前应按规定进行检查，并应填写检查记录	
12	附着式升降脚手架使用与检测	**1. 国家标准《施工脚手架通用规范》(GB 55023—2022)** **5.3.4** 脚手架在使用过程中，应定期进行检查并形成记录，脚手架工作状态应符合下列规定： 4 附着式升降脚手架支座应稳固，防倾、防坠、停层、荷载、同步升降控制装置应处于良好工作状态，架体升降应正常平稳。 **5.3.10** 附着式升降脚手架在使用过程中不得拆除防倾、防坠、停层、荷载、同步升降控制装置。 **2. 建筑行业标准《建筑施工工具式脚手架安全技术规范》(JGJ 202—2010)** **4.8.1** 附着式升降脚手架应按设计性能指标进行使用，不得随意扩大使用范围；架体上的施工荷载应符合设计规定，不得超载，不得放置影响局部杆件安全的集中荷载。 **4.8.2** 架体内的建筑垃圾和杂物应及时清理干净。 **4.8.3** 附着式升降脚手架在使用过程中不得进行下列作业： 1 利用架体吊运物料； 2 在架体上拉结吊装缆绳（或缆索）； 3 在架体上推车； 4 任意拆除结构件或松动连接件； 5 拆除或移动架体上的安全防护设施； 6 利用架体支撑模板或卸料平台； 7 其他影响架体安全的作业。 **4.8.4** 当附着式升降脚手架停用超过 3 个月时，应提前采取加固措施。 **4.8.5** 当附着式升降脚手架停用超过 1 个月或遇 6 级及以上大风后复工时，应进行检查，确认合格后方可使用。	1. 通用要求及检查方法见本章第二节通用规定。 2. 查阅制度、规程、承包合同、检查记录、会议记录、培训记录、交底记录、设备技术档案、日常运行检查记录等资料。 3. 查阅检查验收及维护保养记录等资料。 4. 现场观察检查

续表

序号	检查重点	标准要求	检查方法
12	附着式升降脚手架使用与检测	**4.8.6** 螺栓连接件、升降设备、防倾装置、防坠落装置、电控设备、同步控制装置等应每月进行维护保养。 **7.0.4** 工具式脚手架专业施工单位应当建立健全安全生产管理制度，制定相应的安全操作规程和检验规程，应制定设计、制作、安装、升降、使用、拆除和日常维护保养等的管理规定。 **7.0.14** 作业层上的施工荷载应符合设计要求，不得超载。不得将模板支架、缆风绳、泵送混凝土和砂浆的输送管等固定在架体上；不得用其悬挂起重设备。 **7.0.16** 当施工中发现工具式脚手架故障和存在安全隐患时，应及时排除，对可能危及人身安全时，应停止作业。应由专业人员进行整改。整改后的工具式脚手架应重新进行验收检查，合格后方可使用。 **7.0.19** 各地建筑安全主管部门及产权单位和使用单位应对工具式脚手架建立设备技术档案，其主要内容应包含：机型、编号、出厂日期、验收、检修、试验、检修记录及故障事故情况。 **3. 建筑行业标准《建筑施工易发事故防治安全标准》(JGJ/T 429—2018)** **4.5.8** 严禁将模板支撑架、缆风绳、混凝土输送泵管、卸料平台及大型设备的附着件等固定在脚手架上。 **4. 电力行业标准《电力建设安全工作规程　第1部分：火力发电》(DL 5009.1—2014)** **4.8.7** 附着式升降脚手架应符合下列规定： 9　每次使用前应对防倾覆、防坠落和同步升降控制的安全装置进行检查。 13　架体上不得放置影响局部杆件安全的集中荷载。 14　严禁使用附着式升降脚手架吊运物料、悬挂起重设备，严禁在架体上拉结吊装缆绳，严禁任意拆除结构件或松动连结件、拆除或移动架体上的安全防护设施。 15　安全装置受冲击载荷后应重新检测并合格。 16　附着式脚手架存在故障和事故隐患时，应及时查明原因，处理后的脚手架应重新验收	
13	附着式升降脚手架架体拆除	**建筑行业标准《建筑施工工具式脚手架安全技术规范》(JGJ 202—2010)** **4.9.1** 附着式升降脚手架的拆除工作应按专项施工方案及安全操作规程的有关要求进行。 **4.9.2** 应对拆除作业人员进行安全技术交底。 **4.9.3** 拆除时应有可靠的防止人员或物料坠落的措施，拆除的材料及设备不得抛扔。 **4.9.4** 拆除作业应在白天进行。遇5级及以上大风和大雨、大雪、浓雾和雷雨等恶劣天气时，不得进行拆除作业。 **7.0.13** 在工具式脚手架使用期间，不得拆除下列杆件： 1　架体上的杆件； 2　与建筑物连接的各类杆件（如连墙件、附墙支座）等	1. 通用要求及检查方法见本章第二节通用规定。 2. 查阅专项施工方案、安全技术交底记录等资料。 3. 现场观察检查

第七节 外挂防护架

一、术语或定义

外挂防护架是指用于建筑主体施工时临边防护而分片设置的外防护架。每片防护架由架体、两套钢结构构件及预埋件组成。架体为钢管扣件式单排架，通过扣件与钢结构构件连接，钢结构构件与设置在建筑物上的预埋件连接，将防护架的自重及使用荷载传递到建筑物上。在使用过程中，利用起重设备为提升动力，每次向上提升一层并固定，建筑主体施工完毕后，用起重设备将防护架吊至地面并拆除。适用于层高 4m 以下的建筑主体施工。

（1）水平防护层：指防护架内起防护作用的铺板层或水平网。

（2）钢结构构件：为支承防护架的主要构件，由钢结构竖向桁架、三角臂、连墙件组成。竖向桁架与架体连接，承受架体自重和使用荷载。三角臂支承竖向桁架，通过与建筑物上预埋件的临时固定连接，将竖向桁架、架体自重及使用荷载传递到建筑物上。连墙件一端与竖向桁架连接，另一端临时固定在建筑物的预埋件上，起防止防护架倾覆的作用。预埋件由圆钢制作，预先埋设在建筑结构中，用于临时固定三角臂和连墙件。

二、主要检查内容

外挂防护架安全检查重点、要求及方法见表 2-4-6。

表 2-4-6　外挂防护架安全检查重点、要求及方法

序号	检查重点	标准要求	检查方法
1	外挂防护架搭拆人员资格要求	标准要求及检查方法按本章第六节附着式升降脚手架执行	通用要求及检查方法见本章第二节通用规定
2	外挂防护架施工方案与交底	标准要求及检查方法按本章第六节附着式升降脚手架执行	通用要求及检查方法见本章第二节通用规定
3	构配件材质	标准要求及检查方法按本章第六节附着式升降脚手架执行	
4	外挂防护架架体构造	**建筑行业标准《建筑施工工具式脚手架安全技术规范》（JGJ 202—2010）** **6.3.5** 每榀竖向桁架的外节点处应设置纵向水平杆，与节点距离不应大于 150mm。 **6.3.6** 每片防护架的竖向桁架在靠建筑物一侧从底部到顶部，应设置横向钢管且不得少于 3 道，并应采用扣件连接牢固，其中位于竖向桁架底部的一道应采用双钢管。 **6.3.7** 防护层应根据工作需要确定其设置位置，防护层与建筑物的距离不得大于 150mm。 **6.3.8** 竖向桁架与架体的连接应采用直角扣件，架体纵向水平杆应搭设在竖向桁架的上面。竖向桁架安装位置与架体主节点距离不得大于 300mm。 **6.3.9** 架体底部的横向水平杆与建筑物的距离不得大于 50mm。 **6.3.10** 预埋件宜采用直径不小于 12mm 的圆钢，在建筑结构中的埋设长度不应小于其直径的 35 倍，其端头应带弯钩	1. 通用要求及检查方法见本章第二节通用规定。 2. 卷尺、钢板尺等工具测量。 3. 游标卡尺等工具测量。 4. 现场观察检查

续表

序号	检查重点	标准要求	检查方法
5	外挂防护架架体安装	**建筑行业标准《建筑施工工具式脚手架安全技术规范》(JGJ 202—2010)** **6.4.1** 应根据专项施工方案的要求，在建筑结构上设置预埋件。预埋件应经验收合格后方可浇筑混凝土，并应做好隐蔽工程记录。 **6.4.2** 安装防护架时，应先搭设操作平台。 **6.4.3** 防护架应配合施工进度搭设，一次搭设的高度不应超过相邻连墙件以上两个步距。 **6.4.4** 每搭完一步架后，应校正步距、纵距、横距及立杆的垂直度，确认合格后方可进行下道工序。 **6.4.5** 竖向桁架安装宜在起重机械辅助下进行。 **6.4.6** 同一片防护架的相邻立杆的对接扣件应交错布置，在高度方向错开的距离不宜小于500mm；各接头中心至主节点的距离不宜大于步距的1/3。 **6.4.7** 纵向水平杆应通长设置，不得搭接。 **7.0.21** 工具式脚手架作业人员在施工过程中应戴安全帽、系安全带、穿防滑鞋，酒后不得上岗作业	1. 通用要求及检查方法见本章第二节通用规定。 2. 查阅施工方案、隐蔽工程验收记录等资料。 3. 卷尺、钢板尺等工具测量。 4. 经纬仪或吊线和卷尺、钢板尺等工具测量。 5. 现场观察检查
6	外挂防护架架体稳定	**建筑行业标准《建筑施工工具式脚手架安全技术规范》(JGJ 202—2010)** **6.3.2** 连墙件应与竖向桁架连接，其连接点应在竖向桁架上部并应与建筑物上设置的连接点高度一致。 **6.3.3** 连墙件与竖向桁架宜采用水平铰接的方式连接，应使连墙件能水平转动。 **6.3.4** 每一处连墙件应至少有2套杆件，每一套杆件应能够独立承受架体上的全部荷载。 **6.4.8** 当安装防护架的作业层高出辅助架二步时，应搭设临时连墙杆，待防护架提升时方可拆除。临时连墙杆可采用2.5m～3.5m长钢管，一端与防护架第三步相连，一端与建筑结构相连。每片架体与建筑结构连接的临时连墙杆不得少于2处。 **6.4.9** 防护架应将设置在桁架底部的三角臂和上部的刚性连墙件及柔性连墙件分别与建筑物上的预埋件相连接。根据不同的建筑结构形式，防护架的固定位置可分为在建筑结构边梁处、檐板处和剪力墙处	1. 通用要求及检查方法见本章第二节通用规定。 2. 卷尺或钢板尺测量。 3. 现场观察检查
7	外挂防护架架体提升	**建筑行业标准《建筑施工工具式脚手架安全技术规范》(JGJ 202—2010)** **6.5.2** 提升防护架的起重设备能力应满足要求，公称起重力矩值不得小于400kN·m，其额定起升重量的90%应大于架体重量。 **6.5.3** 钢丝绳与防护架的连接点应在竖向桁架的顶部，连接处不得有尖锐凸角等。 **6.5.4** 提升钢丝绳的长度应能保证提升平稳。 **6.5.5** 提升速度不得大于3.5m/min。 **6.5.6** 在防护架从准备提升到提升到位交付使用前，除操作人员以外的其他人员不得从事临边防护等作业。操作人员应佩戴安全带。	1. 查验防护架提升索具质量合格证、测试报告及起重设备合格证、检验标志等资料。 2. 查阅专项施工方案、作业程序、特种作业人员证件和操作规程等资料。 3. 游标卡尺等工具测量。

续表

序号	检查重点	标准要求	检查方法
7	外挂防护架架体提升	**6.5.8** 每片架体均应分别与建筑物直接连接；不得在提升钢丝绳受力前拆除连墙件；不得在施工过程中拆除连墙件。 **6.5.9** 当采用辅助架时，第一次提升前应在钢丝绳收紧受力后，才能拆除连墙杆件及与辅助架相连接的扣件。指挥人员应持证上岗，信号工、操作工应服从指挥、协调一致，不得缺岗。 **6.5.10** 防护架在提升时，必须按照“提升一片、固定一片、封闭一片”的原则进行，严禁提前拆除两片以上的架体、分片处的连接杆、立面及底部封闭设施	4. 力矩扳手等工具测量扣件的拧紧力矩。 5. 秒表等工具测量提升速度。 6. 现场观察检查
8	外挂防护架脚手板与防护栏杆	**建筑行业标准《建筑施工工具式脚手架安全技术规范》(JGJ 202—2010)** **3.0.6** 脚手板可采用钢、木、竹材料制作，其材质应符合下列规定： 1 冲压钢板和钢板网脚手板，其材质应符合现行国家标准《碳素结构钢》GB/T 700 中 Q235A 级钢的规定。新脚手板应有产品质量合格证；板面挠曲不得大于 12mm 和任一角翘起不得大于 5mm；不得有裂纹、开焊和硬弯。使用前应涂刷防锈漆。钢板网脚手板的网孔内切圆直径应小于 25mm。 2 竹脚手板包括竹胶合板、竹笆板和竹串片脚手板。可采用毛竹或楠竹制成；竹胶合板、竹笆板宽度不得小于 600mm，竹胶合板厚度不得小于 8mm，竹笆板厚度不得小于 6mm，竹串片脚手板厚度不得小于 50mm；不得使用腐朽、发霉的竹脚手板。 3 木脚手板应采用杉木或松木制作，其材质应符合现行国家标准《木结构设计标准》GB 50005 中Ⅱ级材质的规定。板宽度不得小于 200mm，厚度不得小于 50mm，两端应用直径为 4mm 镀锌钢丝各绑扎两道。 4 胶合板脚手板，应选用现行国家标准《胶合板 第 3 部分：普通胶合板通用技术条件》GB/T 9846.3 中的Ⅱ类普通耐水胶合板，厚度不得小于 18mm，底部木方间距不得大于 400mm，木方与脚手架杆件应用钢丝绑扎牢固，胶合板脚手板与木方应用钉子钉牢。 **7.0.18** 扣件的螺栓拧紧力矩不应小于 40N·m，且不应大于 65N·m	1. 通用要求及检查方法见本章第二节通用规定。 2. 卷尺、钢板尺等工具测量。 3. 力矩扳手检查扣件螺栓的拧紧力矩。 4. 现场观察检查
9	外挂防护架安全防护	**建筑行业标准《建筑施工工具式脚手架安全技术规范》(JGJ 202—2010)** **6.3.11** 每片防护架应设置不少于 3 道水平防护层，其中最底部的一道应满铺脚手板，外侧应设挡脚板。 **6.3.12** 外挂防护架底层除满铺脚手板外，应采用水平安全网将底层及与建筑物之间全封闭。 **7.0.8** 工具式脚手架所使用的电气设施、线路及接地、避雷措施等应符合现行行业标准《施工现场临时用电安全技术规范》JGJ 46 的规定。 **7.0.11** 临街搭设时，外侧应有防止坠物伤人的防护措施。 **7.0.12** 安装、拆除时，在地面应设围栏和警戒标志，并应派专人看守，非操作人员不得入内	1. 通用要求及检查方法见本章第二节通用规定。 2. 接地电阻测试仪器测量。 3. 现场观察检查

续表

序号	检查重点	标　准　要　求	检查方法
10	外挂防护架检查验收	**建筑行业标准《建筑施工工具式脚手架安全技术规范》(JGJ 202—2010)** **8.3.1**　外挂防护架在使用前应经过施工、安装、监理等单位的验收。未经验收或验收不合格的防护架不得使用。 **8.3.2**　外挂防护架应按规定逐项验收，合格后方可使用	1. 通用要求及检查方法见本章第二节通用规定。 2. 查阅阶段检查与验收记录、使用前验收记录及整机检测记录等资料。 3. 查验总承包单位和监理单位定期检查检测记录或监理旁站记录等资料。 4. 查阅检测机构检验合格证。 5. 现场观察检查
11	外挂防护架使用与检测	**建筑行业标准《建筑施工工具式脚手架安全技术规范》(JGJ 202—2010)** **7.0.4**　工具式脚手架专业施工单位应当建立健全安全生产管理制度，制定相应的安全操作规程和检验规程，应制定设计、制作、安装、升降、使用、拆除和日常维护保养等的管理规定。 **7.0.14**　作业层上的施工荷载应符合设计要求，不得超载。不得将模板支架、缆风绳、泵送混凝土和砂浆的输送管等固定在架体上；不得用其悬挂起重设备。 **7.0.16**　当施工中发现工具式脚手架故障和存在安全隐患时，应及时排除，对可能危及人身安全时，应停止作业。应由专业人员进行整改。整改后的工具式脚手架应重新进行验收检查，合格后方可使用。 **7.0.19**　各地建筑安全主管部门及产权单位和使用单位应对工具式脚手架建立设备技术档案，其主要内容应包含：机型、编号、出厂日期、验收、检修、试验、检修记录及故障事故情况	1. 通用要求及检查方法见本章第二节通用规定。 2. 查阅制度、规程、检查记录、会议记录、培训记录、设备技术档案等，验证脚手架设计、制作、安装、升降、使用、拆除和日常维护保养是否管理到位。 3. 现场观察检查
12	外挂防护架架体拆除	**建筑行业标准《建筑施工工具式脚手架安全技术规范》(JGJ 202—2010)** **6.6.1**　拆除防护架的准备工作应符合下列规定： 1　对防护架的连接扣件、连墙件、竖向桁架、三角臂应进行全面检查，并应符合构造要求； 2　应根据检查结果补充完善专项施工方案中的拆除顺序和措施，并应经总包和监理单位批准后方可实施； 3　应对操作人员进行拆除安全技术交底； 4　应清除防护架上杂物及地面障碍物。 **6.6.2**　拆除防护架时，应符合下列规定： 1　应采用起重机械把防护架吊运到地面进行拆除； 2　拆除的构配件应按品种、规格随时码堆存放，不得抛掷。 **7.0.13**　在工具式脚手架使用期间，不得拆除下列杆件： 1　架体上的杆件； 2　与建筑物连接的各类杆件（如连墙件、附墙支座）等	1. 通用要求及检查方法见本章第二节通用规定。 2. 查阅专项施工方案和交底记录。 3. 现场检查

第五章

高处作业吊篮

第一节　高处作业吊篮概述

一、术语或定义

（1）高处作业吊篮：指悬挂装置架设于建筑物或构筑物上，起升机构通过钢丝绳驱动平台沿立面上下运行的一种非常设悬挂接近设备。

（2）悬挂平台：指通过钢丝绳悬挂于空中，四周装有护栏，用于搭载操作者、工具和材料的工作装置。

（3）悬挂装置：指作为吊篮的一部分用于悬挂平台的装置。

（4）爬升式起升机构：指依靠钢丝绳和驱动绳轮间的摩擦力驱动钢丝绳使平台上下运行的机构，钢丝绳尾端无作用力。

（5）防坠落装置：指安全锁，直接作用在安全钢丝绳上，可自动停止和保持平台位置的装置。

（6）限位装置：指限制运动部件或装置超过预设极限位置的装置。

（7）工作钢丝绳：指悬挂钢丝绳，承担悬挂载荷的钢丝绳。

（8）安全钢丝绳：指后备钢丝绳，通常不承担悬挂载荷，装有防坠落装置的钢丝绳。

二、主要检查要求综述

本章主要描述了高空作业吊篮保护装置、各机构结构设施、悬挂装置、配重等方面的检查重点、检查要求和检查方法。

第二节　高处作业吊篮安全防护装置

一、高处作业吊篮安全装置

高处作业吊篮安全装置检查重点、要求及方法见表2-5-1。

二、高处作业吊篮防护装置

高处作业吊篮防护装置检查重点、要求及方法见表2-5-2。

表 2-5-1　　高处作业吊篮安全装置检查重点、要求及方法

序号	检查重点	标准要求	检查方法
1	高处作业吊篮安全保护装置	**1. 国家标准《高处作业吊篮》(GB/T 19155—2017)** **7.1.10**　应根据平台内的人数配备独立的防坠落安全绳，与每根防坠落保护安全绳相系的人数不应超过两人。 **8.3.8**　防倾斜装置 **8.3.8.1**　装有两台或多台独立的起升机构应安装自动防倾斜装置，当平台纵向倾斜角度大于14°时，应能自动停止平台升降运动。 **8.3.10**　起升与下降限位开关 **8.3.10.1**　应安装起升限位开关并正确定位。 **8.3.10.2**　应安装下降限位开关并正确定位。 **8.3.10.6**　在地面安装的悬吊平台，不需要下降限位开关。 **8.8.2**　防坠落装置 **8.8.2.1**　当工作钢丝绳失效、平台下降速度大于30m/min、工作钢丝绳无负载或平台纵向倾斜角度大于14°等情况发生时，防坠落装置应能自动起作用。 **2. 建筑行业标准《建筑施工安全检查标准》(JGJ 59—2011)** **3.10.3**　高处作业吊篮保证项目的检查评定应符合下列规定： 2　安全装置 1) 吊篮应安装防坠安全锁，并灵敏有效。 2) 防坠安全锁不应超过标定期限。 3) 吊篮应设置为作业人员挂设安全带专用的安全绳及安全锁扣，安全绳应固定在建筑物可靠位置，不得与吊篮上的任何部位连接。 4) 吊篮应安装上限位装置，并灵敏可靠有效	1. 目测检查。 2. 安全锁检测：将悬吊平台上升1～2m，转换开关拨至需检查一侧，按下行按钮使悬吊平台倾斜，采用倾斜度计记录倾斜角度，当悬吊平台倾斜至14°时，安全锁即可锁住安全钢丝绳。将悬吊平台低端升起至水平状态时，安全锁复位，安全钢丝绳在安全锁内处于自由状态。 3. 上限位检测：悬吊平台起升或下降过程中采用挡板按住上限位行程开关，悬吊平台处于紧急停止状态。 防倾斜装置如图2-5-1所示，防坠安全锁如图2-5-2所示，起升限位装置如图2-5-3所示，安全绳单独固定如图2-5-4所示

图 2-5-1　防倾斜装置

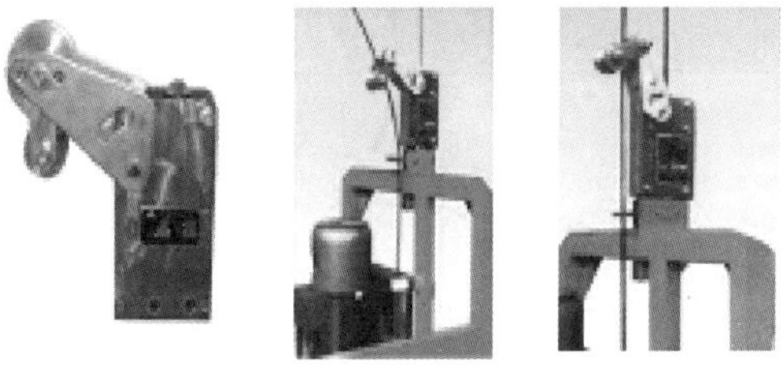

安全锁　锁绳状态　工作状态

图 2-5-2　防坠安全锁

图 2-5-3　起升限位装置

图 2-5-4 安全绳单独固定

表 2-5-2　　高处作业吊篮防护装置检查重点、要求及方法

序号	检查重点	标　准　要　求	检查方法
1	高处作业吊篮悬吊平台防护	**1. 国家标准《高处作业吊篮》(GB/T 19155—2017)** **7.1.2**　平台底面应为坚固、防滑表面，并固定可靠。 **7.1.3**　平台四周应安装护栏、中间护栏和踢脚板，护栏高度不应小于1000mm。 **7.1.4**　踢脚板应高于平台底板表面150mm。 **2. 建筑行业标准《建筑施工安全检查标准》(JGJ 59—2011)** **3.10.4**　高处作业吊篮一般项目的检查评定应符合下列规定： 2　安全防护 1）吊篮平台周边的防护栏杆、挡脚板的设置应符合规范要求。 2）上下立体交叉作业时吊篮应设置顶部防护板。 **3. 建筑行业标准《施工现场机械设备检查技术规范》(JGJ 160—2016)** **8.2.2**　悬吊平台应符合下列规定： 3　底板应完好，应有防滑设施；应有排水孔，且不应堵塞； 4　在靠建筑物的一面应设有靠墙轮、导向轮和缓冲装置	1. 目测检查。 2. 防护装置检查：采用米尺检查踢脚板高度、护栏尺寸是否符合规定要求。 悬吊平台护栏、踢脚板如图2-5-5所示

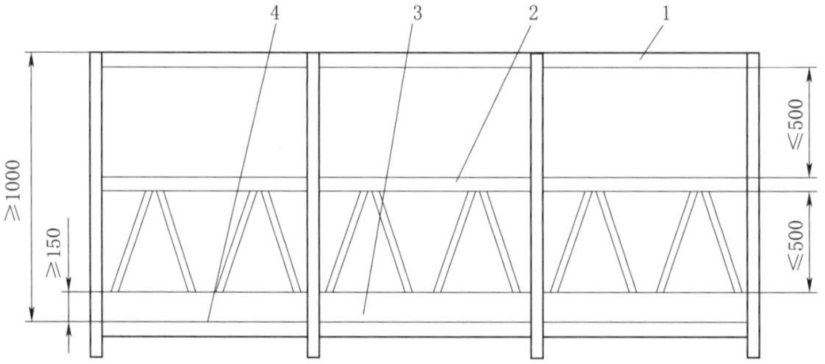

图 2-5-5　悬吊平台护栏、踢脚板（单位：mm）
1—护栏；2—中间护栏；3—踢脚板；4—平台底板

第三节　高处作业吊篮悬挂机构

高处作业吊篮悬挂机构安全检查重点、要求及方法见表2-5-3。

表 2-5-3　　高处作业吊篮悬挂机构安全检查重点、要求及方法

序号	检查重点	标　准　要　求	检查方法
1	高处作业吊篮悬挂机构	**1. 国家标准《高处作业吊篮》(GB/T 19155—2017)** **9.3.2**　配重应坚固地安装在配重悬挂支架上，只有在需要拆除时方可拆卸，配重应锁住以防止未授权人员拆卸。 **2. 建筑行业标准《建筑施工安全检查标准》(JGJ 59—2011)** **3.10.3**　高处作业吊篮保证项目的检查评定应符合下列规定： 3　悬挂机构 1) 悬挂机构前支架不得支撑在建筑物女儿墙上或挑檐边缘等非承重结构上。 2) 悬挂机构前梁外伸长度应符合产品说明书规定。 3) 前支架应与支撑面垂直，且脚轮不应受力。 4) 上支架应固定在前支架调节杆与悬挑梁连接的节点处。 5) 严禁使用破损的配重块或其他替代物。 6) 配重块应固定可靠，重量应符合设计规定	1. 目测检查。 2. 配重块有重量标识，无破损裂纹，两个悬挂机构配重块数量符合要求且一致。 3. 悬挂机构连接装置和支撑装置紧固件是否松动或者损坏。 配重固定、防丢失如图 2-5-6 所示

图 2-5-6　配重固定、防丢失

第四节　高处作业吊篮悬吊平台

高处作业吊篮悬吊平台安全检查重点、要求及方法见表 2-5-4。

表 2-5-4　　高处作业吊篮悬吊平台安全检查重点、要求及方法

序号	检查重点	标　准　要　求	检查方法
1	高处作业吊篮悬吊平台	**1. 国家标准《高处作业吊篮》(GB/T 19155—2017)** **7.1.6**　应在平台明显部位永久醒目地注明额定起重量和允许承载人数及其他注意事项。 **2. 建筑行业标准《施工现场机械设备检查技术规范》(JGJ 160—2016)** **8.2.2**　悬吊平台应符合下列规定： 1　悬吊平台应有足够的强度和刚度，不应出现焊缝开裂、裂纹和严重锈蚀，螺铆钉不应松动，结构不应破损。 **3. 建筑行业标准《建筑施工安全检查标准》(JGJ 59—2011)** **3.10.3**　高处作业吊篮保证项目的检查评定应符合下列规定： 5　安装作业 1) 吊篮平台的组装长度应符合产品说明书和规范要求； 2) 吊篮的构配件应为同一厂家的产品	目测检查

第五节 高处作业吊篮钢丝绳

高处作业吊篮钢丝绳安全检查重点、要求及方法见表 2-5-5。

表 2-5-5　　高处作业吊篮钢丝绳安全检查重点、要求及方法

序号	检查重点	标　准　要　求	检查方法
1	高处作业吊篮工作、安全钢丝绳	**1. 国家标准《高处作业吊篮》(GB/T 19155—2017)** **8.10.1**　悬吊平台的钢丝绳应经过镀锌或其他类似的防腐措施。 **8.10.2**　钢丝绳最小直径 6mm。安全钢丝绳直径应不小于工作钢丝绳直径。 **8.10.3.2**　钢丝绳端头形式应为金属压制接头、自紧楔形接头等，或采用其他相同安全等级的形式。如失效会影响安全时，则不能使用 U 形钢丝绳夹。 **9.4**　工作钢丝绳和安全钢丝绳应独立悬挂在各自的悬挂点上。 **2. 机械行业标准《高处作业吊篮安装、拆卸、使用技术规程》(JB/T 11699—2013)** **5.2.12**　吊篮的整机组装与调试要求如下： c) 钢丝绳绳端固定应符合下列规定： 1) 绳夹数量：最少 3 只； 2) 绳夹的布置：把夹座扣在钢丝绳的工作段上，U 形螺栓扣在钢丝绳的尾段上； 3) 绳夹间距为钢丝绳直径的 6 倍～7 倍。 **3. 建筑行业标准《建筑施工安全检查标准》(JGJ 59—2011)** **3.10.3**　高处作业吊篮保证项目的检查评定应符合下列规定： 4　钢丝绳 1) 钢丝绳不应有断丝、断股、松股、锈蚀、硬弯及有油污和附着物； 2) 安全钢丝绳应单独设置，型号规格应与工作钢丝绳一致； 3) 吊篮运行时安全钢丝绳应张紧悬垂； 4) 电焊作业时应对钢丝绳采取保护措施	1. 目测检查。典型的钢丝绳报废缺陷如图 2-5-7 所示；工作和安全钢丝绳独立悬挂如图 2-5-8 所示；安全钢丝绳张紧如图 2-5-9 所示。 2. 测量钢丝绳直径

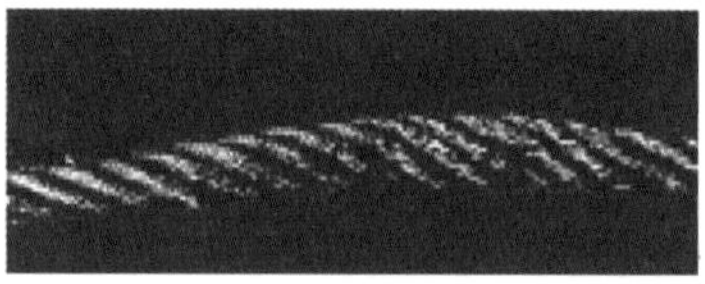

局部扁平

扭结

图 2-5-7　典型的钢丝绳报废缺陷

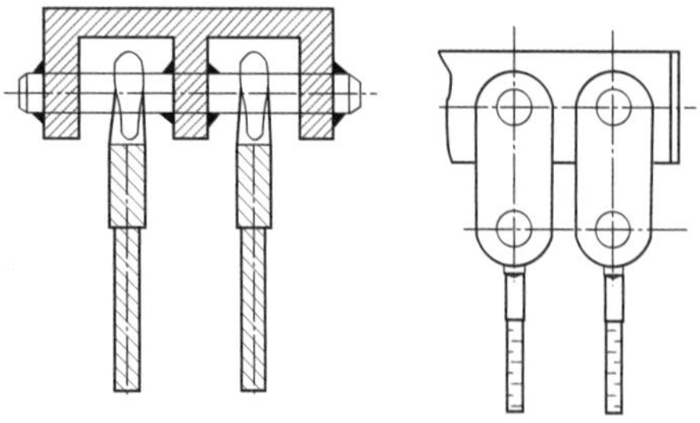

图 2-5-8　工作和安全钢丝绳独立悬挂

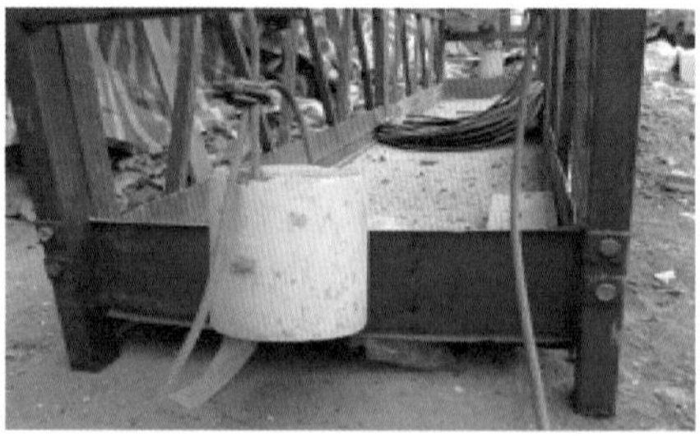

图 2-5-9　安全钢丝绳张紧

第六节 高处作业吊篮电气安全

高处作业吊篮电气安全检查重点、要求及方法见表2-5-6。

表2-5-6 高处作业吊篮电气安全检查重点、要求及方法

序号	检查重点	标准要求	检查方法
1	高处作业吊篮电气装置	国家标准《高处作业吊篮》(GB/T 19155—2017) **10.2.1** 应设置相序继电器，确保电源缺相、错相连接时不会导致错误的控制响应。 **10.2.2** 供电应采用三相五线制，接零、接地线应始终分开。 **10.3.1** 主电路回路应有过电流保护和漏电保护装置。 **10.5** 应采取防止电缆碰撞建筑物的措施。 **11.1.4** 应提供停止吊篮控制系统运行的急停按钮，此按钮为红色并有明显的“急停”标志，不能自动复位，急停按钮按下后停止吊篮的所有动作	1. 目测检查。 2. 按下漏电测试器保护按钮，指示灯熄灭则漏电保护器正常工作。 3. 将万用表设置为测试电阻值的模式，取出电路中的保险丝。将万用表的两个测试针头分别接到过流保护器的两个接线柱上，如果测试结果为无限电阻值或接近无限电阻值，则过流保护器失效

第七节 高处作业吊篮安拆及使用

高处作业吊篮安拆及使用安全检查重点、要求及方法见表2-5-7。

表2-5-7 高处作业吊篮安拆及使用安全检查重点、要求及方法

序号	检查重点	标准要求	检查方法
1	高处作业吊篮安装、拆卸	**1.《建筑施工特种作业人员管理规定》(建质〔2008〕75号)** **第三条** 建筑施工特种作业包括： (六) 高处作业吊篮安装拆卸工。 **第四条** 建筑施工特种作业人员必须经建设主管部门考核合格，取得建筑施工特种作业人员操作资格证书（以下简称“资格证书”），方可上岗从事相应作业。 **2. 建筑行业标准《建筑施工安全检查标准》(JGJ 59—2011)** **3.10.3** 高处作业吊篮保证项目的检查评定应符合下列规定： 1 施工方案 1) 吊篮安拆作业应编制专项施工方案，吊篮支架支撑处的结构承载力应经过验算。 2) 专项施工方案应按规定进行审核、审批。 **3.10.4** 高处作业吊篮一般项目的检查评定应符合下列规定： 1 交底与验收 1) 吊篮安装完毕，应按照规范要求进行验收，验收表应由责任人签字确认。 3) 吊篮安装、使用前对作业人员进行安全技术交底，并应有文字记录。	1. 目测检查。 2. 查看方案、记录、证书

续表

序号	检查重点	标准要求	检查方法
1	高处作业吊篮安装、拆卸	**3. 机械行业标准《高处作业吊篮安装、拆卸、使用技术规程》(JB/T 11699—2013)** **5.1.4** 吊篮安装前，安装单位应对各部件进行清点、核对及检查。 **5.2.1** 安装作业人员应按施工安全技术交底内容进行作业。 **5.2.2** 安装单位的专业技术人员、专职安全生产管理人员应进行现场指导与监督	
2	高处作业吊篮检查、保养、交接班	**1. 国家标准《高处作业吊篮》(GB/T 19155—2017)** **15.2.8** 吊篮应……按照手册的要求进行定期检查和维护。 **2. 建筑行业标准《建筑机械使用安全技术规程》(JGJ 33—2012)** **2.0.9** 实行多班作业的机械，应执行交接班制度，填写交接班记录。 **3. 建筑行业标准《建筑施工安全检查标准》(JGJ 59—2011)** **3.10.4** 高处作业吊篮一般项目的检查评定应符合下列规定： 1 交底与验收 2）班前、班后应按规定对吊篮进行检查	查看检查、保养、交接班记录
3	高处作业吊篮操作使用	**建筑行业标准《建筑施工安全检查标准》(JGJ 59—2011)** **3.10.3** 高处作业吊篮保证项目的检查评定应符合下列规定： 6 升降作业 1）必须由经过培训合格的人员操作吊篮升降； 2）吊篮内的作业人员不应超过2人； 3）吊篮内作业人员应将安全带用安全锁扣正确挂置在独立设置的专用安全绳上； 4）作业人员应从地面进出吊篮。 **3.10.4** 高处作业吊篮一般项目的检查评定应符合下列规定： 1 交底与验收 3）吊篮安装、使用前应对作业人员进行安全技术交底	1. 目测检查。 2. 查看人员培训合格、交底资料

第六章

高 处 作 业

第一节 高处作业概述

一、术语或定义

高处作业指凡在坠落高度基准面 2m 以上（含 2m）有可能坠落的高处进行的作业，均称为高处作业。

二、主要检查要求综述

高处作业普遍存在于电力建设工程施工现场，如果高处作业的人员行为不规范，孔洞、临边等危险部位未采取防护措施或防护措施不到位、作业不当，都可能引发人员坠落伤害、物体打击伤害。因此高处作业安全作为电力建设工程施工安全检查的重点，主要包括个人安全防护、孔洞、临边及通道防护、各类高处作业安全防护等方面。

第二节 高处作业个人安全防护

一、安全帽

安全帽是对使用者头部受到坠落物或小型飞溅物体等其他特定因素引起的伤害起防护作用的帽子。作为工作人员现场必备防护用具，其质量是否满足要求和正确使用与否，关系到工人现场头部防护甚至生命安全。安全帽检查重点、要求及方法见表 2-6-1。

表 2-6-1　　安全帽检查重点、要求及方法

序号	检查重点	标 准 要 求	检查方法
1	安全帽的标识及质量要求	**1. 国家标准《头部防护 安全帽》（GB 2811—2019）** **7.2** 永久标识 安全帽的永久标识是指位于产品主体内侧，并在产品整个生命周期内一直保持清晰可辨的标识，至少应包括以下内容： a）本标准编号； b）制造厂名； c）生产日期（年、月）； d）产品名称（由生产厂命名）； e）产品的分类标记； f）产品的强制报废期限。	1. 查看产品出厂检验报告。 2. 查看安全帽的永久标识。 3. 查看到货验收记录

续表

<table>
<tr><th>序号</th><th>检查重点</th><th>标 准 要 求</th><th>检查方法</th></tr>
<tr><td>1</td><td>安全帽的标识及质量要求</td><td>
2. 电力行业标准《电力建设安全工作规程 第 2 部分：电力线路》（DL 5009.2—2024）
3.4.32 个体防护装备
1 安全帽
1）安全帽的使用及检验应符合《头部防护 安全帽》GB 2811 的规定。
2）永久标识和产品说明等标识清晰完整，安全帽的帽壳、帽衬（帽箍、吸汗带、缓冲垫及衬带）、帽箍扣、下颏带等组件完好无缺失。
3. 电力行业标准《水电水利工程施工通用安全技术规程》（DL/T 5370—2017）
6.6.1 安全帽、安全带、安全网等防护用具，应符合国家规定的质量标准，具有产品合格证和安全鉴定合格证书。
6.6.2 安全防护用具不得超过使用期限。
6.6.3 安全防护用具定期试验，其检查试验的要求和周期见下表。
常用安全用具的检验标准与试验周期
<table>
<tr><th>名称</th><th>检查与试验质量标准要求</th><th>检查试验周期</th></tr>
<tr><td>塑料安全帽</td><td>1）外表完整、光洁；
2）帽内缓冲带、帽带齐全无损；
3）耐 40℃～120℃高温不变形；
4）耐水、油、化学腐蚀性良好；
5）可抗 3kg 的钢球从 5m 垂直坠落的冲击力</td><td>一年一次</td></tr>
</table>
4. 电力行业标准《电力安全工器具预防性试验规程》（DL/T 1476—2015）
6.1.1 安全帽
6.1.1.1 外观检查
永久标识和产品说明书等标识应清晰完整；安全帽的帽壳、帽衬（帽箍、吸汗带、缓冲垫及衬带）、帽箍扣、下颏带等组件应完好无缺失。
帽壳内外表面应平整光滑。无划痕、裂缝和孔洞，无灼伤、冲击痕迹。
6.1.1.2 试验项目、周期和要求
试验项目、周期和要求见下表。
安全帽的试验项目、周期和要求
<table>
<tr><th>序号</th><th>项目</th><th>周期</th><th>要求</th></tr>
<tr><td>1</td><td>冲击性能试验</td><td rowspan="2">植物枝条编织帽：1 年后
塑料和纸胶帽：2.5 年后
玻璃钢（维纶钢）橡胶帽：3.5 年后</td><td>传递到头模上的冲击力小于 4900N，帽壳不得有碎片脱落</td></tr>
<tr><td>2</td><td>耐穿刺性能试验</td><td>钢锥不接触头模表面，帽壳不得有碎片脱落</td></tr>
<tr><td colspan="4">注：试用期从产品制造完成之日起计算，以后每年抽检一次，每批从最严酷使用场合中抽取，每项试验试样不少于 2 项，有一项不合格，则该批安全帽作废</td></tr>
</table>
</td><td></td></tr>
</table>

续表

序号	检查重点	标准要求	检查方法
2	安全帽的使用	**1. 电力行业标准《电力建设安全工作规程　第1部分：火力发电》(DL 5009.1—2014)** **4.2.1**　通用规定 7　进入施工现场人员必须正确佩戴安全帽，……长发应放入安全帽内。 **2. 电力行业标准《电力建设安全工作规程　第2部分：电力线路》(DL 5009.2—2024)** **3.1.5**　施工人员应正确配用合格的个人劳动防护用品及安全防护用品，进入施工区的人员应正确佩戴安全帽	现场查看

二、安全带

安全带是指防止高处作业人员发生坠落或发生坠落后将作业人员安全吊挂的个体防护装备。在电力建设施工高处作业过程中，应全程正确使用安全带。

安全带检查重点、要求及方法见表2－6－2。

表2－6－2　　安全带检查重点、要求及方法

序号	检查重点	标准要求	检查方法
1	安全带的标识及质量要求	**1. 国家标准《防护坠落安全带》(GB 6095—2021)** **7.1**　安全带标识应固定于系带。 **7.3**　安全带标识应至少包括以下内容： a) 产品名称； b) 执行标准； c) 分类标记； d) 制造商名称或标记及产地； e) 合格品标记； f) 生产日期（年、月）； g) 不同类型零部件组合使用时的伸展长度； h) 醒目的标记或文字提醒用户使用前应仔细阅读制造商提供的信息； i) 国家法律法规要求的其他标识。 **2. 电力行业标准《电力建设安全工作规程　第2部分：电力线路》(DL 5009.2—2024)** **3.4.32**　个体防护装备 2　安全带 1) 安全带的制造、使用及试验应符合《坠落防护 安全带》GB 6095和《坠落防护 安全带系统性能测试方法》GB/T 6096的规定。 2) 坠落悬挂安全带的系带应为全身式系带，系带连接点应位于使用者前胸或后背。 3) 金属环类零件不应使用焊接件，不应留有开口；连接器的活门应有保险功能，自动机构无卡死、失效等情况。 4) 接近焊接、切割、热源等场所时，应对安全绳进行隔热保护，或采用钢丝绳式安全绳。 5) 安全带、绳使用过程中不应打结。不得将安全绳用作吊绳	1. 查看产品合格证。 2. 查看安全标志。 3. 查看安全带的入场验收记录

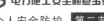

续表

序号	检查重点	标 准 要 求	检查方法
2	安全带的使用	**1. 国家标准《防护坠落安全带》(GB 6095—2021)** **5.1.1** 安全带中使用的零部件应圆滑，不应有锋利边缘，与织带接触的部分应采用圆角过渡。 **5.1.3** 安全带中的织带应为整根，同一织带两连接点之间不应接缝。 **5.1.5** 安全带中的主带扎紧扣应可靠，不应意外开启，不应对织带造成损伤。 **5.1.6** 安全带中的腰带应与护腰带同时应用。 **5.1.8** 安全带中使用的金属环类零件不应使用焊接件，不应留有开口。 **5.1.9** 安全带中与系带连接的安全绳在设计结构中不应出现打结。 **5.1.10** 安全带中的安全绳在与连接器连接时应增加支架或垫层。 **2. 电力行业标准《电力建设安全工作规程 第1部分：火力发电》(DL 5009.1—2014)** **4.10.1** 高处作业应符合下列规定： 2 高处作业应设置牢固、可靠的安全防护设施；作业人员应正确使用劳动防护用品。 8 高处作业应系好安全带，安全带应挂在上方牢固可靠处。 9 高处作业人员在从事活动范围较大的作业时，应使用速差自控器。 **3. 电力行业标准《电力建设安全工作规程 第2部分：电力线路》(DL 5009.2—2024)** **3.3.2** 高处作业 5 高处作业时，作业人员应正确使用安全带，并采用速差自控器等后备保护设施。安全带及后备防护设施应固定在构件上，不应低挂高用。高处作业过程中，应随时检查扣结绑扎的牢靠情况。 6 安全带在使用前应检查是否在有效期，是否有变形、破裂等情况，不得使用不合格的安全带。 8 高处作业人员在攀登或转移作业位置时不得失去保护。杆塔上水平转移时应使用水平绳或设置临时扶手，垂直转移时应使用速差自控器或安全自锁器等装置。杆塔设计时应提供安全保护设施的安装用孔或装置。 **4. 建筑行业标准《建筑施工高处作业安全技术规范》(JGJ 80—2016)** **3.0.5** 高处作业人员应根据作业的实际情况配备相应的高处作业安全防护用品，按规定正确佩戴和使用高处作业安全防护用品、用具，并应经专人检查。 **5. 国网企业标准《电力建设安全工作规程 第2部分：线路》(Q/GDW 11957.2—2020)** **8.4.2.2** 安全带要求 a）商标、合格证和检验证等标识清晰完整，各部件完整无缺失、无伤残破损。 b）腰带、围杆带、肩带、腿带等带体无灼伤、脆裂及霉变，表面不应有明显磨损及切口；围杆绳、安全绳无灼伤、脆裂、断股及霉变，各股松紧一致，绳子应无扭结；护腰带接触腰的部分应垫有柔软材料，边缘圆滑无角。	现场查看使用情况

续表

序号	检查重点	标准要求	检查方法
2	安全带的使用	c）金属配件表面光洁，无裂纹、无严重锈蚀和目测可见的变形，配件边缘应呈圆弧形；金属环类零件不得使用焊接，不应留有开口。 d）金属挂钩等连接器应有保险装置，应在两个及以上明确的动作下才能打开，且操作灵活钩体和钩舌的咬口应完整，两者不得偏斜。各调节装置应灵活可靠。 e）安全带穿戴好后应仔细检查连接扣或调节扣，确保各处绳扣连接牢固。 f）在电焊作业或其他有火花、熔融源等场所使用的安全带或安全绳应有隔热防磨套。 g）安全带的挂钩或绳子应挂在结实牢固的构件或挂安全带专用的钢丝绳上，并应采用高挂低用的方式。 h）不得将安全带系在移动或不牢固的物件上（如瓷横担、未经固定的转动横担、线路支柱绝缘子等）	

三、速差自控器

速差自控器指串联在系带和挂点之间、具备可随人员移动而伸缩长度的绳或带，在坠落发生时可由速度变化引发锁止制动作用的部件。

速差自控器安全检查重点、要求及方法见表2-6-3。

表2-6-3　　速差自控器安全检查重点、要求及方法

序号	检查重点	标准要求	检查方法
1	速差自控器的标识及质量要求	**1. 国家标准《坠落防护 速差自控器》（GB 24544—2009）** **8.1** 永久标识： a）产品名称及标记； b）本标准号； c）制造厂名； d）生产日期（年、月）、有效期； e）法律法规要求标注的其他内容。 **2. 电力行业标准《电力建设安全工作规程　第2部分：电力线路》（DL 5009.2—2024）** **3.4.32** 个体防护装备 3 速差自控器 1）速差自控器的各部件完整无缺失、无伤残破损，外观应平滑，无材料和制造缺陷，无毛刺和锋利边缘。 2）用手将速差自控器的安全绳（带）进行快速拉出，速差自控器应能有效制动并完全回收	1. 查看安全标识。 2. 现场检查
2	速差自控器使用要求	**1. 电力行业标准《电力建设安全工作规程　第2部分：电力线路》（DL 5009.2—2024）** **3.4.32** 个体防护装备 3 速差自控器 3）速差自控器应系在牢固的物体上，不得系挂在移动或不牢固的物件上。不得将速差自控器锁止后悬挂在安全绳（带）上作业。 **7.7.3** 附件安装时，安全绳或速差自控器应拴在横担主材上。安装间隔棒时，安全带应挂在一根子导线上，后备保护绳应拴在整相导线上。	现场检查

续表

序号	检查重点	标　准　要　求	检查方法
2	速差自控器使用要求	**2. 国网企业标准《电力建设安全工作规程　第2部分：线路》（Q/GDW 11957.2—2020）** **8.4.2.5**　速差自控器要求： a）速差自控器的各部件完整无缺失、无伤残破损，外观应平滑，无材料和制造缺陷，无毛刺和锋利边缘。 b）钢丝绳速差器的钢丝应绞合均匀紧密，不得有叠痕、突起、折断、压伤、锈蚀及错乱交叉的钢丝。 c）用手将速差自控器的安全绳（带）进行快速拉出，速差自控器应能有效制动并完全回收。 d）速差自控器应系在牢固的物体上，不得系挂在移动或不牢固的物件上。不得系在棱角锋利处。速差自控器拴挂时不得低挂高用。 e）使用时应认真查看速差自控器防护范围及悬挂要求。 f）速差自控器应连接在人体前胸或后背的安全带挂点上，移动时应缓慢，不得跳跃。 g）不得将速差自控器锁止后悬挂在安全绳（带）上作业	

四、攀登自锁器

攀登自锁器安全检查重点、要求及方法见表2-6-4。

表2-6-4　　　　攀登自锁器安全检查重点、要求及方法

序号	检查重点	标　准　要　求	检查方法
1	攀登自锁器质量及使用要求	**1. 电力行业标准《电力建设安全工作规程　第2部分：电力线路》（DL 5009.2—2024）** **3.4.32**　个体防护装备 4　攀登自锁器 1）自锁器各部件完整无缺失，本体及配件应无目测可见的凹凸痕迹。 2）自锁器上的导向轮应转动灵活，无卡阻、破损等缺陷。 3）自锁器与安全带之间的连接绳不应大于0.5m，使用时应查看自锁器安装箭头，正确安装自锁器。 4）在导轨（绳）上手提自锁器，自锁器在导轨（绳）上应运行顺滑，不应有卡住现象，突然释放自锁器，自锁器应能有效锁止在导轨（绳）上。不得将自锁器锁止在导轨（绳）上作业。 **2. 国网企业标准《电力建设安全工作规程　第2部分：线路》（Q/GDW 11957.2—2020）** **8.4.2.6**　攀登自锁器要求： a）自锁器各部件完整无缺失，本体及配件应无目测可见的凹凸痕迹。本体为金属材料时，无裂纹、变形及锈蚀等缺陷，所有铆接面应平整、无毛刺，金属表面镀层应均匀、光亮，不允许有起皮、变色等缺陷；本体为工程塑料时，表面应无气泡、开裂等缺陷。 b）自锁器上的导向轮应转动灵活，无卡阻、破损等缺陷。 c）使用时应查看自锁器安装箭头，正确安装自锁器。 d）自锁器与安全带之间的连接绳不应大于0.5m，自锁器应连接在人体前胸或后背的安全带挂点上。 e）在导轨（绳）上手提自锁器，自锁器在导轨（绳）上应运行顺滑，不应有卡住现象，突然释放自锁器，自锁器应能有效锁止在导轨（绳）上。 f）不得将自锁器锁止在导轨（绳）上作业	现场检查

第三节 高处作业孔洞、临边及通道防护

一、安全网

在电力建设工程施工过程中，现场存在很多高处作业，需要在主厂房等建筑厂房的外脚手架上、电梯井道、冷却塔、烟囱、锅炉钢结构、受热面安装、厂房钢屋架安装等位置设置相应的安全网。

(1) 安全网：指用来防止人、物坠落，或用来避免、减轻坠落及物击伤害的网具。一般由网体、边绳、系绳等组成。

(2) 安全平网：指安装平面不垂直于水平面，用来防止人、物坠落，或用来避免、减轻坠落及物击伤害的安全网，简称为平网。

(3) 安全立网：指安装平面垂直于水平面，用来防止人、物坠落，或用来避免、减轻坠落及物击伤害的安全网，简称为立网。

(4) 密目式安全立网：指网眼孔径不大于 12mm，垂直于水平面安装，用于阻挡人员、视线、自然风、飞溅及失控小物体的网，简称为密目网。一般由网体、开眼环扣、边绳和附加系绳组成。

安全网检查重点、要求及方法见表 2-6-5。

表 2-6-5　安全网检查重点、要求及方法

序号	检查重点	标准要求	检查方法
1	安全网的标识及质量要求	**1. 国家标准《安全网》(GB 5725—2009)** **8.1** 安全网的标识由永久标识和产品说明书组成。 **8.1.1** 安全网的永久标识： a) 本标准号； b) 产品合格证； c) 产品名称及分类标记； d) 制造商名称、地址； e) 生产日期； f) 其他国家有关法律法规所规定必须具备的标记或标志。 **8.1.2** 平（立）网产品说明书应包括但不限于以下内容： a) 平（立）网安装、使用及拆除的注意事项 b) 储存、维护及检查； c) 使用期限； d) 在何种情况下应停止使用。 **8.1.3** 密目式安全立网产品说明书应包括但不限于以下内容： a) 密目网的适用和不适用场所； b) 使用期限； c) 整体报废条件或要求； d) 清洁、维护、储存的方法； e) 拴挂方法； f) 日常检查的方法和部位； g) 使用注意事项； h) 警示“不得作为平网使用”；	1. 查看安全网的检验报告及标识。 2. 储存超过 2 年的安全网的耐冲击性能测试报告

续表

序号	检查重点	标准要求	检查方法
1	安全网的标识及质量要求	i）警示“B级产品必须配合立网或护栏使用才能起到坠落防护作用”； j）为合格品的声明。 **附录C.4** 如安全网的贮存期超过两年，应按0.2%抽样，不足1000张时抽样2张进行耐冲击性能测试，合格后方可销售使用。 **2. 电力行业标准《电力建设安全工作规程 第1部分：火力发电》（DL 5009.1—2014）** **4.2.1** 通用规定 2 安全防护设施和劳动防护用品的采购、检验、发放、使用、监督、保管等应有专人负责，并建立台账。 3 安全防护设施和劳动防护用品应从具备相应资质的单位采购，特种劳动防护用品生产许可证、产品合格证、安全鉴定证、安全标识应齐全。 **3. 建筑行业标准《建筑施工高处作业安全技术规范》（JGJ 80—2016）** **8.1.1** 建筑施工安全网的选用应符合下列规定： 1 安全网的材质、规格、要求及其物理性能、耐火性、阻燃性应满足现行国家标准《安全网》GB 5725的规定。 2 密目式安全立网网目密度应为10cm×10cm面积上大于或等于2000目。 **8.1.3** 施工现场在使用密目式安全立网前，应检查产品分类标记、产品合格证、网目数及网体重量，确认合格方可使用	
2	建筑物脚手架外侧安全网设置	**1. 国家标准《建筑施工脚手架安全技术统一标准》（GB 51210—2016）** **11.2.4** 作业脚手架外侧和支撑脚手架作业层栏杆应采用密目式安全网或其他措施全封闭防护。密目式安全网应为阻燃产品。 **2. 建筑行业标准《建筑施工安全检查标准》（JGJ 59—2011）** **3.3.3** 扣件式钢管脚手架保证项目的检查评定应符合下列规定： 5 脚手板与防护栏杆 2）架体外侧应采用密目式安全网封闭，网间连接应严密	现场检查是否设置（严密性、有无破损、拼接牢固等）
3	脚手架作业层安全平网设置	**建筑行业标准《建筑施工安全检查标准》（JGJ 59—2011）** **3.3.4** 扣件式钢管脚手架一般项目的检查评定应符合下列规定： 3 层间防护 1）作业层脚手板下应采用安全平网兜底，以下每隔10m应采用安全平网封闭	1. 现场检查安全网是否设置。 2. 根据建筑标高，米尺测量设置间隔
4	安全网设置技术要求	**建筑行业标准《建筑施工高处作业安全技术规范》（JGJ 80—2016）** **8.2.1** 安全网搭设应绑扎牢固、网间严密。安全网的支撑架应具有足够的强度和稳定性。 **8.2.2** 密目式安全立网搭设时，每个开眼环扣应穿入系绳，系绳应绑扎在支撑架上，间距不得大于450mm。相邻密目网间应紧密结合或重叠。 **8.2.3** 当立网用于龙门架、物料提升架及井架的封闭防护时，四周边绳应与支撑架贴紧，边绳的断裂张力不得小于3kN，系绳应绑在支撑架上，间距不得大于750mm。 **8.2.4** 用于电梯井、钢结构和框架结构及构筑物封闭防护的平网应符合下列规定：	1. 米尺测量现场安全网敷设数据是否满足要求。 2. 系绳是否绑扎牢固，绑扎在钢结构等棱角处是否采取保护措施；系绳有无漏系现象。 3. 用游标卡尺测量悬挑式平网支撑架钢丝绳

续表

序号	检查重点	标 准 要 求	检查方法
4	安全网设置技术要求	1 平网每个系结点上的边绳应与支撑架靠紧，边绳的断裂张力不得小于7kN，系绳沿网边均匀分布，间距不得大于750mm； 2 钢结构厂房和框架结构及构筑物在作业层下部应搭设平网，落地式支撑架应采用脚手钢管，悬挑式平网支撑架应采用直径不小于9.3mm的钢丝绳； 3 电梯井内平网网体与井壁的空隙不得大于25mm。安全网拉结应牢固	
5	火力发电厂井道安全平网设置	**电力行业标准《电力建设安全工作规程 第1部分：火力发电》(DL 5009.1—2014)** **4.2.2** 安全防护设施应符合下列规定： 4 井道 2）应在电梯井、管井口内每隔两层且不超过10m设置一道安全平网； 3）施工层的下一层的井道内设置一道硬质隔断，施工层以及其他层采用安全平网防护，安全网应张挂于预插在井壁的钢管上，网与井壁的间隙不得大于100mm	1. 检查井道内是否设置安全网。 2. 根据标高或采用卷尺检测安全网间隔是否不超过10m
6	火力发电厂冷却塔施工操作架（三脚架）安全网设置	**电力行业标准《电力建设安全工作规程 第1部分：火力发电》(DL 5009.1—2014)** **5.7.2** 冷却水塔工程应符合下列规定： 9 悬挂式操作架使用： 5）在操作架下层工作时，……，内外操作架必须拉设全兜式安全网。 17 安全网布设： 1）塔内15m标高处宜设一层全兜式安全网。 2）塔外壁10m标高处宜设一圈宽10m的安全网。 3）顶层脚手架的外侧应设栏杆及安全网。 4）钢制三角形吊架下应设兜底安全网	1. 检查是否设置全兜安全网，是否有缺失或漏洞。 2. 使用卷尺测量塔外壁安全网
7	火力发电厂锅炉钢架、受热面炉膛内安全平网设置	**电力行业标准《电力建设安全工作规程 第1部分：火力发电》(DL 5009.1—2014)** **6.2.3** 锅炉安装应符合下列规定： 10 锅炉钢架、受热面施工过程中应在炉膛内设置安全网	1. 检查是否设置安全网。 2. 安全网有无破损，是否设置支撑钢丝绳
8	高处作业平台临边、走道安全立网设置	**1. 国家标准《建筑与市政施工现场安全卫生与职业健康通用规范》(GB 55034—2022)** **3.2.1** 在坠落高度基准面上方2m及以上进行高空或高处作业时，应设置安全防护设施并采取防滑措施，高处作业人员应正确佩戴安全帽、安全带等劳动防护用品。 **3.2.5** 各类操作平台、载人装置应安全可靠，周边应设置临边防护，并应具有足够的强度、刚度和稳定性，施工作业荷载严禁超过其设计荷载。 **2. 电力行业标准《电力建设安全工作规程 第1部分：火力发电》(DL 5009.1—2014)** **4.10.1** 高处作业应符合下列规定： 3 高处作业的平台、走道、斜道等应装设防护栏杆和挡脚板或设防护立网	检查是否设置安全立网，是否有缺失、破损；安全网搭接是否严密

续表

序号	检查重点	标 准 要 求	检查方法
9	垂直洞口安全网设置	**1. 国家标准《建筑与市政施工现场安全卫生与职业健康通用规范》(GB 55034—2022)** **3.2.3** 在建工程的预留洞口、通道口、楼梯口、电梯井口等孔洞以及无围护设施或围护设施高度低于1.2m的楼层周边、楼梯侧边、平台或阳台边、屋面周边和沟、坑、槽等边沿应采取安全防护措施，并严禁随意拆除。 **2. 电力行业标准《电力建设安全工作规程 第1部分：火力发电》(DL 5009.1—2014)** **4.2.2** 安全防护设施应符合下列规定： 3 孔、洞 3）直径大于1m或短边大于500mm的各类洞口，四周应设防护栏杆，装设挡脚板，洞口下装设安全平网。 4）楼板、平台与墙之间的孔、洞，在长边大于500mm时和墙角处，不得铺设盖板，必须设置牢固的防护栏杆、挡脚板和安全网	1. 使用米尺测量，各类洞口是否按要求设置安全网。 2. 安全网设置检查同第4项“安全网设置技术要求”
10	屋面等悬空作业临边安全网设置	**建筑行业标准《建筑施工高处作业安全技术规范》(JGJ 80—2016)** **5.2.8** 屋面作业时应符合下列规定： 1 在坡度大于25°的屋面上作业，当无外脚手架时，应在屋檐边设置高度不低于1.5m的防护栏杆，并应采用密目式安全立网全封闭； 2 在轻质型材屋面上作业，应采取在梁下支设安全平网或搭设脚手架等安全防护措施	现场检查是否按要求设置安全网
11	交叉作业区域安全网设置	**1. 电力行业标准《电力建设安全工作规程 第1部分：火力发电》(DL 5009.1—2014)** **4.10.2** 交叉作业应符合下列规定： 3 隔离层、孔洞盖板、栏杆、安全网等安全防护设施严禁任意拆除。 **2. 建筑行业标准《建筑施工高处作业安全技术规范》(JGJ 80—2016)** **7.1.7** 对不搭设脚手架和设置安全防护棚时的交叉作业，应设置安全防护网，当在多层、高层建筑物外立面施工时，应在二层及每隔四层设置一道固定的安全防护网，同时设置一道随施工高度提升的安全防护网	现场检查是否按要求设置安全网

二、高处作业临边防护

在电力建设工程的锅炉钢结构、主厂房等构筑物施工中，很容易产生高处临边，如果防护不及时、不可靠、不规范，极易发生高坠和落物伤害，因此高处临边防护尤为重要。临边防护安全检查重点、要求及方法见表2-6-6。

表2-6-6　　高处作业临边防护安全检查重点、要求及方法

序号	检查重点	标 准 要 求	检查方法
1	临边作业区域防护设施设置	**1. 电力行业标准《电力建设安全工作规程 第1部分：火力发电》(DL 5009.1—2014)** **4.2.2** 安全防护设施应符合下列规定： 1 临边作业： 1）深度超过1m（含）的沟、坑周边，屋面、楼面、平台、料台	现场检查安全防护设置设施是否到位、规范

续表

序号	检查重点	标 准 要 求	检查方法
1	临边作业区域防护设施设置	周边，尚未安装栏杆或栏板的阳台、窗台，高度超过2m（含）的作业层周边，必须设置安全防护栏杆。 2）分层施工的建（构）筑物楼梯口和梯段边必须装设临时护栏。顶层楼梯口应随工程进度安装正式防护栏杆。 3）各种垂直运输接料平台、施工升降机，除两侧应设防护栏杆外，平台口应设置安全门或活动防护栏杆。 **4.10.1** 高处作业应符合下列规定： 3 高处作业的平台、走道斜道等应装设防护栏杆和挡脚板或设防护立网。 **2. 建筑行业标准《建筑施工高处作业安全技术规范》（JGJ 80—2016）** **4.1.2** 施工的楼梯口、楼梯平台和梯段边，应安装防护栏杆；外设楼梯口、楼梯平台和梯段边还应采用密目式安全立网封闭。 **4.1.3** 建筑物外围边沿处，对没有设置外脚手架的工程，应设置防护栏杆；对有外脚手架的工程，应采用密目式安全立网全封闭。 **4.1.4** 施工升降机、龙门架和井架物料提升机等在建筑物间设置的停层平台两侧边，应设置防护栏杆、挡脚板，并应采用密目式安全立网或工具式栏板封闭。 **4.1.5** 停层平台应设置高度不低于1.8m的楼层防护门，并应设置防外开装置。井架物料提升机通道中间，应分别设置隔离设施	
2	临边防护栏杆设置	**1. 电力行业标准《电力建设安全工作规程 第1部分：火力发电》（DL 5009.1—2014）** **4.2.2** 安全防护设施应符合下列规定： 2 防护栏杆： 1）防护栏杆材质一般选用外径48mm，壁厚不小于2mm的钢管，当选用其他材质材料时，防护栏杆应进行承载力试验。 2）防护栏杆应由上、下两道横杆及立杆柱组成，上杆离基准面高度为1.2m，中间栏杆与上、下构件的间距不大于500mm。栏杆间距不得大于2m。坡度大于1∶22的屋面，防护栏杆应设三道横杆，上杆离基准面高度为1.5m，中间横杆离基准面高度为1m，并加挂安全立网。 3）防护栏杆应能经受1000N水平集中力。当栏杆所处位置有发生人群拥挤、车辆冲击或物件碰撞等可能时，应加大横杆截面或减少栏杆间距。 4）安全通道的防护栏杆宜采用安全立网封闭。 **2. 建筑行业标准《建筑施工高处作业安全技术规范》（JGJ 80—2016）** **4.3.1** 临边作业的防护栏杆应由横杆、立杆及挡脚板组成，防护栏杆应符合下列规定： 1 防护栏杆应为两道横杆，上杆距地面高度应为1.2m，下杆应在上杆和挡脚板中间设置。 2 当防护栏杆高度大于1.2m时，应增设横杆，横杆间距不应大于600mm。 3 防护栏杆立杆间距不应大于2m。 4 挡脚板高度不应小于180mm。	1. 采用米尺等测量高处临边的防护是否满足标准要求。 2. 查看高处安全设施的设计（如果有）、验收、检查等记录等

续表

序号	检查重点	标 准 要 求	检查方法
2	临边防护栏杆设置	**4.3.2** 防护栏杆立杆底端应固定牢固，并应符合下列规定： 1 当在土体上固定时，应采用预埋或打入方式固定。 2 当在混凝土楼面、地面、屋面或墙面固定时，应将预埋件与立杆连接牢固。 3 当在砌体上固定时，应预先砌入相应规格含有预埋件的混凝土块，预埋件应与立杆连接牢固。 **4.3.3** 防护栏杆杆件的规格及连接，应符合下列规定： 1 当采用钢管作为防护栏杆杆件时，横杆及栏杆立杆应采用脚手钢管，并应采用扣件、焊接、定型套管等方式进行连接固定。 2 当采用其他材料作防护栏杆杆件时，应选用与钢管材质强度相当的材料，并应采用螺栓、销轴或焊接等方式进行连接固定。 **4.3.4** 防护栏杆的立杆和横杆的设置、固定及连接，应确保防护栏杆在上下横杆和立杆任何部位处，均能承受任何方向 1kN 的外力作用。当栏杆所处位置有人群拥挤、物件碰撞等可能时，应加大横杆截面或加密立杆间距。 **4.3.5** 防护栏杆应张挂密目式安全立网或其他材料封闭	
3	手扶水平安全绳设置的规范性	**电力行业标准《电力建设安全工作规程 第1部分：火力发电》(DL 5009.1—2014)** **4.10.1** 高处作业应符合下列规定： 4 当高处行走区域不便装设防护栏杆时，应设置手扶水平安全绳，且应符合下列规定： 1）手扶水平安全绳宜采用带有塑胶套的纤维芯 6×37+1 钢丝绳，其技术含量性能应符合《重要用途钢丝绳》GB/T 8918—2006 的规定，并有产品生产许可证和出厂合格证。 2）钢丝绳两端应固定在牢固可靠的构架上，在构架上缠绕不得少于两圈，与构架棱角处相接触时应加衬垫。宜每隔 5m 设牢固支撑点，中间不应有接头。 3）钢丝绳端部固定和连接应使用绳夹，绳夹数量应不少于三个，绳夹应同向排列；钢丝绳夹座应在受力绳头的一边，每两个钢丝绳绳夹的间距不应小于钢丝绳直径的 6 倍；末端绳夹与中间绳夹之间应设置安全观察弯，末端绳夹与绳头末端应留有不小于 200mm 的安全距离。 4）钢丝绳固定高度应为 1.1m～1.4m，钢丝绳固定后弧垂不得超过 30mm。 5）手扶水平安全绳应作为高处作业人员行走时使用。钢丝绳应无损伤、腐蚀和断股，固定应牢固，弯折绳头不得反复使用	现场检查手扶水平安全绳的外观、设置位置是否符合要求

三、高处作业洞口防护

在电力工程主厂房、辅助厂房建设中，为了安装的需要会在各层平台预留安装孔洞，用于穿设管道、电缆等，这些预留孔洞在拆模后应及时设置防护。洞口防护安全检查重点、要求及方法见表 2-6-7。

表 2-6-7 高处作业洞口防护安全检查重点、要求及方法

序号	检查重点	标准要求	检查方法
1	孔、洞、井道口安全防护设施设置	**1. 国家标准《建筑与市政施工现场安全卫生与职业健康通用规范》(GB 55034—2022)** **3.2.3** 在建工程的预留洞口、通道口、楼梯口、电梯井口等孔洞以及无围护设施或围护设施高度低于1.2m的楼层周边、楼梯侧边、平台或阳台边、屋面周边和沟、坑、槽等边沿应采取安全防护措施，并严禁随意拆除。 **2. 电力行业标准《电力建设安全工作规程 第1部分：火力发电》(DL 5009.1—2014)** **4.2.2** 安全防护设施应符合下列规定： 3 孔、洞 1）人与物有坠落危险的孔、洞，必须设置有效防护设施。 2）楼板、屋面和平台等面上短边小于500mm（含）且短边尺寸大于25mm和直径小于1m（含）的各类孔、洞，应使用坚实的盖板盖严，盖板外边缘应至少大于洞口边缘100mm，且应加设止档。盖板宜采用厚度4mm～5mm的花纹钢板。 3）直径大于1m或短边大于500mm的各类洞口，四周应设防护栏杆，装设挡脚板，洞口下装设安全平网。 4）楼板、平台与墙之间的孔、洞，在长边大于500mm时和墙角处，不得铺设盖板，必须设置牢固的防护栏杆、挡脚板和安全网。 5）下边沿至楼板或底面低于1m的窗台等竖向洞口，应加设防护栏杆。 6）墙面竖向落地洞口，应加装防护栏杆或防护门，防护门网格间距不应大于150mm。 7）施工现场通道附近的各类孔、洞，除设置安全防护设施和安全标志外，夜间尚应设警示红灯。 4 井道 1）电梯井、管井必须设置防止人员坠落和落物伤人的防护设施，并加设明显的警示标志。 2）应在电梯井、管井口外侧设置防护栏杆或固定栅门，井内每隔两层且不超过10m设置一道安全平网。 3）施工层的下一层的井道内设置一道硬质隔断，施工层以及其他层采用安全平网防护，安全网应张挂于预插在井壁的钢管上，网与井壁的间隙不得大于100mm。 **3. 建筑行业标准《建筑施工高处作业安全技术规范》(JGJ 80—2016)** **3.0.4** 应根据要求将各类安全警示标志悬挂于施工现场各相应部位，夜间应设红灯警示 **4.2.2** 电梯井口应设置防护门，其高度不应小于1.5m，防护门底端距地面高度不应大于50mm，并应设置挡脚板。 **4.2.3** 在电梯施工前，电梯井道内应每隔2层且不大于10m加设一道安全平网。电梯井内的施工层上部，应设置隔离防护设施。 **4.2.4** 洞口盖板应能承受不小于1kN的集中荷载和不小于$2kN/m^2$的均布荷载，有特殊要求的盖板应另行设计。 **4.2.5** 墙面等处落地的竖向洞口、窗台高度低于800mm的竖向洞口及框架结构在浇筑完混凝土未砌筑墙体时的洞口，应按临边防护要求设置防护栏杆	1. 现场检查孔、洞、井道口是否设置了符合要求的防护设施。 2. 现场检查是否设置了安全警示标志

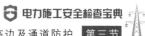

四、通道防护与防护棚

电力建设工程中，主厂房、烟囱、冷却塔、锅炉房等高大构（建）筑物的坠落防护半径及吊车起重臂回转半径内的通道，应设置安全通道及防护棚，防止高处落物伤害。通道防护与防护棚安全检查重点、要求及方法见表2-6-8。

表2-6-8　通道防护与防护棚安全检查重点、要求及方法

序号	检查重点	标准要求	检查方法
1	安全通道及防护棚安全设施设置	**电力行业标准《电力建设安全工作规程　第1部分：火力发电》(DL 5009.1—2014)** **4.2.2**　安全防护设施应符合下列规定： 5　安全通道及防护棚： 1）场内通道处于建（构）筑物坠落半径或处于起重机起重臂回转范围内时，应设置安全通道。 2）建筑、安装结构施工各操作层宜设置安全通道，安全通道应满铺脚手板，设挡脚板，通道宽度不小于1m。 3）安全通道存在高处坠物风险时应搭设防护棚。 4）建（构）筑物、施工升降机出入口及物料提升机地面进料口，应设置防护棚。 5）防护棚应采用扣件式钢管脚手架或其他型钢材料搭设。 6）防护棚顶层应使用脚手板铺设双层防护。当坠落高度大于20m时，应加设厚度不小于5mm的钢板防护。 7）大型的安全通道、防护棚及悬挑式防护设施必须制定专项施工方案。 8）带电线路附近设置的安全防护棚严禁采用金属材料搭设	1. 检查相关作业的施工方案中关于安全通道的设置设计内容。 2. 检查安全设施投入使用前的验收记录。 3. 现场检查安全通道的设置是否符合规范

第四节　高处作业防护

高处坠落、物体打击是高处作业易发事故，并且后果往往非常严重，因此高处作业防护应当作为电力建设工程安全管理和检查的重点，以确保作业防护符合要求。高处作业防护安全检查重点、要求及方法见表2-6-9。

表2-6-9　高处作业防护安全检查重点、要求及方法

序号	检查重点	标准要求	检查方法
1	高处作业管理要求	**1. 电力行业标准《电力建设安全工作规程　第1部分：火力发电》(DL 5009.1—2014)** **4.10.1**　高处作业应符合下列规定： 1　在编制施工组织设计及施工方案时，应尽量减少高处作业。技术人员编制高处作业的施工方案中应制定安全技术措施。 6　在夜间或光线不足的地方进行高处作业，应设足够的照明。 7　遇6级及以上大风或恶劣天气时，应停止露天高处作业。 11　高处作业人员应佩带工具袋，工具应系安全绳；传递物品时严禁抛掷。 12　高处作业人员不得坐在平台或孔洞的边缘，不得骑坐在栏杆上，不得躺在走道上或安全网内休息，不得站在栏杆外作业或凭借栏杆起吊物件。	1. 现场检查人员防护是否到位，行为是否规范。 2. 检查安全防护设施投入使用前的验收资料。 3. 现场检查环境、设施是否符合高处作业安全要求

续表

序号	检查重点	标准要求	检查方法
1	高处作业管理要求	13　高处作业时，点焊的物件不得移动；切割的工件、边角余料等有可能坠落的物件，应放置在安全处或固定牢固。 14　高处作业区附近有带电体时，传递绳应使用干燥的麻绳或尼龙绳，严禁使用金属线。 15　应根据物体可能坠落的方位设定危险区域，危险区域应设围栏及“严禁靠近”的警示牌，严禁人员逗留或通行。 16　高处作业过程中需要与配合、指挥人员沟通时，应确定联系信号或配备通信装置，专人管理。 17　悬空作业应使用吊篮、单人吊具或搭设操作平台，且应设置独立悬挂的安全绳、使用攀登自锁器，安全绳应拴挂牢固，索具、吊具、操作平台、安全绳应经验收合格后方可使用。 18　上下脚手架应走上下通道或梯子，不得沿脚手杆或栏杆等攀爬。不得任意攀登高层建（构）筑物。 19　高处作业时应及时清除积水、霜、雪、冰，必要时应采取可靠的防滑措施。 20　非有关作业人员不得攀登高处，登高参观人员应有专人陪同，并严格执行有关安全规定。 21　在屋面上作业时，应有防止坠落的可靠措施。 注：在安全带、安全网、孔洞防护等章节中已经明确的要求，不在此再次重复 **2. 建筑行业标准《建筑施工高处作业安全技术规范》（JGJ 80—2016）** **3.0.1**　建筑施工中凡涉及临边与洞口作业、攀登与悬空作业、操作平台、交叉作业及安全网搭设的，应在施工组织设计或施工方案中制定高处作业安全技术措施。 **3.0.2**　高处作业施工前，应按类别对安全防护设施进行检查、验收，验收合格后方可进行作业，并应做验收记录。验收可分层或分阶段进行。 **3.0.3**　高处作业施工前，应对作业人员进行安全技术交底，并应记录。应对初次作业人员进行培训。 **3.0.4**　应根据要求将各类安全警示标志悬挂于施工现场各相应部位，夜间应设红灯警示。高处作业施工前，应检查高处作业的安全标志、工具、仪表、电气设施和设备，确认其完好后，方可进行施工。 **3.0.5**　高处作业人员应根据作业的实际情况配备相应的高处作业安全防护用品，并应按规定正确佩戴和使用相应的安全防护用品、用具。 **3.0.6**　对施工作业现场可能坠落的物料，应及时拆除或采取固定措施。高处作业所用的物料应堆放平稳，不得妨碍通行和装卸。工具应随手放入工具袋；作业中的走道、通道板和登高用具，应随时清理干净；拆卸下的物料及余料和废料应及时清理运走，不得随意放置或向下丢弃。传递物料时不得抛掷。 **3.0.7**　高处作业应按现行国家标准《建设工程施工现场消防安全技术规范》GB 50720 的规定，采取防火措施。 **3.0.8**　在雨、霜、雾、雪等天气进行高处作业时，应采取防滑、防冻和防雷措施，并应及时清除作业面上的水、冰、雪、霜。 当遇有 6 级及以上强风、浓雾、沙尘暴等恶劣气候，不得进行露	

续表

序号	检查重点	标准要求	检查方法
1	高处作业管理要求	天攀登与悬空高处作业。雨雪天气后，应对高处作业安全设施进行检查，当发现有松动、变形、损坏或脱落等现象时，应立即修理完善，维修合格后方可使用。 **3.0.9** 对需临时拆除或变动的安全防护设施，应采取可靠措施，作业后应立即恢复。 **3.0.10** 安全防护设施验收应包括下列主要内容： 1 防护栏杆的设置与搭设； 2 攀登与悬空作业的用具与设施搭设； 3 操作平台及平台防护设施的搭设； 4 防护棚的搭设； 5 安全网的设置； 6 安全防护设施、设备的性能与质量、所用的材料、配件的规格； 7 设施的节点构造，材料配件的规格、材质及其与建筑物的固定、连接状况。 **3.0.11** 安全防护设施验收资料应包括下列主要内容： 1 施工组织设计中的安全技术措施或施工方案； 2 安全防护用品用具、材料和设备产品合格证明； 3 安全防护设施验收记录； 4 预埋件隐蔽验收记录； 5 安全防护设施变更记录。 **3.0.12** 应有专人对各类安全防护设施进行检查和维修保养，发现隐患应及时采取整改措施。 **3.0.13** 安全防护设施宜采用定型化、工具化设施，防护栏应为黑黄或红白相间的条纹标示，盖件应为黄或红色标示	
2	攀登作业安全设施及作业行为	**建筑行业标准《建筑施工高处作业安全技术规范》(JGJ 80—2016)** **5.1.1** 登高作业应借助施工通道、梯子及其他攀登设施和用具。 **5.1.2** 攀登作业设施和用具应牢固可靠；当采用梯子攀爬作用时，踏面荷载不应大于1.1kN；当梯面上有特殊作业时，应按实际情况进行专项设计。 **5.1.3** 同一梯子上不得两人同时作业。在通道处使用梯子作业时，应有专人监护或设置围栏。脚手架操作层上严禁架设梯子作业。 **5.1.4** 便携式梯子宜采用金属材料或木材制作，并应符合现行国家标准《便携式金属梯安全要求》GB 12142 和《便携式木梯安全要求》GB 7059 的规定。 **5.1.5** 使用单梯时梯面应与水平面成75°夹角，踏步不得缺失，梯格间距宜为300mm，不得垫高使用。 **5.1.6** 折梯张开到工作位置的倾角应符合现行国家标准《便携式金属梯安全要求》GB 12142 和《便携式木梯安全要求》GB 7059 的规定，并应有整体的金属撑杆或可靠的锁定装置。 **5.1.7** 固定式直梯应采用金属材料制成，并应符合现行国家标准《固定式钢梯及平台安全要求 第1部分：钢直梯》GB 4053.1 的规定；梯子净宽应为400mm～600mm，固定直梯的支撑应采用不小于∟70×6的角钢，埋设与焊接应牢固。直梯顶端的踏步应与攀登顶面齐平，并应加设1.1m～1.5m高的扶手。 **5.1.8** 使用固定式直梯攀登作业时，当攀登高度超过3m时，宜加设护笼；当攀登高度超过8m时，应设置梯间平台。	现场检查作业防护设施的设置及人员行为是否规范

续表

序号	检查重点	标 准 要 求	检查方法
2	攀登作业安全设施及作业行为	**5.1.9** 钢结构安装时，应使用梯子或其他登高设施攀登作业。坠落高度超过 2m 时，应设置操作平台。 **5.1.10** 当安装屋架时，应在屋脊处设置扶梯。扶梯踏步间距不应大于 400mm。屋架杆件安装时搭设的操作平台，应设置防护栏杆或使用作业人员拴挂安全带的安全绳。 **5.1.11** 深基坑施工应设置扶梯、入坑踏步及专用载人设备或斜道等设施。采用斜道时，应加设间距不大于 400mm 的防滑条等防滑措施。作业人员严禁沿坑壁、支撑或乘运土工具上下	
3	悬空作业安全设施及作业行为	**1. 国家标准《建筑与市政施工现场安全卫生与职业健康通用规范》(GB 55034—2022)** **3.2.4** 严禁在未固定、无防护设施的构件及管道上进行作业或通行。 **2. 电力行业标准《电力建设安全工作规程 第 1 部分：火力发电》(DL 5009.1—2014)** **4.10.1** 高处作业应符合下列规定： 17 悬空作业应使用吊篮、单人吊具或搭设操作平台，且应设置独立悬挂安全绳、使用攀登自锁器，安全绳应拴挂牢固。 **3. 建筑行业标准《建筑施工高处作业安全技术规范》(JGJ 80—2016)** **5.2.1** 悬空作业的立足处的设置应牢固，并应配置登高和防坠落装置和设施。 **5.2.2** 构件吊装和管道安装时的悬空作业应符合下列规定： 1 钢结构吊装，构件宜在地面组装，安全设施应一并设置； 2 吊装钢筋混凝土屋架、梁、柱等大型构件前，应在构件上预先设置登高通道、操作立足点等安全设施； 3 在高空安装大模板、吊装第一块预制构件或单独的大中型预制构件时，应站在作业平台上操作； 4 钢结构安装施工宜在施工层搭设水平通道，水平通道两侧应设置防护栏杆；当利用钢梁作为水平通道时，应在钢梁一侧设置连续的安全绳，安全绳宜采用钢丝绳； 5 钢结构、管道等安装施工的安全防护宜采用工具化、定型化设施。 **5.2.4** 当利用吊车梁等构件作为水平通道时，临空面的一侧应设置连续的栏杆等防护措施。当安全绳为钢索时，钢索的一端应采用花篮螺栓收紧；当安全绳为钢丝绳时，钢丝绳的自然下垂度不应大于绳长的 1/20，并不应大于 100mm。 **5.2.5** 模板支撑体系搭设和拆卸的悬空作业，应符合下列规定： 1 模板支撑的搭设和拆卸应按规定程序进行，不得在上下同一垂直面上同时装拆模板； 2 在坠落基准面 2m 及以上高处搭设与拆除柱模板及悬挑结构的模板时，应设置操作平台； 3 在进行高处拆模作业时应配置登高用具或搭设支架。 **5.2.6** 绑扎钢筋和预应力张拉的悬空作业应符合下列规定： 1 绑扎立柱和墙体钢筋，不得沿钢筋骨架攀登或站在骨架上作业； 2 在坠落基准面 2m 及以上高处绑扎柱钢筋和进行预应力张拉时，应搭设操作平台。	现场检查作业防护设施的设置及人员行为是否规范

续表

序号	检查重点	标 准 要 求	检查方法
3	悬空作业安全设施及作业行为	**5.2.7** 混凝土浇筑与结构施工的悬空作业应符合下列规定： 1 浇筑高度2m及以上的混凝土结构构件时，应设置脚手架或操作平台； 2 悬挑的混凝土梁和檐、外墙和边柱等结构施工时，应搭设脚手架或操作平台。 **5.2.9** 外墙作业时应符合下列规定： 1 门窗作业时，应有防坠落措施，操作人员在无安全防护措施时，不得站立在樘子、阳台栏板上作业； 2 高处作业不得使用座板式单人吊具，不得使用自制吊篮	

第七章

有限空间作业

第一节 有限空间作业概述

一、术语或定义

有限空间是指封闭或部分封闭、进出口受限但人员可以进入，未被设计为固定工作场所，通风不良，易造成有毒有害、易燃易爆物质积聚或氧含量不足的空间。有限空间作业，是指人员进入有限空间实施作业。

之前，在石油化工行业，一般称作“受限空间”［出自《化学品生产单位特殊作业安全规范》（GB 30871）］；在工贸行业，包括煤矿、非煤矿企业等，一般称作“有限空间”［出自《工贸企业有限空间作业安全管理与监督暂行规定》（国家安全生产监督管理总局令第59号）］。国家安全生产应急救援中心2021年5月11日下发《关于印发〈有限空间作业事故安全施救指南〉的通知》（应救协调〔2021〕5号）中“一、适用范围 适用于生产经营单位有限空间（也称受限空间或密闭空间）作业事故的应急准备和救援行动”，将原“受限空间”或“密闭空间”统一称为“有限空间”。

本章引用标准中对“受限空间”的要求全部适用于“有限空间”。

二、主要检查要求综述

在电力建设工程现场（特别是设备检修）中，有限空间作业也比较多，如在炉膛内、烟风道、循环水管道、管道坑、井内部施工及一些容器内安装作业，往往环境空间受限、出入不便，极易发生中毒、缺氧窒息或燃爆等事故，必须要严格加强过程管控，从根本上消除隐患，防止发生意外。

第二节 有限空间作业

有限空间作业安全检查重点、要求及方法见表2－7－1。

表2－7－1　　有限空间作业安全检查重点、要求及方法

序号	检查重点	标准要求	检查方法
1	有限空间辨识、安全技术措施及交底	**1. 电力行业标准《电力建设安全工作规程　第1部分：火力发电》（DL 5009.1—2014）** **4.1.8**　安全技术应符合下列规定：	1. 检查有限空间辨识结果。 2. 检查施工方案中的

续表

序号	检查重点	标 准 要 求	检查方法
1	有限空间辨识、安全技术措施及交底	7 施工前必须进行安全技术交底，交底人和被交底人应签字并保存记录。 **4.10.3** 受限空间作业应符合下列规定： 1 作业前，应对受限空间进行危险和有害因素辨识，制定安全技术措施，措施中应包括紧急情况下的处置方案。 2 受限空间作业应办理施工作业票，严格履行审批手续。 **2.《防止电力建设工程施工安全事故三十项重点要求》(国能发安全〔2022〕55号)** **13.3.3** 进入有限空间作业前，严格实行作业审批制度，并确认相应的防护措施，严禁擅自进入有限空间作业	相关技术措施是否明确。 3. 检查安全技术交底
2	有限空间作业前准备	**电力行业标准《电力建设安全工作规程 第1部分：火力发电》(DL 5009.1—2014)** **4.10.3** 受限空间作业应符合下列规定： 3 进入受限空间前，监护人应会同作业人员检查安全技术措施，统一联系信号。在风险较大的受限空间作业，应增设监护人员，并随时保持与受限空间内作业人员的联络。监护人员不得脱离岗位，并应掌握进入受限空间作业人员的数量和身份，对人员和工器具进行清点。 4 进入受限空间前，应确保其内部无可燃或有毒、有害等可能引起中毒、窒息的气体，符合安全要求方可进入。 5 受限空间与其他系统连通的可能危及安全作业的管道应采取有效隔离措施，不得以关闭阀门代替隔离措施	1. 检查人员、工器具等出入受限空间登记台账，并对应交底记录和作业票记录人员是否一致。 2. 检查监护人是否在岗。 3. 检查喊话记录。 4. 监测气体记录、系统隔离措施落实记录
3	有限空间作业环境	**1. 电力行业标准《电力建设安全工作规程 第1部分：火力发电》(DL 5009.1—2014)** **4.10.3** 受限空间作业应符合下列规定： 6 受限空间内作业时，应有满足安全需要的通风换气、人员逃生、防止火灾和塌方等设施及措施 **2.《防止电力建设工程施工安全事故三十项重点要求》(国能发安全〔2022〕55号)** **13.3.5** 有限空间作业必须严格遵守“先通风、再检测、后作业”的原则。检测指标包括氧气浓度、易燃易爆物质（可燃性气体、爆炸性粉尘）浓度、有毒有害气体浓度，检测必须在作业开始前30分钟内实施。未对存在易燃易爆气体、有毒有害气体的环境进行通风、检测、评估的情况下，严禁组织开展有限空间作业。 **13.4.1** 在有限空间作业过程中，必须对氧气浓度、易燃易爆物质（可燃性气体、爆炸性粉尘）浓度、有毒有害气体浓度等指标进行定时检测或者连续监测；进入自然通风换气效果不良的有限空间，必须采取机械连续通风，严禁使用纯氧通风。作业中断间隔超过30分钟，恢复作业前必须重新通风、检测合格后方可进入	1. 现场检查措施和设施是否符合要求。 2. 检查监测记录
4	有限空间作业防护	**电力行业标准《电力建设安全工作规程 第1部分：火力发电》(DL 5009.1—2014)** **4.10.3** 受限空间作业应符合下列规定： 7 在产生噪声的受限空间作业时，作业人员应佩戴耳塞或耳罩等防噪声护具	1. 检查作业人员安全防护用品发放记录。 2. 现场检查防护用品佩戴和使用情况

续表

序号	检查重点	标准要求	检查方法
5	有限空间用电及照明	**电力行业标准《电力建设安全工作规程 第1部分：火力发电》（DL 5009.1—2014）** **4.10.3** 受限空间作业应符合下列规定： 12 受限空间照明电压应不大于36V，在潮湿、狭小空间内作业电压应不大于12V。严禁用220V的灯具作为行灯使用。 13 严禁将行灯照明的隔离变压器带进受限空间内使用。 14 受限空间内必须使用220V电动工具时，其电源侧必须装设漏电保护器，电源线应使用橡胶软电缆，穿过墙洞、管口处加设绝缘保护。所有电气设备应在受限空间出入口便于操作处设置开关，专人管理	现场查看施工用电设施情况是否符合规定要求，检查漏电保护开关是否灵敏可靠，检查绝缘情况等
6	有限空间作业监护要求	**电力行业标准《电力建设安全工作规程 第1部分：火力发电》（DL 5009.1—2014）** **4.10.3** 受限空间作业应符合下列规定： 9 受限空间出入口应保持畅通，设专人看护，严禁无关人员进入	现场查看，监护人是否到位，检查监护人的记录、资料
7	有限空间作业其他要求	**1. 电力行业标准《电力建设安全工作规程 第1部分：火力发电》（DL 5009.1—2014）** **4.10.3** 受限空间作业应符合下列规定： 8 作业时应在受限空间外设置安全警示标志。 10 作业人员不得携带与作业无关的物品进入受限空间，作业中不得抛掷材料、工器具等物品，多工种、多层交叉作业应采取避免人员互相伤害的措施。 11 难度大、劳动强度大、时间长的受限空间作业应轮换作业。 15 在受限空间进行动火作业应办理动火作业票，在金属容器内不得同时进行电焊、气焊或气割工作。 16 氧气、乙炔等压力气瓶不得放置在受限空间内，火焰切割作业时宜先在受限空间外部点燃。 **2.《防止电力建设工程施工安全事故三十项重点要求》（国能发安全〔2022〕55号）** **13.4.4** 有限空间作业中发生事故后，现场有关人员必须立即报警，严禁盲目施救。应急救援人员实施救援时，必须做好自身防护，佩戴适用的呼吸器具、救援器材等	现场查看警示标志设置；动火作业票的办理与执行；人员清点记录等
8	有限空间作业结束清理封闭作业场所要求	**电力行业标准《电力建设安全工作规程 第1部分：火力发电》（DL 5009.1—2014）** **4.10.3** 受限空间作业应符合下列规定： 17 作业人员离开受限空间作业点时，应将所有作业工器具带出。作业后应清点作业人员和作业工器具。 18 每次作业结束后应对受限空间内部进行检查，确认无人员滞留和遗留物方可封闭	现场查看，检查过程形成的记录、资料

第八章

焊　接　作　业

第一节　焊接作业概述

一、术语或定义

（1）焊接：是一种以加热、高温或者高压的方式接合金属或其他热塑性材料（如塑料）的制造工艺及技术。

（2）焊接作业：在工程建设中，焊接作业泛指将两工件通过焊接的工艺方法连接在一起的焊前准备、焊接过程及焊接接头的后续处理等全部施工操作。通常可分为电焊作业、气焊气割作业和热处理作业。

二、主要检查要求综述

焊接作业安全检查主要是对焊接作业中的人员、工机具和作业环境进行检查，确认这些要素是否符合相关标准、规程、规范和规定的要求，避免触电、灼伤、火灾、爆炸和切割物坠落等事故的发生。

第二节　焊接作业通用规定

焊接作业通用安全检查重点、要求及方法见表 2－8－1。

表 2－8－1　　焊接作业通用安全检查重点、要求及方法

序号	检查重点	标　准　要　求	检查方法
1	焊接、切割作业人员资格要求	**1. 电力行业标准《电力建设安全工作规程　第 1 部分：火力发电》（DL 5009.1—2014）** **4.13.1**　通用规定： 1　从事焊接、切割与热处理的人员应经专业安全技术教育培训、考试合格、取得资格证。 **2. 电力行业标准《火力发电厂焊接热处理技术规程》（DL/T 819—2019）** **4.1.1**　焊接热处理人员应经过专门的培训，取得证书。未取得证书的人员只能从事焊接热处理的辅助工作。 **3. 电力行业标准《火力发电厂焊接技术规程》（DL/T 869—2021）** **4.2.2.5**　焊接热处理人员应具备下列条件：	1. 查看应急管理部门颁发的“焊接与热切割作业特种作业操作证”；应急管理部特种作业证查询网址 https：//cx.mem.gov.cn，有效期为 6 年，每 3 年一复审。 2. 查看“电力行业焊接热处理操作人员证书”（由“中国电机工程学会焊接专业委员会”

续表

序号	检查重点	标 准 要 求	检查方法
1	焊接、切割作业人员资格要求	a）焊接热处理操作人员应具备初中及以上文化程度，经专门培训考核并取得证书。 b）焊接热处理技术人员应具备中专及以上文化程度，经专门培训考核并取得证书。 **4. 电力行业标准《水电水利工程施工通用安全技术规程》（DL/T 5370—2017）** **9.1.3** 凡从事焊接与切割的工作人员，应熟知本标准及有关安全知识，并经过专业培训考核取得操作证，持证上岗，按规定穿戴劳动保护用品。 **5. 建筑行业标准《建筑施工安全检查标准》（JGJ 59—2011）** **3.1.4** 安全管理一般项目的检查评定应符合下列规定： 2 持证上岗 1）从事建筑施工的项目经理、专职安全员和特种作业人员，必须经行业主管部门培训考核合格，取得相应资格证书，方可上岗作业。 2）项目经理、专职安全员和特种作业人员应持证上岗。 **6. 城市建设行业标准《市政工程施工安全检查标准》（CJJ/T 275—2018）** **3.1.2** 安全管理保证项目的检查评定应符合下列规定： 3 人员配备应符合下列规定： 5）特种作业人员应取得特种作业操作证。 **7. 水利行业标准《水利水电工程施工通用安全技术规程》（SL 398—2007）** **9.1.2** 凡从事焊接与气割的工作人员，应熟知本标准及有关安全知识，并经过专业考核取得操作证，持证上岗	“国家电网公司”“电力行业锅炉压力容器安全监督管理委员会”颁发）
2	焊接作业人员职业病检查	**电力行业标准《电力建设安全工作规程 第1部分：火力发电》（DL 5009.1—2014）** **4.13.1** 通用规定： 2 从事焊接、热处理操作的人员，每年应进行一次职业病检查	检查焊接、热处理人员年度体检报告
3	焊接作业人员防护	**1. 国家标准《焊接与切割安全》（GB 9448—1999）** **4.2.1** 眼睛及面部防护 作业人员在观察电弧时，必须使用带有滤光镜的头罩或手持面罩，或佩戴安全镜、护目镜或其他合适的眼镜。辅助人员亦应佩戴类似的眼保护装置。 面罩及护目镜必须符合GB/T 3609.1的要求。 对于大面积观察（诸如培训、展示、演示及一些自动焊操作），可以使用一个大面积的滤光窗、幕而不必使用单个的面罩、手提罩或护目镜。窗或幕材料必须对观察者提供安全的保护效果、使其免受弧光、碎渣飞溅的伤害。 **4.2.2** 身体防护 **4.2.2.1** 防护服 防护服应根据具体的焊接和切割操作特点选择。防护服必须符合GB 8965.2的要求，并可以提供足够的保护面积。 **4.2.2.2** 手套 所有焊工和切割工必须佩戴耐火的防护手套。 **4.2.2.3** 围裙	现场检查焊接防护服、防护眼镜、手套、焊工安全绝缘鞋等专用防护用品的配备使用情况

续表

序号	检查重点	标 准 要 求	检查方法
3	焊接作业人员防护	当身体前部需要对火花和辐射做附加保护时，必须使用经久耐火的皮制或其他材质的围裙。 **4.2.2.4** 护腿 需要对腿做附加保护时，必须使用耐火的护腿或其他等效的用具。 **4.2.2.5** 披肩、斗篷及套袖 在进行仰焊、切割或其他操作过程中，必要时必须佩戴皮制或其他耐火材质的套袖或披肩罩，也可以在头罩下佩戴耐火质地的斗篷以防头部灼伤。 **4.2.2.6** 其他防护 当噪声无法控制在 GBJ 87 规定的允许声级范围内时，必须采用保护装置（诸如耳套、耳塞或用其他适当的方式保护）。 **4.3** 呼吸保护设备 利用通风手段无法将作业区域内的空气污染降至允许限值或这类控制手段无法实施时，必须使用呼吸保护装置，如：长管面具、防毒面具等。 **2. 国家标准《建设工程施工现场供用电安全规范》（GB 50194—2014）** **9.4.9** 使用电焊机焊接时应穿戴防护用品。不得冒雨从事电焊作业。 **3. 国家标准《防护服装 阻燃防护　第 2 部分：焊接服》（GB 8965.2—2009）** **5.3** 结构设计 **5.3.3** 防护服的设计及连接部位应能保证方便和快速的去除。 **5.3.4** 上衣长度应盖住裤子上端 20cm 以上，袖口、脚口、领子应用可调松紧结构，尽可能不设外衣袋。明衣袋应带袋盖，袋盖长应超过袋盖口 2cm，上衣门襟以右压左为宜，裤子两侧口袋不得用斜插袋，避免明省、活褶向上倒，衣物外部接缝的折叠部位向下，以免集存飞溅熔融金属或火花。 **5.3.6** 防护服所必需的袋、闭合件等，应采用阻燃材料，外露的金属件应用阻燃材料完全遮盖，以免黏附熔融飞溅的金属。 **5.3.7** 防护服应为“三紧式”，与配用的防护用品接合部位，尤其是领口、袖口处应严格闭合，与配用的其他防护用品紧密配合，防止飞溅的熔融金属或火花从接合部位进入。 **4. 国家标准《建筑与市政施工现场安全卫生与职业健康通用规范》（GB 55034—2022）** **6.0.4** 电焊工、气割工配备劳动防护用品应符合下列规定： 1 电焊工、气割工应配备阻燃防护服、绝缘鞋、鞋盖、电焊手套和焊接防护面罩；高处作业时，应配备安全帽与面罩连接式焊接防护面罩和阻燃安全带； 2 进行清除焊渣作业时，应配备防护眼镜； 3 进行磨削钨极作业时，应配备手套、防尘口罩和防护眼镜； 4 进行酸碱等腐蚀性作业时，应配备防腐蚀性工作服、耐酸碱胶鞋、耐酸碱手套、防护口罩和防护眼镜； 5 在密闭环境或通风不良的情况下，应配备送风式防护面罩。 **5. 电力行业标准《火力发电厂焊接热处理技术规程》（DL/T 819—2019）**	

续表

序号	检查重点	标 准 要 求	检查方法
3	焊接作业人员防护	**4.4.1** 焊接热处理作业中除应符合相关的安全作业要求之外，还应符合下列要求： a）焊接热处理人员穿戴必要的劳动防护用品，并防止烫伤。 **6. 电力行业标准《电力建设安全工作规程 第1部分：火力发电》（DL 5009.1—2014）** **4.13.1** 通用规定 3 焊接、切割与热处理作业人员应穿戴符合专用防护要求的劳动防护用品。 **7. 电力行业标准《水电水利工程施工安全防护设施技术规范》（DL 5162—2013）** **3.1.2** 进入施工现场的工作人员，必须按规定佩戴安全帽和使用其他相应的个体防护用品。防护用品应符合 GB/T 11651 的有关规定。 **8. 电力行业标准《水电水利工程施工通用安全技术规程》（DL/T 5370—2017）** **9.1.3** 凡从事焊接与切割的工作人员，应熟知本标准及有关安全知识，并经过专业培训考核取得操作证，持证上岗，按规定穿戴劳动保护用品。 **9.2.2** 从事焊条电弧焊、气体保护焊、手工钨极氩弧焊、碳弧气刨、等离子切割作业人员或观察电弧时，应配备个人劳动防护用品。面罩和护目镜应符合《职业眼面防护 焊接防护 第1部分：焊接防护具》GB/T 3609.1、《焊接防护鞋》LD 4 的规定。 **9. 水利行业标准《水利水电工程施工通用安全技术规程》（SL 398—2007）** **9.1.3** 从事焊接与气割的工作人员应严格遵守各项规章制度，作业时不应擅离职守，进入岗位应按规定穿戴劳动防护用品	
4	焊接作业消防措施	**1. 国家标准《焊接与切割安全》（GB 9448—1999）** **6.1** 防火职责 必须明确焊接操作人员、监督人员及管理人员的防火职责，并建立切实可行的安全防火管理制度。 **6.2** 指定的操作区域 焊接及切割应在为减少火灾隐患而设计、建造（或特殊指定）的区域内进行，因特殊原因需要在非指定的区域内进行焊接或切割操作时，必须经检查、核准。 **6.3** 放有易燃物区域的热作业条件 焊接或切割作业只能在无火灾隐患的条件下实施。 **6.3.1** 转移工件 有条件时，首先要将工件移至指定的安全区域进行焊接。 **6.3.2** 转移火源 工件不可移时，应将火灾隐患周围所有可移动物移至安全位置。 **6.3.3** 工件及火源无法转移 工件及火源在无法转移时，要采取措施限制火源以免发生火灾。如： a）易燃地板要清扫干净，并以洒水、铺盖湿沙、金属薄板或类似物品的方法加以保护。 b）地板上的所有开口或裂缝应覆盖或封好，或者采取其他措施以防地板下面的易燃物与可能由开口处落下的火花接触。对墙壁上的裂缝或开口、敞开或损坏的门、窗也要采取类似的措施。	1. 检查消防管理制度。 2. 检查焊接及切割区域消防设施和所采取的消防措施。 3. 检查焊接及切割区域火灾警戒人员的配备。 4. 抽查焊工对消防设施使用技能的掌握情况

续表

序号	检查重点	标准要求	检查方法
4	焊接作业消防措施	**6.4.1** 灭火器及喷水器 在进行焊接及切割操作的地方必须配置足够的灭火设备。其配置取决于现场易燃物品的性质和数量，可以是水池、沙箱、水龙带、消防栓或手提灭火器。在有喷水器的地方，在焊接或切割过程中，喷水器必须处于可使用状态。如果焊接地点距自动喷水头很近，可根据需要用不可燃物的薄材或潮湿的棉布将喷头临时遮蔽。而且这种临时遮蔽要便于迅速拆除。 **6.4.2** 火灾警戒人员的设置 在下列焊接或切割的作业点及可能引发火灾的地点，应设置火灾警戒人员： a）靠近易燃物之处 建筑结构或材料中的易燃物距作业点10m以内。 b）开口 在墙壁或地板有开口的10m半径范围内（包括墙壁或地板内的隐蔽空间）放有外露的易燃物。 c）金属墙壁 靠近金属间壁、墙壁、天花板、屋顶等处另一侧易受传热或辐射而引燃的易燃物。 **6.4.3** 火灾警戒职责 火灾警戒人员必须经必要的消防训练，并熟知消防紧急处理程序。 火灾警戒人员的职责是监视作业区域内火灾情况；在焊接或切割完成后检查并消灭可能存在的残火。 火灾警戒人员可以同时承担其他职责，但不得对其火灾警戒任务有干扰。 **6.5** 装有易燃物容器的焊接与切割 当焊接或切割装有易燃物的容器时，必须采取特殊的安全措施并经严格检查批准方可作业，否则严禁开始工作。 **2. 电力行业标准《电力建设安全工作规程 第1部分：火力发电》（DL 5009.1—2014）** **4.13.1** 通用规定 5 进行焊接、切割与热处理作业时，应有防止触电、火灾、爆炸和切割物坠落的措施。 **3. 电力行业标准《水电水利工程施工通用安全技术规程》（DL/T 5370—2017）** **4.1.16** 施工区应按消防标准的规定设置消防池、消防栓等设施，配备消防器材，并保持消防通道畅通。 **9.1.4** 焊接和气割的场所，应设有消防设施，并应保证其处于完好状态。焊工应熟练掌握其使用方法，能够准确使用。 **4. 水利行业标准《水利水电工程施工通用安全技术规程》（SL 398—2007）** **9.1.4** 焊接和气割的场所，应设有消防设施，并保证其处于完好状态。焊工应熟练掌握其使用方法，能够正确使用	
5	焊接作业场所警告标志	**1. 国家标准《焊接与切割安全》（GB 9448—1999）** 9 警告标志 在焊接及切割作业所产生的烟尘、气体、弧光、火花、电击、热、辐射及噪声可能导致危害的地方，应通过使用适当的警告标志使人们对这些危害有清楚的了解。 **2. 电力行业标准《电力建设安全工作规程 第1部分：火力发电》（DL 5009.1—2014）** **4.13.4** 热处理应符合下列规定： 2 管道热处理场所应设围栏并挂警示牌	现场查看

第三节 电焊及电弧切割作业

电焊及电弧切割作业安全检查重点、要求及方法见表2-8-2。

表2-8-2 电焊及电弧切割作业安全检查重点、要求及方法

序号	检查重点	标准要求	检查方法
1	电焊及电弧切割作业设备布置及环境条件	**1. 国家标准《焊接与切割安全》(GB 9448—1999)** **11.2.1** 设备的工作环境与其技术说明书规定相符，安放在通风、干燥、无碰撞或无剧烈震动、无高温、无易燃品存在的地方。 **11.2.2** 在特殊环境条件下（如：室外的雨雪中；温度、湿度、气压超出正常范围或具有腐蚀、爆炸危险的环境），必须对设备采取特殊的防护措施以保证其正常的工作性能。 **11.2.3** 当特殊工艺需要高于规定的空载电压值时，必须对设备提供相应的绝缘方法（如：采用空载自动断电保护装置）或其他措施。 **11.2.4** 弧焊设备外露的带电部分必须设置完好的保护，以防人员或金属物体（如：货车、起重机吊钩等）与之相接触。 **11.6.1.2** 露天设备 为了防止恶劣气候的影响，露天使用的焊接设备应予以保护。保护罩不得妨碍其散热通风。 **2. 国家标准《建设工程施工现场供用电安全规范》(GB 50194—2014)** **9.4.1** 电焊机应放置在防雨、干燥和通风良好的地方。焊接现场不得有易燃、易爆物品。 **3. 电力行业标准《电力建设安全工作规程 第1部分：火力发电》(DL 5009.1—2014)** **4.13.2** 电焊应符合下列规定： 1 施工现场的电焊机宜采用集装箱形式统一布置，保持通风良好。电焊机及其接线端子均应有相应的标牌及编号。 2 露天装设的电焊机应设置在干燥的场所并应有防护棚遮蔽，装设地点距易燃易爆物品应满足安全距离的要求。 **4. 电力行业标准《水电水利工程施工通用安全技术规程》(DL/T 5370—2017)** **4.1.14** 施工现场机电设备应绝缘可靠，线路敷设整齐，按规范设置接地线。配电箱应设漏电保护装置。 **5. 建筑行业标准《建筑施工安全检查标准》(JGJ 59—2011)** **3.19.3** 施工机具的检查评定应符合下列规定： 5 电焊机 1）电焊机安装完毕应按规定履行验收程序，并应经责任人签字确认； 6）电焊机应设置防雨罩，接线柱应设置防护装置。 **6. 水利行业标准《水利水电工程施工通用安全技术规程》(SL 398—2007)** **9.2.2** 焊接设备 3 焊接设备应设置在固定或移动式的工作台上，电弧焊机的金属机壳应有可靠的独立的保护接地或保护接零装置。焊机的结构应牢固和便于维修，各个接线点和连接件应连接牢靠且接触良好，不应出现松动或松脱现象。	现场查看。焊接设备现场集中布置正确方式如图2-8-1所示

续表

序号	检查重点	标　准　要　求	检查方法
1	电焊及电弧切割作业设备布置及环境条件	4　电弧焊机所有带电的外露部分应有完好的隔离防护装置。焊机的接线桩、极板和接线端应有防护罩。 7　露天工作的焊机应设置在干燥和通风的场所，其下方应防潮且高于周围地面，上方应设棚遮盖和有防砸措施	
2	电焊及电弧切割作业设备供用电要求	**1. 国家标准《焊接与切割安全》（GB 9448—1999）** **11.3**　接地 焊机必须以正确的方法接地（或接零）。接地（或接零）装置必须连接良好，永久性的接地（或接零）应做定期检查。 禁止使用氧气、乙炔等易燃易爆气体管道作为接地装置。 在有接地（或接零）装置的焊件上进行弧焊操作，或焊接与大地密切连接的焊件（如：管道、房屋的金属支架等）时，应特别注意避免焊机和工件的双重接地。 **11.4.1**　构成焊接回路的焊接电缆必须适合于焊接的实际操作条件。 **11.4.2**　构成焊接回路的电缆外皮必须完整、绝缘良好（绝缘电阻大于 1MΩ）。用于高频、高压振荡器设备的电缆，必须具有相应的绝缘性能。 **11.4.3**　焊机的电缆应使用整根导线，尽量不带连接接头。需要接长导线时，接头处要连接牢固、绝缘良好。 **11.4.4**　构成焊接回路的电缆禁止搭在气瓶等易燃品上，禁止与油脂等易燃物质接触。在经过通道、马路时，必须采取保护措施（如：使用保护套）。 **11.4.5**　能导电的物体（如：管道、轨道、金属支架、暖气设备等）不得用作焊接回路的永久部分。但在建造、延长或维修时可以考虑作为临时使用，其前提是必须经检查确认所有接头处的电气连接良好，任何部位不会出现火花或过热。此外，必须采取特殊措施以防事故的发生。锁链、钢丝绳、起重机、卷扬机或升降机不得用来传输焊接电流。 **11.6.3**　焊接电缆 焊接电缆必须经常进行检查。损坏的电缆必须及时更换或修复。更换或修复后的电缆必须具备合适的强度、绝缘性能、导电性能和密封性能。电缆的长度可根据实际需要连接。其连接方法必须具备合适的绝缘性能。 **2. 国家标准《建设工程施工现场供用电安全规范》（GB 50194—2014）** **9.4.2**　电焊机的外壳应可靠接地，不得串联接地。 **9.4.4**　电焊机的电源开关应单独设置。发电机式直流电焊机械的电源应采用启动器控制。 **9.4.5**　电焊把钳绝缘应良好。 **9.4.6**　施工现场使用交流电焊机时宜装配防触电保护器。 **9.4.7**　电焊机一次侧的电源电缆应绝缘良好，其长度不宜大于 5m。 **9.4.8**　电焊机的二次线应采用橡皮绝缘橡皮护套铜芯软电缆，电缆长度不宜大于 30m，不得采用金属构件或结构钢筋代替二次线的地线。	1. 现场查看及测量。设备接地方法检查参见图 2-8-2、图 2-8-3。 2. 查看接地电阻测量记录

续表

序号	检查重点	标　准　要　求	检查方法
2	电焊及电弧切割作业设备供用电要求	**3. 电力行业标准《电力建设安全工作规程　第1部分：火力发电》(DL 5009.1—2014)** **4.13.2**　电焊应符合下列规定： 3　严禁电焊机导电体外露。 4　电焊机一次侧电源线应绝缘良好，长度一般不得超过5m。电焊机二次线应采用防水橡皮护套铜芯软电缆，电缆长度不应大于30m，不得有接头，绝缘良好；不得采用铝芯导线。 5　电焊机必须装设独立的电源控制装置，其容量应满足要求，宜具备在停止施焊时将二次电压转化为安全电压的功能。 6　电焊机的外壳必须可靠接地，接地电阻不得大于4Ω。严禁多台电焊机串联接地。 7　电焊工作台应可靠接地。 9　电焊设备应经常维修、保养。使用前应进行检查，确认无异常后方可合闸。 10　长期停用的电焊机使用前必须测试其绝缘电阻，电阻值不得低于0.5MΩ，接线部分不得有腐蚀和受潮现象。 11　焊钳及二次线的绝缘必须良好，导线截面应与工作参数相适应。焊钳手柄应有良好的隔热性能。 12　严禁将电焊导线靠近热源、接触钢丝绳、转动机械，或搭设在氧气瓶、乙炔瓶及易燃易爆物品上。 13　严禁用电缆保护管、轨道、管道、结构钢筋或其他金属构件等代替二次线的地线。 14　电焊机二次线应布设整齐、固定牢固。电焊机及其二次线集中布置且与作业点距离较远时，宜使用专用插座。电焊导线通过道路时，必须将其高架敷设或加保护管地下敷设；通过铁道时，应从轨道下方加保护套管穿过。 15　拆、装电焊机一、二次侧接线、转移作业地点、发生故障或电焊工离开作业场所时，应切断电源。 **4. 电力行业标准《水电水利工程施工通用安全技术规程》(DL/T 5370—2017)** **5.2.5**　施工现场用电的接地与接零应符合以下要求： 1　保护零线除应在配电室或总配电箱处作重复接地外，还应在配电线路的中间处和末端处作重复接地。保护零线每一重复接地装置的接地电阻值应不大于10Ω。 2　每一接地装置的接地线应采用2根以上导体，在不同点与接地装置作电气连接，不得用铝导体作接地体或地下接地线，垂直接地体宜采用角钢、钢管或圆钢，不宜采用螺纹钢材。 3　机电设备应采用专用芯线作保护接零，专用芯线不得通过工作电流。 6　施工现场所有用电设备，除作保护接零外，应在设备负荷线的首端处设置有可靠的电气连接。 **9.1.17**　不得通过使用管道、设备、容器、钢轨、脚手架、钢丝绳等作为接地线。 **5. 电力行业标准《水电水利工程施工安全防护设施技术规范》(DL 5162—2013)** **8.2.5**　钢筋绑扎焊接施工中，电焊机应接地可靠，电缆绝缘良好并装有漏电保护器。	

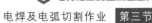

续表

序号	检查重点	标 准 要 求	检查方法
2	电焊及电弧切割作业设备供用电要求	**6. 建筑行业标准《建筑施工安全检查标准》(JGJ 59—2011)** **3.19.3** 施工机具的检查评定应符合下列规定： 5 电焊机 2）保护零线应单独设置，并应安装漏电保护装置； 3）电焊机应设置二次空载降压保护装置； 4）电焊机一次线长度不得超过5m，并应穿管保护； 5）二次线应采用防水橡皮护套铜芯软电缆； **7. 水利行业标准《水利水电工程施工通用安全技术规程》(SL 398—2007)** **9.1.18** 工作结束后应拉下焊机闸刀，切断电源。 **9.1.20** 禁止通过使用管道、设备、容器、钢轨、脚手架、钢丝绳等作为临时接地线（接零线）的通路。 **9.2.2** 焊接设备 1 电弧焊电源应有独立而容量足够的安全控制系统，如熔断器或自动断电装置、漏电保护装置等。控制装置应能可靠地切断设备最大额定电流。 2 电弧焊电源熔断器应单独设置，严禁两台或以上的电焊机共用一组熔断器，熔断丝应根据焊机工作的最大电流来选定，严禁使用其他金属丝代替。 5 电焊把线应采用绝缘良好的橡皮软导线，其长度不应超过50m。 6 焊接设备使用的空气开关、磁力启动器及熔断器等电气元件应装在木制开关板或绝缘性能良好的操作台上，严禁直接装在金属板上	
3	电焊及电弧切割作业条件检查	**1. 国家标准《建筑防火通用规范》(GB 55037—2022)** **11.0.4** 扩建、改建建筑施工时，施工区域应停止建筑正常使用。非施工区域如继续正常使用，应符合下列规定： 3 焊接、切割、烘烤或加热等动火作业前和作业后，应清理作业现场的可燃物，作业现场及其下方或附近不能移走的可燃物应采取防火措施。 **2. 国家标准《焊接与切割安全》(GB 9448—1999)** **11.1.2** 操作者 被指定操作弧焊与切割设备的人员必须在这些设备的维护及操作方面经适宜的培训及考核，其工作能力应得到必要的认可。 **11.1.3** 操作程序 每台（套）弧焊设备的操作程序应完备。 **11.5.2** 连线的检查 完成焊机的连线之后，在开始操作设备之前必须检查一下每个安装的接头以确认其连接良好。其内容包括： ——线路连接正确合理，接地必须符合规定要求； ——磁性工件夹爪在其接触面上不得有附着的金属颗粒及飞溅物； ——盘卷的焊接电缆在使用之前应展开以免过热及绝缘损坏； ——需要交替使用不同长度电缆时应配备绝缘接头，以确保不需要时无用的长度可以被断开。 **11.5.3** 泄漏	1. 现场查看。 2. 米尺测量。 3. 现场抽查焊接及切割操作人员相关知识掌握情况。 4. 检查现场设备操作程序情况

续表

序号	检查重点	标 准 要 求	检查方法
3	电焊及电弧切割作业条件检查	不得有影响焊工安全的任何冷却水、保护气或机油的泄漏。 **12.1.2** 操作者 被指定操作电阻焊设备的人员必须在相关设备的维护及操作方面经适宜的培训及考核。其工作能力应得到必要的认可。 **12.1.3** 操作程序 每台（套）电阻焊设备的操作程序应完备。 **12.3.1** 启动控制装置 所有电阻焊设备上的启动控制装置（诸如：按钮、脚踏开关、回缩弹簧及手提枪体上的双道开关等）必须妥善安置或保护，以免误启动。 **12.3.2.1** 有关部件 所有与电阻焊设备有关的链、齿轮、操作连杆及皮带都必须按规定要求妥善保护。 **12.3.2.2** 单点及多点焊机 在单点或多点焊机操作过程中，当操作者的手要经过操作区域而可能受到伤害时，必须有效地采用下述某种措施进行保护。这些措施包括（但不局限于）： a）机械保护式挡板、挡块； b）双手控制方法； c）弹键； d）限位传感装置； e）任何当操作者的手处于操作点下面时防止压头动作的类似装置或机构。 **12.4.3.1** 拉门 电阻焊机的所有拉门、检修面板及靠近地面的控制面板必须保持锁定或联锁状态，以防止无关人员接近设备的带电部分。 **12.4.3.2** 远距离设置的控制面板 置于高台或单独房间内的控制面板必须锁定、联锁住或者是用挡板保护并予以标明。当设备停止使用时，面板应关闭。 **12.4.4** 火花保护 必须提供合适的保护措施防止飞溅的火花产生危险，如：安装屏板、佩戴防护眼镜。由于电阻焊操作不同，每种方法必须单独考虑。 **12.4.5** 急停按钮 在具备以下特点的电阻焊设备上，应考虑设置一个或多个安全急停按钮： a）需要 3s 或 3s 以上时间完成一个停止动作。 b）撤除保护时，具有危险的机械动作。 急停按钮的安装和使用不得对人员产生附加的危害。 **3. 电力行业标准《电力建设安全工作规程 第 1 部分：火力发电》(DL 5009.1—2014)** **4.13.1** 通用规定 4 焊接、切割和热处理作业场所应有良好的照明，标准照度值可参照《建筑照明设计标准》GB 50034 规定；焊接、切割场所在有害气体、粉尘、烟雾不能有效排出时，应采取强排措施；在周围有其他人员进行作业时应采取遮光措施。 6 在焊接、切割的地点周围 10m 的范围内，应清除易燃、易爆物品，确实无法清除时，必须采取可靠的隔离或防护措施。	

续表

序号	检查重点	标 准 要 求	检查方法
3	电焊及电弧切割作业条件检查	7 装过挥发性油剂及其他易燃物质的容器和管道未彻底清理干净前，严禁用电焊或火焊进行焊接或切割。 14 不宜在雨、雪及大风天气进行露天焊接或切割作业。确实需要时，应采取遮蔽雨雪、防止触电和防止火花飞溅的措施。 **4. 电力行业标准《水电水利工程施工通用安全技术规程》(DL/T 5370—2017)** **9.1.5** 凡有液体压力、气体压力及带电的设备和容器、管道，无可靠安全保障措施禁止焊割。 **9.1.6** 对储存过易燃、易爆及有毒容器、管道进行焊接与切割时，要将易燃、易爆物和有毒气体放尽，用水冲洗干净，打开全部管道窗、孔，保持良好通风，方可进行焊接和切割，容器外要有专人监护，定时轮换休息。密封的容器、管道不准焊割。 **9.1.7** 不得在油漆未干的结构和其他物体上进行焊接和切割。不得在混凝土地面上直接进行切割。 **9.1.8** 不得在储存易燃易爆的液体、气体、车辆、容器等库区内从事焊接作业。 **9.1.9** 在距焊接作业点火源10m以内，在高处作业下方和火星所涉及范围内，应彻底清除有机灰尘、木材木屑、棉纱棉布、汽油、油漆等易燃物品。如有不能撤离的易燃物品，应采取可靠的安全措施隔绝火星与易燃物接触。对填有可燃物的隔层，在未拆除前不得施焊。 **9.1.10** 在金属容器内进行工作时应有专人监护，保证容器内通风良好，并设置防尘设施。 **9.1.14** 焊接和气割的工作场所光线应保持充足，且应符合相应用电安全规定。 **9.1.18** 高空焊割作业时，还应遵守下列规定： 3 露天下雪、下雨或风力超过5级时不得进行高处焊接作业。 **9.2.3** 在深基坑、盲洞内进行焊接作业前，应检查坑、洞内有无有害或可燃气体，并应设通风设施。 **5. 水利行业标准《水利水电工程施工通用安全技术规程》(SL 398—2007)** **9.1.5** 凡有液体压力、气体压力及带电的设备和容器、管道，无可靠安全保障措施禁止焊割。 **9.1.9** 在距焊接作业点火源10m以内，在高空作业下方和火星所涉及范围内，应彻底清除有机灰尘、木材木屑、棉纱棉布、汽油、油漆等易燃物品。如有不能撤离的易燃物品，应采取可靠的安全措施隔绝火星与易燃物接触。对填有可燃物的隔层，在未拆除前不应施焊。 **9.1.15** 焊接和气割的工作场所光线应保持充足。工作行灯电压不应超过36V，在金属容器或潮湿地点工作行灯电压不应超过12V。 **9.1.16** 风力超过5级时禁止在露天进行焊接或气割。风力5级以下、3级以上时应搭设挡风屏，以防止火星飞溅引起火灾。 **9.1.17** 离地面1.5m以上进行工作应设置脚手架或专用作业平台，并应设有1m高防护栏杆，脚下所用垫物要牢固可靠。 **9.1.21** 高空焊割作业时，还应遵守下列规定： 1 高空焊割作业须设监护人，焊接电源开关应设在监护人近旁。	

续表

序号	检查重点	标 准 要 求	检查方法
3	电焊及电弧切割作业条件检查	2 焊割作业坠落点场面上，至少10m以内不应存放可燃或易燃易爆品。 **9.2.1** 焊接场地 1 焊接与气割场地应通风良好（包括自然通风或机械通风），应采取措施避免作业人员直接呼吸到焊接操作所产生的烟气流。 2 焊接或气割场地应无火灾隐患。若需在禁火区内焊接、气割时，应办理动火审批手续，并落实安全措施后方可进行作业。 3 在室内或露天场地进行焊接及碳弧气刨工作，必要时应在周围设挡光屏，防止弧光伤眼。 4 焊接场所应经常清扫，焊条和焊条头不应到处乱扔，应设置焊条保温筒和焊条头回收箱，焊把线应收放整齐	
4	电焊及电弧切割作业检查	**1. 国家标准《焊接与切割安全》(GB 9448—1999)** **11.5.4** 工作中止 当焊接工作中止时（如：工间休息），必须关闭设备或焊机的输出端或者切断电源。 **11.5.5** 移动焊机 需要移动焊机时，必须先切断其输入端的电源。 **11.5.6** 不使用的设备 金属焊条和碳极在不用时必须从焊钳上取下以消除人员或导电物体的触电危险。焊钳在不使用时必须置于与人员、导电体、易燃物体或压缩空气瓶接触不到的地方。半自动焊机的焊枪在不使用时亦必须妥善放置以免使枪体开关意外启动。 **11.5.7** 电击 在有电气危险的条件下进行电弧焊接或切割时，操作人员必须注意遵守下边原则： **11.5.7.1** 带电金属部件 禁止焊条或焊钳上带电金属部件与身体相接触。 **11.5.7.2** 绝缘 焊工必须用干燥的绝缘材料保护自己免除与工件或地面可能产生的电接触。在坐位或俯位工作时，必须采用绝缘方法防止与导电体的大面积接触。 **11.5.7.3** 手套 要求使用状态良好的、足够干燥的手套。 **11.5.7.4** 焊钳和焊枪 焊钳必须具备良好的绝缘性能和隔热性能，并且维修正常。 如果枪体漏水或渗水会严重威胁焊工安全时，禁止使用水冷式焊枪。 **11.5.7.5** 水浸 焊钳不得在水中浸透冷却。 **11.5.7.6** 更换电极 更换电极或喷嘴时，必须关闭焊机的输出端。 **11.5.7.7** 其他禁止的行为 焊工不得将焊接电缆缠绕在身上。 **2. 电力行业标准《电力建设安全工作规程 第1部分：火力发电》(DL 5009.1—2014)** **4.13.1** 通用规定	1. 现场查看。 2. 检查含氢系统充氢后焊接、切割等明火作业时的含氢量测定记录

续表

序号	检查重点	标准要求	检查方法
4	电焊及电弧切割作业检查	5 进行焊接、切割和热处理作业时，应有防止触电、火灾、爆炸和切割物坠落的措施。 8 施焊或切割容器时，盖口必须打开，在容器的封头部位严禁站人。 9 严禁在带有压力的容器和管道、运行中的转动机械及带电设备上进行焊接、切割和热处理作业。 10 在规定的禁火区内或已贮油的油区内进行焊接、切割与热处理作业时，必须严格按该区域安全管理的有关规定执行。 11 严禁对悬挂在起重吊钩上工件和设备等进行焊接与切割。 13 系统充氢后，在制氢室、储氢罐、氢冷发电机以及氢气管路周边进行焊接、切割等明火作业时，应事先进行氢气含量测定，工作区域内空气含氢量应小于0.4%，工作中应保证现场通风良好，空气中的含氢量至少每4h测定一次。 15 在高处进行焊接与切割作业： 2）严禁站在易燃物品上进行作业。 4）严禁随身携带电焊导线、气焊软管登高或从高处跨越，应在切断电源和气源后用绳索提吊。 5）在高处进行电焊作业时，宜设专人进行拉合闸和调节电流等作业。 16 在金属容器及坑井内进行焊接与切割作业： 1）金属容器必须可靠接地或采取其他防止触电的措施。 2）严禁将行灯变压器带入金属容器或坑井内。 3）焊工所穿衣服、鞋、帽等必须干燥，脚下应垫绝缘垫。 4）严禁在金属容器内同时进行电焊、气焊或气割作业。 5）在金属容器内作业时，应设通风装置，内部温度不得超过40℃；严禁用氧气作为通风的风源。 6）在金属容器内进行焊接或切割作业时，入口处应设专人监护，电源开关应设在监护人附近，并便于操作。监护人与作业人员应保持经常联系，电焊作业中断时应及时切断焊接电源。 7）在容器或坑井内作业时，作业人员应系安全绳，绳的另一端在容器外固定牢固。 17 焊接、切割与热处理作业结束后，必须清理场地、切断电源，仔细检查工作场所周围及防护设施，确认无起火危险后方可离开。 **4.13.2** 电焊应符合下列规定： 8 在狭小或潮湿地点施焊时，应垫木板或采取其他防止触电的措施，并设监护人。严禁露天冒雨从事电焊作业。 16 进行氩弧焊、等离子切割或有色金属切割时，宜戴静电防护口罩。 17 进行埋弧焊时，应有防止由于焊剂突然中断而引起的弧光辐射的措施。 18 打磨钨极时，应使用专用砂轮机和强迫抽风装置；打磨钨极处的地面应经常进行湿式清扫。 19 储存或运输钨极时应将钨极放在铅盒内。作业中随时使用的零星钨极应放在专用的盒内。 20 等离子切割宜采用自动或半自动操作。采用手工操作时，应有专门的防止触电及排烟尘等防护措施。	

续表

序号	检查重点	标 准 要 求	检查方法
4	电焊及电弧切割作业检查	21 预热焊接件时，应采取隔热措施。 22 用高频引弧或稳弧进行焊接及切割时，应对电源进行屏蔽。 **3. 电力行业标准《水电水利工程施工通用安全技术规程》（DL/T 5370—2017）** **9.1.11** 在潮湿地方、金属容器和箱型结构内工作，焊工应穿干燥的工作服和绝缘胶鞋，身体不得与被焊接件接触，脚下应垫绝缘垫。 **9.1.13** 无可靠防护措施时，不得将行灯变压器及焊机调压器带入金属容器内。 **9.1.15** 工作结束后应拉下焊机闸刀，切断电源。对于气割（气焊）作业则应解除氧气、乙炔瓶（乙炔发生器）的工作状态。要仔细检查工作场地周围，确认无火源后方可离开现场。 **9.1.16** 使用风动工具时，先检查风管接头是否牢固，选用的工具是否完好无损。 **9.1.18** 高空焊割作业时，还应遵守下列规定： 1 高空焊割作业须设监护人，焊接电源开关应设在监护人近旁； 2 高空焊割作业人员应戴好安全帽，使用符合标准规定防火安全带，安全带应高挂低用，固定可靠。 **9.2.4** 进行埋弧焊滚动焊时，焊接小车与台车（支架、变位机）应同步，防止小车及人员高处坠落。台车（支架、变位机）应设被焊工件的跑偏装置，滚焊过程中应注意观察，防止焊件跌落。 **9.2.5** 液态二氧化碳使用过程中罐口及减压阀处产生的结冰影响正常使用时，应采用温水进行溶化，不得采用火烤的方式融冰，不得直接对液态二氧化碳储罐加热。 **9.2.6** 碳弧气刨除应遵守焊条电弧焊的规定外，还应注意以下几点： 1 宜选用专用电焊机和较大截面的焊接电缆及焊钳。 2 应顺风操作，防止铁水溶渣及火星伤人，并应注意周围的防火安全。 3 在容器或舱内作业时，应安装风机排除烟尘。 **9.2.7** 等离子切割应遵守电弧焊和产品说明书的安全规定，不宜露天作业。同时还应遵守以下规定： 1 切割场所应通风良好。 2 批量切割时，应设集渣池（坑）。集渣池应注水或安装负压除烟除尘设备除尘。 3 不得切割镁等可引起爆炸或燃烧的金属材料或带有易燃、易爆物体的材料。不得切割密闭容器。 4 切割使用的气体应与设备匹配，普通机型不得采用氩、氢混合气体。 5 当切割含锌、铅、镉、铍的金属或涂漆金属时，应戴防毒面具。 6 设备的使用、维护、保养、检修除遵守相应的机械、电气安全操作规程外，不得拆除或短接安全联锁装置。 **4. 水利行业标准《水利水电工程施工通用安全技术规程》（SL 398—2007）** **9.1.6** 对贮存过易燃易爆及有毒容器、管道进行焊接与切割时，要将易燃物和有毒气体放尽，用水冲洗干净，打开全部管道窗、孔，保持良好通风，方可进行焊接和切割，容器外要有专人监护，定时轮换休息。密封的容器、管道不应焊割。 **9.1.7** 禁止在油漆未干的结构和其他物体上进行焊接和切割。	

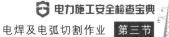

续表

序号	检查重点	标 准 要 求	检查方法
4	电焊及电弧切割作业检查	**9.1.8** 严禁在贮存易燃易爆的液体、气体、车辆、容器等的库区内从事焊割作业。 **9.1.10** 焊接大件须有人辅助时，动作应协调一致，工件应放平垫稳。 **9.1.11** 在金属容器内进行工作时应有专人监护，要保证容器内通风良好，并应设置防尘设施。 **9.1.12** 在潮湿地方、金属容器和箱型结构内作业，焊工应穿干燥的工作服和绝缘胶鞋，身体不应与被焊接件接触，脚下应垫绝缘垫。 **9.1.14** 严禁将行灯变压器及焊机调压器带入金属容器内。 **9.1.21** 高空焊割作业时，还应遵守下列规定： 3 高空焊割作业人员应戴好符合规定的安全帽，应使用符合标准规定的防火安全带，安全带应高挂低用，固定可靠。 4 露天下雪、下雨或有5级大风时严禁高处焊接作业。 **9.3.1** 从事焊接工作时，应使用镶有滤光镜片的手柄式或头戴式面罩。护目镜和面罩遮光片的选择应符合 GB 3609.2 的要求。 **9.3.2** 清除焊渣、飞溅物时，应戴平光镜，并避免对着有人的方向敲打。 **9.3.3** 电焊时所使用的凳子应用木板或其他绝缘材料制作。 **9.3.4** 露天作业遇下雨时，应采取防雨措施，不应冒雨作业。 **9.3.5** 在推入或拉开电源闸刀时，应戴干燥手套，另一只手不应按在焊机外壳上，推拉闸刀的瞬间面部不应正对闸刀。 **9.3.6** 在金属容器、管道内焊接时，应采取通风除烟尘措施，其内部温度不应超过40℃，否则应实行轮换作业，或采取其他对人体的保护措施。 **9.3.7** 在坑井或深沟内焊接时，应首先检查有无集聚的可燃气体或一氧化碳气体，如有应排除并保持通风良好。必要时应采取通风除尘措施。 **9.3.8** 电焊钳应完好无损，不应使用有缺陷的焊钳；更换焊条时，应戴干燥的帆布手套。 **9.3.9** 工作时禁止将焊把线缠在、搭在身上或踏在脚下，当电焊机处于工作状态时，不应触摸导电部分。 **9.3.10** 身体出汗或其他原因造成衣服潮湿时，不应靠在带电的焊件上施焊。 **9.4.2** 操作自动焊半自动焊埋弧焊的焊工，应穿绝缘鞋和戴皮手套或线手套。 **9.4.3** 埋弧焊会产生一定数量的有害气体，在通风不良的场所或构件内工作，应有通风设备。 **9.4.4** 开机前应检查焊机的各部分导线连接是否良好、绝缘性能是否可靠、焊接设备是否可靠接地、控制箱的外壳和接线板上的外罩是否完好，埋弧焊用电缆是否满足焊机额定焊接电流的要求，发现问题应修理好后方可使用。 **9.4.5** 在调整送丝机构及焊机工作时，手不应触及送丝机构的滚轮。 **9.4.6** 焊接过程中应保持焊剂连续覆盖，注意防止焊剂突然供不上而造成焊剂突然中断，露出电弧光辐射损害眼睛。 **9.4.7** 焊接转胎及其他辅助设备或装置的机械传动部分，应加装防护罩。在转胎上施焊的焊件应压紧卡牢，防止松脱掉下砸伤人。 **9.4.8** 埋弧焊机发生电气故障时应由电工进行修理，不熟悉焊机性能的人不应随便拆卸。	

续表

序号	检查重点	标　准　要　求	检查方法
4	电焊及电弧切割作业检查	**9.4.9** 罐装、清扫、回收焊剂应采取防尘措施，防止吸入粉尘。 **9.5.1** 二氧化碳气体保护焊 2　焊机不应在漏水、漏气的情况下运行。 3　二氧化碳在高温电弧作用下，可能分解产生一氧化碳有害气体，工作场所应通风良好。 4　二氧化碳气体保护焊焊接时飞溅大，弧光辐射强烈，工作人员应穿白色工作服，戴皮手套和防护面罩。 5　装有二氧化碳的气瓶不应在阳光下曝晒或接近高温物体，以免引起瓶内压力增大而发生爆炸。 7　二氧化碳气体预热器的电源应采用36V电压，工作结束时应将电源切断。 **9.5.2** 手工钨极氩弧焊 2　焊机内的接触器、断电器的工作元件，焊枪夹头的夹紧力以及喷嘴的绝缘性能等，应定期检查。 3　高频引弧焊机或焊机装有高频引弧装置时，焊炬、焊接电缆都应有铜网编制屏蔽套，并可靠接地。使用高压脉冲引弧稳弧装置，应防止高频电磁场的危害。 4　焊机不应在漏水、漏气的情况下运行。 5　磨削钨棒的砂轮机须设有良好的排风装置，操作人员应戴口罩，打磨时产生的粉末应由抽风机抽走。钍钨极有放射性危害，宜使用铈钨极或钇钨极，并放在铅盒内保存。 6　手工钨极氩弧焊，焊工除戴电焊面罩、手套和穿白色帆布工作服外，还宜戴静电口罩或专用面罩，并有切实可行的预防和保护措施。 **9.6.2** 碳弧气刨应使用电流较大的专用电焊机，并应选用相应截面积的焊把线。气刨时电流较大，要防止焊机过载发热。 **9.6.3** 碳弧气刨应顺风操作，防止吹散的铁水溶渣及火星烧损衣服或伤人，并应注意周围人员和场地的防火安全。 **9.6.4** 在金属容器或舱内工作，应采用排风机排除烟尘。 **9.6.5** 碳弧气刨操作者应熟悉其性能，掌握好角度、深浅及速度，避免发生事故。 **9.6.6** 碳棒应选专用碳棒，不应使用不合格的碳棒	

图 2-8-1　电焊机现场集中规范布置

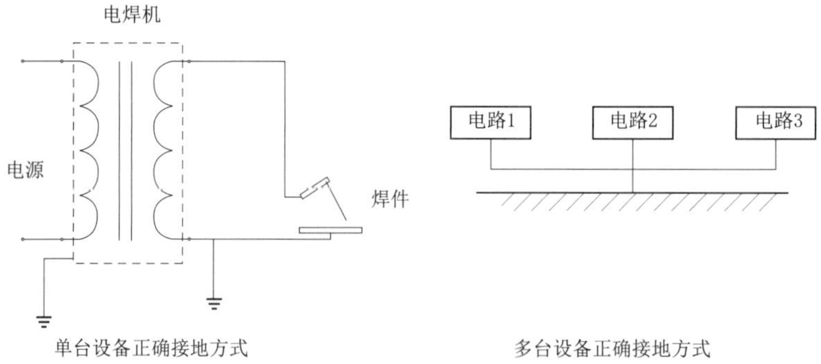

图 2-8-2 设备正确接地方式

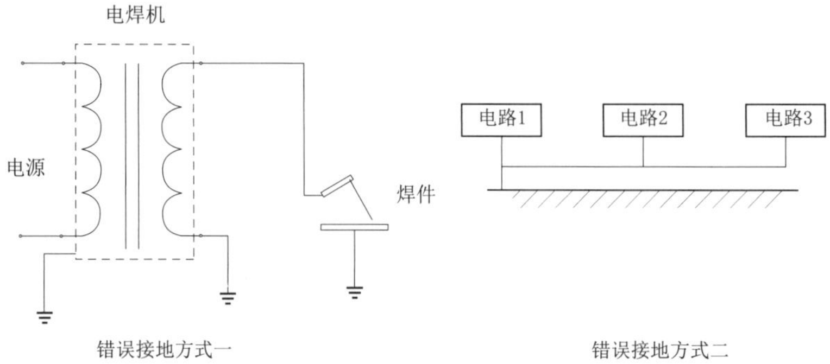

图 2-8-3 设备错误接地方式

第四节 气焊气割作业

气焊气割作业安全检查重点、要求及方法见表 2-8-3。

表 2-8-3 气焊气割作业安全检查重点、要求及方法

序号	检查重点	标 准 要 求	检查方法
1	气焊气割作业气瓶的使用	**1. 国家标准《焊接与切割安全》(GB 9448—1999)** **10.5.4** 气瓶在现场的安放、搬运及使用 气瓶在使用时必须稳固竖立或装在专用车(架)或固定装置上。 气瓶不得置于受阳光暴晒、热源辐射及可能受到电击的地方。气瓶必须距离实际焊接或切割作业点足够远(一般为 5m 以上),以免接触火花、热渣或火焰,否则必须提供耐火屏障。 气瓶不得置于可能使其本身成为电路一部分的区域。避免与电动机车轨道、无轨电车电线等接触。气瓶必须远离散热器、管路系统、电路排线等,及可能供接地(如电焊机)的物体。禁止用电极敲击气瓶,在气瓶上引弧。 气瓶不得作为滚动支架或支撑重物的托架。 气瓶应配置手轮或专用扳手启闭瓶阀,气瓶在使用后不得放空,必须留有不小于 98kPa~196kPa 表压的余气。 当气瓶冻住时,不得在阀门或阀门保护帽下面用撬杠撬动气瓶松动,应使用 40℃以下的温水解冻。	1. 现场查看。 2. 检查气瓶的合格证书

续表

<table>
<tr><th>序号</th><th>检查重点</th><th>标　准　要　求</th><th>检查方法</th></tr>
<tr><td>1</td><td>气焊气割作业气瓶的使用</td><td>
10.5.5.1　气瓶阀的清理
将减压器接到气瓶阀门之前，阀门出口处首先必须用无油污的清洁布擦干净，然后快速打开阀门并立即关闭以便清除阀门上的灰尘或可能进行减压器的脏物。
清理阀门时操作者应站在排出口的侧面，不得站在其前面，不得在其他焊接作业点、存在着火花、火焰（或可能引燃）的地点附近清理气瓶阀。
10.5.5.2　开启氧气瓶的特殊程序
减压器安在氧气瓶上之后，必须进行以下操作：
a）首先调节螺杆并打开顺流管路，排放减压器的气体。
b）其次，调节螺杆并缓慢打开气瓶阀，以便在打开阀门前使减压器气瓶压力表的指针始终慢慢地向上移动。打开气瓶阀时，应站在瓶阀气体排出方向的侧面而不要站在其前面。
c）当压力表指针达到最高值后，阀门必须完全打开以防气体沿阀杆泄漏。
10.5.5.3　乙炔气瓶的开启
开启乙炔气瓶的瓶阀时应缓慢，严禁开至超过 $1\frac{1}{2}$圈，一般只开至$\frac{3}{4}$圈以内以便在紧急情况下迅速关闭气瓶。
10.5.5.4　使用的工具
配有手轮的气瓶阀门不得用榔头或扳手开启。
未配有手轮的气瓶，使用过程中必须在阀柄上备有把手、手柄或专用扳手，以便在紧急情况下可以迅速关闭气路。在多个气瓶组装使用时，至少要备有一把这样的扳手以备急用。
10.5.6　其他
气瓶在使用时，其上端禁止放置物品，以免损坏安全装置或妨碍阀门的迅速关闭。使用结束后，气瓶阀必须关紧。
2. 电力行业标准《电力建设安全工作规程　第1部分：火力发电》（DL 5009.1—2014）
4.13.3　气焊气割应符合下列规定：
1　使用气瓶
1）气瓶应按下表的规定进行漆色和标注。严禁更改气瓶的钢印或者颜色标记。
气瓶漆色和标注
<table>
<tr><th>气瓶名称</th><th>气瓶颜色</th><th>标准字样</th><th>字样颜色</th></tr>
<tr><td>氧气瓶</td><td>天蓝色</td><td>氧</td><td>黑色</td></tr>
<tr><td>乙炔气瓶</td><td>白色</td><td>乙炔</td><td>红色</td></tr>
<tr><td>丙烷气瓶</td><td>棕色</td><td>丙烷</td><td>白色</td></tr>
<tr><td>液化石油气</td><td>棕色</td><td>液化石油气</td><td>白色</td></tr>
<tr><td>氩气瓶</td><td>灰色</td><td>氩气</td><td>绿色</td></tr>
<tr><td>氮气</td><td>黑色</td><td>氮</td><td>黄色</td></tr>
</table>
2）气瓶瓶阀及管接头处不得漏气。应经常检查丝堵和角阀丝扣的磨损及锈蚀情况，发现损坏应立即更换。
3）气瓶上必须装两道防震圈。
4）不得将气瓶与带电物体接触。严禁在气瓶上引弧。
</td><td></td></tr>
</table>

续表

<table>
<tr><th>序号</th><th>检查重点</th><th>标 准 要 求</th><th>检查方法</th></tr>
<tr><td>1</td><td>气焊气割作业气瓶的使用</td><td>
5）氧气瓶的瓶阀不得沾有油脂。
6）氧气瓶与减压器的连接头发生自燃时应迅速关闭氧气瓶的阀门。
7）严禁自行处置气瓶残液。
8）瓶阀冻结时严禁火烤。
9）严禁直接使用不装设减压器或减压器不合格的气瓶。乙炔气瓶必须装设专用的减压器、回火防止器。
10）乙炔气瓶的使用压力不得超过 0.147MPa，输气流速不得大于 2.0m^3/(h·瓶)。
11）气瓶内的气体不得用尽。氧气瓶必须留有 0.2MPa 的剩余压力，液化石油气瓶必须留有 0.1MPa 的剩余压力，乙炔气瓶内必须留有不低于下表规定的剩余压力。
乙炔瓶内剩余压力与环境温度的关系
<table>
<tr><td>环境温度（℃）</td><td><0</td><td>0～15</td><td>15～25</td><td>25～40</td></tr>
<tr><td>剩余压力（MPa）</td><td>0.05</td><td>0.1</td><td>0.2</td><td>0.3</td></tr>
</table>
12）气瓶（特别是乙炔气瓶）使用时应直立放置，不得卧放。
13）液化石油气瓶使用时，应先点燃引火物，然后开启气阀。
3. 电力行业标准《水电水利工程施工通用安全技术规程》（DL/T 5370—2017）
9.3.5 氧气、乙炔气瓶的使用除满足《焊接与切割安全》GB 9448 外，还应遵守下列规定：
1 氧气瓶不得沾染油脂，检查气瓶口是否有漏气时，可用肥皂水涂在瓶口上试验，不得用烟头或明火试验；
2 乙炔瓶应保持直立放置，使用时应固定，并有防止倾倒的措施，不得卧放使用，卧放的气瓶竖起来后需待 20min 后才可输气；
3 需要使用吊车运输移动气瓶时，应将气瓶装在符合安全要求的专门的吊笼内方可吊运。不得采用钢丝绳捆绑的方式吊运气瓶。
4. 水利行业标准《水利水电工程施工通用安全技术规程》（SL 398—2007）
9.7.2 氧气、乙炔气瓶的使用应遵守下列规定：
1 气瓶应放置在通风良好的场所，不应靠近热源和电气设备，与其他易燃易爆物品或火源的距离一般不应小于 10m（高处作业时是与垂直地面处的平行距离）。使用过程中，乙炔瓶应放置在通风良好的场所，与氧气瓶的距离不应少于 5m。
2 露天使用氧气、乙炔气时，冬季应防止冻结，夏季应防止阳光直接曝晒。氧气、乙炔气瓶间冬季冻结时，可用热水或水蒸气加热解冻，严禁用火焰烘烤和用钢材一类器具猛击，更不应猛拧减压表的调节螺丝，以防氧气、乙炔气大量冲出而造成事故。
3 氧气瓶严禁沾染油脂，检查气瓶口是否有漏气时可用肥皂水涂在瓶口上试验，严禁用烟头或明火试验。
4 氧气、乙炔气瓶如果漏气应立即搬到室外，并远离火源。搬动时手不可接触气瓶嘴。
</td><td></td></tr>
</table>

续表

序号	检查重点	标准要求	检查方法
1	气焊气割作业气瓶的使用	5 开氧气、乙炔气阀时，工作人员应站在阀门连接的侧面，并缓慢开放，不应面对减压表，以防发生意外事故。使用完毕后应立即将瓶嘴的保护罩旋紧。 6 氧气瓶中的氧气不允许全部用完至少应留有 0.1～0.2MPa 的剩余压力，乙炔瓶内气体也不应用尽，应保持 0.05MPa 的余压。 7 乙炔瓶在使用、运输和储存时，环境温度不宜超过 40℃；超过时应采取有效的降温措施。 8 乙炔瓶应保持直立放置，使用时要注意固定，并应有防止倾倒的措施，严禁卧放使用。卧放的气瓶竖起来后需待 20min 后方可输气。 9 工作地点不固定且移动较频繁时，应装在专用小车上；同时使用乙炔瓶和氧气瓶时，应保持一定安全距离。 10 严禁铜、银、汞等及其制品与乙炔产生接触，应使用铜合金器具时含铜量应低于 70％。 11 氧气、乙炔气瓶在使用过程中应按照质技监局锅发〔2000〕250 号《气瓶安全监察规程》和劳动部（劳锅字〔1993〕4 号）《溶解乙炔气瓶监察规程》的规定，定期检验。过期、未检验的气瓶严禁继续使用	
2	气焊气割作业气瓶的搬运	**1. 国家标准《焊接与切割安全》(GB 9448—1999)** **10.5.4** 气瓶在现场的安放、搬运及使用 搬运气瓶时，应注意： ——关紧气瓶阀，而且不得提拉气瓶上的阀门保护帽； ——用吊车、起重机运送气瓶时，应使用吊架或合适的台架，不得使用吊钩、钢索或电磁吸盘。 ——避免可能损伤瓶体、瓶阀或安全装置的剧烈碰撞。 **2. 电力行业标准《电力建设安全工作规程 第 1 部分：火力发电》(DL 5009.1—2014)** **4.13.3** 气焊气割应符合下列规定： 3 气瓶的搬运： 1）气瓶搬运前应旋紧瓶帽。气瓶应轻装轻卸，严禁抛掷或滚动、碰撞。 2）汽车装运氧气瓶及液化石油瓶时，一般将气瓶横向排放，头部朝向一侧。装车高度不得超过车厢板。 3）汽车装运乙炔气瓶时，气瓶应直立排放，车厢高度不得小于瓶高的 2/3。 4）运输气瓶的车上严禁烟火。运输乙炔气瓶的车上应备有相应的灭火器具。 5）易燃物、油脂和带油污的物品不得与气瓶同车运输。 6）所装气体混合后能引起燃烧、爆炸的气瓶严禁同车运输。 7）运输气瓶的车厢上不得乘人。 **3. 电力行业标准《水电水利工程施工通用安全技术规程》(DL/T 5370—2017)** **10.2.4** 易燃物品装卸与运输应符合下列要求： 1 易燃物品装卸，应轻拿轻放，严防振动、撞击、摩擦、重压、倾置、倾覆；不得使用能产生火花的工具，工作时不得穿带钉子的鞋；在可能产生静电的容器上，应装设可靠的接地装置。	现场查看

续表

序号	检查重点	标 准 要 求	检查方法
2	气焊气割作业气瓶的搬运	2 易燃物品与其他物品以及性质相抵触和灭火方法不同的易燃物品，不得同一车船混装运输；怕热、怕冻、怕潮的易燃物品运输时，应采取相应的隔热、保温、防潮等措施。 3 运输易燃物品时，应事先进行检查，发现包装、容器不牢固、破损或渗漏等不安全因素时，应采取安全措施后，方可启运。 4 装运易燃物品的车船，不得客货混载。 5 运输易燃物品的车辆，应避开人员稠密的地区装卸和通行；途中停歇时，应远离机关、工厂、桥梁、仓库等场所，并指定专人看管，不得在附近动火，无关人员不得接近。 6 运输易燃物品的车船，应备有与所装物品灭火方法相适应的消防器材，并应经常检查。 7 车船运输易燃物品，不得超载、超高、超速行驶；编队行进时，前后车船之间应保持一定的安全距离；应有专人押运，车船上应用帆布盖严，应设有警示标志	
3	气焊气割作业气瓶的存放	**1. 国家标准《焊接与切割安全》(GB 9448—1999)** **10.5.3** 气瓶的储存 气瓶必须储存在不会遭受物理损坏或使气瓶内储存物温度超过40℃的地方。 气瓶必须储放在远离电梯、楼梯或过道，不会被经过或倾倒的物体碰翻或损坏的指定地点。在储存时，气瓶必须稳固以免翻倒。 气瓶在储存时必须与可燃物、易燃液体隔离，并且远离容易引燃的材料（诸如木材、纸张、包装材料、油脂等）至少6m以上，或用至少1.6m高的不可燃隔板隔离。 **2. 电力行业标准《电力建设安全工作规程 第1部分：火力发电》(DL 5009.1—2014)** **4.13.3** 气焊气割应符合下列规定： 2 气瓶的存放与保管： 1）气瓶应存放在通风良好的场所，夏季应防止日光曝晒。 2）气瓶严禁与易燃物、易爆物混放。 3）严禁与所装气体混合后能引起燃烧、爆炸的气瓶一起存放。 4）气瓶应保持直立，并应有防倾倒的措施。 5）严禁将气瓶靠近热源。 6）氧气、液化石油气瓶在使用、运输和储存时，环境温度不得高于60℃；乙炔、丙烷气瓶在使用、运输和储存时，环境温度不得高于40℃。 7）严禁将乙炔气瓶放置在有放射线的场所，亦不得放在橡胶等绝缘体上。 4 气瓶库： 1）仓库的设计应符合《建筑设计防火规范》GB 50016规定。 2）仓库的墙壁应采用耐火材料，房顶应采用轻型材料，不得使用油毛毡。房内应留有排气窗。 3）仓库应装设合格的避雷设施。 4）仓库必须在明显、方便的地点设置灭火器具，并定期检查，确保状态良好。 5）氧气瓶、乙炔、液化石油气瓶仓库用电设施应采用防爆型，仓库周围10m范围内严禁烟火。	现场查看。现场气瓶的正确存放如图2-8-4所示

续表

序号	检查重点	标 准 要 求	检查方法
3	气焊气割作业气瓶的存放	6）氧气瓶、乙炔、液化石油气瓶仓库之间的距离应大于 50m。 7）乙炔气瓶仓库不得设在高压线路的下方、人员集中的地方或交通道路附近。 8）容积较小的仓库（储量在 50 瓶以下）距其他建（构）筑物的距离应大于 25m。较大的仓库与施工生产地点的距离应不小于 50m，与住宅和办公楼的距离应不小于 100m 。 9）气瓶库内不得有地沟、暗道，严禁有明火或其他热源，应通风、干燥，避免阳光直射。 10）仓库内的主要部位应有醒目的安全标志。 11）气瓶库应建立安全管理制度并设专人管理。工作人员应熟悉气体特性、设备性能和操作规程。 **3. 电力行业标准《水电水利工程施工通用安全技术规程》（DL/T 5370—2017）** **10.1.4** 储存、运输和使用危险化学品的单位，应建立健全危险化学品安全管理制度，建立事故应急救援预案，配备应急救援人员和必要的应急救援器材、设备、物资，并应定期组织演练。 **10.1.5** 储存、运输和使用危险化学品的单位，应当根据消防安全要求，配备消防人员，配置消防设施以及通信、报警装置。并经公安消防监督机构审核合格后，取得易燃易爆化学物品消防安全审核意见书、易燃易爆化学物品消防安全许可证和易燃易爆化学物品准运证。 **10.1.6** 危险化学品管理应有下列安全措施： 1 仓库应有人员出入登记制度，危险化学品入库验收、出库登记和检查制度。 2 仓库内不得使用明火，进入库区内的机动车辆应采取防火措施。 3 包装要完整无破损，发现渗漏应立即进行处置。 4 空置包装容器，应集中保管或销毁。 5 销毁、处理危险化学品，应委托专业具有资质的单位实施。 6 使用危险化学品的单位应根据化学危险品的种类、性质，设置相应的通风、防火、防爆、防毒、监测、报警、降温、防潮、避雷、防静电、隔离操作等安全设施。 7 危险化学品仓库四周，应有良好的排水设置，围墙高度不小于 2m，与仓库保持规定距离。 **10.1.7** 仓储危险化学品应遵守下列规定： 1 危险化学品应分类分项存放，堆垛之间的主要通道应有安全距离，不得超量储存。 3 受阳光照射容易燃烧、爆炸或产生有毒气体的化学危险物品和桶装、罐装等易燃液体、气体应存放在温度较低、通风良好的场所。 4 化学性质或防护、灭火方法相互抵触的危险化学品，不得在同一仓库内存放。 **10.2.1** 储存易燃物品的仓库，应首先满足相关规范的要求，并遵守下列规定： 1 库房建筑宜采用单层建筑；应使用防火材料建筑；库房应有足够的安全出口，不宜少于两个。所有门窗应向外开。	

续表

序号	检查重点	标准要求	检查方法
3	气焊气割作业气瓶的存放	2 库房内应根据易燃物品的性质，安装防爆或密封式的电器及照明设备，并按规定设防护隔墙。 3 仓库位置宜选择在有天然屏障的地区，或设在地下、半地下，宜选在生活区和生产区年主导风向的下风侧。 4 不得设在人口集中的地方，与周围建筑物间应留有足够的防火间距。 5 应设置消防车通道和与储存易燃物品性质相适应的消防设施；库房地面应采用不易打出火花的材料。 6 易燃液体库房，应设置防止液体流散的设施。 7 易燃液体的地上或半地下储罐应按有关规定设置防火堤。 **10.2.3** 易燃物品的储存应符合下列规定： 1 应分类存放在专门仓库内，与一般物品以及性质互相抵触和灭火方法不同的易燃、可燃物品，应分库储存，并标明储存物品名称、性质和灭火方法。 2 堆存时，堆垛不得过高、过密，堆垛之间以及堆垛与堤墙之间，应留有一定间距、通道和通风口，主要通道的宽度应大于2m，每个仓库应规定储存限额。 4 包装容器应当牢固、密封，发现破损、残缺、变形、渗漏和物品变质、分解等情况时，应立即进行安全处置。 5 性质不稳定，容易分解和变质，以及混有杂质而容易引起燃烧、爆炸的易燃、可燃物品，应经常进行检查、测温、化验，防止燃烧、爆炸。 6 储存易燃、可燃物品的库房、露天堆垛、储罐规定的安全距离内，不得进行试验、分装、封焊、维修、动用明火等可能引起火灾的作业和活动。 7 库房内不得设办公室、休息室，不得用可燃材料搭建货架。 8 库房不宜采暖，如储存物品需防冻时，可用暖气采暖；散热器与易燃、可燃物品堆垛应保持安全距离	
4	气焊气割作业气瓶回火防止器的使用	**1. 电力行业标准《电力建设安全工作规程　第1部分：火力发电》(DL 5009.1—2014)** **4.13.3** 气焊气割应符合下列规定： 1 使用气瓶 9）严禁直接使用不装设减压器或减压器不合格的气瓶。乙炔气瓶必须装设专用的减压器、回火防止器。 **4.14.4** 防爆应符合下列规定： 10 压力容器、管道、气瓶： 5）乙炔、丙烷等气瓶应配备回火防止器并保持完好。 **2. 电力行业标准《水电水利工程施工通用安全技术规程》(DL/T 5370—2017)** **4.6.2** 低温季节施工，应遵守以下规定： 5 进行气焊作业时，应经常检查回火安全装置、胶管、减压阀，如冻结应用温水或蒸汽解冻，不得火烤。 **9.1.19** 进行气焊作业时，应经常检查回火安全装置、胶管、减压阀。如发生冻结，不得火烤，应使用40℃以下的温水解冻。 **9.4.3** 管路系统安装，应遵守下列规定： 3 乙炔应装设专用的减压器、回火防止器。乙炔瓶减压器出口与乙炔气软管接，应用专用扎头扎紧不得漏气。 6 乙炔汇气总管与接至厂区的各乙炔分管路的出气口均应设有回火防止装置。	现场查看。常见回火防止器样式如图2-8-5所示

续表

序号	检查重点	标 准 要 求	检查方法
4	气焊气割作业气瓶回火防止器的使用	**3. 水利行业标准《水利水电工程施工通用安全技术规程》（SL 398—2007）** **9.7.3** 回火防止器的使用应遵守下列规定： 1 应采用干式回火防止器。 2 回火防止器应垂直放置，其工作压力应与使用压力相适应。 3 干式回火防止器的阻火元件应经常清洗以保持气路畅通；多次回火后，应更换阻火元件。 4 一个回火防止器应只供一把割炬或焊炬使用，不应合用。当一个乙炔发生器向多个割炬或焊炬供气时，除应装总的回火防止器外，每个工作岗位都须安装岗位式回火防止器。 5 禁止使用无水封、漏气的、逆止阀失灵的回火防止器。 6 回火防止器应经常清除污物防止堵塞，以免失去安全作用。 7 回火器上的防爆膜（胶皮或铝合金片）被回火气体冲破后，应按原规格更换，严禁用其他非标准材料代替	
5	气焊气割作业气瓶减压器的使用	**1. 国家标准《焊接与切割安全》（GB 9448—1999）** **10.4** 减压器 只有经过检验合格的减压器才允许使用。减压器的使用必须遵守 JB 7496 的有关规定。 减压器只能用于设计规定的气体及压力。 减压器的连接螺纹及接头必须保证减压器安在气瓶阀或软管上之后连接良好、无任何泄漏。 减压器在气瓶上应安装合理、牢固。采用螺纹连接时，应拧足五个螺扣以上；采用专门的夹具压紧时，装卡应平整牢固。 从气瓶上拆卸减压器之前，必须将气瓶阀关闭并将减压器内的剩余气体释放干净。 同时使用两种气体进行焊接或切割时，不同气瓶减压器的出口端都应装上各自的单向阀，以防止气流相互倒灌。 当减压器需要修理时，维修工作必须由经劳动、计量部门考核认可的专业人员完成。 **2. 电力行业标准《电力建设安全工作规程 第1部分：火力发电》（DL 5009.1—2014）** **4.13.3** 气焊气割应符合下列规定： 5 减压器： 1）新减压器应有出厂合格证；外套螺帽的螺纹应完好；螺帽内应用纤维质垫圈，不得使用皮垫或胶垫；高、低压表有效，指针灵活；安全阀完好、可靠。 2）减压器（特别是接头的螺帽、螺杆）严禁沾有油脂，不得沾有砂粒或金属屑。 3）减压器螺母在气瓶上的拧扣数不少于五扣。 4）减压器冻结时严禁用火烘烤，只能用热水、蒸汽解冻或自然解冻。 5）减压器损坏、漏气或其他故障时，应立即停止使用，进行检修。 6）装卸减压器或因连接头漏气紧螺帽时，操作人员严禁戴沾有油污的手套和使用沾有油污的扳手。 7）安装减压器前，应稍打开瓶阀，将瓶阀上黏附的污垢吹净后立即关闭。吹灰时，操作人员应站在侧面。 8）减压器装好后，操作者应站在瓶阀的侧后面将调节螺丝拧松，缓慢开启气瓶阀门。停止工作时，应关闭气瓶阀门，拧松减压器调节螺丝，放出软管中的余气，最后卸下减压器。	现场查看

续表

<table>
<tr><th>序号</th><th>检查重点</th><th>标 准 要 求</th><th>检查方法</th></tr>
<tr><td>5</td><td>气焊气割作业气瓶减压器的使用</td><td>
3. 电力行业标准《水电水利工程施工通用安全技术规程》（DL/T 5370—2017）
4.6.2 低温季节施工，应遵守以下规定：
5 进行气焊作业时，应经常检查回火安全装置、胶管、减压阀，如冻结应用温水或蒸汽解冻，不得火烤。
9.1.19 进行气焊作业时，应经常检查回火安全装置、胶管、减压阀。如发生冻结，不得火烤，应使用40℃以下的温水解冻。
9.2.5 液态二氧化碳使用过程中罐口及减压阀处产生的结冰影响正常使用时，应采用温水进行溶化，不得采用火烤的方式融冰，不得直接对液态二氧化碳储罐加热。
9.3.3 气瓶阀及检验应符合《焊接、切割及类似工艺用气瓶减压器安全规范》GB 20262、《气焊设备 焊接、切割和相关工艺设备用软管接头》GB/T 5107的规定。
9.4.3 管路系统安装，应遵守下列规定：
3 乙炔应装设专用的减压器、回火防止器。乙炔瓶减压器出口与乙炔气软管接，应用专用扎头扎紧不得漏气。
4. 水利行业标准《水利水电工程施工通用安全技术规程》（SL 398—2007）
9.7.4 减压器（氧气表、乙炔表）的使用应遵守下列规定：
1 严禁使用不完整或损坏的减压器。冬季减压器易冻结，应采用热水或蒸汽解冻，严禁用火烤，每只减压器只准用于一种气体。
2 减压器内，氧气乙炔瓶嘴中不应有灰尘、水分或油脂，打开瓶阀时，不应站在减压阀方向，以免被气体或减压器脱扣而冲击伤人。
3 工作完毕后应先将减压器的调整顶针拧松直至弹簧分开为止，再关氧气乙炔瓶阀，放尽管中余气后方可取下减压器。
4 当氧气、乙炔管、减压器自动燃烧或减压器出现故障，应迅速将氧气瓶的气阀关闭。然后再关乙炔气瓶的气阀
</td><td></td></tr>
<tr><td>6</td><td>气焊气割作业橡胶软管的使用</td><td>
1. 国家标准《气体焊接设备 焊接、切割和类似作业用橡胶软管》（GB/T 2550—2016）
10.2 颜色标识
为了标识软管所适用的气体，软管外覆层按下表规定进行着色和标志。对于并联软管，每根单独软管应按本标准进行着色和标志。
软管颜色和气体标识
<table>
<tr><th>气 体</th><th>外覆层颜色和标志</th></tr>
<tr><td>乙炔和其他可燃气体*（除LPG、MPS、天然气、甲烷外）</td><td>红色</td></tr>
<tr><td>氧气</td><td>蓝色</td></tr>
<tr><td>空气、氮气、氩气、二氧化碳</td><td>黑色</td></tr>
<tr><td>液化石油气（LPG）和甲基乙炔-丙二烯混合物（MPS）、天然气、甲烷</td><td>橙色</td></tr>
<tr><td>除焊剂燃气外（本表中包括的）所有燃气</td><td>红色/橙色</td></tr>
<tr><td>焊剂燃气</td><td>红色-焊剂</td></tr>
<tr><td colspan="2">*关于软管对氢气的适用性，应咨询制造商</td></tr>
</table>
</td><td>现场查看</td></tr>
</table>

续表

序号	检查重点	标准要求	检查方法
6	气焊气割作业橡胶软管的使用	**2. 国家标准《焊接与切割安全》（GB 9448—1999）** **10.3** 软管及软管接头 用于焊接与切割输送气体的软管，如氧气软管和乙炔软管，其结构、尺寸、工作压力、机械性能、颜色必须符合 GB/T 2550、GB/T 2551 的要求。 禁止使用泄漏、烧坏、磨损、老化或有其他缺陷的软管。 **3. 电力行业标准《电力建设安全工作规程　第 1 部分：火力发电》（DL 5009.1—2014）** **4.13.3** 气焊气割应符合下列规定： 6 氧气、乙炔及液化石油气等橡胶软管： 1）氧气管为蓝色；乙炔、丙烷、液化石油气管为红色一橙色；氩气管为黑色。 2）乙炔气橡胶软管脱落、破裂或着火时，应先将火焰熄灭，然后停止供气。氧气软管着火时，应先将氧气的供气阀门关闭，停止供气后再处理着火胶管，不得使用弯折软管的处理方法。 3）不得使用有鼓包、裂纹或漏气的橡胶软管。如发现有漏气现象时应将其损坏部分切除，不得用贴补或包缠的办法处理。 4）氧气橡胶软管、乙炔气橡胶软管严禁沾染油脂。 5）氧气橡胶软管与乙炔橡胶软管严禁串通连接或互换使用。 6）严禁把氧气软管或乙炔气软管放置在高温、高压管道附近或触及赤热物体，不得将重物压在软管上。应防止金属熔渣掉落在软管上。 7）氧气、乙炔气及液化石油气橡胶软管横穿平台或通道时应架高布设或采取防压保护措施；严禁与电线、电焊线并行敷设或交织在一起。 8）橡胶软管的接头处应用专用卡子卡紧或用软金属丝扎紧。软管的中间接头应用气管连接并扎紧。 9）乙炔气、液化石油气软管冻结或堵塞时，严禁用氧气吹通或用火烘烤。 **4. 电力行业标准《水电水利工程施工通用安全技术规程》（DL/T 5370—2017）** **9.1.19** 进行气焊作业时，应经常检查回火安全装置、胶管、减压阀。如发生冻结，不得火烤，应使用 40℃以下的温水解冻。 **9.3.6** 橡胶软管及接头应符合《气体焊接设备　焊接、切割和类似作业用橡胶软管》GB/T 2550、《气焊设备　焊接、切割和相关工艺设备用软管接头》GB/T 5107 的规定。使用时应遵守下列规定： 1 氧气胶管为蓝色，乙炔气胶管为红色，不得将氧气管接在焊、割炬的乙炔气进口上使用。 2 胶管长度每根不得小于 10m，以 15m～20m 为宜。 3 胶管的连接处应用卡子或铁丝扎紧，铁丝的丝头应绑牢在工具嘴头方向，以防止被气体崩脱而伤人。 4 工作时胶管不得沾染油脂或触及高温金属和导电线； 5 不得将重物压在胶管上，不得将胶管横跨铁路或公路，如需跨越应有安全保护措施。 6 若发现胶管接头脱落或着火时，应迅速关闭供气阀，不得用手弯折胶管等待处理。	

续表

序号	检查重点	标 准 要 求	检查方法
6	气焊气割作业橡胶软管的使用	7 不得将使用中的橡胶软管缠在身上。 **5. 水利行业标准《水利水电工程施工通用安全技术规程》(SL 398—2007)** **9.7.5** 使用橡胶软管应遵守下列规定： 1 氧气胶管为红色，严禁将氧气管接在焊、割炬的乙炔气进口上使用。 2 胶管长度每根不应小于10m，以15m～20m为宜。 3 胶管的连接处应用卡子或铁丝扎紧，铁丝的丝头应绑牢在工具嘴头方向，以防止被气体崩脱而伤人。 4 工作时胶管不应沾染油脂或触及高温金属和导电线。 5 禁止将重物压在胶管上。不应将胶管横跨铁路或公路，如需跨越应有安全保护措施。胶管内有积水时，在未吹尽之前不应使用。 6 胶管如有鼓包、裂纹、漏气现象，不应采用贴补或包缠的办法处理，应切除或更新。 7 若发现胶管接头脱落或着火时，应迅速关闭供气间，不应用于弯折胶管等待处理。 8 严禁将使用中的橡胶软管缠在身上，以防发生意外起火引起烧伤	
7	气焊气割作业焊割炬的使用	**1. 国家标准《焊接与切割安全》(GB 9448—1999)** **10.2** 焊炬及割炬 只有符合有关标准（如：JB/T 5101、JB/T 6968、JB/T 6969、JB/T 6970和JB/T 7947等）的焊炬和割炬才允许使用。 使用焊炬、割炬时，必须遵守制造商关于焊、割炬点火、调节和熄火的程序规定，点火之前，操作者应检查焊、割炬的气路是否通畅、射吸能力、气密性等。 点火时应使用摩擦打火机，固定的点火器或其他适宜的火种。焊割炬不得指向人员或可燃物。 **2. 电力行业标准《电力建设安全工作规程 第1部分：火力发电》(DL 5009.1—2014)** **4.13.1** 通用规定 16 在金属容器及坑井内进行焊接与切割作业： 8）严禁将漏气的焊炬、割炬和橡胶软管带入容器内；焊炬、割炬不得在容器内点火。在作业间歇或作业完毕后，应及时将气焊、气割工具拉出容器。 **4.13.3** 气焊气割应符合下列规定： 7 焊割炬的使用： 1）焊炬、割炬点火前应检查连接处和各气阀的严密性。 2）焊炬、割炬点火时应先开乙炔阀、后开氧气阀；孔嘴不得对人。 3）焊炬、割炬的焊嘴因连续工作过热而发生爆鸣时，应用水冷却；因堵塞而爆鸣时，则应立即停用，待剔通后方可继续使用。 4）严禁将点燃的焊炬、割炬挂在工件上或放在地面上。 5）严禁将焊炬、割炬作照明用；严禁用氧气吹扫衣服或纳凉。 6）气焊、气割操作人员应戴防护眼镜。使用移动式半自动气割机或固定式气割机时操作人员应穿绝缘鞋，并采取防止触电的措施。	现场查看。 典型割炬样式如图2-8-6所示。 典型焊炬样式如图2-8-7所示

续表

序号	检查重点	标 准 要 求	检查方法
7	气焊气割作业焊割炬的使用	7）气割时应防割件倾倒、坠落。距离混凝土地面（或构件）太近或集中进行气割时，应采取隔热措施。 8）气焊、气割工作完毕后，应关闭所有气源的供气阀门，并卸下焊（割）炬。严禁只关闭焊（割）炬的阀门或将输气胶管弯折便离开工作场所。 9）严禁将未从供气阀门上卸下的输气胶管、焊炬和割炬放入管道、容器、箱、罐或工具箱内。 **3. 电力行业标准《水电水利工程施工通用安全技术规程》（DL/T 5370—2017）** **9.1.12** 在金属容器中进行气焊和气割工作时，焊割炬应在容器外点火调试，随人进出，不得任意放在容器内。不得使用漏燃气的焊割炬、管、带。 **9.3.4** 焊炬及割炬应符合《等压式焊炬、割炬》JB/T 7947 的规定。 **9.3.7** 焊割炬的使用应遵守下列规定： 1 作业前应检查焊割炬是否完好，阀门不灵活、关闭不严或手柄破损的一律不得使用。 2 不得在氧气和乙炔阀门同时开启时用手或其他物体堵住焊、割炬嘴子的出气口。焊、割炬的内外部及送气管内均不得沾染油脂。 3 不得将燃烧着的焊炬随意摆放，用毕应立即熄灭火焰。 4 焊、割时间过久，枪嘴发烫出现连续爆炸声并有停火现象时，应立即关闭，将枪嘴冷却疏通后再进行工作。作业完毕熄火后应将枪吊挂或侧放，不得将枪嘴对着地面摆放或墙面吊挂。 5 工作人员应按规定佩戴劳动保护用品。 **4. 水利行业标准《水利水电工程施工通用安全技术规程》（SL 398—2007）** **9.7.6** 焊割炬的使用应遵守下列规定： 1 工作前应检查焊、割枪各连接处的严密性及其嘴子有无堵塞现象，禁止用纯铜丝（紫铜）清理嘴孔。 2 焊、割枪点火前应检查其喷射能力，是否漏气，同时检查焊嘴和割嘴是否畅通；无喷射能力不应使用，应及时修理。 3 不应使用小焊枪焊接厚的金属，也不应使用小嘴子割枪切割较厚的金属。 4 严禁在氧气和乙炔阀门同时开启时用手或其他物体堵住焊、割枪嘴子的出气口，以防止氧气倒流入乙炔管或气瓶而引起爆炸。 5 焊、割枪的内外部及送气管内均不允许沾染油脂，以防止氧气遇到油类燃烧爆炸。 6 焊、割枪严禁对人点火，严禁将燃烧着的焊炬随意摆放，用毕及时熄灭火焰。 7 焊炬熄火时应先关闭乙炔阀，后关氧气阀；割炬则应先关高压氧气阀，后关乙炔阀和氧气阀以免回火。 8 焊、割炬点火时须先开氧气，再开乙炔，点燃后再调节火焰；遇不能点燃而出现爆声时应立即关闭阀门并进行检查和通畅嘴子后再点，严禁强行硬点以防爆炸；焊、割时间过久，枪嘴发烫出现连续爆炸声并有停火现象时，应立即关闭乙炔再关氧气，将枪嘴浸冷水疏通后再点燃工作，作业完毕熄火后应将枪吊挂或侧放，禁止将枪嘴对着地面摆放，以免引起阻塞而再用时发生回火爆炸。 9 阀门不灵活、关闭不严或手柄破损的一律不应使用。 10 工作人员应佩戴有色眼镜，以防飞溅火花灼伤眼睛	

续表

序号	检查重点	标 准 要 求	检查方法
8	氧气、乙炔集中供气系统	**1. 电力行业标准《水电水利工程施工通用安全技术规程》(DL/T 5370—2017)** **9.4.1** 大中型生产厂区的氧气与乙炔气(液化气)宜采用汇流排供气。集中供气站的设计应符合《建筑设计防火规范》GB 50016、《氧气站设计规范》GB 50030 的规定。 **9.4.2** 氧气供气间可与乙炔供气间布置在同一座建筑物内,但应以无门、窗、洞的防火墙隔开,并遵守以下规定: 1 氧气、乙炔供气间应设围墙或栅栏并悬挂明显标志。围墙距离有爆炸物的库房的安全距离应符合相关规定。 2 供气间与明火或散发火花地点的距离不得小于 10m,且不应设在地下室或半地下室内,库房内不得有地沟、暗道;库房内不得动用明火、电炉或照明取暖,并应备有足够的消防设备。 3 氧气、乙炔汇流排应有导除静电的接地装置。 4 供气间应设置气瓶的装卸平台,平台的高度应视运输工具确定,一般高出室外地坪 0.4m～1.1m;平台的宽度不宜小于 2m。室外装卸平台应搭设雨棚。 5 供气间应有良好的自然通风、降温和除尘等设施,并要保证运输通道畅通,应设置足够的消防栓和干粉或二氧化碳灭火器。 6 供气间内不得存放有毒物质及易燃、易爆物品;空瓶和实瓶应分开放置,并有明显标志,应设防止气瓶倾倒的设施。 **9.4.3** 管路系统安装,应遵守下列规定: 1 氧气和乙炔管路在室外架设或敷设时,应按规定设置防静电的接地装置,且管路与其他金属物之间绝缘应符合要求。 2 氧气管道、阀门和附件应进行脱脂处理。 3 乙炔应装设专用的减压器、回火防止器。乙炔瓶减压器出口与乙炔气软管接,应用专用扎头扎紧不得漏气。 4 氧气、乙炔气管路应分别采用蓝、白油漆涂色标识。 5 带压力的设备及管道,不得紧固修理。设备的安全附件,如压力表、安全阀应符合有关规定。 6 乙炔汇气总管与接至厂区的各乙炔分管路的出气口均应设有回火防止装置。 **9.4.4** 运行管理,应遵守下列规定: 1 系统投入正式运行前,应组织按设计技术要求进行全面检查验收,确认合格后,方可交付使用。 2 乙炔供气间的设施、消防器材应做定期检查。 3 供气间氧气、乙炔瓶不得混放,不得存放易燃物品,照明应使用防爆灯。 4 作业人员应随时检查压力情况,发现漏气立即停止供气。 5 作业人员工作时不得离开工作岗位。 6 检查乙炔间管道时,应在乙炔气瓶与管道连接的阀门关严和管内的乙炔排尽后进行。 7 作业人员应认真做好当班供气运行记录。 **2. 水利行业标准《水利水电工程施工通用安全技术规程》(SL 398—2007)** **9.8.2** 氧气供气间可与乙炔供气间的布置、设置应符合下列规定: 1 氧气供气间可与乙炔供气间布置在同一座建筑物内,但应以	1. 现场查看。 2. 检查相关记录。 3. 米尺测量。 4. 氧气汇流装置参见图 2-8-8

续表

序号	检查重点	标 准 要 求	检查方法
8	氧气、乙炔集中供气系统	无门、窗、洞的防火墙隔开。且不应设在地下室或半地下室内。 2 氧气、乙炔供气间应设围墙或栅栏并悬挂明显标志。围墙距离有爆炸物的库房的安全距离应符合相关规定。 3 供气间与明火或散发火花地点的距离不应小于 10m，供气间内不应有地沟、暗道。供气间内严禁动用明火、电炉或照明取暖，并应备有足够的消防设备。 4 氧气乙炔汇流排应有导除静电的接地装置。 5 供气间应设置气瓶的装卸平台，平台的高度应视运输工具确定，一般高出室外地坪 0.4m～1.1m；平台的宽度不宜小于 2m。室外装卸平台应搭设雨棚。 6 供气间应有良好的自然通风、降温和除尘等设施，并要保证运输通道畅通。 7 供气间内严禁存放有毒物质及易燃易爆物品；空瓶和实瓶应分开放置，并有明显标志，应设有防止气瓶倾倒的设施。 8 氧气与乙炔供气间的气瓶、管道的各种阀门打开和关闭时应缓慢进行。 9 供气间应设专人负责管理，并建立严格的安全运行操作规程、维护保养制度、防火规程和进出登记制度等，无关人员不应随便进入。 **9.8.3** 管路系统安装应遵守下列规定： 1 管路系统的设计、安装和使用应符合 GB 50030 的规定。 2 氧气和乙炔管路在室外架设或敷设时，应按规定设置防静电的接地装置，且管路与其他金属物之间绝缘应良好。 3 氧气管道、阀门和附件应进行脱脂处理。 4 乙炔气应装设专用的减压器、回火防止器，开启时，操作者应站在阀口的侧后方，动作要轻缓；乙炔瓶减压器出口与乙炔皮管，应用专用扎头扎紧不应漏气。 5 氧气、乙炔气管路应分别采用蓝、白油漆涂色标识。 6 带压力的设备及管道，禁止紧固修理。设备的安全附件，如压力表、安全阀应符合有关规定。 7 乙炔汇气总管与接至厂区的各乙炔分管路的出气口均应设有回火防止装置。 **9.8.4** 氧气、乙炔气集中供气系统运行管理应遵守下列规定： 1 系统投入正式运行前，应由主管部门组织按照本规范以及 GB 50030 的有关规定，进行全面检查验收，确认合格后，方可交付使用。 2 作业人员应熟知有关专业知识及相关安全操作规定，并经培训考核合格方可上岗。 3 乙炔供气间的设施、消防器材应定期做检查。 4 供气间严禁氧气、乙炔瓶混放，并严禁存放易燃物品，照明应使用防爆灯。 5 作业人员应随时检查压力情况，发现漏气立即停止供气。 6 作业人员工作时不应离开工作岗位，严禁吸烟。 7 检查乙炔间管道，应在乙炔气瓶与管道连接的阀门关严和管内的乙炔排尽后进行。 8 禁止在室内用电炉或明火取暖。 9 作业人员应严禁让粘有油、脂的手套、棉丝和工具同氧气瓶、瓶阀、减压器管路等接触。 10 作业人员应认真做好当班供气运行记录	

图 2-8-4 气瓶现场规范存放

图 2-8-5 氧气、乙炔回火防止器

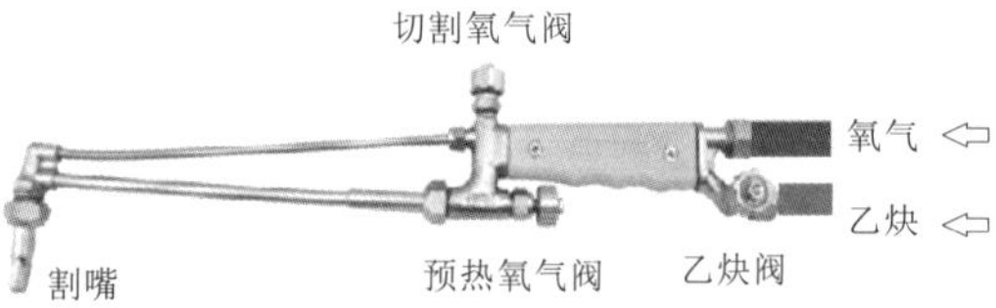

图 2-8-6 常见割炬示意图

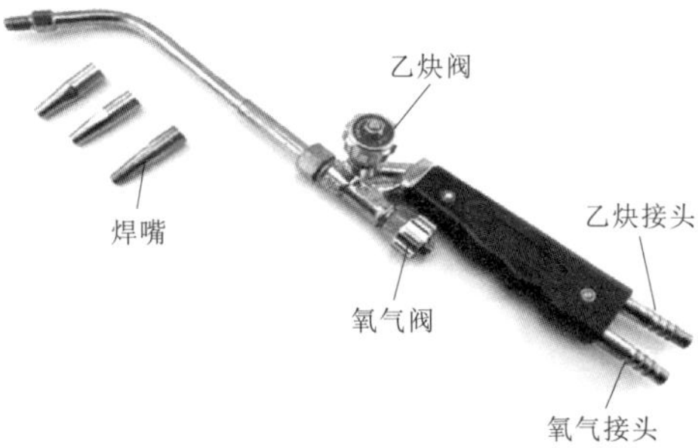

图 2-8-7 常见射吸式氧-乙炔焊炬

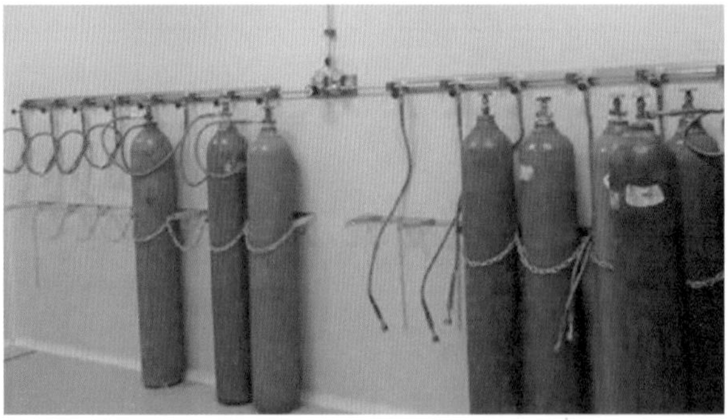

图 2-8-8 氧气汇流装置参考图

第五节 热处理作业

热处理作业安全检查重点、要求及方法见表2-8-4。

表2-8-4　　热处理作业安全检查重点、要求及方法

序号	检查重点	标准要求	检查方法
1	热处理作业场所及工作要求	**1. 电力行业标准《电力建设安全工作规程　第1部分：火力发电》(DL 5009.1—2014)** **4.13.1** 通用规定 17 焊接、切割与热处理作业结束后，必须清理场地、切断电源，仔细检查工作场所周围及防护设施，确认无起火危险后方可离开。 **4.13.4** 热处理应符合以下规定： 1 热处理场所不得存放易燃、易爆物品，并应在明显、方便的地方设置足够数量的灭火器材。 2 管道热处理场所应设围栏并挂警示牌。 3 采用电加热时，加热装置导体不得与焊件直接接触。 4 热处理作业人员应穿戴必要的劳动防护用品，应至少两人参与作业。 5 热处理作业时，操作人员不得擅自离开。工作结束后应详细检查，确认无起火危险后方可离开。 6 热处理设备带电部分不得裸露。 7 热处理加热片拆除作业时，应有可靠的防烫伤措施。 8 热处理作业专用电缆敷设遇到带有棱角的物体时应采取保护措施；遇通道时应有防止碾压措施。 9 严禁使用损坏的热处理加热片，严禁带电拆除热处理加热片。 **2. 电力行业标准《火力发电厂焊接热处理技术规程》(DL/T 819—2019)** **4.4.1** 焊接热处理作业中除应符合相关的安全作业要求之外，还应符合下列要求： a) 热处理人员应穿戴必要的劳动防护用品，并防止烫伤。 b) 应至少两人参与作业。 c) 采用电加热时，应防止加热装置导体与焊件接触。 **4.4.2** 采用红外测温仪时，应避免激光直接或间接射入人眼	现场查看

第九章

土 石 方 工 程

第一节 土石方工程概述

一、术语或定义

(1) 滑坡：指斜坡上的部分岩体和土体在自然或人为因素的影响下沿某一明显界面发生剪切破坏向坡下运动的现象。

(2) 支护：指为保证边坡、基坑及其周边环境的安全，采取的支挡、加固与防护措施。

二、主要检查要求综述

土石方工程安全检查主要是对土石方填筑、土石方明挖、土石方暗挖、施工支护等作业活动进行检查，确认这些要素是否符合相关标准、规程、规范和规定的要求，避免坍塌、中毒窒息等安全事故的发生。

第二节 土石方填筑作业

土石方填筑作业安全检查重点、要求及方法见表 2-9-1。

表 2-9-1　　土石方填筑作业安全检查重点、要求及方法

序号	检查重点	标　准　要　求	检查方法
1	土石方填筑作业基本要求	**电力行业标准《水电水利工程土建施工安全技术规程》(DL/T 5371—2017)** **4.7.1**　土石方填筑应按施工组织设计进行施工，不应危及周围建筑物的结构或施工安全，不应危及相邻设备、设施的安全运行。 **4.7.2**　夜间作业时，现场应有足够照明，在危险地段设置明显的警示标志和护栏	1. 查阅施工组织设计或者作业指导书等，确认现场作业行为。 2. 查看现场作业环境及安全措施落实情况
2	土石方工程陆上填筑作业要求	**1. 国家标准《建筑与市政施工现场安全卫生与职业健康通用规范》(GB 55034—2022)** **3.5.7**　基坑回填应在具有挡土功能的结构强度达到设计要求后进行 **2. 电力行业标准《水电水利工程土建施工安全技术规程》(DL/T 5371—2017)** **4.7.3**　陆上填筑应遵守下列规定：	1. 现场检查土方回填作业方案措施落实情况。 2. 现场检查基坑（槽）挡土墙支护、排桩支护、锚杆（索）支护、喷锚支护、土钉墙支护等支护措施；坑、

续表

序号	检查重点	标 准 要 求	检查方法
2	土石方工程陆上填筑作业要求	1）基坑（槽）土方回填时，应先检查坑、槽壁的稳定情况，用小车卸土不应撒把，坑、槽边应设横木车挡。卸土时，坑槽内不应有人。 2）基坑（槽）的支撑，应根据已回填的高度，按施工组织设计要求依次拆除，不得提前拆除坑、槽内的支撑	槽边横木车挡等安全措施
3	土石方工程水下填筑作业要求	**电力行业标准《水电水利工程土建施工安全技术规程》（DL/T 5371—2017）** **4.7.6** 水下填筑应遵守下列规定： 1 所有船舶航行、运输、驻位、停靠等参照水下开挖中船舶相关操作规程的内容执行。 2 船上作业人员应正确穿救生衣、戴安全帽，并经过水上作业安全技术培训。 3 为了保证抛填作业安全及抛填位置的准确率，宜选择在风力小于3级、浪高小于0.5m的风浪条件下进行作业。 4 水下基床填筑应遵守下列规定。 1）定位船及抛石船的驻位方式，应根据基床宽度、抛石船尺度、风浪和水流确定，定位船参照所设岸标或浮标，通过锚泊系统预先泊位，并由专职安全管理人员及时检查锚泊系统的完好情况。 2）采用装载机、挖掘机等机械在船上抛填时，宜采用400t以上的平板驳，抛填时为避免船舶倾斜过大，船上块石在测量人员的指挥下，对称抛入水中。 3）人工抛填时，应遵循“由上至下、两侧块石对称抛投”的原则抛投；不应站在石堆下方掏取石块。 5）补抛块石时，需通过透水的串筒抛投至潜水员指定的区域，不应不通过串筒直接将块石抛入水中。 6）潜水员在水下作业时，应处在已抛块石的顶部，面向水流方向按序进行水下基床整平作业。 8）基床重锤夯实作业过程中，周围100m范围之内不应进行潜水作业。 9）吊钩应设有封钩装置，以防止脱钩。 11）经常检查钢丝绳、吊臂等有无断丝、裂缝等异常情况，若有异常应按《起重机械安全规程》GB/T 6067的要求及时采取措施进行处理	1. 现场检查水下开挖中船舶相关操作规程的执行情况。 2. 现场检查船上作业人员安全防护用品佩戴情况；查阅潜水员证件及船上作业人员等培训相关资料。潜水员建议持有中国潜水打捞行业协会颁发的《潜水员证》（查询网址 http：//t3.feng - du.com/admin/）。 3. 现场检查定位船及抛石船的驻位方式，查阅专职安全管理人员检查锚泊系统的相关记录。 4. 现场检查抛填作业气象条件。检查采用装载机、挖掘机等机械在船上抛填、人工抛填、水下补抛作业行为。 5. 现场检查抛填作业行为（如：基床重锤夯实作业过程中，周围100m范围之内是否有潜水作业；夯锤是否为低重心扁式截头圆锥体，吊钩是否有封钩装置；打夯作业人员精神状态是否良好；钢丝绳、吊臂等有无断丝、裂缝等异常情况）
4	土石方工程重力式码头沉箱内填料作业	**电力行业标准《水电水利工程土建施工安全技术规程》（DL/T 5371—2017）** **4.7.6** 水下填筑物应遵守下列规定： 5 重力式码头沉箱内填料作业应遵循下列规定： 1）沉箱内填料，一般采用砂、卵石、渣石或块石。填料时应均匀抛填，各格舱壁两侧的高差宜控制在1m以内，以免造成沉箱倾斜、格舱壁开裂。	1. 现场检查测量沉箱内填料均匀程度和高度、沉箱顶部保护措施、沉箱码头减压棱体、压脚棱体等是否符合抛填规范要求。

续表

序号	检查重点	标准要求	检查方法
4	土石方工程重力式码头沉箱内填料作业	2）为防止填料砸坏沉箱壁的顶部，在其顶部要覆盖型钢、木板或橡胶保护。 3）沉箱码头的减压棱体（或后方回填土）应在箱内填料完成后进行。扶壁码头的扶壁若设有尾板，在填棱体时应防止石料进入尾板下而失去减小前趾压力的作用。抛填压脚棱体应防止其向坡脚滑移。 4）为保证箱体回填时不受回填时产生的挤压力而导致结构位移及失稳，减压棱体和倒滤层宜采用民船或方驳于水上进行抛填。对于沉箱码头，为提高抛填速度，可考虑从陆上运料于沉箱上抛填一部分。抛填前，发现基床和岸坡上有回淤和塌坡，按设计要求进行清理	2. 现场检查箱体回填过程，查看沉箱是否有位移及失稳；抛填前是否对基床和岸坡上回淤和塌坡等进行处理

第三节 土石方明挖作业

一、土方明挖作业

土方明挖作业安全检查重点、要求及方法见表 2－9－2。

表 2－9－2　　土方明挖作业安全检查重点、要求及方法

序号	检查重点	标准要求	检查方法
1	土方边坡明挖作业	**1. 国家标准《建筑与市政施工现场安全卫生与职业健康通用规范》（GB 55034—2022）** **3.5.1** 土方开挖的顺序、方法应与设计工况相一致，严禁超挖。 **3.5.2** 边坡坡顶、基坑顶部及底部应采取截水或排水措施。 **3.5.3** 边坡及基坑周边堆放材料、停放设备设施或使用机械设备等荷载严禁超过设计要求的地面荷载限值。 **3.5.4** 边坡及基坑开挖作业过程中，应根据设计和施工方案进行监测。 **2. 电力行业标准《水电水利工程土建施工安全技术规程》（DL/T 5371—2017）** **4.2.1** 土方边坡开挖作业应遵守下列规定： 1 人工挖掘应保持足够的安全距离，横向间距不小于 2m，纵向间距不小于 3m。 2 人工挖掘分层厚度不应超过 2m，不应掏根挖土和反坡挖土。 3 人工在基坑（槽）内向上部运土时，应在边坡上挖台阶，其宽度一般不小于 0.7m，不应利用挡土支撑存放土、石、工具或站在支撑上传运。 4 高陡边坡开挖作业人员应按规定系好安全带或安全绳。 5 开挖工作应与装运作业面相互错开，应避免上、下交叉作业。 7 坡面上的操作人员应及时清除松动的土、石块，不应在危石下方作业、休息和存放机具。 9 滑坡地段的开挖，应从滑坡体两侧向中部自上而下进行，不应全面拉槽开挖，弃土不应堆在滑动区域内。开挖时应有专职人员监护，随时注意滑动体的变化情况。 10 已开挖的地段，边坡应分层设置排水沟至坡外。	1. 现场检查测量作业人员安全距离、安全防护用品佩戴情况。 2. 现场检查作业部位和周边边坡、山体的稳定情况、坡面松散石块及危石清理情况。 3. 现场检查测量人工挖掘分层厚度，开挖、基坑（槽）内向上部运土、开挖与装运等作业行为。 4. 现场检查开挖过程中气象条件、滑坡地段的开挖方式、排水沟分层设置、构筑物附近挖土防坍塌措施、防护栏栅设置等施工作业行为。 5. 现场检查大型机械挖土安全措施及通行要求

续表

序号	检查重点	标准要求	检查方法
1	土方边坡明挖作业	11 在靠近建筑物、设备基础、路基、高压铁塔、电杆等构筑物附近挖土时，应制定防坍塌的安全措施。 13 在不良气象条件下，不应进行边坡开挖作业。 14 当边坡高度大于5m时，应在适当高程设置防护栏栅。 15 采用大型机械挖土时，应对机械停放地点、行走路线、运土方式、挖土分层、电力线路架设等进行实地勘察，并制定相应的安全措施。 16 大型设备通过的道路、桥梁或工作地点的地面基础，应有足够的承载力，否则应采取加固措施	
2	有支撑的土方明挖	**电力行业标准《水电水利工程土建施工安全技术规程》（DL/T 5371—2017）** **4.2.2** 有支撑的挖土作业应遵守下列规定： 1 挖土不能按规定放坡时，应采取固壁支撑的施工方法。 2 在土壤正常含水量下所挖掘的基坑（槽），如是垂直边坡，在松软土质中最大挖深不应超过1.2m，在密实土质中最大挖深不应超过1.5m，否则应设固壁支撑。 3 操作人员上下基坑（槽）时，不应攀登固壁支撑，人员通行应设通行斜道或搭设梯子。 4 雨后、解冻以及处于爆破区放炮以后，应对支撑进行安全检查。 5 拆除支撑前应检查基坑（槽）情况，并自上而下逐层拆除	1. 现场检查测量固壁支撑安设及拆除作业。 2. 现场检查人员上下基坑（槽）专用通道措施。 3. 查阅雨后、解冻以及放炮后针对支撑的检查资料
3	土方挖运	**水利行业标准《水利水电工程土建施工安全技术规程》（SL 399—2007）** **3.2.3** 土方挖运作业应遵守下列规定： 1 人工挖土应遵守下列规定： 1）工具应安装牢固。 2）在挖运时，开挖土方作业人员之间的安全距离，不应小于2m。 3）在基坑（槽）内向上部运土时，应在边坡上挖台阶，其宽度不宜小于0.7m，不应利用挡土支撑存放土、石、工具或站在支撑上传运。 2 人工挖土、配合机械吊运土方时，机械操作应配备有施工经验的人员统一指挥。 3 采用大型机械挖土时，应对机械停放地点、行走路线、运土方式、挖土分层、电源架设等进行实地勘察，并制定相应的安全措施。 4 大型设备通过的道路、桥梁或工作地点的地面基础，应有足够的承载力。否则应采取加固措施。 5 在对铲斗内积存料物进行清除时，应切断机械动力，清除作业时应有专人监护，机械操作人员不应离开操作岗位	1. 现场检查测量作业人员间安全距离，检查人工挖土、配合机械吊运土方专人指挥及清除铲斗内积存物料监护情况等。 2. 查阅施工组织设计或专项施工方案，是否对大型机械挖土时机械停放地点、行走路线、运土方式、挖土分层、电源架设等有相应的安全措施。 3. 检查现场条件是否满足大型设备使用及运行
4	土方爆破开挖	**电力行业标准《水电水利工程土建施工安全技术规程》（DL/T 5371—2017）** **4.2.3** 土方爆破开挖作业应遵守下列规定： 1 土方爆破开挖作业，应制定爆破方案，并遵守《爆破安全规程》GB 6722的有关规定。 2 松动或抛掷大体积的冻土时，应合理选择爆破参数，并制定安全控制措施和确定控制范围	1. 查阅爆破设计方案。 2. 现场查看爆破设计方案执行情况，爆破参数是否合理。 3. 爆破作业应满足第十二章爆破作业管理要求

续表

序号	检查重点	标准要求	检查方法
5	土方水力开挖	**水利行业标准《水利水电工程土建施工安全技术规程》（SL 399—2007）** **3.2.5** 土方水力开挖作业应遵守下列规定： 1 开挖前，应对水枪操作人员、高压水泵运行人员，进行冲、采作业安全教育，并对全体作业人员进行安全技术交底。 3 水枪布置的安全距离（指水枪喷嘴到开始冲采点的距离）不宜小于3m，同层之间距离保持20m～30m，上、下层之间枪距保持10m～15m。 4 冲土应充分利用水柱的有效射程（不宜超过6m）。作业前，应根据地形、地貌，合理布置输泥渠槽、供水设备、人行安全通道等，并确定每台水枪的冲采范围、冲采顺序以及有关安全技术措施。 5 冲采过程中应遵守以下规定： 1）水枪设备定置要平稳牢固，不得倾斜。转动部分应灵活，喷嘴、稳流器不应堵塞。 2）枪体不应靠近输泥槽，分层冲土的多台水枪应上下放在一条线上；与开采面应留有足够的安全距离，防止坍塌压伤人员和设备。 3）水枪不应在无人操作的情况下启动。 4）水枪射程范围内，不应有人通行、停留或工作。 5）冲采时，水柱不得与各种导线接触。 6）结冰时，宜停止冲采施工。 7）每台水枪应由两人轮换操作，其中一人观察土体崩坍、移动等情况，并随时转告上、下、左、右枪手，不应一人操作，一人不在场。 8）冲采时，应有专职安全人员进行现场监护。 9）停止冲采时，应先停水泵，然后将水枪口向上停置	1. 查阅水枪操作、高压水泵运行人员冲采作业安全教育及交底相关记录。 2. 现场测量水枪喷嘴到冲采点安全距离。 3. 现场查看冲采作业现场布置及安全技术措施。 4. 现场查看冲采过程作业行为是否规范，冲采作业是否有专人现场监护

二、石方明挖作业

石方明挖作业安全检查重点、要求及方法见表2-9-3。

表2-9-3　石方明挖作业安全检查重点、要求及方法

序号	检查重点	标准要求	检查方法
1	石方明挖基本要求	**电力行业标准《水电水利工程土建施工安全技术规程》（DL/T 5371—2017）** **4.4.1** 机械凿岩时，应采用湿式凿岩或装有能够达到职业健康标准的除尘装置。 **4.4.2** 开钻前，应检查工作面附近岩石是否稳定、有无盲炮，发现问题应立即处理，不应在残眼中继续钻孔。 **4.4.3** 开挖作业开工前应将设计边线外至少10m范围内的浮石、杂物清除干净，坡顶应设截水沟，坡顶是陡坡时应设置安全防护栏设施。 **4.4.4** 对开挖部位设计开口线以外的坡面、岸坡和坑槽开挖，应进行安全处理后再作业。 **4.4.5** 对开挖深度较大的坡（壁）面，每下降5m，应进行一次清坡、测量、检查。对断层、裂隙、破碎带等不良地质构造，应按设计要求及时进行加固或防护，应避免形成高边坡后进行处理。	1. 现场检查机械凿岩设备（是否湿式凿岩，或者干式凿岩设备除尘效果达到职业健康标准）。 2. 现场检查坡面浮石、杂物清理、坡面安全处理等凿岩施工作业行为。 3. 现场检查测量开挖深度每下降5m进行一次清坡、测量、检查，对不良地质进行加固或防护。

续表

序号	检查重点	标 准 要 求	检查方法
1	石方明挖基本要求	**4.4.6** 撬挖作业时应遵守下列规定： 1 不应站在石块滑落的方向撬挖或上下层同时撬挖。 2 在撬挖作业的下方不应通行，并应有专人监护。 3 撬挖人员应保持适当间距。在35°以上陡坡作业，要求每位作业人员单独系安全带、安全绳，不应多人共用一根安全绳。撬挖作业应白天进行	4. 现场检查撬挖作业行为（如：是否站在石块滑落方向撬挖或上下层同时撬挖；有无专人监护；35°以上陡坡撬挖作业是否系好安全绳、佩戴安全带）
2	高边坡石方作业	**电力行业标准《水电水利工程土建施工安全技术规程》（DL/T 5371—2017）** **4.4.7** 高边坡作业时应遵守以下规定： 1 高边坡施工搭设的脚手架、排架平台等应符合设计要求，满足施工载荷，操作平台满铺、牢固，临空边缘应设置挡脚板，并经验收合格后，方可投入使用。 2 上下层垂直交叉作业，中间应设有隔离防护棚，或者将作业时间错开，并应有专人监护。 3 高边坡每梯段开挖完成后，应进行一次安全处理。 4 对具有断层、裂隙、破碎带等不良地质构造的高边坡，应按设计要求及时采取锚喷或加固等支护措施。 5 在高边坡底部、基坑施工作业上方边坡应设置安全防护设施。 6 高边坡施工时应有专人定期检查，并对边坡稳定进行监测。 7 高边坡开挖应边开挖边支护	1. 查阅高边坡施工脚手架、排架设计方案，并现场检查测量。 2. 现场检查上下层垂直交叉作业；高边坡底部、基坑施工安全防护设施。 3. 现场检查高边坡开挖梯段安全处理及对断层、裂隙、破碎带等不良地质构造的支护措施。 4. 现场检查并测量高边坡施工边坡稳定性，并查阅巡查记录。 5. 查阅高边坡开挖施工方案，现场检查作业情况
3	石方挖运作业	**电力行业标准《水电水利工程土建施工安全技术规程》（DL/T 5371—2017）** **4.4.8** 石方挖运作业时应遵守下列规定： 1 挖装设备的运行回转半径范围以内严禁人员停留。 2 电动挖掘机的电缆应有防护措施，人工移动电缆时，应戴绝缘手套和穿绝缘靴。 3 爆破前，挖掘机应退出危险区避炮，并做好防护。 4 弃渣地点靠边缘处应有挡轮木和明显标志，并设专人指挥	1. 现场检查挖装设备作业行为。 2. 现场检查电缆防护措施及人员防护措施。 3. 现场检查弃渣点临边挡轮木设置及专人指挥
4	石方爆破作业	**水利行业标准《水利水电工程土建施工安全技术规程》（SL 399—2007）** **3.6.2** 露天爆破应遵守下列规定： 1 在爆破危险区内有两个以上的单位（作业组）进行露天爆破作业时，应由有关部门和发包方组织各施工单位成立统一的爆破指挥部，指挥爆破作业。各施工单位应建立起爆掩体，并采用远距离起爆。 2 同一区段的二次爆破，应采用一次点火或远距离起爆。 3 松软岩土或砂床爆破后，应在爆区设置明显标志，并对空穴、陷坑进行安全检查，确认无塌陷危险后，方可恢复作业。 4 露天爆破需设避炮掩体时，掩体应设在冲击波危险范围之外并构筑坚固紧密，位置和方向应能防止飞石和炮烟的危害；通达避炮掩体的道路不应有任何障碍	1. 现场检查爆破危险区内两个以上单位（作业组）进行露天爆破作业时，指挥部设立及爆破掩体设置。 2. 现场检查同一区段的二次爆破起爆作业行为。 3. 现场检查松软岩土或砂床爆破后标志设置；并查阅安全检查记录

第四节 土石方暗挖作业

一、土方暗挖作业

土方暗挖作业安全检查重点、要求及方法见表2-9-4。

表2-9-4　　土方暗挖作业安全检查重点、要求及方法

序号	检查重点	标　准　要　求	检查方法
1	土方暗挖基本要求	**电力行业标准《水电水利工程土建施工安全技术规程》(DL/T 5371—2017)** **4.3.1** 作业人员到达工作地点时，应首先检查工作面是否处于安全状态，并检查支护是否牢固，如有松动的石、土块或裂缝应先予以清除或支护	现场检查作业面环境（浮石清理、支护等）
2	土方暗挖洞口施工要求	**电力行业标准《水电水利工程土建施工安全技术规程》(DL/T 5371—2017)** **4.3.2** 土方暗挖的洞口施工应遵守下列规定： 1 有良好的排水措施。 2 应及时清理洞脸与锁口。在洞脸边坡外侧应设置挡渣墙或积石槽，或在洞口设置钢或木结构防护棚，其顺洞轴方向伸出洞口外长度不得小于5m。 3 洞口以上边坡和两侧应采用锚喷支护或混凝土永久支护措施	现场检查洞口、洞脸周边排水、挡渣、锁口、防护棚及支护措施
3	土方暗挖洞内施工要求	**电力行业标准《水电水利工程土建施工安全技术规程》(DL/T 5371—2017)** **4.3.3** 土方暗挖应遵循“管超前、严注浆、短开挖、强支护、快封闭、勤量测、速反馈”的施工原则。 **4.3.4** 开挖过程中，如出现整体裂缝或滑动迹象时，应立即停止施工，将人员、设备尽快撤离至安全部位，视开裂或滑动程度采取不同的应急措施。 **4.3.5** 土方暗挖的循环控制在0.5m～0.75m范围内，开挖后及时喷素混凝土加以封闭，尽快形成拱圈，在安全受控的情况下，方可进行下一循环的施工。 **4.3.7** 土方暗挖作业面应保持地面平整、无积水，洞壁两侧下边缘应设排水沟。 **4.3.8** 洞内使用内燃机施工设备，应配有废气净化装置，不应使用汽油发动机施工设备。进洞深度大于洞径5倍时，应采取机械通风措施，送风能力应满足$3m^3/(人 \cdot min)$，并能满足冲淡、排除燃油发动机和爆破烟尘的需要	1. 查阅土方暗挖作业专项施工方案。 2. 查阅针对开挖过程出现整体裂缝或滑动迹象时应急预案及处置措施。 3. 现场检查洞内开挖的循环控制及支护形式、强度等情况。 4. 现场查看洞内排水沟、机械通风、洞内内燃机施工设备废气净化装置等设置。并使用有毒有害气体监测仪对洞内气体进行监测

二、石方暗挖作业

石方暗挖作业安全检查重点、要求及方法见表2-9-5。

表2-9-5　　石方暗挖作业安全检查重点、要求及方法

序号	检查重点	标　准　要　求	检查方法
1	洞室开挖作业要求	**电力行业标准《水电水利工程土建施工安全技术规程》(DL/T 5371—2017)** **4.5.1** 洞室开挖应符合下列规定：	1. 现场检查洞口边坡清理、坡面马道加固及排水、防护棚搭设、洞

续表

序号	检查重点	标 准 要 求	检查方法
1	洞室开挖作业要求	1 洞室开挖的洞口边坡上不应存在浮石、危石及倒悬石。 2 洞口削坡，应按照明挖要求进行。不应上下同时作业，并做好坡面、马道加固及排水。 3 进洞前，应对洞脸岩体进行察看，确认稳定或采取可靠措施后方可开挖洞口。 4 洞口应设置防护棚。其顺洞轴方向的长度，可依据实际地形、地质和洞型断面选定，一般不宜小于5m。 5 自洞口计起，当洞挖长度为15m～20m时，应依据地质条件、断面尺寸，及时做好洞口永久性或临时性支护，支护长度一般不应小于10m。当地质条件不良，全部洞身应进行支护时，洞口段则应进行永久性支护。 6 存在有毒有害气体的隧洞施工应对有毒有害气体进行监测监控，加强通风管理，严禁浓度超标施工作业。 8 暗挖作业设置的风、水、电等管线路应符合相关安全规定。 9 每次爆破后应立即通风散烟，待洞内空气质量达到作业要求后进行安全检查，清除危石、浮石。洞内进行安全处理时应有专人监护与观察	口支护等措施。 2. 查阅相关记录资料，并现场使用有毒有害气体监测仪进行监测。 3. 现场检查暗挖作业的风、水、电等管线路设置。 4. 现场查看，爆后排烟、危石、浮石清除措施及记录
2	斜、竖井开挖作业要求	**电力行业标准《水电水利工程土建施工安全技术规程》（DL/T 5371—2017）** **4.5.2** 斜、竖井开挖应符合下列规定： 1 斜、竖井的井口附近，应在施工前做好修整，四周设置截、排水沟，井口应采用锚喷、衬砌等方式封闭，竖井井口平台应比地面至少高出0.5m。井口设有高度不低于1.2m的防护围栏，距围栏底部0.5m处应全封闭。 2 井口及井底四周应设置醒目的安全标志。 4 井深大于10m时应设置通风排烟设施。 5 斜、竖井采用自上而下全断面开挖方法时，应遵守下列规定： 1）井壁应设置人行爬梯。爬梯应锁定牢固，踏步平齐，设有拱圈和休息平台。井深超过30m时，上下人员宜采用专用提升设施。 2）人员上下采用专用提升设施时，应进行专门的设计，经检验合格后使用，应编制专项安全规程。 3）井口上部有渗水时，应有防水、排水措施。 6 竖井采用自上而下先打导洞再进行扩挖时，应遵守下列规定： 1）爆破后必须认真处理浮石和井壁。 2）钻爆、扒渣等作业人员应系好安全带。 3）导井被堵塞时，严禁到导井口位置或井内进行处理，以防止石渣坠落砸伤	1. 现场查看斜、竖井井口封闭、渗水排水、防护措施及安全标志设置，通风排烟设施设置。 2. 斜、竖井采用自上而下全断面开挖时，现场查看井壁人行爬梯或专用提升设施的设置情况，并查阅专用提升设施设计方案及检验合格证明、安全规程等资料。 3. 采用自上而下先打导洞再扩挖时，现场查看竖井爆后井壁浮石处理及作业人员安全防护用品佩戴情况
3	不良地质地段开挖作业要求	**电力行业标准《水电水利工程土建施工安全技术规程》（DL/T 5371—2017）** **4.5.6** 不良地质地段开挖应遵守下列规定： 1 不良地质地段施工应考虑专项施工技术方案不合理，开挖方法选择不当；超前地质预测、预报工作不到位，分析判断不准确；初期支护不及时，支护强度不够；量测数据失真，反馈信息不及时；瓦斯隧洞施工机械设备、检测仪器未按规定配置，通风效果差等危害因素。	1. 检查专项施工方案完整性；并现场检查方案支护措施落实。 2. 查阅相关记录资料，并现场查看超前地质预报。 3. 查阅安全监护人员的检查记录及交接班记录；并现场查看监护情况。

续表

序号	检查重点	标 准 要 求	检查方法
3	不良地质地段开挖作业要求	2 不良工程地质地段施工应做好超前地质预报，施工按照《水工建筑物地下工程开挖施工技术规范》DL/T 5099 的规定执行。 3 不良地质地段的支护要严格按施工方案进行，待支护稳定并验收合格后方可进行下一工序的施工。 4 开挖作业现场应设置专职安全监护人员进行全程监护作业。应重点检查工作面围岩裂隙、掉块、掉沙、岩爆声响、渗水流量变化、钢支撑喷护面变形、裂隙、喷混凝土脱落等危险有害现象，安全监护人员应对检查状况进行记录，交接班时应向接班安全监护人员交接安全状况。 5 施工中应定时采集围岩变形监测仪器数据并分析，观察围岩、渗水、钢支撑、喷护面的变化状况，当出现异常情况时，所有作业人员应立即撤至安全地带，并对现场进行封闭，设置安全警示标志。 6 应做好工程地质、地下水类型和涌水量的预报工作，并设置排水沟、积水坑和抽排水设备	4. 现场检查测量并查阅围岩变形监测数据，相关工程地质、地下水类型和涌水量监测记录资料，现场检查排水沟、积水坑和抽排水设备
4	岩溶地段开挖作业要求	**电力行业标准《水电水利工程土建施工安全技术规程》（DL/T 5371—2017）** **4.5.6** 不良地质地段开挖应遵守下列规定： 9 岩溶地段施工应遵守下列规定： 1）应根据设计图纸采取物探、超前探钻等手段探明溶洞类型、规模、填充物、地下水等情况，编制切合实际的专项安全技术施工措施。 2）溶洞应按照专项措施支护完成后，才可进行开挖作业。 3）钻孔作业前，应超前钻孔探测，进一步探明作业前方地质状况。 4）当发生涌水、涌沙与泥石流时，应按措施做好涌水、涌沙、涌泥的引排，避免发生次生事故	1. 查阅专项施工方案或安全技术措施。 2. 现场检查溶洞支护措施、超前钻孔探测、应急措施的制定及落实
5	岩爆地段开挖作业要求	**电力行业标准《水电水利工程土建施工安全技术规程》（DL/T 5371—2017）** **4.5.6** 不良地质地段开挖应遵守下列规定： 10 岩爆地段施工应遵守下列规定： 1）对可能发生岩爆的地段施工，应对围岩特性、水文地质情况进行预报。 2）中等以上岩爆地段施工，应采用机械作业为主的施工方案，采用凿岩台车钻孔，机械手喷射混凝土。 3）中等岩爆地段，应在隧道开挖断面轮廓线外 10cm～15cm 范围的边墙及拱部，钻设注水孔，并向孔内灌高压水，软化围岩，加快围岩内部的应力释放。 4）强烈岩爆地段，应采用即时受力锚杆，同时挂设钢筋网或柔性防护网；应在开挖工作面上钻应力释放孔或掘进小导洞，使岩层中的高地应力部分释放，再进行隧道的开挖；应采用超前锚杆预支护，锁定开挖面前方的围岩。 5）岩爆地段开挖应采取短进尺，并采用光面爆破或预裂爆破技术。 6）岩爆段隧洞施工在拱部及边墙布置长度为 2m 左右，间距为 0.5m～1.0m 预防岩爆的短锚杆，并采用机械手进行网喷纤维混凝土。	1. 查阅相关岩爆地段围岩特性、水文地质情况预报记录资料。 2. 现场检查中等、中等以上、强烈岩爆地段施工措施。 3. 现场检查测量岩爆地段爆破开挖作业、预防岩爆短锚杆施工、施工机械防护等措施。 4. 查阅岩爆的位置、强度、类型、数量以及山鸣等现象相关记录 5. 现场检查岩爆后的摩擦式锚杆设置

续表

序号	检查重点	标准要求	检查方法
5	岩爆地段开挖作业要求	7）发生岩爆时应停机待避，待检查安全后应对岩爆的位置、强度、类型、数量以及山鸣等现象进行记录。 8）发生岩爆后应增设摩擦式锚杆（不能替代系统锚杆），锚杆应装垫板，及时增喷厚度为5cm～8cm的纤维混凝土。 9）施工机械重要部位应加装防护钢板，避免岩爆弹射出的岩块伤及作业人员和砸坏施工设备	
6	瓦斯地段开挖作业要求	**电力行业标准《水电水利工程土建施工安全技术规程》（DL/T 5371—2017）** **4.5.6** 不良地质地段开挖应遵守下列规定： 11 瓦斯地段施工应遵守下列规定： 1）当爆破工作面20m以内风流瓦斯浓度达到1.0%，必须停止作业，撤出工作人员，切断电源，采取措施进行处理。 2）应配备专职瓦斯检测人员，制定瓦检制度，对监测仪器要定时检查率定。 3）瓦斯检查频次应按照：低瓦斯工作区每班2次；高瓦斯区域每班3次；瓦斯突出较大变化异常的区域应配专人时常检查；长期停工后复工前，隧道塌方后处理前应进行瓦斯检查。 4）开挖面应采用光面爆破技术减少瓦斯聚集，开挖后应及时锚喷支护，封闭岩面，堵塞缝隙防止瓦斯继续逸出。 5）瓦斯隧洞爆破作业应使用煤矿许用炸药和煤矿许用瞬发电雷管或煤矿许用毫秒延期电雷管，不应使用火雷管。 6）瓦斯隧道通风机应有2条独立供电线路，装设风电闭锁装置。应使用具有抗静电、阻燃材质的通风管。 7）施工作业应24h不间断通风，最小风速不应小于1.0m/s。临时停工工作面不应停风，长期停工工作面应切断电源，围栏封闭挂设警示标志，复工前应通风降低瓦斯浓度，瓦斯浓度不应大于1.0%。 8）机电设备、照明灯具、开关、电缆、电动机等，均应采用防爆型式。移动照明应采用矿灯。 9）用电线路不应使用裸线与接触不良的导线。低瓦斯隧道电压不应大于220V，高瓦斯隧道电压不应大于110V，接地电阻不应大于2Ω。 10）洞口20m范围内不应有火源。洞内不应进行电焊、气焊等产生高温和发生火花作业，确需动火作业需制定安全措施。作业人员不应穿易产生静电的工作服	1. 查阅瓦检制度、监测仪器率定、瓦斯浓度监测记录、人员配置等资料；现场检查测量瓦斯浓度及措施落实。 2. 现场检查爆破作业及爆炸物品使用情况。 3. 现场检查通风、电气设备、用电线路设置。 4. 现场检查洞口周边动火作业情况及作业人员着装
7	石方机械挖运作业要求	**电力行业标准《水电水利工程土建施工安全技术规程》（DL/T 5371—2017）** **4.5.7** 石方机械挖运应遵守下列规定： 1 洞内严禁使用汽油机为动力的石方挖运设备，机械挖运设备应有废气净化措施。 2 挖装设备驾驶室不应搭载非设备操作人员，机械运转中其他人员严禁登车。 3 挖运现场应有足够的照明，灯光不应影响司机操作。 4 出渣地点应有明显标志，并设专人指挥。 5 装载机装车时严禁装偏，卸渣应缓慢，石渣不应超过运输车辆厢板高度。 6 装载机工作地点四周严禁人员停留，装载机后退时应连续鸣号	1. 现场检查洞内石方挖运设备及其相关操作规程执行。 2. 现场检查现场照明设施、安全标志设置

续表

序号	检查重点	标 准 要 求	检查方法
8	石方暗挖作业通风、除尘以及排水要求	**电力行业标准《水电水利工程土建施工安全技术规程》（DL/T 5371—2017）** **4.5.10** 通风、除尘以及排水应遵守下列规定： 1 洞内通风与降尘主要考虑以下危险源与危险因素：供风量不足，通风不畅；洞内一氧化碳、二氧化碳、瓦斯等有毒有害气体超标；粉尘超标。 2 进洞深度大于洞径5倍时，应采取机械通风，送风能力应满足$3m^3$/(人·min)的新鲜空气，工作面风速不应小于0.15m/s，洞井斜井最大风速为4m/s，运输洞通风处最大风速为6m/s，升降人员与器材的井筒最大风速为8m/s。 3 通风采用压风时，风管端头距开挖工作面10m～15m；若采取吸风时，风管端以20m为宜。 4 施工中洞内氧气按体积计算不应小于20%，粉尘与有毒有害气体含量应遵守《水工建筑物地下工程开挖施工技术规范》DL/T 5099的相关规定。 5 钻爆作业应采用湿式凿岩。大型洞室台阶开挖采用潜孔钻机时，应装有符合国家工业卫生标准的除尘装置。爆破后可采用喷雾降尘。 6 混凝土支护，应采用湿喷工艺。 7 洞内平均温度不应超过28℃。 8 洞内噪声不应大于90dB(A)，超过时应采取消声或其他防护措施。 9 通风机与风管安装布置应遵守下列规定： 1）通风机的吸风口高度不应低于3m，吸风口应设防护网。 2）管路宜靠岩壁吊起，不应阻碍人行车辆通道，架空安装时，支点或吊挂应牢固可靠。 3）通风设备安装点不应阻碍机械设备通行，支架应采用锚杆固定牢固，通风设备与支架固定螺栓应拧紧，应禁止随意攀爬支架，并设置安全警示标志。 4）严禁在通风管上放置或悬挂任何物体。 12 洞内排水系统管路的布置应紧靠洞壁，并采用托架进行架设，不应阻碍行人车辆通道	1. 查阅专项施工方案，并现场检查机械通风机及风管的设置情况，并测量送风量。 2. 现场使用有毒有害气体监测仪对洞内氧气含量及有毒有害气体含量进行监测。 3. 现场检查粉尘、温度、噪声等措施落实，并进行现场检测。 4. 现场检查洞内排水管设置
9	石方暗挖施工安全监测要求	**电力行业标准《水电水利工程土建施工安全技术规程》（DL/T 5371—2017）** **4.5.11** 施工安全监测应遵守下列规定： 1 安全施工监测方案应根据工程地质与水文地质资料、设计文件和工程实际情况确定。 2 施工安全监测布置重点： 1）洞内：Ⅲ～Ⅴ类围岩地段、地下水较丰富地段、断层破碎带、洞口及岔口地段、埋深较浅地段、受邻区开挖影响较大地段及高地应力区段等。 2）洞外：埋深较浅的软岩或软土区段。 3 施工安全监测的主要内容： 1）洞内：围岩收敛位移、围岩应力应变、顶拱下沉、底拱上抬、支护结构受力变形、爆破振动、有害气体和粉尘等。 2）洞外：地面沉降、建筑物倾斜及开裂、地下管线破裂受损等。	1. 查阅安全施工监测方案，现场检查方案执行情况。 2. 现场检查重点部位安全监测点设置及相关记录。 3. 现场检查钻孔注浆在爆破作业前的保护措施。 4. 现场检查监测重点部位状态并查阅相关记录。 5. 现场检查安全监测人员行为（是否佩戴安

续表

序号	检查重点	标准要求	检查方法
9	石方暗挖施工安全监测要求	4 大型洞室安全监测重点： 1）垂直纵轴线的典型洞室断面。 2）贯穿于高边墙的小型隧洞口及其洞口内段。 3）岩壁梁的岩台（尤其下方有小洞室）部分。 4）相邻洞室间的薄体岩壁。 5）不利于地质构造面组合切割的不稳定体。 5 监测仪器钻孔注浆后20h内不允许近区爆破作业，重新爆破前应做好仪器的保护措施。 6 监测重点巡视地点： 1）爆破后隧洞掌子面围岩及前沿支护状态。 2）大小洞室群体的交叉段、洞口段、洞室岩壁及拱座地段。 3）软弱围岩地段及支护结构状态。 4）外洞口边坡与不稳定山体，洞上方地面与受影响建筑物，洞口防汛设施等。 11 施工安全监测作业应遵守以下规定： 1）安全监测人员安全防护用具佩戴正确、齐备。 2）监测作业场所照明应充足，通道畅通、安全。 3）安全监测作业台架、高空升降车、升降梯应牢固，高处作业人员应系安全带。 4）监测作业中发现岩石松软、掉块、水量突然增大等异常情况时应立即撤离	全防护用品、监测场所是否照明满足要求、安全监测设施设备是否牢固）

第五节 土石方工程施工支护

土石方工程施工支护安全检查重点、要求及方法见表2-9-6。

表2-9-6　　土石方工程施工支护安全检查重点、要求及方法

序号	检查重点	标准要求	检查方法
1	土石方工程施工支护基本要求	**电力行业标准《水电水利工程土建施工安全技术规程》（DL/T 5371—2017）** **4.6.1** 作业前，应认真检查施工区的围岩稳定情况，需要时应进行安全处理。 **4.6.2** 对不良地质地段的临时支护，应结合永久支护进行，即在不拆除或部分拆除临时支护的条件下，进行永久性支护。 **4.6.3** 作业时，从业人员应正确佩戴防尘口罩、防护眼镜、防尘帽、安全帽、雨衣、雨裤、长筒胶靴和乳胶手套等劳保用品。 **4.6.4** 洞室内喷射作业，不应采用干喷法施工，应采取综合防尘措施降低粉尘浓度，采用湿喷混凝土或设置防尘水幕	1. 现场检查施工区围岩稳定情况、不良地质地段支护措施、洞室内喷射作业降尘措施。 2. 现场检查从业人员劳保用品佩戴情况
2	土石方工程锚喷支护要求	**电力行业标准《水电水利工程土建施工安全技术规程》（DL/T 5371—2017）** **4.6.5** 锚喷支护应遵守下列规定： 1 锚喷作业的机械设备；应布置在围岩稳定或已经支护的安全地段。	1. 现场检查机械设备稳定性、安全性及完好性。 2. 现场检查作业区域内喷射作业行为（喷头

续表

序号	检查重点	标 准 要 求	检查方法
2	土石方工程锚喷支护要求	2 喷射机、注浆器等设备使用前应进行密封性能、耐压性、牢固性等安全检查。 4 喷射机、注浆器、水箱、油泵等设备应安装压力表和安全阀，使用过程中破损或失灵应立即更换。 5 施工期间应经常检查输料管、出料弯头、注浆管以及各种管路的连接部位，如发现磨薄、击穿或连接不牢等现象，应立即处理。 8 作业区内不应在喷头和注浆管前方站人；喷射作业的堵管处理，应尽量采用敲击法疏通，若采用高压风疏通时，风压不应大于0.4MPa（$4kg/cm^2$），并将输料管放直，握紧喷头，喷头不应正对有人的方向。 9 当喷头（或注浆管）操作手与喷射机（或注浆器）操作人员不能直接联系时，应有可靠的联系手段。 10 预应力锚索和锚杆的张拉设备应安装牢固，操作方法应符合有关规程的规定。正对锚杆或锚索孔的方向不应站人。 12 竖井中的锚喷支护施工应遵守下列规定： 1）采用溜筒运送喷射材料，井口溜筒喇叭口周围应封闭严密。 2）喷射机置于地面时，竖井内输料管路应固定牢固，悬吊应垂直固定。 3）采取措施防止机具、配件和锚杆等物件掉落伤人。 13 喷射机应密封良好，从喷射机排出的废气应进行妥善处理。 14 适当减少锚喷操作人员连续作业时间，定期进行健康体检	和注浆管前方是否站人，风压是否符合规定，作业人员是否有可靠的联系手段）。 3. 现场检查预应力锚索和锚杆张拉设备作业安全措施。 4. 竖井锚喷支护，现场检查溜筒、输料管路固定及密封性，机具、配件和锚杆等物件掉落防护措施。 5. 现场查看喷射机废气处理措施。 6. 现场查看作业人员精神状态并查阅健康体检资料
3	土石方工程构架支护要求	**电力行业标准《水电水利工程土建施工安全技术规程》（DL/T 5371—2017）** **4.6.6** 构架支护应遵守下列规定： 1 构架支撑包括木支撑、钢支撑、钢筋混凝土支撑及混合支撑，其架设应遵守下列规定： 1）采用木支撑的应严格检查木材质量。 2）支撑立柱应放在平整岩石面上，应挖柱窝。 3）支撑和围岩之间，应用木板、楔块或小型混凝土预制块塞紧。 4）危险地段，支撑应跟进开挖作业面；必要时，可采取超前固结的施工方法。 5）预计难以拆除的支撑应采用钢支撑。 6）支撑拆除时应有可靠的安全措施。 2 支撑应经常检查，发现杆件破裂、倾斜、扭曲、变形及其他异常征兆时应采取措施处理	1. 现场检查构架支撑材料安全性能。 2. 现场检查构架支撑架设作业行为

第十章

地基与基础处理

第一节 地基与基础处理概述

一、术语或定义

（1）地基与基础：指支撑建筑物的地层和建筑物中间地层相接触的下部结构，前者称地基，后者称基础。由天然底层直接支撑荷载的为天然地基，软弱土层经加固支撑荷载的为人工地基。基础按其本身的变形特性可分为刚性基础和柔性基础，按其埋深可分为浅基础和深基础。浅基础主要有3种类型：独立基础、条形基础和筏板式基础。常用的深基础有墩基和桩基（包括管桩基础）。也有采用地下连续墙作为基础，将荷载传递到下卧地层中。

（2）灌浆：灌浆指将某些固化材料，如水泥、石灰或其他化学材料灌入基础下一定范围内的地基岩土中，以填塞岩土中的裂缝和孔隙，防止地基渗漏，提高岩土整体性、强度和刚度。普通灌浆是将水泥黏土或其他可凝固性浆液，通过钻孔，应用不同灌浆工艺，通过渗透、挤密、劈裂等方式，将软基加固，以提高地层的强度和抗渗性能。高喷灌浆是以高压（20～40MPa）的水或水泥基制浆液射流，以旋转、摆动或者定向喷射方式搅动地层，使进入地层的水泥基质浆液与被搅动的地层，凝结成连锁柱状或板片状墙体。

（3）桩基础：指通过承台把若干根桩的顶部联结成整体，共同承受动静荷载的一种深基础，可以将建筑物荷载传到深部地基，起增大承载力、减小或调整沉降等作用。桩基础可分为：打入桩。将不同材料制作的桩，采用不同工艺打入、震入或者压入地基。灌注桩。向使用不同工艺钻出不同形状的钻孔内灌注砂、砾（碎）石或者混凝土，建成砂桩、砾（碎）石桩或者混凝土桩旋喷桩。利用高压喷射流，将地层与水泥基质浆液搅动混合而成的圆断面桩。深层搅拌桩。以机械旋转方法搅动地层，同时注入水泥基质浆液或者喷入水泥干粉，在松散细颗粒地层内形成的桩体。

（4）防渗墙：一种修建在松散透水层或土石坝（堰）中起防渗作用的连续墙。主要应用于松散地基的防渗，有时也用于承重。板状防渗墙是应用专用桩具直接开挖槽形孔，或将已按一定孔距开挖的圆孔，挖掉圆孔中间的地层而形成的槽形孔。槽形孔施工以膨润土泥浆护壁，槽孔内以直升导管法浇筑混凝土或其他墙体材料，按照不同板墙块顺序施工，将防渗墙体用不同方式联成整体墙面。连锁桩柱防渗墙是将不同工艺建成的单根具有防渗能力的桩柱体，互相切割而形成连续的整体防渗墙面。

二、主要检查要求综述

地基与基础处理工程作业安全检查主要是对进行地基与基础处理工程作业中的人员、施工机具和作业环境进行检查，确认这些要素是否符合相关标准、规程、规范和规定的要求，避免触电、机械伤害、物体打击，灼伤、火灾、高处坠落、其他伤害等事故的发生。

第二节 灌浆、桩基础、防渗墙施工通用规定

灌浆、桩基础、防渗墙施工通用安全检查重点、要求及方法见表 2-10-1。

表 2-10-1　　灌浆、桩基础、防渗墙施工通用安全检查重点、要求及方法

<table>
<tr><th>序号</th><th>检查重点</th><th>标　准　要　求</th><th>检查方法</th></tr>
<tr><td>1</td><td>灌浆、桩基础、防渗墙施工职业健康管理</td><td>
1. 国家职业卫生标准《工作场所有害因素职业接触限值　第 2 部分：物理因素》（GBZ 2.2—2007）
11.2.1　噪声职业接触限值每周工作 5d，每天工作 8h，稳态噪声限值为 85dB(A)，非稳态噪声等效声级的限值为 85dB(A)；每周工作日不是 5d，需计算 40h 等效声级，限值为 85dB(A)，见下表。
工作场所噪声职业接触限值
<table>
<tr><th>接触时间</th><th>接触限值[dB(A)]</th><th>备注</th></tr>
<tr><td>5d/w，=8h/d</td><td>85</td><td>非稳态噪声计算 8h 等效声级</td></tr>
<tr><td>5d/w，≠8h/d</td><td>85</td><td>计算 8h 等效声级</td></tr>
<tr><td>≠5d/w</td><td>85</td><td>计算 40h 等效声级</td></tr>
</table>
2. 电力行业标准《水电水利工程施工通用安全技术规程》（DL/T 5370—2017）
4.4.2　生产作业场所常见生产性粉尘、有毒物质在空气中允许浓度及限值应符合下表的规定：
常见生产性粉尘、有毒物质在空气中允许浓度及限值
<table>
<tr><th rowspan="2">序号</th><th rowspan="2">粉尘种类</th><th colspan="2">时间加权平均允许浓度（mg/m^3）</th></tr>
<tr><th>总粉尘</th><th>呼吸性粉尘</th></tr>
<tr><td>1</td><td>煤尘（游离 SiO_2 含量<10%）</td><td>4.0</td><td>2.5</td></tr>
<tr><td>2</td><td>水泥粉尘</td><td>4.0</td><td>1.5</td></tr>
<tr><td>3</td><td>矽尘</td><td></td><td></td></tr>
<tr><td>3-1</td><td>10%≤游离 SiO_2≤50%</td><td>1.0</td><td>0.7</td></tr>
<tr><td>3-2</td><td>50%<游离 SiO_2≤80%</td><td>0.7</td><td>0.3</td></tr>
<tr><td>3-3</td><td>游离 SiO_2 含量>80%</td><td>0.5</td><td>0.2</td></tr>
<tr><td>4</td><td>大理石粉尘</td><td>8.0</td><td>4.0</td></tr>
<tr><td>5</td><td>电焊烟尘</td><td>4.0</td><td>—</td></tr>
<tr><td>6</td><td>石膏粉尘</td><td>8.0</td><td>4.0</td></tr>
<tr><td>7</td><td>白云石粉尘</td><td>8.0</td><td>4.0</td></tr>
<tr><td>8</td><td>玻璃钢粉尘</td><td>3.0</td><td>—</td></tr>
<tr><td>9</td><td>活性炭粉尘</td><td>5.0</td><td>—</td></tr>
</table>
</td><td>1. 检查现场职业病防治告知内容与警示标识及劳动者劳动合同。
2. 检查冲击钻工职业病（噪声聋、尘肺）检查报告。
3. 检查作业场所中的粉尘和噪声浓度</td></tr>
</table>

续表

<table>
<tr><th>序号</th><th>检查重点</th><th>标　准　要　求</th><th>检查方法</th></tr>
<tr><td>1</td><td>灌浆、桩基础、防渗墙施工职业健康管理</td><td>
续表
<table>
<tr><th rowspan="2">序号</th><th rowspan="2">粉尘种类</th><th colspan="2">时间加权平均允许浓度（mg/m^3）</th></tr>
<tr><th>总粉尘</th><th>呼吸性粉尘</th></tr>
<tr><td>10</td><td>凝聚二氧化硅粉尘</td><td>1.5</td><td>0.5</td></tr>
<tr><td>11</td><td>膨润土粉尘</td><td>6.0</td><td>—</td></tr>
<tr><td>12</td><td>玻璃棉粉尘、矿渣棉粉尘、岩棉粉尘</td><td>3.0</td><td>—</td></tr>
<tr><td>13</td><td>砂轮磨尘</td><td>8.0</td><td>—</td></tr>
<tr><td>14</td><td>石灰石粉尘</td><td>8.0</td><td>—</td></tr>
<tr><td>15</td><td>石棉（石棉含量>10%）
粉尘纤维</td><td>0.8
0.8f/mL</td><td>—
—</td></tr>
<tr><td>16</td><td>石墨粉尘</td><td>4.0</td><td>2.0</td></tr>
<tr><td>17</td><td>炭黑粉尘</td><td>4.0</td><td>—</td></tr>
<tr><td>18</td><td>碳化硅粉尘</td><td>8.0</td><td>4.0</td></tr>
<tr><td>19</td><td>碳纤维粉尘</td><td>3.0</td><td>—</td></tr>
<tr><td>20</td><td>稀土粉尘（游离 SiO_2 含量<10%）</td><td>2.5</td><td>—</td></tr>
<tr><td>21</td><td>萤石混合性粉尘</td><td>1.0</td><td>—</td></tr>
<tr><td>22</td><td>蛭石粉尘</td><td>3.0</td><td>—</td></tr>
<tr><td>23</td><td>云母粉尘</td><td>2.0</td><td>1.5</td></tr>
<tr><td>24</td><td>珍珠岩粉尘</td><td>8.0</td><td>4.0</td></tr>
<tr><td>25</td><td>重晶石粉尘</td><td>5.0</td><td>—</td></tr>
<tr><td>26</td><td>*其他粉尘</td><td>8.0</td><td>—</td></tr>
</table>
4.4.3　生产车间和作业场所工作地点噪声等效声级卫生限值应符合下表的规定。
生产性噪声等效声级卫生限值
<table>
<tr><th>日接触噪声时间（h）</th><th>卫生限值［dB(A)］</th></tr>
<tr><td>8.0</td><td>85</td></tr>
<tr><td>4.0</td><td>88</td></tr>
<tr><td>2.0</td><td>91</td></tr>
<tr><td>1.0</td><td>94</td></tr>
<tr><td>0.5</td><td>97</td></tr>
</table>
3. 能源行业标准《电力建设工程施工安全管理导则》（NB/T 10096—2018）
18.2.1.3　施工单位应当在醒目位置设置公告栏，公布有关职业病防治的规章制度、操作规程、职业病危害事故应急救援措施和工作场所职业病危害因素检测结果；存在或产生高毒物品的作业岗位，应在醒目位置设置高毒物品告知卡，告知卡应当载明高毒物品的名称、理化特性、健康危害，防护措施及应急处理等告知内容与警示标识。
</td><td></td></tr>
</table>

续表

序号	检查重点	标　准　要　求	检查方法
1	灌浆、桩基础、防渗墙施工职业健康管理	**18.2.1.10** 参建单位与劳动者订立劳动合同时，应当将工作过程中可能产生的职业病危害及其后果、职业病防护措施和待遇等如实告知劳动者，并在劳动合同中写明劳动者在履行劳动合同期间因工作岗位或者工作内容变更，从事与所订立劳动合同中未告知的存在职业病危害的作业时，用人单位应当向劳动者履行如实告知的义务	
2	灌浆、桩基础、防渗墙施工劳动防护	**1. 电力行业标准《水电水利工程施工通用安全技术规程》（DL/T 5370—2017）** **4.4.6** 常见产生粉尘等危害的作业场所应采取以下相应的措施： 1　钻孔应采取湿式作业或者采取干式捕尘措施，喷射混凝土应采取湿喷工艺。 2　砂石加工系统的破碎、筛分，混凝土生产系统的胶凝材料储存、输送、混凝土拌和等作业应采取隔离、密封及除尘措施。 3　密闭容器、构件及狭窄部位进行电焊作业时应加强通风，并佩戴防护电焊烟尘的防护措施。 4　地下洞室施工应有强制通风设施，确保洞内粉尘、烟尘、废气及时排出。 5　作业人员应佩戴相应的防尘防护用品。 **2. 电力行业标准《水电水利工程施工作业人员安全操作规程》（DL/T 5373—2017）** **3.1.3** 接触职业危害作业人员应接受职业健康检查，作业人员有职业禁忌症的，不得从事其所禁忌的作业。 **3.1.4** 作业前，作业人员应对作业场所的作业环境、安全设施、安全警示标识进行检查，并确认符合规定。 **3.1.6** 作业时，应按规定着装，正确使用劳动防护用品。 **3.1.7** 应遵守劳动纪律，不得违章操作，应拒绝违章指挥，不得擅自变更方案、工艺、工作程序。不得擅自离开工作岗位或将工作转交他人，不得擅自操作他人机械。严禁酒后上岗。 **3.1.8** 严禁使用不符合安全要求的设备和工器具。 **3.1.10** 作业人员应在规定的场所休息，不得倚靠机器的栏杆、防护罩、皮带机等处休息，严禁在坑内、洞口、陡坡下、转弯处等危险部位休息。 **3.1.11** 不得在未采取措施的有毒、有害气体浓度超标场所作业。 **3.1.13** 具有火灾、爆炸危险的场所严禁明火和吸烟	1. 现场检查作业人员劳动防护用品的配备和使用情况。 2. 检查作业场所的工作环境和安全设施、安全警示标志标识情况。 3. 检查作业人员的规范作业情况
3	灌浆、桩基础、防渗墙施工机械设备	**能源行业标准《电力建设工程施工安全管理导则》（NB/T 10096—2018）** **13.2.1.2** 施工机械设备整机进入施工现场后，投入使用前，施工单位应对整机的安全技术状况进行检查，检查合格后经监理单位复检确认后方可投入使用，特种设备还应经特种设备检验机构检测合格。 **13.2.2.7** 施工机械设备安装、拆除现场危险区域要进行有效隔离，警示标识应清晰可见。 **13.2.3.8** 施工机械设备的防护罩、盖板、梯子护栏等安全防护设施应完备可靠。 **13.3.2.2** 一般施工机械设备的检查由机械设备使用单位的管理部门组织，每月进行一次	1. 现场检查机械设备完整情况。 2. 现场检查机械设备安全防护设施和安全警示标志、标识

续表

序号	检查重点	标　准　要　求	检查方法
4	灌浆、桩基础、防渗墙施工现场安全警示标志	**1. 国家标准《安全标志及其使用导则》(GB 2894—2008)** **5**　颜色 安全标志所用的颜色应符合 GB 2893 规定的颜色。 **6**　安全标志牌的要求 **6.1**　安全标志牌的衬边 安全标志牌要有衬边。除警告标志边框用黄色勾边外，其余全部用白色将边框勾一窄边，即为安全标志的衬边，衬边宽度为标准边长或直径的 0.025 倍。 **6.2**　标志牌的材质 安全标志牌应采用坚固耐用的材料制作，一般不宜使用遇水变形、变质或易燃的材料。有触电危险的作业场所应使用绝缘材料。 **6.3**　标志牌的表面质量 标志牌应图形清楚，无毛刺、孔洞和影响使用的任何疵病。 **8**　安全标志牌的设置高度 标志牌设置的高度，应尽量与人眼的视线高度相一致。悬挂式和柱式的环境信息标志牌的下缘距地面的高度不宜小于 2m，局部信息标志的设置高度应视具体情况确定。 **2. 电力行业标准《水电水利工程施工通用安全技术规程》(DL/T 5370—2017)** **4.1.6**　施工单位应在施工现场的坑、井、沟、陡坡等场所设置盖板、围栏等安全防护设施和警示标志，在设备设施检（维）修、施工、吊装等作业现场设置警戒区域和警示标志。 **4.1.8**　施工现场交通频繁的施工道路、交叉路口应按规定设置警示标志或者信号指示灯；开挖、弃渣场地应设专人指挥。 **4.5.4**　合理布设消防通道和消防警示标志，消防通道应保持畅通，宽度不得小于 4.0m，净空高度不应小于 4.0m	现场检查禁止、警告、指令、提示标志和文字辅助标志（安全操作规程等）的使用情况及安全标志的相关要求
5	灌浆、桩基础、防渗墙施工现场消防设备设施	**1. 国家标准《建设工程施工现场消防安全技术规范》(GB 50720—2011)** **3.1.3**　施工现场出入口的设置应满足消防车通行的要求，并宜布置在不同方向，其数量不宜少于 2 个。当确有困难只能设置 1 个出入口时，应在施工现场内设置满足消防车通行的环形道路。 **5.2.1**　在建工程及临时用房的下列场所应配置灭火器： 1　易燃易爆危险品存放及使用场所。 2　动火作业场所。 3　可燃材料存放、加工及使用场所。 4　厨房操作间、锅炉房、发电机房、变配电房、设备用房、办公用房、宿舍等临时用房。 5　其他具有火灾危险的场所。 **6.3.1**　施工现场用火应符合下列规定： 1　动火作业应办理动火许可证；动火许可证的签发人收到动火申请后，应前往现场查验并确认动火作业的防火措施落实后，再签发动火许可证。 2　动火操作人员应具有相应资格。 **2. 电力行业标准《水电水利工程施工通用安全技术规程》(DL/T 5370—2017)** **4.5.2**　消防设备、器材应存放在易于取用的位置，附近不得堆放	1. 现场检查大型设备、设施、临时用电、材料堆放等场所消防器材的配备情况。 2. 现场检查消防安全标志的使用情况。 3. 检查消防出口设置及动火许可证办理情况

续表

序号	检查重点	标准要求	检查方法
5	灌浆、桩基础、防渗墙施工现场消防设备设施	其他物品。每 $100m^2$ 临时建筑物应至少配备两具灭火级别不低于 3A 的灭火器，重点消防部位应增加灭火器的数量。 **4.5.3** 消防用设备、器材应定期检验，及时更换过期器材，不得挪作他用。 **4.5.4** 合理布设消防通道和消防警示标志，消防通道应保持畅通，宽度不得小于 4.0m，净空高度不应小于 4.0m。 **5.1.12** 用电场所电气灭火应选择适用于电气的灭火器材，不得使用泡沫灭火器。 **3. 电力行业标准《汽车起重机安全操作规程》(DL/T 5250—2010)** **4.1.14** 汽车起重机应按规定配备消防器材，并放置于易摘取的安全部位，操作人员应掌握其使用方法	
6	灌浆、桩基础、防渗墙施工现场施工用电	**电力行业标准《水电水利工程施工通用安全技术规程》(DL/T 5370—2017)** **5.1.1** 施工现场临时用电设备在 5 台以上或设备总容量在 50kW 及以上时，应编制临时用电施工组织设计，包括以下内容： 1 设计说明 2 施工现场用电容量统计 3 负荷计算 4 变压器选择 5 配电线路 6 配电装置 7 接地装置及防雷装置。 **5.1.2** 施工现场临时用电应执行《施工现场临时用电安全技术规范》JGJ 46—2005 的规定。 **5.1.3** 电气作业的人员应持证上岗，从事电气安装、维修作业的人员应按规定穿戴和配备相应的劳动防护用品，定期进行体检。 施工现场的用电设施，除经常性维护外，每年检修不宜少于 2 次，其时间应安排在雨季和冬季到来之前，保证其绝缘电阻等符合要求。 **5.1.12** 用电场所电器灭火应选择适用于电气的灭火器材，不得使用泡沫灭火器。 **5.5.1** 动力配电箱与照明配电箱宜分别设置，如合置在同一配电箱内，动力和照明线路应分别设置，动力末级配电箱与照明末级配电箱应分别设置。 **5.5.2** 配电箱及开关箱安装使用应符合以下要求： 1 配电箱、开关箱及漏电保护开关的配置应实行“三级配电，两级漏电保护”，配电箱内电气设置应按“一机、一闸、一漏”原则设置。 2 配电箱与开关箱的距离不得超过 30m；开关箱与其控制的固定式用电设备的水平距离不宜超过 3m。 4 配电箱、开关箱周围应有足够二人同时工作的空间和通道，不得堆放妨碍操作、维修的物品，不得有灌木和杂草。 9 配电箱的金属箱体、金属电器安装板以及电器正常不带电金属底座、外壳等应通过保护导体 PE 汇流排可靠接地。 10 配电箱、开关箱应防雨、防尘和防砸。 11 配电箱、开关箱应有电压、危险标志	1. 现场检查临时用电是否采用三级配电、两级保护。 2. 现场检查配电箱、开关箱门是否处于常闭状态，箱内是否放置杂物，箱体是否破损。 3. 现场检查线缆是否磨损，接头处是否裸露

续表

<table>
<tr><th>序号</th><th>检查重点</th><th>标 准 要 求</th><th>检查方法</th></tr>
<tr><td>7</td><td>灌浆、桩基础、防渗墙施工起重设备</td><td>
1. 电力行业标准《汽车起重机安全操作规程》(DL/T 5250—2010)
4.1.6 汽车起重机操作人员作业时，严禁酒后操作。
4.1.9 不得采用自由下降的方式下降吊钩及重物。
4.1.11 吊钩应具有防脱钩装置。吊钩的技术要求应符合 GB/T 10051.2—2010 的规定，吊钩使用检查和报废应符合 GB/T 10051.3—2010 的有关规定。
4.4.10 起重作业范围内，严禁无关人员停留或通过。作业中起重臂下严禁站人。
4.4.15 严禁用起重机吊运人员。吊运易燃、易爆、危险物品和重要物件时，应有专项安全措施。
4.4.18 当确需两台或多台起重机起吊同一重物时，应进行论证，并制定专项吊装方案。
5.0.4 应定期检查钢丝绳、吊钩、滑轮组的磨损及损伤情况，按相关规定进行维修更换。
2. 电力行业标准《水电水利工程施工通用安全技术规程》(DL/T 5370—2017)
8.2.4 其他类型起重机应符合以下规定：
1 悬臂式起重机应有不同幅度的起重量指示器。
2 电动起重机驾驶室和电气室内应铺橡胶绝缘垫。电动起重机检修时应切断电源，并挂上“禁止合闸”等警示牌。
3 起重臂、钢丝绳、重物等与架空输电线路间允许最小距离应满足下表规定。
机械最高点与高压线间的最小距离
<table>
<tr><td>电压(kV)</td><td><1</td><td>10</td><td>35</td><td>110</td><td>220</td><td>330</td><td>500</td></tr>
<tr><td>沿垂直方向安全距离(m)</td><td>1.5</td><td>3.0</td><td>4.0</td><td>5.0</td><td>6.0</td><td>7.0</td><td>8.5</td></tr>
<tr><td>沿水平方向安全距离(m)</td><td>1.5</td><td>2.0</td><td>3.5</td><td>4.0</td><td>6.0</td><td>7.0</td><td>8.5</td></tr>
</table>
4 履带式、轮胎式、汽车式起重机在行驶前，应查明行驶路线上的道路、桥梁、涵河的净空和承载能力，保证起重机安全通过。
5 履带式、轮胎式起重机不得在斜坡上吊装或旋转。确需工作时应将斜坡道路垫平。爬坡度一般不大于 25°，爬坡时，起重臂不得旋转。
6 履带式、轮胎式、汽车式起重机吊物回转时应低速回转，向上变幅时不得超出安全仰角，向下变幅时的停止动作应平缓，带载变幅时要保持物件与起重臂的安全距离；重物提升和降落速度要均匀，不得忽快忽慢和突然制动，左右回转要平稳，当回转未停稳前不得做反向动作。
7 各式起重机应根据需要安设起升限制器、起重量指示器、夹轨器、联锁开关等安全装置。齿轮、转轴等旋转部位露出时，应加保护装置。
9 移动起重机的驾驶室，均应装有音响或色灯信号装置，以便操作时警告附近人员回避。
10 起重机的电气室内应备有二氧化碳、四氯化碳灭火器，不得使用泡沫灭火器。
3. 建筑行业标准《建筑机械使用安全技术规程》(JGJ 33—2012)
4.3.9 汽车式起重机起吊作业时，汽车驾驶室内不得有人，重物不得超越汽车驾驶室上方，且不得在车的前方起吊。
</td><td>
1. 检查吊钩是否具有防脱钩装置。
2. 检查作业中起重臂下是否站人，起重作业范围内是否有人员停留。
3. 检查支腿是否稳固，是否垫方木。
4. 检查是否存在吊物长时间滞留空中现象。
5. 检查起重机与周边架空线路的最小距离。
6. 检查起重机驾驶室内消防设施配备
</td></tr>
</table>

续表

序号	检查重点	标 准 要 求	检查方法
8	灌浆、桩基础、防渗墙混凝土施工	**电力行业标准《水电水利工程土建施工安全技术规程》（DL/T 5371—2017）** **7.7.1** 水平运输的安全技术要求： 1 汽车运输的安全技术要求。 5）搅拌车装完料后严禁料斗反转，斜坡路面满足不了车辆平衡时，不应卸料。 6）装卸混凝土的地点，应有统一的联系和指挥信号。 7）车辆直接入仓卸料时，卸料点应有挡坎，应有安全距离，应防止在卸料过程中溜车。 **7.8.4** 水下混凝土应遵守下列规定： 1 工作平台应牢固、可靠。设计工作平台时，除考虑工作荷重外，还应考虑溜管、管内混凝土以及水流和风压影响的附加荷重。 2 溜管节与节之间，应连接牢固，其顶部漏斗及提升钢丝绳的连接处应用卡子加固。钢丝绳应有足够的安全系数。 3 上下层同时作业时，层间应设防护挡板或其他隔离设施，以确保下层工作人员的安全。各层的工作平台应设防护栏杆。各层之间的上下交通梯子应搭设牢固，并应设有扶手。 4 混凝土溜管底的活门或铁盘，应防止突然脱落而失控开放	1. 现场检查混凝土施工机械各部位螺栓、防护罩、液压系统情况。 2. 检查混凝土施工作业人员安全操作情况。 3. 现场检查拌和站楼梯和通道是否规范设置护栏

第三节 灌浆施工

灌浆施工安全检查重点、要求及方法见表 2-10-2。

表 2-10-2　　灌浆施工安全检查重点、要求及方法

序号	检查重点	标 准 要 求	检查方法
1	灌浆施工钻机平台钻架钻具安拆	**电力行业标准《水电水利工程土建施工安全技术规程》（DL/T 5371—2017）** **5.3.1** 钻机平台应平整坚实牢固，满足最大负荷 1.3 倍～1.5 倍的承载安全系数，钻架周边一般应保证有 0.5m～1m 的安全距离，临空面应设置安全防护栏杆。 **5.3.2** 安装、拆卸钻架应遵守下列规定： 1 立、拆钻架工作应在机长或其指定人员统一指挥下进行。 2 应严格遵守先立钻架后装机、先拆机后拆钻架、立架自下而上、拆架自上而下的原则。 3 立、放架的准备工作就绪后，指挥人员应确认各部位人员已就位、责任已明确和设施完善牢固，方可发出信号。 **5.3.3** 钻架腿应使用坚固的杉木或相应的钢管制作。在深孔或处理故障时，若负载过大，架腿应安装在地梁上，并用夹板螺栓固定牢靠。 **5.3.4** 钻架正面（钻机正面）两支腿的倾角以 60°～65°为宜，两侧斜面应对称。 **5.3.5** 钻架架设完毕后，应做好下列加固工作： 1 腿根应打有牢固的柱窝或其他防滑设施。 2 至少应有两面支架绑扎加固拉杆。	1. 现场检查钻机平台的稳固情况。 2. 现场检查钻机、钻架的安装和架设情况。 3. 现场检查地质钻机传动安全防护设施安装情况。 4. 现场检查钻机作业的灌浆规范操作情况。 5. 项目部检查施工机械设备工作性能月度安全检查情况

续表

序号	检查重点	标准要求	检查方法
1	灌浆施工钻机平台钻架钻具安拆	3 至少加固对称缆风绳三根，缆绳与水平夹角不宜大于45°；特殊情况下，应采取其他相应加固措施。 **5.3.6** 移动钻架、钻机应有安全措施。若以人力移动，支架腿不应离地面过高，并注意拉绳，抬动时应同时起落，并清除移动范围内的障碍物。 **5.3.7** 机电设备拆装应遵守下列规定： 1 机械拆装解体的部件，应用支架稳固垫实，回转机构应卡死。 2 拆装各部件时，不应用铁锤直接猛力敲击，可用硬木或铜棒承垫。铁锤活动方向不得有人。 3 用扳手拆装螺栓时，用力应均匀对称，同时应一手用力，一手做好支撑防滑。 4 应使用定位销等专用工具找正孔位，不应用手伸入孔内试探；拆装传动皮带时，不应将手指伸进皮带里面。 5 电动机及启动、调整装置的外壳应有良好的保护接地装置；有危险的传动部位应装设安全防护罩。 **5.3.9** 升降钻具过程中应遵守下列规定： 1 严格执行岗位分工，各负其责，动作一致，紧密配合。 2 认真检查塔架支腿、回转、给进机构是否安全稳固。确认卷扬提引系统符合起重要求。 3 提升的最大高度，以提引器距天车不应小于1m为宜；遇特殊情况时，应采取可靠安全措施。 4 操作卷扬，不应猛刹猛放；任何情况下都不应用手或脚直接触动钢丝绳，如缠绕不规则时，可用木棒拨动。 5 使用普通提引器倒放或拉起钻具时，开口应朝下，钻具下面不应站人。 6 起放粗径钻具，手指不应伸入下管口提拉，亦不应用手去试探岩心，应用一根有足够拉力的麻绳将钻具拉开。 7 跑钻时，严禁抢插垫叉，抽插垫叉应提持手把，不应使用无手把垫叉。 8 升降钻具时，若中途发生钻具脱落，不应用手去抓	
2	水泥灌浆作业	**电力行业标准《水电水利工程土建施工安全技术规程》(DL/T 5371—2017)** **5.3.10** 水泥灌浆应遵守下列规定： 1 灌浆前，应对机械、管路系统进行认真检查，并进行10min～20min该灌注段最大灌浆压力的耐压试验。高压调节阀应设置防护设施。 2 搅浆人员应正确穿戴防尘保护用品。 3 压力表应经常校对，超出误差允许范围不得使用。 4 处理搅浆机故障时，传动皮带应卸下。 5 灌浆中应有专人控制高压阀门并监视压力指针摆动，避免压力突升或突降。 6 灌浆栓塞下孔途中遇有阻滞时，应起出后扫孔处理，不应强下。 7 在运转中，安全阀应确保在规定压力时动作；经校正后不应随意调节。 8 对曲轴箱和缸体进行检修时，不应一手伸进试探、另一手同时转动工作轴，更不应两人同时进行此动作。 9 灌浆过程中处理堵管事故时，眼、脸部应戴好防护面具，并对堵管处采取防喷、防打击等安全措施后方可进行处理	1. 现场检查灌浆作业人员劳动防护用品穿戴情况。 2. 现场检查作业人员设备操作是否规范

续表

序号	检查重点	标 准 要 求	检查方法
3	化学灌浆作业	**电力行业标准《水电水利工程土建施工安全技术规程》（DL/T 5371—2017）** **5.4.1** 施工准备应遵守下列规定： 3 施工前应对所有施工人员进行针对性的安全生产教育培训，使有关人员对所使用的化灌材料的性能、防火防毒措施及安全技术要求等有足够的认识，并能在发生意外事故时，采取应急措施予以处置。 4 化学灌浆材料应按相关规定进行运输，运输和押运人员应掌握所运输化学材料的危害特性和发生意外的应急措施。 **5.4.3** 施工现场应遵守下列规定： 1 易燃药品不允许接触火源、热源和靠近电气启动设备，若需加温可用水浴等方法间接加热。 2 不应在现场大量存放易燃品，施工现场严禁吸烟和使用明火，严禁非工作人员进入现场。 3 加强灌浆材料的保管，按灌浆材料的性质不同，采取不同的存储方法，防暴晒、防潮、防泄漏。 4 按环境保护的有关规定进行施工，防止化灌材料对环境造成污染，尤其应注意施工对地下水的污染。 5 施工中的废浆、废料及清洗设备、管路的废液应集中妥善处理，不得随意排放。 **5.4.5** 劳动保护和职业健康应遵守下列规定： 1 化学灌浆施工人员应穿防护工作服，根据浆材的不同，选用、佩戴有效的橡胶手套、防毒眼镜、防护口罩等劳动防护用品。 2 根据施工地点和所用化灌材料的影响，安装适宜的通风设施，尤其是在大坝廊道、隧洞及井下作业时，应确保将有毒气体排出现场或使其浓度降到允许值内。 3 当化学药品溅到皮肤上时，应用肥皂水或酒精擦洗干净，不应使用丙酮等渗透性较强的溶剂洗涤，以防有毒物质渗入皮肤、饮食餐具及衣物。 4 当浆液溅到眼睛里时，应立即用大量清水或生理盐水彻底清洗，冲洗干净后迅速到医院检查治疗。 5 严禁在施工现场进食，以防有毒物质通过食道进入人体。 6 对参加化灌工作的人员，应根据国家相关法规，定期进行职业健康检查。 7 用人单位应当建立职业卫生档案和劳动者健康监护档案	1. 现场检查作业场所的消防设施情况。 2. 现场检查作业人员劳动防护用品穿戴情况
4	高喷灌浆作业	**电力行业标准《水电水利工程土建施工安全技术规程》（DL/T 5371—2017）** **5.7.5** 高喷台车桅杆升降作业应遵守下列规定： 1 底盘为轮胎式平台的高喷台车，在桅杆升降前，应将轮胎前后固定以防止其移动或用方木、千斤顶将台车顶起固定。 2 检查液压阀操作手柄或离合器与闸带是否灵活可靠。 3 检查卷筒、钢丝绳、涡轮、销轴是否完好。 4 除操作人员外，其他人员均应离开台车及前方，严禁有人在桅杆下面停留和走动。 5 在桅杆升起或落放的同时，应用基本等同的人数拉住桅杆两侧的两根斜拉杆，以保证桅杆顺利达到或者尽快偏离竖直状态，立	1. 现场检查高喷设备性能完好情况。 2. 现场检查高喷作业配套设备工作性能情况

续表

序号	检查重点	标 准 要 求	检查方法
4	高喷灌浆作业	好桅杆后，应立即用销轴将斜拉杆下端固定在台车上的固定销孔内。 **5.7.6** 开钻、开喷前的准备应遵守下列规定： 1 在砂卵石、砂砾石地层中以及当孔较深时，开始前应采取必要的措施以稳固、找平钻机或高喷台车。可采用的措施有增加配重、镶铸地锚、建造稳固的钻机平台等。对于有液压支腿的钻机，将平台支平后，宜再用方木垫平，垫稳支腿。 2 检查并调试各操作手把、离合器、卷扬、安全阀，确保灵活可靠。 3 皮带轮和皮带上的安全防护装置、高处作业用安全带、漏电保护装置、避雷装置等，应齐备、适用可靠。 **5.7.7** 喷射灌浆应遵守下列规定： 1 喷射灌浆前应对高压泵、空气压缩机、高喷台车等机械和供水、供风、供浆管路系统进行检查。下喷射管前，宜进行试喷和3min～5min管路耐压试验。对高压控制阀门宜安设防护罩。 4 喷射灌浆过程中应有专人负责监测高压压力表，防止压力突升或突降。高压水管周围5m范围内严禁站人。 6 高压泵、空气压缩机气罐上的安全阀应确保在额定压力下立即动作，应定期校验安全阀，校验后不能随意调整。 7 单孔高喷灌浆结束后，应尽快用水泥浆液回灌孔口部位，防止地下空洞给人身安全和交通安全造成威胁	

第四节 桩基础施工

桩基础施工安全检查重点、要求及方法见表2-10-3。

表2-10-3　　桩基础施工安全检查重点、要求及方法

序号	检查重点	标 准 要 求	检查方法
1	桩基础施工钻机吊装固定操作	**1. 电力行业标准《水电水利工程土建施工安全技术规程》（DL/T 5371—2017）** **5.5.1** 吊装钻机应遵守下列规定： 1 吊装钻机的起重机，应选用大于钻机自重1.5倍以上的型号，严禁超负荷吊装。 2 起重用的钢丝绳应满足起重要求的直径。 3 吊装时先进行试吊，高度一般10cm～20cm，检查确定牢固平稳后方可正式吊装。 **5.5.2** 开钻前的准备工作应遵守下列规定： 1 塔架式钻机，各部位的连接要牢固、可靠。 2 有液压支腿的钻机，其支腿应用方木垫平、垫稳。 3 钻机上的安全防护装置应齐全、适用、可靠。 **2. 电力行业标准《水电水利工程施工作业人员安全操作规程》（DL/T 5373—2017）** **7.2.3** 升降钻具、灌浆机具过程中，应遵守下列规定： 1 钻具升降过程中，应注意天车、卷扬和孔口部位，应随时检	1. 现场检查钻机的安装及架设情况。 2. 现场检查机械设备安全防护设施安装情况。 3. 项目部检查机械设备安装专项施工方案编制及安全技术交底情况

续表

序号	检查重点	标准要求	检查方法
1	桩基础施工钻机吊装固定操作	查升降机的制动装置、离合器装置、提引器、拧卸工具等，并确认安全完好。 2 提升的最大高度，提引器距天车不宜小于1m。 3 操作卷扬机时，不得急刹急放，不得用手或脚直接触动钢丝绳。 4 孔口操作人员应站在钻具起落范围以外，摘挂提引器时应防止回绳碰打。 5 起放钻具，手指不得伸入下管口提拉，不得用手去试探岩芯，宜用一根有足够拉力的绳索将钻具拉开。 6 孔口人员抽插垫叉时，不得手扶垫叉底面，跑钻时严禁抢插垫叉	
2	桩基础施工钻孔作业	**1. 国家标准《打桩设备安全规范》(GB 22361—2008)** **4.6.2** 钢丝绳保留在卷筒上的安全圈数应不少于3圈。 **4.6.3** 卷筒侧板外缘至最外层钢丝绳的距离，应不小于钢丝绳直径的2倍。 **2. 电力行业标准《水电水利工程土建施工安全技术规程》(DL/T 5371—2017)** **5.5.4** 钻机钻进操作时应遵守下列规定： 1 钻孔过程中，非司钻人员不应在钻机影响范围内停留，以防机械伤人。 2 对于有离合器的钻机，开机前拉开所有离合器，不应带负荷启动。 3 钻进过程中，如遇机架摇晃、移动，偏斜或钻头内发出异常响声，应立即停钻，查明原因并处理后，方可继续施钻。 4 在正常钻进过程中，应使钻机不产生跳动，振动过大时应控制钻进速度。 5 工人起下钻时，应先用吊环吊稳钻杆，垫好垫叉后，方可拆卸钻杆。 6 孔内发生卡钻、掉钻、埋钻等事故时，应分析原因，采取有效措施后，才能进行处理，不可随意行事。 7 突然停电或其他原因停机，且短时间内不能送电时，应采取有效措施将钻具提离孔底5m以上。 8 停钻期间或成孔后等待下道工序前，孔口应加盖板，以防人员掉入孔内。 **3. 电力行业标准《水电水利工程施工作业人员安全操作规程》(DL/T 5373—2017)** **7.6.2** 钻机行驶时，应将上车转台和底盘车架锁住，履带式钻机还应锁定履带伸缩油缸的保护装置。 **7.6.3** 作业时，应遵守下列规定： 1 作业地面应坚实，工作坡度不得大于2°。 2 钻孔前，应确认固定上车转台和底盘车架的销轴已拔出。履带式钻机应将履带的轨距伸至最大。 3 开始钻孔时，钻杆应保持垂直，位置应正确，并慢速钻进，在钻头进入土层后，再加快钻进。当钻头穿过软硬土层交界时，应放慢进尺。提钻时，钻头不得转动。	1. 现场检查钻机作业人员规范操作的情况。 2. 现场检查钻机维护保养和安全运行记录情况。 3. 现场检查钻机停放位置情况。 4. 检查卷筒上钢丝绳的圈数及卷筒侧板外缘至最外层钢丝绳的距离

续表

序号	检查重点	标准要求	检查方法
2	桩基础施工钻孔作业	4 卷扬机提升钻杆、钻头和其他钻具时，应将重物置于桅杆正前方。 5 操作人员应掌握指挥手势，并听从专人指挥。 6 施工时，钻机宜沿纵坡方向作业。 7 遇浮机现象时，应立即停止作业查明原因。 8 进出驾驶室时，应利用阶梯和扶手上下。 **7.6.4** 作业结束后，应遵守下列规定： 1 在钻机转移工作点时，装卸钻具、钻杆、收臂放塔和检修调试应有专人指挥。 2 移动钻机时，严禁同时升降桅杆。 3 钻机短时停机，动力头及钻具应放至接近地面处。 4 长时间停机，钻机桅杆应按要求放置。应将液压启动操作杆置于锁定位置。钻机宜放在水平地面上，停在坡地上时，应沿纵坡方向停放，并设置防止溜车的楔块	
3	桩基础施工钢筋笼搬运和下设	**1. 电力行业标准《水电水利工程土建施工安全技术规程》（DL/T 5371—2017）** **5.5.6** 钢筋笼搬运和下设应遵守下列规定： 1 搬运和吊装钢筋笼前应采取措施防止其发生变形，吊装作业前应有专人检查吊点、吊钩、索具等，验收合格后方可开始作业。 3 下设钢筋笼时，严禁在其下方或倾倒范围内停留或通过，吊装过程中必须有专人指挥。 4 钢筋笼安放就位后，应用钢筋固定在孔口的牢固处。 **5.5.8** 钢筋笼加工、焊接参照焊接中有关规定执行。钢筋笼首节吊点强度应满足全部钢筋笼重量的吊装要求。 **2. 电力行业标准《水电水利工程施工通用安全技术规程》（DL/T 5370—2017）** **8.1.21** 两台起重机抬一台重物时，应遵守下列规定： 1 根据起重机的额定荷载，确定每台起重机的吊点位置，宜采用平衡梁起吊。 2 每台起重机所分配的荷载不得超过其额定荷载的80%。 3 应有专人统一指挥，指挥者应站在两台起重机司机都可以看得见的位置。 4 重物应保持水平，钢丝绳应保持铅直受力均衡。 5 按制订的安全技术措施作业	1. 现场检查起重机的吊点，吊钩、索具等情况。 2. 现场检查钢筋笼的焊点情况。 3. 现场核验钢筋笼的吨位和起重机的额定荷载
4	桩基础施工混凝土生产、运输及浇筑	**1. 电力行业标准《水电水利工程土建施工安全技术规程》（DL/T 5371—2017）** **7.6.6** 混凝土拌和楼（站）的安全技术要求： 1 混凝土拌和楼（站）机械转动部位的防护设施，应在每班前进行检查。 4 楼梯和挑出的平台，应设置安全护栏；冬季施工期间，应设置防滑措施以防止结冰溜滑。 5 消防器材应齐全、良好，楼内不应存放易燃易爆物品，不应明火取暖。 6 楼内各层照明设备应充足，各层之间的操作联系信号应准确、可靠。 7 粉尘浓度和噪声不应超过国家规定的标准。	1. 现场检查现场浇筑作业时，是否有专人指挥和规范操作。 2. 现场检查混凝土拌和楼机械设备运转与维护记录。 3. 现场检查拌和站楼梯和通道是否规范设置护栏。 4. 浇筑现场检查马道是否设置挡车装置

续表

序号	检查重点	标 准 要 求	检查方法
4	桩基础施工混凝土生产、运输及浇筑	**7.7.1** 水平运输的安全技术要求： 1 汽车运输的安全技术要求。 5）搅拌车装完料后严禁料斗反转，斜坡路面满足不了车辆平衡时，不应卸料。 6）装卸混凝土的地点，应有统一的联系和指挥信号。 7）车辆直接入仓卸料时，卸料点应有挡坎，应有安全距离，应防止在卸料过程中溜车。 **2. 电力行业标准《水电水利工程施工通用安全技术规程》（DL/T 5370—2017）** **7.4.1** 制冷设备安装运行，应遵守下列规定： 1 压力容器须经国家专业部门检验合格。 2 设备、管道、阀门、容器密封良好，无“滴、冒、跑、漏”现象。 3 安全阀定期校验。 4 机电设备的传动、转动等裸露部位，设带有网孔的钢防护罩，孔径不大于5mm。 5 电气绝缘可靠，接地电阻不大于4Ω。 6 装有性能良好、可靠的紧急降压、泄氨装置。 7 加装或卸除制冷剂时，应由专业人员按照操作规程进行。 **7.4.2** 拌和站（楼）的布设，应遵守下列规定： 1 场地平整，基础满足设计承载力要求，有可靠的地表排水 2 设有人行通道和车辆装、停、倒车场地。 3 各层之间设有钢扶梯或通道。 4 各平台的边缘应设有钢防护栏杆或墙体。 5 机电设备周围应设有宽度不小于0.8m的巡视检查通道。 6 机电设备的传动、转动部位应设有网孔尺寸不大于10mm×10mm的钢防护罩。 7 应设有合格的避雷装置和系统消防设施或足够的消防器材并保持良好有效，楼内不得存放易燃易爆物品。 8 电力线路绝缘良好，不得使用裸线；电气接地、接零良好，接地电阻不大于4Ω，拌和楼接地网与计算机系统接地网应分别独立。 **7.4.3** 拌和站（楼）安装运行，应遵守下列规定： 1 压力容器，安全阀、压力表等应经国家专业部门检验合格并定期进行校验，不得有漏风、漏气现象。 2 各操作岗位之间应设有准确的音响、灯光等操作联系和指示信号。 3 混凝土生产系统启动前，应对离合器、制动器、倾倒机构进行检查，发现问题及时处理。 4 拌和机的加料斗升起时，任何人不得在料斗下通过或停留，工作完毕后应将料斗锁好。 5 拌和机运转时不得将工具伸入搅拌筒内；不得向旋转部位加油；不得进行清扫、检修等工作。 6 检修时，应切断相应的电源和气、油路，并悬挂“有人工作，严禁合闸”的标示牌。进入搅拌筒内工作时，应将其固定，同时外面应有专人监护。	

续表

序号	检查重点	标 准 要 求	检查方法
4	桩基础施工混凝土生产、运输及浇筑	7 拌和系统临时停电或停工时，应拉闸、上锁，并安排专人值守。 8 机械、机电设备不得故障运行和超负荷运行。 9 在料仓或外部高处检修时，应遵守高处作业安全操作规程的有关规定。 **7.4.4** 拌和站（楼）防尘、除尘、降噪装置，应遵守下列规定： 1 设有独立的隔音、防尘操作（控制）室，运行时操作室内的粉尘平均浓度不得大于 $2mg/m^3$，噪声值不得大于 85dB(A)，符合相应规范要求。 2 水泥、粉煤灰的输送进料、配料装置应密封良好，无泄漏。 3 进料层、配料层、拌和层等除尘装置应齐全有效，作业粉尘浓度符合 4.4.2 的规定。 4 操作人员配有防尘、防噪等劳动用品。 **7.4.5** 水泥和粉煤灰库、罐储存运行，应遵守下列规定： 1 水泥、粉煤灰罐体、管道、阀门严密，不泄漏。 2 水泥、粉煤灰罐顶部应设置不小于 1/2 顶部面积的平台，平台周围设置高度不低于 1.2m 的栏杆，顶部平台至地面建筑物、道路设施之间应设置栈桥、扶梯和钢防护栏杆，栈桥应进行专门设计。 3 水泥、粉煤灰罐内设有破拱装置和爬梯。 4 水泥库的袋装水泥拆包时，应设置除尘装置。 5 配有供作业人员使用的防尘口罩等防护用品	

第五节 防渗墙施工

防渗墙施工安全检查重点、要求及方法见表 2-10-4。

表 2-10-4　　防渗墙施工安全检查重点、要求及方法

序号	检查重点	标 准 要 求	检查方法
1	防渗墙施工平台及墙体安全与防护	**1. 电力行业标准《水电水利工程混凝土防渗墙施工规范》（DL/T 5199—2019）** **4.0.2** 防渗墙施工平台应坚固、平整，满足施工设备作业要求，且应高于施工期最高地下水位 2.0m 以上。当不能满足要求时，应进行专题论证。 **2. 电力行业标准《水电水利工程土建施工安全技术规程》（DL/T 5371—2017）** **5.2.12** 墙体安全及防护应遵守下列规定： 4 槽孔在成槽后浇筑前，孔口应加装盖板等防护措施，避免人、畜跌落。对于已浇筑槽段应作出明显标识，以防被机械误损	1. 现场检查槽口是否覆盖轻质结实的盖板，方便通行和安全防护。 2. 现场检查导墙的沉降、位移等变形情况
2	防渗墙施工机械设备固定、安装、防护等要求	**电力行业标准《水电水利工程土建施工安全技术规程》（DL/T 5371—2017）** **5.2.1** 施工前应做好下列安全准备工作： 1 施工范围内地上、地下管线和障碍物等已查清并得到妥善处置。	1. 现场检查冲击钻机传动链条防护罩设置情况。 2. 现场检查桅杆绷绳、地锚设置情况。

续表

序号	检查重点	标 准 要 求	检查方法
2	防渗墙施工机械设备固定、安装、防护等要求	3 设备施工平台应平整，坚实。枕木放在坚实的地基上。道轨间距应与平台车轮距相符。 **5.2.2** 吊装钻机应遵守下列规定： 1 吊装钻机的起重机，宜选用起吊能力16t以上的起重机，严禁超负荷吊装。 2 吊装用的钢丝绳应完好，直径不小于16mm。 3 套挂应稳固，并经检查可靠后方能试吊。 4 吊装钻机应先行试吊，试吊高度为离地20cm，同时检查钻机套挂是否平稳，起重机的制动装置以及套挂的钢丝绳是否可靠，只有在确认无误的情况下方可正式起吊，下降应缓慢，装入平台车应轻放就位。 **5.2.3** 钻机就位后，应用水平尺找平后才能安装。 **5.2.4** 钻机桅杆升降应注意的事项： 1 检查离合器、闸带是否灵活可靠。 2 检查钢丝绳、蜗轮、销轴是否完好。 3 警告钻机周围人员散开，严禁有人在桅杆下面停留、走动。 4 随着桅杆的升起或落放，应用桅杆两边的绷绳，或在桅杆中点绑一保险绳，两边配以同等人力拉住，以防倾倒。立好桅杆后，应及时挂好绷绳	3. 现场检查机械设备安全防护设施安装情况。 4. 现场检查设备运转与维护记录。 5. 项目部检查机械设备安装专项施工方案编制及安全技术交底情况
3	防渗墙成槽施工	**1. 电力行业标准《水电水利工程土建施工安全技术规程》(DL/T 5371—2017)** **5.2.6** 成槽施工应遵守以下规定： 1 开机前应拉开所有离合器，严禁带负荷启动。 2 开孔应采用间断冲击，直至钻具全部进入孔内且冲击平稳后，方可连续冲击。 3 钻进中应经常注意和检查机器运行情况，如发现轴瓦、钢丝绳、皮带等有损坏或机件操作不灵等情况，应及时停机检查修理。 4 钻头距离钻机中心线2m以上时，钻头埋紧在相邻的槽孔内或深孔内提起有障碍、钻机未挂好、收紧绑绳、孔口有塌陷痕迹时，严禁开车。 5 遇到暴风、暴雨、雷电时，严禁开车，并应切断电源。 6 钻机移动前，应将车架轮的三角木取掉，松开绷绳，摘掉挂钩，钻头、抽筒应提出孔口，经检查确认无误后，方可移车。 7 电动机运转时，不应加注黄油，严禁在桅杆上工作。 8 除钻头部位槽板盖应工作打开外，其余槽板盖不应敞开，以防止人或物件掉入槽内。 9 钻机后面的电线宜架空，以免妨碍工作及造成触电事故。 10 钻机桅杆宜设置避雷针。 11 孔内发生卡钻、掉钻、埋钻等事故，应摸清情况，分析原因，然后采取有效措施进行处理。不应盲目行事。 12 液压抓斗或铣槽机工作时，必须有专人指挥，严禁在其旋转范围内停留。 13 液压抓斗或铣槽机在成槽过程中，如遇大量漏浆时，应立即停止施工并将主机撤离槽孔，待漏浆处理好后方可恢复施工。 **2. 电力行业标准《水电水利工程施工作业人员安全技术规程》(DL/T 5373—2017)** **7.3.4** 作业结束后，成槽机应远离槽边，且抓斗应着地面。	1. 现场检查钻机的规范操作情况。 2. 现场检查钻机的运行、维护、保养记录。 3. 液压抓斗或铣槽机作业时，现场查看是否有专人指挥。 4. 检查现场成槽机抓斗状态及卷筒钢丝绳排列状态和圈数

续表

序号	检查重点	标　准　要　求	检查方法
3	防渗墙成槽施工	**7.5.3** 作业过程中，应遵守下列规定： 4 提升钻具时，应使钢丝绳在卷筒上排列整齐。遇钢丝绳乱绳时，应停机卸载，查明原因后进行处理。 5 下放钻具时，严禁使钻具自由降落，钢丝绳在卷筒上的圈数不应少于4圈	
4	防渗墙施工制浆及输送	**电力行业标准《水电水利工程土建施工安全技术规程》（DL/T 5371—2017）** **5.2.7** 制浆及输送应遵守下列规定： 1 搅拌机进料口及皮带、暴露的齿轮传动部位应设有安全防护装置。否则，不应开机运行。 2 进入搅拌机槽进行检修前，应切断电源，开关箱应加锁，并挂上“有人操作，严禁合闸”的警示标志	1. 现场检查制浆设备的安全防护装置情况。 2. 现场检查制浆作业人员规范操作情况
5	防渗墙施工接头管下设	**电力行业标准《水电水利工程土建施工安全技术规程》（DL/T 5371—2017）** **5.2.8** 接头管下设和起拔应遵守下列规定： 1 接头管下设和起拔过程中应有专人指挥，非工作人员应退出起重机工作范围；接头管与导管下设不应同时进行。 2 接头管下设和起拔过程中，操作人员的手不应放在上下管节之间，脚不应伸进拔管架上下活动的范围内	现场检查接头管作业操作是否规范；接头管起拔和下设过程是否有专人指挥
6	防渗墙施工钢筋笼下设	**电力行业标准《水电水利工程土建施工安全技术规程》（DL/T 5371—2017）** **5.2.9** 下设钢筋笼应遵守下列规定： 1 吊装前应编制吊装方案，并对人员、设备、安全措施进行报验，经批准后方可实施。 2 吊装前必须设置警戒线，现场应有专人指挥，进行试吊，成功后方可正式进行吊装作业。 3 笼体搬运过程中，设备走行应平稳，笼体两侧应用牵引绳进行牵拉保持平稳，严禁手扶。 4 钢筋笼对接时，操作人员应站在孔口专用盖板上或者安全范围内，严禁站在笼体或与之相连的设施上进行操作。 5 下设过程中或遇到困难时，严禁用快钩进行自由落体式冲击下设 **5.5.6** 钢筋笼搬运和下设应遵守下列规定： 1 搬运和吊装钢筋笼前应采取措施防止其发生变形，吊装作业前应有专人检查吊点、吊钩、索具等，验收合格后方可开始作业。 2 吊装钢筋笼的机械应满足起吊的高度和重量要求，两台起重机一起配合搬运和吊装时应遵守《水电水利工程施工通用安全技术规程》DL/T 5370中起重与运输中的相关规定。 3 下设钢筋笼时，严禁在其下方或倾倒范围内停留或通过，吊装过程中现场必须有专人指挥	1. 现场检查吊点、吊钩、索具的磨损情况。 2. 现场检查钢筋笼起吊过程中规范作业情况。 3. 现场检查钢筋笼内是否有钢筋头等杂物
7	防渗墙施工混凝土浇筑	**电力行业标准《水电水利工程土建施工安全技术规程》（DL/T 5371—2017）** **5.2.10** 导管安装及拆卸应遵守下列规定： 1 安装前认真检查导管是否完好、牢固。吊装的绳索挂钩应牢固、可靠。	1. 检查混凝土浇筑导管的安装情况。 2. 现场检查混凝土输送泵各部位螺栓、防护罩、液压系统情况。

续表

序号	检查重点	标 准 要 求	检查方法
7	防渗墙施工混凝土浇筑	2 导管安装应垂直于槽孔中心上，不应与槽壁相接触。 3 起吊导管时，应注意天轮不能出槽，由专人拉绳；人的身体不能与导管靠得太近。 **5.2.11** 混凝土浇筑应遵守下列规定： 1 在作业前，应检查混凝土输送泵各部位螺栓紧固、防护罩齐全，液压系统正常无泄漏，开泵前，无关人员应离开管道周围。 2 混凝土输送泵运转时，不得将手或者铁锹伸入料斗或用手抓握分配阀。当需在分配阀上作业时，应先关闭电动机并消除蓄能器压力。 3 当用压缩空气清洗管道时，管道出口 10m 内严禁站人。 4 当采用混凝土罐车向料斗倒料时，应有专人指挥，并配有挡车装置。 5 用钻机起吊导管时，天轮不得出槽，卷扬操作应慢、稳；下放导管时，人的身体不能与导管靠得太近。 6 用起重机配合吊斗浇筑时，起吊作业应有专人指挥，起重机作业半径内严禁站人	3. 检查混凝土施工作业人员安全操作情况

第十一章

砂 石 料 生 产

第一节 砂石料生产概述

一、术语或定义

（1）砂石料：砂石料是砂、卵（砾）石、碎石、块石、料石等材料的统称，在混凝土及砂浆中起骨架和填充作用的粒状材料，是混凝土和堆砌石等构筑物的主要建筑材料。

（2）天然砂石料：天然砂石料是由于河床或河道漫滩自然形成的一种砂卵石料，不需要进行钻爆，可以直接挖掘。按生产场地位置的相对高低，可分为陆上料、河滩料和水下料三类。

（3）人工砂石料：人工砂石料一般与露天矿山类似，属于浅层埋藏，需要进行爆破开挖，是通过山场剥离、开采、机械加工的一种砂石料。

二、主要检查要求综述

砂石料生产过程主要由机械设备完成，可能造成机械伤害、车辆伤害、物体打击、起重伤害、高处坠落、坍塌、触电、灼烫、火灾等事故，因此砂石料生产安全作为电力建设工程施工安全检查的重点，主要从天然砂石料开采、人工砂石料开采、砂石料加工系统三个方面开展安全检查。

第二节 天然砂石料开采

一、天然砂石料陆上开采

陆上开采作业一般使用钻机、挖掘机、装载机等机械直接进行开挖作业。

二、天然砂石料河滩开采

对于以陆地为依托的陆基河滩料开采，常用的设备有反铲、大型索铲、链斗式挖掘机、索扒和索道式扒运机等。对于修筑围堰排干基坑进行开采的河滩料，安全检查主要内容除了反铲、挖掘机、运输车等机械检查外，还应对围堰情况、防汛情况等进行检查，具体见表 2-11-1。

表 2-11-1　　天然砂石料河滩开采安全检查重点、要求及方法

序号	检查重点	标准要求	检查方法
1	天然砂石料河滩开采围堰、防汛等要求	**水利行业标准《水利水电工程土建施工安全技术规程》(SL 399—2007)** **5.2.2**　陆上（河滩）或水下开采，应做好水情预报工作，作业区的布置应考虑洪水影响。道路布置及标准，应符合相关规定并满足设备安全转移要求。 **5.2.3**　陆上砂石料开采应遵守下列规定： 1　应按照批准的范围、期限、限量及技术规范和环保要求组织开采。 2　不应影响通航和航道建设。 3　不应向河道内倾倒或弃置垃圾、废料、污水和其他废弃物。 4　不应破坏防洪堤等设施。 5　不应占用河道作加工、堆料场地。 6　开采废料应及时运往指定地点，不应占用河道堆放。 8　危险地段、区域应设安全警示标志和防护措施	1. 现场查看。 2. 根据批准开采文件中的范围、期限等检查现场开采情况
2	天然砂石料河滩开采应急物资、应急预案等要求	**1. 水利行业标准《水利水电工程土建施工安全技术规程》(SL 399—2007)** **5.2.4**　水下砂石料开采应遵守下列规定： 1　从事水下开采及水上运输作业，应按照作业人员数配备相应的防护、救生设备。 **2.《生产安全事故应急预案管理办法》(国家安全生产监督管理总局令第88号，2019年7月11日应急管理部令第2号修正)** **第五条**　生产经营单位主要负责人负责组织编制和实施本单位的应急预案，并对应急预案的真实性和实用性负责；各分管负责人应当按照职责分工落实应急预案规定的职责。 **第二十六条**　矿山、建筑施工单位应当在应急预案公布之日起20个工作日内，按照分级属地原则，向县级以上人民政府应急管理部门和其他负有安全生产监督管理职责的部门进行备案，并依法向社会公布。 **第三十三条**　生产经营单位应当制定本单位的应急预案演练计划，根据本单位的事故风险特点，每年至少组织一次综合应急预案演练或者专项应急预案演练，每半年至少组织一次现场处置方案演练	1. 现场查看。 2. 检查应急预案编制、审批情况，向当地政府主管部门报备情况及开展演练情况

三、天然砂石料水下开采

水下开采通常采用“采砂船、自卸式驳船、拖轮”组成作业船队进行开采运输，由测量放样设标、采砂船定位、“拖轮+自卸式驳船”（或自航式砂驳）水运毛料至停靠码头卸料等工序组成。水下开采安全检查重点、要求及方法见表2-11-2。

表 2-11-2　　天然砂石料水下开采安全检查重点、要求及方法

序号	检查重点	标准要求	检查方法
1	天然砂石料水下开采一般要求	**1. 水利行业标准《水利水电工程土建施工安全技术规程》(SL 399—2007)** **5.2.1**　在河道内从事天然砂石料开采，应按照国家和所属水域管理部门有关规定，办理采砂许可证。未取得采砂许可证，不应进行河道砂石料开采作业。	1. 现场查看，检查临边防护设施是否牢固，救生圈、救生衣是否满足船上作业人员数量要求等。

续表

序号	检查重点	标　准　要　求	检查方法
1	天然砂石料水下开采一般要求	**5.2.4** 水下砂石料开采应遵守下列规定： 2 卸料区应设置能适应水位变化的码头、泊位缆桩以及锚锭等。 3 汛前应做好船只检查，选定避洪停靠地点，以及相应的锚桩、绳索、防汛器材等。 4 不应使用污染环境、落后和已淘汰的船舶、设备和技术。 5 开采作业不应影响堤防、护岸、桥梁等建筑安全和行洪、航运的畅通。 6 应遵守国家、地方有关航运管理规定，服从当地航运及海事部门的管理。 **2. 水利行业标准《水利水电工程施工安全管理导则》（SL 721—2015）** **10.3.7** 施工单位进行水上（下）作业前，应根据需要办理《中华人民共和国水上水下活动许可证》，并安排专职安全管理人员进行巡查。 水上作业应有稳固的施工平台和通道，临水、临边设置牢固可靠的护栏和安全网；平台上的设备应固定牢固，作业用具应随手放入工具袋；作业平台上应配齐救生衣、救生圈、救生绳和通信工具。 **3.《中华人民共和国水上水下作业和活动通航安全管理规定》（交通运输部令2021年第24号）** **第十八条** 应当在安全作业区设置相关的安全警示标志、配备必要的安全设施或者警戒船。 **第二十四条** 船舶应当按照有关规定在明显处昼夜显示规定的号灯号型，在现场作业或者活动的船舶或者警戒船上配备有效的通信设备，作业或者活动期间指派专人警戒，并在指定的频道上守听。 **第二十八条** 有下列情形之一的，施工单位立即停止作业或者活动，并采取安全防范措施： 1）因恶劣自然条件严重影响作业或者活动及通航安全的。 2）作业或者活动水域内发生水上交通事故或者存在严重危害水上交通安全隐患，危及周围人命、财产安全的	2. 查阅资料，查看采砂许可证、船舶适航证书（船舶安全与环保证书）、船舶检验报告、船舶最低安全配员证书、船舶船员适任证书、船舶国籍证书等有效证件，查验船员配置是否与“最低安全配员规则”相符
2	天然砂石料水下开采作业人员资质、劳动防护用品、作业行为等要求	**1. 水利行业标准《水利水电工程土建施工安全技术规程》（SL 399—2007）** **5.2.4** 水下砂石料开采应遵守下列规定： 1 作业人员应熟知水上作业救护知识，具备自救互救技能。 **5.2.5** 采砂船应符合下列要求： 2 采砂船作业时应遵守下列规定： 1）驾驶员、轮机、水手等作业人员，应经过专业技术培训，取得合格证书，持证上岗。 **2. 水利行业标准《水利水电工程施工安全管理导则》（SL 721—2015）** **10.3.7** 作业人员应持证上岗，正确穿戴救生衣、安全帽、防滑鞋、安全带，定期进行体格检查。 **3. 水利行业标准《水利水电工程施工安全防护设施技术规范》（SL 714—2015）** **9.2.2** 水上作业应符合以下规定： 1 水上作业人员应持有相应的船员适任证书与船员服务簿方可上岗。	1. 现场查看。 2. 查看轮机、水手等人员的“适任证书”，参加航行和轮机值班的船员“适任证书”有效期不超过5年。不参加航行和轮机值班的船员“适任证书”长期有效

续表

序号	检查重点	标准要求	检查方法
2	天然砂石料水下开采作业人员资质、劳动防护用品、作业行为等要求	2 任何水上作业不应少于两人。 4 从事高处作业和舷外作业时，应系无损的安全带，所使用的工具必须放在专用袋内，并用绳子系牢；所用的工器具应在检查合格后方可使用。作业现场卜方划定一定的警戒区，并有专人指挥、监护。 5 舷外作业和水上作业时应关闭舷边出水阀。 6 遇风力6级以上强风时应停止高处作业，特殊情况急需时，必须采取安全措施；航行时不应舷外作业；舷外作业应挂慢车信号，过往船只应慢速通过。 7 陆地、各船舶、各作业点等均应配有高频无线电话或其他通信设备，始终保持相互通信畅通。 8 船与船之间的跳板应坡度适宜、加设扶手；雨、雪、霜后应及时清理，并垫上草袋或其他防滑物品。 9 在两船（艇、筏）配合作业时，应系紧缆绳，严禁同时踩踏两艘船进行作业	
3	天然砂石料水下开采应急物资要求	**1. 水利行业标准《水利水电工程施工安全防护设施技术规范》（SL 714—2015）** **9.1.1** 施工设备应符合以下规定： 4 应符合中国船级社（CCS）有关规定配备足够数量的合适的太平斧、消防栓、灭火器、沙箱、救生衣（圈）及其他等消防救生设施，并放置或悬挂在规定位置。所有消防救生设施均应有专人保管、妥善放置，定期检查其有效性，保持良好状态。 **2. 水利行业标准《水利水电工程土建施工安全技术规程》（SL 399—2007）** **5.2.4** 水下砂石料开采应遵守下列规定： 1 从事水下开采及水上运输作业，应按照作业人员数配备相应的防护、救生设备	现场检查救生圈、救生衣、通信设施等应急物资装备是否齐全有效，是否满足船上作业人员数量要求及应急处置要求
4	天然砂石料水下开采采砂船要求	**1. 水利行业标准《水利水电工程土建施工安全技术规程》（SL 399—2007）** **5.2.5** 采砂船应符合下列要求： 1 采砂船工作前，应完成以下准备工作： 1）按规定进行船检，并取得检验合格证； 2）不应拆除船上的相应安全设施，保持船上消防救生设施齐全、有效； 3）检查电气设备漏电保护装置和防雨、防潮设施并保持其完好； 4）检查照明、通信和救护设备，并应保持其完好。 2 采砂船作业时应遵守下列规定： 2）不应在船上用明火取暖，不应在非指定地点烧煮食物； 3）采砂船工作处水深不应小于规定的吃水深度； 4）在航道上航行作业或停泊时，按相关规定悬挂灯号或其他信号标志； 7）两艘及以上采砂船同时作业时，应保持安全距离； 8）冬季作业应有防滑措施。 **2. 电力行业标准《水电水利工程施工通用安全技术规程》（DL/T 5370—2017）** **4.7.3** 在有通航要求的河道上进行作业时，施工现场上游和下游应按规定要求设置通航警示标志，设立明显的航标。施工区域航道两侧应设置水上交通作业安全须知牌	现场查看

续表

序号	检查重点	标准要求	检查方法
5	天然砂石料水下开采砂驳船要求	**1. 水利行业标准《水利水电工程土建施工安全技术规程》(SL 399—2007)** **5.2.6** 砂驳船应符合下列要求： 1 按规定进行船检，并取得检验合格证。 3 应设有专用防撞缓冲设施。 4 配置救生器材。 5 砂驳作业时应遵守下列规定： 1）作业前对皮带机各部件和卸料装置等进行检查、保养； 4）装料后，拖轮未到前不应松放缆绳。因水浅拖轮不能靠近时，应将砂驳船撑到深水区； 5）工作完毕后切断动力电源，清洗干净，排干船底积水。 **2. 电力行业标准《水电水利工程施工通用安全技术规程》(DL/T 5370—2017)** **4.7.6** 在船与作业平台之间搬运物件时，应铺设有护栏的安全通道。 **8.5.2** 航行船舶应保持适航状态，并配备取得合格证件的驾驶人员、轮机人员；船员人数应符合安全定额；配备消防、救生设备；执行有关客货装载和拖带的规定。 **8.5.3** 船舶应按规定悬挂灯号、信号。 **8.5.4** 船舶应在规定地点停泊。不得在航道中、轮渡线上、桥下以及有水上架空设施的水域内抛锚、装卸货物和过驳；不得在航道中设置渔具。 **8.5.7** 船舶航行中遇狂风暴雨、浓雾及洪水等恶劣气象，应立即选择安全地点停泊，不得强行航行。 **8.5.12** 船舶不得超过吃水线航行。 **8.5.13** 航行船舶应按规定配备堵漏用具和器材。船舶由于碰撞、触礁、搁浅等原因造成水线以下船体破损进水时应及时采取堵塞漏洞等应急措施。 **8.5.14** 船舶应建立消防安全制度，配备消防器材。发生火警、火灾时应及时组织施救，并按照悬示火警信号、利用通信设备求救。 **3. 水利行业标准《水利水电工程施工安全防护设施技术规范》(SL 714—2015)** **9.1.1** 施工设备应符合以下规定： 5 在船舶机舱、船甲板、尾桩及操作室等有关位置应分别设置行走通道提示、防滑提示、安全警示和操作要领等标牌	1. 现场查看。 2. 核对船员人数与船舶证书中的规定是否符合。 3. 查看消防器材设施和堵漏用具、器材是否完好有效，是否满足应急处置要求
6	天然砂石料水下开采趸船码头要求	**水利行业标准《水利水电工程土建施工安全技术规程》(SL 399—2007)** **5.2.7** 趸船码头应符合下列要求： 1 按规定进行检查、维护和保养。 2 应设置有专用防撞缓冲设施。 3 应配备救生器材、消防设施。 4 趸船定位缆索向外伸出时，按规定设置信号进行标识。 5 趸船码头作业时，应遵守以下规定： 1）船只减速按顺序进入趸船码头； 2）定期检查船首、船尾的锚链、系缆的定位，防止溜船。及时排除仓内积水； 3）非生产船只不应长时间停靠在生产码头	1. 现场查看。 2. 查看检查、维护记录。 3. 检查防撞缓冲设施、救生器材、消防设施是否齐全有效，是否满足应急处置要求

第三节 人工砂石料开采

一、人工砂石料开采采场

在人工砂石料采场，一般使用露天爆破的方式进行开采，根据情况进行梯段作业。砂石料场清表、挖运作业主要施工设备有挖机、运输车等工程车辆。采场安全检查重点、要求及方法见表2-11-3。

表2-11-3 人工砂石料开采采场安全检查重点、要求及方法

序号	检查重点	标 准 要 求	检查方法
1	人工砂石料开采采场一般要求	**1. 国家标准《金属非金属矿山安全规程》(GB 16423—2020)** **5.2.1.1** 露天开采应遵循自上而下的开采顺序，分台阶开采。 **5.2.1.3** 多台阶并段时并段数量不超过3个，且不应影响边坡稳定性及下部作业安全。 **2. 水利行业标准《水利水电工程土建施工安全技术规程》(SL 399—2007)** **3.1.6** 应合理确定开挖边坡坡比，及时制定边坡支护方案。 **5.3.1** 料场布置应遵守下列规定： 1 按照建设、设计单位确定的范围、设计方案，进行开采；根据施工组织设计，确定开采方案和场地布置方案。 3 离料场开采边线400m范围内为危险区，该区域严禁布置办公、生活、炸药库等设施	1. 现场查看。 2. 查看设计方案、安全技术交底等资料
2	人工砂石料开采劳动防护用品	**水利行业标准《水利水电工程施工安全管理导则》(SL 721—2015)** **10.3.2** 按规定穿戴安全帽、工作服、工作鞋等防护用品，正确使用安全防护用具，严禁穿拖鞋、高跟鞋或赤脚进入施工现场	现场查看人员穿戴情况
3	人工砂石料开采采场安全防护设施、安全警示标识牌	**1. 水利行业标准《水利水电工程土建施工安全技术规程》(SL 399—2007)** **3.1.3** 开挖过程中应充分重视地质条件的变化，遇到不良地质构造和可能存在事故隐患的部位应及时采取防范措施，并设置必要的安全围栏和警示标志。 **3.4.4** 开挖作业开工前应将设计边线外至少10m范围内的浮石、杂物清除干净，必要时坡顶应设截水沟，并设置安全防护栏。 **2. 电力行业标准《水电水利工程施工通用安全技术规程》(DL/T 5370—2017)** **4.1.6** 施工单位应在施工现场的坑、井、沟、陡坡等场所设置盖板、围栏等安全防护设施和警示标志。 **6.1.6** 高边坡、基坑边坡应设置高度不低于1.0m的安全防护栏或挡墙	1. 现场查看。 2. 对检查标准所列数据现场用卷尺进行测量、核验。 3. 检查现场防护栏杆、围挡是否稳固，是否存在松动、紧固装置缺失等现象；用卷尺查验防护栏杆是否满足防护设施的高度要求
4	人工砂石料开采钻孔作业要求	**水利行业标准《水利水电工程土建施工安全技术规程》(SL 399—2007)** **3.4.1** 机械凿岩时，应采用湿式凿岩或装有能够达到国家工业卫生标准的干式捕尘装置。否则不应开钻。 **3.4.2** 开钻前，应检查工作面附近岩石是否稳定，是否有瞎炮，发现问题应立即处理，否则不应作业。不应在残眼中继续钻孔	现场查看

续表

序号	检查重点	标 准 要 求	检查方法
5	人工砂石料开采爆破作业管理要求	**1.《民用爆炸物品安全管理条例》（国务院令第466号，2014年7月29日国务院令第653号修正）** **第三十三条** 爆破作业单位应当对本单位的爆破作业人员、安全管理人员、仓库管理人员进行专业技术培训。爆破作业人员应当经设区的市级人民政府公安机关考核合格，取得《爆破作业人员许可证》后，方可从事爆破作业。 **第四十条** 民用爆炸物品应当储存在专用仓库内，并按照国家规定设置技术防范设施。 **第四十一条** 储存民用爆炸物品应当遵守下列规定： 1）建立出入库检查、登记制度，收存和发放民用爆炸物品必须进行登记，做到账目清楚，账物相符。 2）储存的民用爆炸物品数量不得超过储存设计容量，对性质相抵触的民用爆炸物品必须分库储存，严禁在库房内存放其他物品。 3）专用仓库应当指定专人管理、看护，严禁无关人员进入仓库区内，严禁在仓库区内吸烟和用火，严禁把其他容易引起燃烧、爆炸的物品带入仓库区内，严禁在库房内住宿和进行其他活动。 4）民用爆炸物品丢失、被盗、被抢，应当立即报告当地公安机关。 **四十二条** 在爆破作业现场临时存放民用爆炸物品的，应当具备临时存放民用爆炸物品的条件，并设专人管理、看护，不得在不具备安全存放条件的场所存放民用爆炸物品。 **2. 电力行业标准《水电水利工程爆破施工技术规范》（DL/T 5135—2013）** **3.1.13** 爆破后人员进入工作面检查等待时间应按下列规定执行： 1）明挖爆破时，应在爆破后5min进入工作面；当不能确认有无盲炮时，应在爆破后15min进入工作面。 2）地下洞室爆破应在爆破后15min，并经检查确认洞室内空气合格后，方可准许人员进入工作面	1. 现场查看。 2. 核对民用爆炸物品入库、领用、退库等数量。 3. 查看民用爆炸物品仓库人防、技防、犬防是否设置到位。 4. 登录国家政务服务平台 www.gjzwfw.gov.cn，核查仓管员持证情况。 注：爆破作业详细检查重点详见本篇第十二章爆破作业
6	人工砂石料开采采场边坡支护要求	**1. 水利行业标准《水利水电工程土建施工安全技术规程》（SL 399—2007）** **3.4.3** 供在钻孔用的脚手架，应搭设牢固的栏杆。开钻部位的脚手板应铺满绑牢，板厚应不小于5cm。 **3.4.9** 高边坡作业时应遵守下列规定： 1）高边坡开挖每梯段开挖完成后，应进行一次安全处理。 2）对断层、裂隙、破碎带等不良地质构造的高边坡，应按设计要求及时采取锚喷或加固等支护措施。 3）高边坡施工时应有专人定期检查，并应对边坡稳定进行监测。 4）高边坡开挖应边开挖边支护，确保边坡稳定和施工安全。 **2. 水利行业标准《水利水电工程施工安全管理导则》（SL 721—2015）** **10.3.3** 施工单位进行高边坡或深基坑作业时，应按要求放坡，自上而下清理坡顶和坡面松渣、危石、不稳定体；垂直交叉作业应采取隔离防护措施，或错开作业时间；应安排专人监护、巡视检查，并及时分析、反馈监护信息；作业人员上下高边坡、深基坑应走专用通道；高处作业人员应同时系挂安全带和安全绳。	1. 现场查看。 2. 对检查标准所列数据现场用卷尺进行测量、核验。 3. 查阅边坡定期检查、监测记录。 4. 检查脚手架脚手板、连墙件、防护网、水平杆、剪刀撑等设施是否按照要求设置。 注：脚手架施工检查重点详见本篇第四章脚手架施工

续表

序号	检查重点	标准要求	检查方法
6	人工砂石料开采采场边坡支护要求	**3. 电力行业标准《水电水利工程施工通用安全技术规程》(DL/T 5370—2017)** **4.1.12** 高边坡作业前应处理边坡危石和不稳定体，并在作业面上方设置防护设施。 **4.《国家矿山安全监察局关于印发〈关于加强非煤矿山安全生产工作的指导意见〉的通知》(矿安〔2022〕4号)** （七）严格金属非金属露天矿山安全生产基本条件。 金属非金属露天矿山现状高度200米及以上的边坡，应当进行在线监测。现状高度100米及以上的边坡，应当每年进行一次边坡稳定性分析	
7	人工砂石料开采采场安全平台、清扫平台、运输平台要求	**1. 国家标准《金属非金属矿山安全规程》(GB 16423—2020)** **5.2.1.4** 露天采场应设安全平台和清扫平台。人工清扫平台宽度不小于6m，机械清扫平台宽度应满足设备要求且不小于8m。 **7.3.3** 最终边坡应留设安全平台、清扫平台；安全平台宽度不小于3m，清扫平台宽度不小于6m。 **2. 安全生产行业标准《金属非金属矿山安全标准化规范 露天矿山实施指南》(AQ/T 2050.3—2016)** **10.1.2.3** 采场最终边坡应按设计确定的宽度预留安全平台、清扫平台、运输平台	1. 现场查看。 2. 使用卷尺测量、核验相关平台的宽度是否符合设计要求
8	人工砂石料开采采场施工道路、车辆运输要求	**1. 水利行业标准《水利水电工程施工通用安全技术规程》(SL 398—2007)** **3.3.3** 施工生产区内机动车辆临时道路应符合下列规定： 1）道路纵坡不宜大于8%，进入基坑等特殊部位的个别短距离地段最大纵坡不应超过15%；道路最小转弯半径不应小于15m；路面宽度不应小于施工车辆宽度的1.5倍，且双车道路面宽度不宜窄于7.0m，单车道不宜窄于4.0m。单车道应在可视范围内设有会车位置。 2）路基基础及边坡保持稳定。 3）在急弯、陡坡等危险路段及岔路、涵洞口应设有相应警示标志。 4）悬崖陡坡、路边临空边缘除应设有警示标志外还应设有安全墩、挡墙等安全防护设施。 5）路面应经常清扫、维护和保养并应做好排水设施，不应占用有效路面。 **2. 电力行业标准《水电水利工程施工通用安全技术规程》(DL/T 5370—2017)** **8.3.4** 车辆在泥泞坡道上或冰雪路上行驶时，应安装防滑链，并减速行驶。 **8.3.5** 车辆在施工区域行驶时，时速不得超过15km，洞内时速不超过8km，在会车、弯道、险坡段时速不得超过5km。 **8.3.7** 自卸汽车、油罐车、平板拖车、起重吊车、装载机、机动翻斗车及拖拉机除驾驶室外，不得乘人，驾驶室不得超额载人。 **8.3.8** 各种机动车辆均不得故障运行或超载运行。 **8.3.10** 自卸汽车除应遵守上述有关规定外，还应严格遵守下列规定：	1. 现场查看。 2. 对检查标准中明确的道路宽度、转弯角度、护栏、挡车墙等数据，现场使用卷尺进行测量、核验，使用测速仪检测运输车辆速度

续表

序号	检查重点	标准要求	检查方法
8	人工砂石料开采采场施工道路、车辆运输要求	1）向低洼地区卸料时，后轮与坑边要保持适当安全距离，防止坍塌和翻车。 2）在陡坎处向下卸料时，应设置牢固的挡车装置，其高度应不低于车轮外线直径的 1/3，长度不小于车辆后轴两侧外轮边缘间距的 2 倍，同时应设专人指挥，夜间设红灯。 3）车箱未降落复位时不得行车。 4）不得在有横坡的路面上卸料，以防止因重心偏移而翻车。 5）当车箱升举，在车辆下作检修维护工作时，应使用有效的撑杆将车箱顶稳，并在车辆前后轮胎处垫好卡木	
9	人工砂石料开采采场边坡截排水沟要求	**1. 水利行业标准《水利水电工程土建施工安全技术规程》(SL 399—2007)** **3.1.4** 开挖过程中，应采取有效的截水、排水措施，防止地表水和地下水影响开挖作业和施工安全。 **5.3.4** 开挖过程中，应采取相应的排水、支护和安全监测措施。 **2. 电力行业标准《水电水利工程施工通用安全技术规程》(DL/T 5370—2017)** **4.9.8** 边坡工程排水设施应符合下列规定： 1）周边截水沟，一般应在开挖前完成，截水沟深度及底宽不宜小于 0.5m，沟底纵坡不宜小于 0.5%；长度超过 500m 时，宜设置纵排水沟，跌水或急流槽。 2）急流槽与跌水的纵坡不宜超过 1∶1.5；急流槽过长时宜分段，每段不宜超过 10m；土质急流槽纵度较大时，应设多级跌水。 3）边坡排水孔宜在边坡喷护之后施工，坡面上的排水孔宜上倾 10%左右，孔深 3m～10m，排水管宜采用塑料花管。 4）挡土墙应设有排水设施，防止墙后积水形成静水压力，导致墙体坍塌。 5）采用渗沟排除地下水时，渗沟顶部宜设封闭层，寒冷地区沟顶回填土层小于冻层厚度时，宜设保温层；渗沟施工应边开挖、边支撑、边回填，开挖深度超过 6m 时，应采取框架支撑；渗沟每隔 30m～50m 或平面转折和坡度由陡变缓处宜设检查井	1. 现场查看。 2. 对检查标准所列数据现场用卷尺进行测量、核验
10	人工砂石料开采铲装作业要求	**国家标准《金属非金属矿山安全规程》(GB 16423—2020)** **5.2.3.3** 铲装设备工作时其平衡装置与台阶坡底的水平距离不小于 1m。 **5.2.3.4** 铲装设备工作应遵守下列规定： 1）悬臂和铲斗及工作面附近不应有人员停留。 2）铲斗不应从车辆驾驶室上方通过。 3）人员不应在司机室踏板上或有落石危险的地方停留。 **5.2.3.5** 多台铲装设备在同一平台上作业时，铲装设备间距应符合下列规定： 1）汽车运输：不小于设备最大工作半径的 3 倍，且不小于 50m。 2）铁路运输：不小于 2 列车的长度。 **5.2.3.6** 上、下台阶同时作业时上部台阶的铲装设备应超前下部台阶铲装设备；超前距离不小于铲装设备最大工作半径的 3 倍，且不小于 50m。 **5.2.3.7** 铲装时铲斗不应压、碰运输设备；铲斗卸载时，铲斗下沿与运输设备上沿高差不大于 0.5m；不应用铲斗处理车箱黏结物	1. 现场查看铲装作业设备操作行为。 2. 使用卷尺测量相关数据是否满足要求

续表

序号	检查重点	标 准 要 求	检查方法
11	人工砂石料开采采场溜槽、溜井要求	**国家标准《金属非金属矿山安全规程》(GB 16423—2020)** **5.2.5.2** 溜井井口应高出周围地面，防止地面汇水进入溜井；井口周围应有良好的照明，并设安全护栏和明显的警示标志；溜井卸矿口应设高度不小于车轮轮胎直径1/3的车挡；卸矿时应有监控或者专人指挥。 **5.2.5.3** 溜井底部放矿硐室应设安全通道；放矿口两侧均应联通地表。 **5.2.5.4** 不应将杂物卸入溜井，溜井不应放空。 **5.2.5.5** 在溜井口及其周围进行爆破，应有专门设计。 **5.2.5.6** 溜井检修时，无关人员不应在附近逗留。 **6.2.6.1** 采用普通法掘进天井、溜井应遵守下列规定： 1）架设的工作台应牢固可靠。 2）及时设置安全可靠的支护棚，工作面至支护棚的距离不大于6m。 3）掘进高度超过7m时应有装备完好的梯子间和溜碴间等设施，梯子间和溜碴间用隔板隔开。上部有护棚的梯子可视作梯子间。 4）天井掘进到距上部巷道约7m时，测量人员应给出贯通位置，并在上部巷道设置警示标志和警戒围栏。 5）溜间应保留不少于1次爆破的矿岩量，不应放空。 **6.2.6.2** 吊罐法掘进天井应遵守下列规定： 1）上罐前应检查吊罐各部件的连接装置、保护盖板、钢丝绳、风水管接头，以及声光信号系统和通信设施等是否完善牢固，如有损坏或故障，经处理可正常使用后方准作业。 2）吊罐提升钢丝绳的安全系数不小于13，任何一个捻距内的断丝数不超过钢丝总数的5%，磨损不超过原直径的10%。 3）吊罐应装设可由罐内人员控制的信号装置。 4）电缆不应和吊罐钢丝绳设在一个吊罐孔内。 5）升降吊罐时应认真处理卡帮和浮石。 6）作业人员应系好安全带，并站在保护盖板下，头部不应接触罐盖和罐壁；升降完毕应立即切断吊罐绞车电源，绑紧制动装置。 7）不应从吊罐上往下投掷工具或材料。 8）天井中心孔偏斜率不大于0.5%。 9）吊罐绞车应锁在短轨上，并与巷道钢轨断开。 10）检修吊罐应在安全地点进行。 11）天井与上部巷道贯通时，应加强上部巷道的通风和警戒	1. 现场查看，警示标牌是否规范，查看人员作业行为、钢丝绳是否符合要求等。 2. 使用卷尺测量车挡等数据是否满足要求。 3. 检查现场防护栏杆、围挡是否稳固，是否存在松动、紧固装置缺失等现象；用卷尺查验防护栏杆是否满足防护设施的高度要求

二、人工砂石料开采排土场

排土场主要作用是砂石料开采过程中堆存无用料，其施工道路、安全防护设施、安全警示标识牌、截排水沟参考采场要求，其他安全检查重点、要求及方法见表2-11-4。

表2-11-4　　人工砂石料开采排土场其他安全检查重点、要求及方法

序号	检查重点	标 准 要 求	检查方法
1	人工砂石料开采排土场一般要求	**1. 国家标准《金属非金属矿山安全规程》(GB 16423—2020)** **5.5.1.5** 排土场应设拦挡设施，堆置高度大于120m的沟谷型排土场应在底部设置挡石坝。 **5.5.1.7** 排土场防洪应遵守下列规定：	1. 现场查看。 2. 对检查标准所列数据现场用卷尺进行测量、核验。

续表

序号	检查重点	标准要求	检查方法
1	人工砂石料开采排土场一般要求	1）山坡排土场周围应修筑可靠的截、排水设施。 2）排土场范围内有出水点的，应在排土之前进行处理。 3）疏浚排土场外截洪沟和排土场内的排水沟，确保排洪设施可以正常工作。 **5.5.3.2** 矿山企业应建立排场边坡稳定监测制度，边坡高度超过200m的，应设边坡稳定监测系统，防止发生泥石流和滑坡。 **2. 安全生产行业标准《金属非金属矿山排土场安全生产规则》(AQ 2005—2005)** **4.5** 排土场滚石区应设置醒目的安全警示标志。 **4.6** 严禁个人在排土场作业区或排土场危险区内从事捡矿石、捡石材和其他活动。 **4.7** 排土场最终境界20m内应排弃大块岩石。 **5.2** 排土场位置的选择应遵守以下原则： 1）排土场位置的选择，应保证排弃土岩时不致因滚石、滑坡、塌方等威胁采矿场、工业场地（厂区）、居民点、铁路、道路、输电网线和通讯干线、耕种区、水域、隧道涵洞、旅游景区、固定标志及永久性建筑等的设施安全。 2）排土场场址不宜设在工程地质或水文地质条件不良的地带。如因地基不良而影响安全时，应采取有效措施。 3）依山而建的排土场，坡度大于1∶5且山坡有植被或第四系软层时，最终境界100m内的植被或第四系软弱层应全部清除，将地基削成阶梯状。 4）排土场选址时应避免成为矿山泥石流重大危险源，无法避开时应采取切实有效的措施。 5）排土场位置要符合相应的环保要求。排土场场址不应设在居民区或工业建筑主导风向的上风向区和生活水源的上游，含有污染物的废石要按照GB 18599要求进行堆放处置。 **3.《国家矿山安全监察局关于印发〈关于加强非煤矿山安全生产工作的指导意见〉的通知》(矿安〔2022〕4号)** （七）严格金属非金属露天矿山安全生产基本条件。 排土场现状堆置高度200米及以上的排土场，应当进行在线监测。现状堆置高度100米及以上的排土场，应当每年进行一次边坡稳定性分析。 **4. 国家矿山安全监察局《关于印发〈金属非金属矿山重大事故隐患判定标准〉的通知》(矿安〔2022〕88号)** （十一）排土场存在下列情形之一的： 1）在平均坡度大于1∶5的地基上顺坡排土，未按设计采取安全措施。 2）排土场总堆置高度2倍范围以内有人员密集场所，未按设计采取安全措施。 3）山坡排土场周围未按设计修筑截、排水设施	3. 检查定期监测记录
2	人工砂石料开采排土场区作业要求	**安全生产行业标准《金属非金属矿山排土场安全生产规则》(AQ 2005—2005)** **6.1** 排土作业应遵守以下规定： 1）汽车排土作业时，应有专人指挥，指挥人员应经过培训，并经考核合格后上岗工作。非作业人员不应进入排土作业区，凡进入作业区的工作人员、车辆、工程机械应服从指挥人员的指挥。	1. 现场查看。 2. 对检查标准所列数据现场用卷尺、测速仪进行测量、核验

续表

序号	检查重点	标 准 要 求	检查方法
2	人工砂石料开采排土场区作业要求	2）排土场平台应平整，排土线应整体均衡推进，坡顶线应呈直线形或弧形，排土工作面向坡顶线方向应有2%～5%的反坡。 3）排土卸载平台边缘要设置安全车挡，其高度不小于轮胎直径的1/2，车挡顶宽和底宽应不小于轮胎直径的1/4和4/3；设置移动车挡设施的，要对不同类型移动车挡制定安全作业要求，并按要求作业。 4）在同一地段进行卸车和推土作业时，设备之间应保持足够的安全距离。 5）卸土时，汽车应垂直于排土工作线；汽车倒车速度应小于5km/h，严禁高速倒车，冲撞安全车挡。 6）推土时，在排土场边缘严禁推土机沿平行坡顶线方向推土。 7）排土安全车挡或反坡不符合规定，坡顶线内侧30m范围内有大面积裂缝（缝宽0.1m～0.25m）或不正常下沉（0.1m～0.2m）时，禁止汽车进入该危险区作业，安全管理人员应查明原因及时处理后，方可恢复排土作业。 8）排土场作业区内烟雾、粉尘、照明等因素使驾驶员视距小于30m或遇暴雨、大雪、大风等恶劣天气时，应停止排土作业。 9）汽车进入排土场内应限速行驶，距排土工作面50m～200m时限速16km/h，50m范围内限速8km/h；排土作业区应设置一定数量的限速牌等安全标志牌。 10）排土作业区照明系统应完好，照明角度应符合要求，夜间无照明禁止排土	

第四节 砂石料加工系统

砂石料加工系统运行期间，所在区域一般为相对封闭区域，车辆、人员由出入口沿施工道路通行。系统由施工道路、皮带机桁架、机械设备、半成品砂石料堆场、成品砂石料堆场及其他临建构筑物等组成。

一、砂石料加工系统作业环境

砂石料加工系统内作业环境人员、车辆来往走动频繁，作业环境不良容易引起车辆伤害或其他伤害事故。作业环境安全检查重点、要求及方法见表2-11-5。

表2-11-5 砂石料加工系统作业环境安全检查重点、要求及方法

序号	检查重点	标 准 要 求	检查方法
1	砂石料加工系统作业环境一般要求	**1. 电力行业标准《水电水利工程施工安全防护设施技术规范》（DL 5162—2013）** **3.1.1** 施工区域应按实际需要对施工中关键区域和危险区域实行封闭。 **3.1.4** 施工现场的入口处、施工起重机械、皮带机配重、临时用电设施、脚手架、出入通道口、楼梯口、孔洞口、隧洞口、竖井临边、基坑边沿、爆破物及有害气体和液体存放处等危险部位，应设置预防对人员造成健康损害的安全防护设施和明显的安全警示标志。	1. 现场查看。 2. 对检查标准所列数据现场用卷尺进行测量、核验。 3. 检查现场防护栏杆、围挡是否稳固，是否存在松动、紧固装置缺失等现象；用卷尺查验防护栏杆是否满足防

续表

序号	检查重点	标准要求	检查方法
1	砂石料加工系统作业环境一般要求	**3.1.5** 施工现场存放设备、材料的场地应平整牢固，设备材料存放整齐稳固，周围通道畅通，且宽度应不小于1.00m。 **3.1.6** 施工现场的排水系统，设置合理，沟、管、网排水畅通。 **2. 电力行业标准《水电水利工程施工通用安全技术规程》（DL/T 5370—2017）** **4.1.6** 施工单位应在施工现场的坑、井、沟、陡坡等场所设置盖板、围栏等安全防护设施和警示标志。防护栏杆结构应由上、中、下三道横杆和栏杆柱组成，高度不低于1.2m，柱间距应不大于2.0m，栏杆底部应设置高度不低于0.2m的挡脚板。 **3. 水利行业标准《水利水电工程施工安全管理导则》（SL 721—2015）** **10.1.8** 施工单位应在施工现场的主要入口处设置工程概况、管理人员名单及监督电话、消防保卫、安全生产、文明施工等标牌和安全生产管理网络图、施工现场平面图。 **10.1.9** 施工单位对施工区域宜采取封闭措施，对关键区域和危险区域应封闭管理。 **10.1.14** 施工单位应保证施工现场道路畅通，排水系统处于良好的使用状态；应及时清理建筑垃圾，保持场容场貌的整洁	护设施的高度要求
2	砂石料加工系统作业人员防护要求	**水利行业标准《水利水电工程施工安全管理导则》（SL 721—2015）** **10.3.2** 按规定穿戴安全帽、工作服、工作鞋等防护用品，正确使用安全防护用具，严禁穿拖鞋、高跟鞋或赤脚进入施工现场	现场查看人员防护用品佩戴情况
3	砂石料加工系统施工道路、人行通道要求	**1. 电力行业标准《水电水利工程施工安全防护设施技术规范》（DL 5162—2013）** **3.3.1** 施工场内人行及人力货运通道应符合以下要求： 1）牢固、平整、整洁、无障碍、无积水。 2）危险地段设置防护设施和警告标志。 3）冬季雪后有防滑措施。 **2. 电力行业标准《水电水利工程施工通用安全技术规程》（DL/T 5370—2017）** **4.1.7** 施工生产现场临时的机动车道路，宽度不宜小于3.0m，人行通道宽度不小于0.8m。 **4.1.8** 交通频繁的施工道路、交叉路口应按规定设置警示标志或信号指示灯。 **4.3.3** 施工生产区内机动车辆临时道路应符合以下规定： 1）道路纵坡不宜大于8%，进入基坑等特殊部位的个别短距离地段最大纵坡不得超过15%；道路最小转弯半径不得小于15m；路面宽度不得小于施工车辆宽度的1.5倍，且双车道路面宽度不得小于7.0m，单车道不得小于4.0m，单车道在可视范围内应设有会车位置。 2）路基基础及边坡保持稳定。 3）在急弯、陡坡等危险路段及岔路、涵洞口应设有相应警示标志。 4）悬崖陡坡、路边临空边缘应设有警示标志、安全墩、挡墙等安全防护设施。 5）路面应经常维护和保养并应做好排水设施，不得占用有效路面。	1. 现场查看。 2. 对检查标准所列数据现场用卷尺进行测量、核验。 3. 检查现场防护栏杆、围挡是否稳固，是否存在松动、紧固装置缺失等现象；用卷尺查验防护栏杆是否满足防护设施的高度要求

续表

序号	检查重点	标 准 要 求	检查方法
3	砂石料加工系统施工道路、人行通道要求	**6.1.7** 悬崖陡坡处的机动车道路、平台作业面等临空边缘应设置安全墩（墙），墩（墙）高度不低于0.6m，宽度不小于0.3m，宜采用混凝土或浆砌石结构。 **3. 电力行业标准《水电水利工程场内施工道路技术规范》（DL/T 5243—2010）** **6.2.9** 路线的交叉宜设置在直线路段，交叉角不宜小于30°，由主线同一分岔点所分出的岔线，不宜超过两条。 **6.7.1** 道路应按规定配置标志、视线诱导标及隔离设施；桥梁与高路堤路段应设置路侧护栏（防护墩）；平面交叉应设置预告、指示或警告牌、支线减速让行或停车让行等交通安全设施。 **6.7.2** 连续长陡下坡路段危及运行安全处应设置避险车道，必要时可在起始端前设置试制动车道等交通安全设施。 **6.7.3** 对易发生坠石、滚石的路段，应采取防护措施，设置警示牌。 **4. 水利行业标准《水利水电工程施工通用安全技术规程》（SL 398—2007）** **3.3.6** 施工现场临时性桥梁，应根据桥梁的用途、承重载荷和相应技术规范进行设计修建，并符合以下要求： 1）宽度应不小于施工车辆最大宽度的1.5倍。 2）人行道宽度应不小于1.0m，并应设置防护栏杆。 **3.3.7** 施工现场架设临时性跨越沟槽的便桥和边坡栈桥，应符合以下要求： 1）基础稳固、平坦畅通。 2）人行便桥、栈桥宽度不应小于1.2m。 3）手推车便桥、栈桥宽度不应小于1.5m。 4）机动翻斗车便桥、栈桥，应根据荷载进行设计施工，其最小宽度不应小于2.5m。 5）设有防护栏杆。 **3.3.8** 施工现场的各种桥梁、便桥上不应堆放设备及材料等物品，应及时维护、保养，定期进行检查。 **3.3.9** 施工交通隧道，应符合以下要求： 1）隧道在平面上宜布置为直线。 2）机车交通隧道的高度应满足机车以及装运货物设施总高度的要求，宽度不应小于车体宽度与人行通道宽度之和的1.2倍。 3）汽车交通隧道洞内单线路基宽度应不小于3.0m，双线路基宽度应不小于5.0m。 4）洞口应有防护设施，洞内不良地质条件洞段应进行支护。 5）长度100m以上的隧道内应设有照明设施。 6）应设有排水沟，排水畅通。 7）隧道内斗车路基的纵坡不宜超过1.0%。 **3.3.10** 施工现场工作面、固定生产设备及设施场所等应设置人行通道，并应符合以下要求： 1）基础牢固、通道无障碍、有防滑措施并设置护栏，无积水。 2）宽度不应小于0.6m。 3）危险地段应设置警示标志或警戒线	

续表

序号	检查重点	标 准 要 求	检查方法
4	砂石料加工系统作业环境照明要求	**电力行业标准《水电水利工程施工通用安全技术规程》（DL/T 5370—2017）** **5.5.9** 现场照明宜采用高光效、长寿命、光源的显色性满足施工要求的照明光源。照明器具选择应遵守下列规定： 1）正常湿度时，选用开启式照明器。 2）潮湿或特别潮湿的场所，应选用密闭型防水防尘照明器或配有防水灯头的开启式照明器。 3）含有大量尘埃但无爆炸和火灾危险的场所，应采用防尘型照明器。 4）对有爆炸和火灾危险的场所，应按危险场所等级选择相应的防爆型照明器。 5）在振动较大的场所，应选用防振型照明器。 6）对有酸碱等强腐蚀的场所，应采用耐酸碱型照明器。 7）照明器具和器材的质量均应符合有关标准、规范的规定，不得使用绝缘老化或破损的器具和器材。 8）应急照明应选用快速点亮的光源灯具。 9）更换光源时，选用与之前相同类型和功率的光源。 10）高温场所，宜采用散热性能好、耐高温的灯具。 **5.5.10** 一般场所宜选用额定电压为220V的照明器。对下列特殊场所应使用安全电压照明器： 1）地下工程，有高温、导电灰尘，且灯具离地面高度低于2.5m等场所的照明，电源电压应不大于36V。 2）在潮湿和易触及带电体场所的照明电源电压不得大于24V。 3）在特别潮湿的场所、导电良好的地面、锅炉或金属容器内工作的照明电源电压不宜大于12V。 **5.5.11** 使用行灯应遵守下列规定： 1）电源电压不超过36V。 2）灯体与手柄应坚固、绝缘良好并耐热、耐潮湿。 3）灯头与灯体结合牢固，灯头无开关。 4）灯泡外部有金属保护网。 5）金属网、反光罩、悬吊挂钩固定在灯具的绝缘部位上。 6）行灯变压器不得带入金属容器或金属管道内使用。 **5.5.12** 照明变压器应使用双绕组型，不得使用自耦变压器。 **5.5.14** 地下工程作业、夜间施工或自然采光差等场所，应设一般照明、局部照明或混合照明，并应装设自备电源的应急照明	1. 现场查看。 2. 对检查标准所列数据现场用卷尺、万用表进行测量、核验
5	砂石料加工系统作业环境材料堆放要求	**1. 国家标准《建筑地基基础工程施工规范》（GB 5104—2015）** **9.4.7** 为保证边坡开挖的稳定性，边坡开挖严格按设计工况进行，严禁超挖，严禁负坡开挖。在坡顶面距离坡肩线2m范围内，严禁堆放弃土及建筑材料等，在2m范围以外堆载时，不应超过设计荷载值。 **2. 水利行业标准《水利水电工程施工安全管理导则》（SL 721—2015）** **10.1.11** 存放设备、材料的场地应平整牢固，设备材料存放应整齐稳固，周围通道宽度不宜小于1m，且应保持畅通	1. 现场查看。 2. 检查现场防护栏杆、围挡是否稳固，是否存在松动、紧固装置缺失等现象；用卷尺查验防护栏杆是否满足防护设施的高度要求

续表

序号	检查重点	标准要求	检查方法
6	砂石料加工系统作业环境和职业健康要求	**电力行业标准《水电水利工程施工安全防护设施技术规范》（DL 5162—2013）** **3.9.1** 施工区域生产、生活设施的布置应符合以下要求： 1）设有合理的生产废弃物和生活垃圾的堆放场。 2）根据人群分布状况修建公共厕所或设置移动式公共厕所。 3）设有急救中心（站），并备有必要的药品和器具。 **3.9.2** 产生粉尘危害的作业场所，应采取除尘措施，并配备足够的防尘口罩等个体防护用品。 **3.9.3** 产生噪声危害的作业场所应符合以下要求： 1）筛分楼、破碎车间、制砂车间、空气压缩机站、水泵站、拌和楼等作业场所应设置有声级不大于75dB(A)的隔音值班室，且配有足够的防噪声耳聋等个体防护用品。 2）砂石料的破碎、筛分、混凝土拌和楼、金属结构制作厂等噪声严重的施工设施，不应布置在靠近居民区、工厂、学校、施工生活区。因条件限制不能满足时，应采取降噪措施。 **3.9.4** 易产生毒物危害的作业场所，应采用无毒或低毒的原材料及生产工艺或通风、净化装置或采取密闭等措施，并配有足量的防毒面具等防护用品。 **3.9.5** 固体废弃物的处置应委托具备专门资质的单位负责实施。 **3.9.6** 产生粉尘、噪声、毒物等危害因素的作业场所，应实行评价监测和定期监测制度，对超标的作业环境及时治理，定期按规定检测	1. 现场查看。 2. 现场噪声分贝使用噪声仪检测。 3. 查看粉尘、噪声检测记录。 4. 使用粉尘检测设备检测施工现场粉尘情况

二、砂石料加工系统金属结构

砂石料加工系统中存在的大部分桁架、立柱等为金属结构，因此金属结构的制作、安装、基础稳定性及防护措施是安全检查的重点内容之一。金属结构安全检查重点、要求及方法见表2-11-6。

表2-11-6　　砂石料加工系统金属结构安全检查重点、要求及方法

序号	检查重点	标准要求	检查方法
1	砂石料加工系统金属结构制作要求	**1. 国家标准《钢结构通用规范》（GB 55006—2021）** **7.2.3** 全部焊缝应进行外观检查。要求全焊透的一级、二级焊缝应进行内部缺陷无损检测，一级焊缝探伤比例应为100%，二级焊缝探伤比例应不低于20%。 **8.1.3** 钢结构日常维护应检查结构损伤、荷载变化情况、重大设备荷载及位置以及消防车通行时的主要受力构件等。 **8.1.4** 钢结构工程出现下列情况之一时，应进行检测、鉴定： 1）进行改造、改变使用功能、使用条件或使用环境。 2）达到设计使用年限拟继续使用。 3）因遭受灾害、事故而造成损伤或损坏。 4）存在严重的质量缺陷或出现严重的腐蚀、损伤、变形。 **8.2.1** 既有钢结构建（构）筑物加固、改造，应进行主要构件的承载力和稳定性、主要节点的强度、结构整体变形、结构整体稳定性的鉴定；并应进行钢结构倾覆、滑移、疲劳、脆断的验算，确保结构安全，并应满足工程抗震设防的要求。	1. 现场查看防护罩、挡屑板等安全设施是否有效。 2. 查看消防器材、黄沙是否有效。 3. 查看金属结构制作过程的检测记录，使用探伤仪等设备检测金属结构焊缝。 4. 检查金属结构现状是否满足设计要求，工况后是否经过验算

续表

<table>
<tr><th>序号</th><th>检查重点</th><th>标　准　要　求</th><th>检查方法</th></tr>
<tr><td>1</td><td>砂石料加工系统金属结构制作要求</td><td>8.2.2　既有钢结构系统的加固应避免或减少损伤原结构构件，防止局部刚度突变，加强整体性，提高综合抗震能力；加固或新增钢构件应连接可靠并不低于原结构材料的实际强度等级。原结构存在安全隐患时，应采取有效安全措施后方可进行加固施工。
2. 电力行业标准《水电水利工程施工安全防护设施技术规范》（DL 5162—2013）
9.1.2　金属结构制作机械设备、电气盘柜和其他危险部位应悬挂安全标志。
9.1.6　金属加工设备防护罩、挡屑板、隔离围栏等安全设施应齐全、有效，有火花溅出或有可能飞出物的设备应设有挡板或保护罩。
9.1.9　油漆、涂料涂装作业应符合以下要求：
1）涂料库房应配备相应灭火器和黄沙等消防器材，并设有明显的防火安全警告标志。
2）工作现场宜配置通风设备或温控装置。
3）配有供操作人员穿戴的工作服、防护眼镜、防毒口罩或供气式头罩或过滤式防毒面具。
4）喷漆室和喷枪应设有避免静电聚积的接地装置</td><td></td></tr>
<tr><td>2</td><td>砂石料加工系统金属结构安装要求</td><td>电力行业标准《水电水利工程施工安全防护设施技术规范》（DL 5162—2013）
9.2.1　安装施工现场应照明充足，并符合以下要求：
1）潮湿部位应选用密闭型防水照明器或配有防水灯头的开启式照明灯具。
2）应设有带有自备电源的应急灯等照明器材。
9.2.2　用电线路应采用装有漏电保护器的便携式配电箱</td><td>现场查看</td></tr>
<tr><td>3</td><td>砂石料加工系统金属结构安全防护、临电防护等要求</td><td>1. 电力行业标准《水电水利工程施工安全防护设施技术规范》（DL 5162—2013）
3.2.1　高处作业面的临空边沿，必须设置安全防护栏杆。
3.2.13　在建筑工程（含脚手架）的外侧边缘与输电线路的边线之间的最小安全操作距离应符合下表规定。否则，应采用屏障、遮栏、围网或保护网等隔离措施。
输电线路电压等级与建筑物的安全距离
<table>
<tr><td>输电线路电压（kV）</td><td><1</td><td>1～10</td><td>35～110</td><td>154～220</td><td>330～550</td></tr>
<tr><td>最小安全距离（m）</td><td>4</td><td>6</td><td>8</td><td>10</td><td>15</td></tr>
</table>
3.3.2　高处施工通道的临边必须设置高度不低于1.2m的安全防护栏杆。当临空边沿下方有人作业或通行时，还应封闭底板，并在安全防护栏杆下部设置高度不低于0.20m的挡脚板。
2. 水利行业标准《水利水电工程施工安全管理导则》（SL 721—2015）
10.2.6　施工单位在高处施工通道的临边（栈桥、栈道、悬空通道、架空皮带机廊道、垂直运输设备与建筑物相连的通道两侧等）必须设置安全护栏；临空边沿下方需要作业或用作通道时，安全护栏底部应设置高度不低于0.2m的挡脚板</td><td>1. 现场查看。
2. 对检查标准所列数据现场用卷尺进行测量、核验</td></tr>
</table>

三、砂石料加工机械设备

砂石料加工需要经过破碎、筛分、脱水等生产工艺，主要使用破碎机、筛分机、棒磨机、皮带机等机械设备。砂石料加工机械设备通用安全检查重点、要求及方法见表2-11-7。

表2-11-7　砂石料加工机械设备通用安全检查重点、要求及方法

序号	检查重点	标准要求	检查方法
1	砂石料加工机械设备基础、防护设施、警示标志等要求	**1. 电力行业标准《水电水利工程施工安全防护设施技术规范》(DL 5162—2013)** **3.5.1** 机械设备的基础应稳固。 **3.5.2** 机械设备传动与转动的露出部分，必须设置安全防护装置，并设置警示标志。 **3.5.3** 机电设备的监测仪表和安全装置必须齐全、配套、灵敏可靠，并应定期校验合格。 **3.5.6** 露天使用的电气设备应选用防水型或采用防水措施。 **3.5.7** 在有易燃易爆气体的场所，电气设备与线路均应满足防爆要求，在大量蒸汽、粉尘的场所，应满足密封、防尘要求。 **3.5.8** 能够散发大量热量的机电设备，不得靠近易燃物，必要时应设隔热板。 **2. 电力行业标准《水电水利工程施工通用安全技术规程》(DL/T 5370—2017)** **7.3.3** 砂石生产机械安装应基础坚固、稳定性好；基础各部位连接螺栓紧固可靠；接地电阻不得大于4Ω。 **7.3.24** 现场应设置安全警示标志和安全操作规程。作业人员必须严格遵守操作规程。 **3. 水利行业标准《水利水电工程施工安全管理导则》(SL 721—2015)** **9.2.4** 施工单位应在设施设备检维修、施工、吊装、拆卸等作业现场设置警戒区域和警示标志。 **10.2.10** 手持电动工具宜选用Ⅱ类电动工具；若使用Ⅰ类电动工具，必须采用漏电保护器、安全隔离变压器等安全措施。 在潮湿或金属构架等导电良好的作业场所，必须使用Ⅱ类或Ⅲ类电动工具；在狭窄场地（锅炉、金属容器、管道等）内，应使用Ⅲ类电动工具	1. 现场查看。 2. 使用欧姆表检测电阻。 3. 查看手持电动工具是否符合场所要求
2	砂石料加工机械设备拆除要求	**1. 电力行业标准《水电水利工程砂石破碎机械安全操作规程》(DL/T 1887—2018)** **7.0.2** 应先清除物料，切断风、水、电等，确保液压、水和气系统已卸压。 **7.0.5** 分部件拆卸时，严禁用起重机强行分离未脱离连接的部件。 **2. 电力行业标准《水电水利工程施工通用安全技术规程》(DL/T 5370—2017)** **4.1.18** 大型拆除工程，应遵守下列规定： 1）应制定专项安全技术措施，确定施工范围和警戒范围，进行封闭管理，并有专人指挥和专人安全监护。 2）应对风、水、电等管线妥善移设、防护或切断。 3）拆除作业应自上而下进行，不得多层或内外同时进行拆除	现场查看

（一）砂石料加工用破碎机

砂石料加工系统中的破碎机械设备主要有以下几种：

（1）颚式破碎机：指活动颚板和固定颚板及两侧的边护板组成破碎腔，活动颚板对固定颚板做周期往复运动，使物料挤压、劈裂作用而破碎的破碎机械。

（2）反击式破碎机：指利用高速旋转的转子带动板锤冲击物料，使物料在反击板之间或物料与物料之间撞击而破碎的破碎机械。

（3）旋回式破碎机：指由动锥围绕破碎机械中心线做旋摆运动，使破碎腔内物料不断受到挤压、碾磨作用而破碎的破碎机械。

（4）圆锥式破碎机：指动锥围绕固定点做偏心旋转运动，动锥时而靠近、时而离开定锥，使破碎腔内物料不断受到挤压、弯曲和碾磨作用而破碎的破碎机械。

（5）履带移动圆锥式破碎站：是一种高效率的圆锥破碎设备，采用自行驱动方式，在任何地形条件下，此设备均可达到工作场地的任意位置。

（6）立轴冲击式破碎机械：指利用高速自旋转转子将物料加速后，从通道抛射出与破碎腔或溢流料进行撞击，使物料挤压、劈裂作用而破碎的破碎机械。

砂石料加工用破碎机安全检查重点、要求及方法见表2-11-8。

表2-11-8　砂石料加工用破碎机安全检查重点、要求及方法

序号	检查重点	标准要求	检查方法
1	砂石料加工用破碎机一般规定	**1. 电力行业标准《水电水利工程砂石破碎机械安全操作规程》(DL/T 1887—2018)** **3.0.1** 水电水利工程砂石破碎机械作业人员应经专门安全技术培训，考核合格后方可上岗；作业人员应穿戴劳保用品。 **3.0.5** 破碎机械安装与调试、运行、维护与保养、拆卸时，应设置相应的安全提示牌和警示牌，非操作人员不得进入安全警戒区内。 **3.0.8** 恶劣天气情况下应停止室外作业。 **2. 电力行业标准《水电水利工程施工通用安全技术规程》(DL/T 5370—2017)** **7.3.8** 对于颚式破碎机，应在碎石轧料槽上面设防护罩，以防碎石崩出伤人	1. 现场查看。 2. 查看安全技术措施、交底、应急预案等资料
2	砂石料加工用破碎机卸料平台、进料口等要求	**电力行业标准《水电水利工程施工安全防护设施技术规范》(DL 5162—2013)** **5.1.1** 破碎机械进料口部位应设置进料平台，若采用机动车辆进料时，平台应符合以下要求： 1）平整、不积水、不应有坡度。平台宽度不应小于运料车辆宽度的1.5倍，长度不应小于运料车辆长度的2.5倍。 2）平台与进料口连接处应设置混凝土车挡，其高度应为0.20m～0.30m，宽度不小于0.30m，长度不小于进料口宽度。 3）有清除洒落物料的措施。 **5.1.2** 破碎机械进料口除机动车辆进料平台以外的边缘，必须设置钢防护栏杆，栏杆外侧应设有宽度不小于0.80m的通道。 **5.1.3** 破碎机械进料口处应设置人工处理卡石或超径石的工作平台，其长度应不小于1.00m，宽不小于0.80m，并和走道相接，周围应设置防护栏杆。	1. 现场查看。 2. 对检查标准所列数据现场用卷尺进行测量、核验

续表

序号	检查重点	标　准　要　求	检查方法
2	砂石料加工用破碎机卸料平台、进料口等要求	**5.1.4** 破碎机械的进料口和出料口宜设置喷水等降尘装置。 **5.1.5** 破碎机的进料平台、控制室、出料口等之间应设置宽度不小于 0.80m 的人行通道或扶梯	
3	砂石料加工用破碎机运行、维修要求	**1. 电力行业标准《水电水利工程砂石破碎机械安全操作规程》(DL/T 1887—2018)** **5.2.8** 运行时，严禁运行人员从设备进出料口向内观察。 **5.4.1** 应建立交接班制度，填写交接班记录表。 **2. 水利行业标准《水利水电工程土建施工安全技术规程》(SL 399—2007)** **5.4.6** 破碎机运行时严禁修理设备；严禁打开机器上的观察孔入孔门观察下料情况。 **5.4.13** 破碎机运行区内，严禁非生产人员入内。 **5.4.14** 回旋式破碎机应符合下列安全技术要求： 1）破碎机运行时，严禁人员在卸料口四周逗留，以防卸料飞溅伤人。 2）破碎机进料口、出料口、主机室，应设置信号装置。 3）偏心套、动锥、横梁等大构件拆卸或安装时机器内部严禁站人。 4）动锥吊装时，严禁使用吊动锥的环首螺栓起吊。 5）安全阀的设定值不应超过设备推荐值。 6）外露的传动部位应设置防护罩。 **5.4.16** 锤式破碎机应符合下列安全技术要求： 1）严禁站在转子惯性力作用线方向操作开关。 2）严禁在运行中往轴承内注油。 **5.4.17** 颚式破碎机应符合下列安全技术要求： 1）受料仓出口端处应设保护罩。 2）破碎腔内物料阻塞时，应立即关闭电动机，待物料清除干净后，再行起动。严禁用手、工具从颚板中取出石块或排除故障。 **5.4.18** 立轴式破碎机应符合下列安全技术要求： 1）运转时，不应将冲水管、工具等伸入转子。 2）破碎机工作平台应设置 1.2m 高的护栏。 3）排料口高程应设置不小于 2m 的出料及检修空间	1. 现场查看。 2. 查看交接班记录表。 3. 检查设备运行及维修记录、作业票。 4. 测试设备安全防护联锁装置是否有效

（二）砂石料加工用筛分机

砂石料加工系统中的筛分机械设备主要有以下几种：

（1）圆振动筛：指运动轨迹为圆形或椭圆形的筛分机械。

（2）直线振动筛：指运动轨迹为直线或准直线的筛分机械。

（3）高频筛：指振动频率高（大于 1000 次/min）的筛分机械，主要用于细粒物料的分级和脱水。

（4）移动式圆振动筛：指在振动筛底部加装万向旋转轮，可 360°旋转移动的筛分机械，主要应用于筛分场所不固定，具有可以随时移动的优良性能。

（5）环保振动筛：指在全平衡的密封筛体内将原料中的杂质分离并对物料进行等级筛分的一种振动筛分机械。

砂石料加工用筛分机安全检查重点、要求及方法见表2-11-9。

表2-11-9　砂石料加工用筛分机安全检查重点、要求及方法

序号	检查重点	标准要求	检查方法
1	砂石料加工用筛分机一般要求	**电力行业标准《水电水利工程砂石筛分机械安全操作规程》(DL/T 1886—2018)** **3.0.1** 水电水利工程砂石筛分机械作业人员应经专门安全技术培训，考核合格后方可上岗；作业人员应穿戴劳保用品。 **3.0.5** 筛分机械安装与调试、运行、维护与保养、拆卸时，应设置相应的安全提示牌和警示牌，非操作人员不得进入安全警戒区内。 **3.0.8** 恶劣天气情况下应停止室外作业	现场检查
2	砂石料加工用筛分机运行、维修要求	**1. 电力行业标准《水电水利工程砂石筛分机械安全操作规程》(DL/T 1886—2018)** **5.2.1** 进入施工现场的人员，应严格按规定戴好防尘口罩、耳塞等劳动防护用品。 **5.2.7** 筛分机械在运行过程中，严禁人员靠近观察。 **5.4.1** 应建立交接班制度，填写交接班记录表。 **2. 电力行业标准《水电水利工程施工通用安全技术规程》(DL/T 5370—2017)** **7.3.12** 筛分机械安装运行应符合以下规定： 1）筛分车间应设置避雷装置，接地电阻不宜大于10Ω。 2）各层设备设有可靠的指示灯等联动的启动、运行、停机、故障联系信号。 3）裸露的传动装置设置孔口尺寸不大于30mm×30mm、装拆方便的钢筋网或钢板防护罩。 4）设备周边应设置宽度不小于1.2m的通道。 5）筛分设备前应设置长、宽不小于筛网长宽1.5倍的检修平台。 6）筛分设备各层之间应设有至少一个以上钢扶梯或混凝土楼梯。 7）平台、通道临空高度大于2m时应设置高度不低于1.2m的防护栏。 **3. 电力行业标准《水电水利工程施工安全防护设施技术规范》(DL 5162—2013)** **5.1.7** 筛分楼的进料口，宜设置洒水等降尘设备，振动筛宜采用低噪声的塑胶材料。 **4. 水利行业标准《水利水电工程土建施工安全技术规程》(SL 399—2007)** **5.5.9** 人员巡视通道宽度应不小于1.2m。 **5.5.10** 严禁在运行时人工清理筛孔。 **5.5.11** 开机后，发现异常情况应立即停机。 **5.5.13** 机器停用6个月及以上时，再使用前应对电气设备进行绝缘试验，对机械部分进行检查保养。所有电动机座、电机金属外壳应接地、接零	1. 现场查看。 2. 对检查标准所列数据现场用卷尺进行测量、核验。 3. 使用欧姆表检测电阻

（三）砂石料加工用其他机械设备

砂石料加工系统中除了破碎机械、筛分机械外，还有皮带机、制砂机、洗砂机等机械设备，在砂石料加工环节中起到运输、碾磨、洗泥等作用。砂石料加工用其他砂石料加工机械设备安全检查重点、要求及方法见表2-11-10。

表 2-11-10　　砂石料加工用其他机械设备安全检查重点、要求及方法

序号	检查重点	标准要求	检查方法
1	砂石料加工用皮带机、皮带隧洞要求	**1. 国家标准《金属非金属矿山安全规程》(GB 16423—2020)** **5.4.3.1** 使用皮带机应遵守下列规定： 1）皮带机倾角：向上不大于15°，向下不大于12°，大倾角皮带机除外。 2）任何人员均不应搭乘非载人皮带机。 3）清除附着在皮带、滚筒和托辊上的物料，应停车进行。 4）维修或者更换备件时，应停车、切断电源，并由专人监护，不准许送电。 **5.4.3.6** 皮带机传动装置、拉紧装置周围应设安全围栏。 **5.4.3.7** 多条皮带机并列布置时，相邻皮带机之间应设置宽度不小于1.0m的人行道。 **5.4.3.8** 平硐或者斜井内的皮带机应采用阻燃型皮带。 **2. 电力行业标准《水电水利工程施工安全防护设施技术规范》(DL 5162—2013)** **5.1.13** 皮带机安装运行应符合以下规定： 1）头架和尾架的主动轮、从动轮应设有防护栏或网等防护装置。采用防护栏时，栏杆与转动轮、电机等之间的距离不应小于0.50m，并高于防护件0.70m以上。采用防护网时，网孔口尺寸不宜大于50mm×50mm。 2）地面设置的皮带机，皮带两侧应设宽度不小于0.80m的走道。 3）架空设置皮带机时，两侧设置宽度不宜小于0.80m的走道，走道底板宜采取防滑措施。 4）皮带的前后均应设置事故开关，当皮带长度大于100m时，在皮带的中部还应增设事故开关，事故开关应安装在醒目、易操作的位置，并设有明显标志。 5）长度超过60m皮带中部应设横过皮带的人行天桥，天桥高度距皮带不得小于0.50m。 6）应设置启动、运行、停机、故障等音响及灯光联动警告信号装置。启动任何机械设备前，必须进行安全确认（包括周边环境）。 **5.1.14** 架空皮带机横跨运输道路、人行通道、重要设施（设备）时，下部应设置防护棚，并符合以下要求： 1）棚面应采用抗冲击的材料，且满铺无缝隙。 2）防护棚覆盖面宽度应超过皮带机架两侧各0.75m，长度应超过横跨的道路两侧各1.00m。 3）防护棚设有明显的限高警告标志。 **5.1.15** 输料皮带隧洞应符合以下要求： 1）洞口应采取混凝土衬砌或上部设置安全挡墙等设施。 2）洞顶高度不应低于2.00m，围岩稳定。 3）皮带机一侧应设宽度不小于0.80m的通道。 4）洞内地面应设有排水沟，且排水畅通。 **3. 电力行业标准《水电水利工程施工通用安全技术规程》(DL/T 5370—2017)** **7.3.20** 输送砂石的皮带机隧洞应符合以下要求：	1. 现场查看，检查安全警示标识标志是否按规范设置到位，是否做好定期检查维护，安全设备设施是否配备到位。 2. 对检查标准所列数据现场用卷尺进行测量、核验。 3. 测试事故开关是否有效。 4. 检查现场防护栏杆、围挡是否稳固，是否存在松动、紧固装置缺失等现象，查验防护栏杆是否满足不低于1.2m的要求

续表

序号	检查重点	标准要求	检查方法
1	砂石料加工用皮带机、皮带隧洞要求	1）隧洞整体结构稳定，净空高度不低于2.2m，不稳定的围岩应支护、衬砌。 2）隧洞内皮带机一侧应有宽度不小于0.8m的通道，通道应平整、畅通。 3）隧洞洞口应采取混凝土衬砌或上部设置安全挡墙等措施。 4）隧洞内地面设有排水沟，坡度应不小于2%，保证排水畅通、不积水。 5）隧洞内应采用36V低压照明电源，照明度不得小于50lx。 **4. 水利行业标准《水利水电工程土建施工安全技术规程》(SL 399—2007)** **5.6.7** 皮带机应符合下列安全技术要求： 1）严禁跨越或从底部穿越皮带机；严禁在运行时进行修理或清扫作业；严禁运输其他物体。 2）运转中不应进行转动齿轮、联轴器等传动部位清理和检修。在运行过程中，如遇紧急情况，必须立即断开控制开关，挂“禁止合闸”警示牌	
2	砂石料加工用制砂机、棒磨机、洗砂机等其他机械设备要求	**1. 电力行业标准《水电水利工程施工安全防护设施技术规范》(DL 5162—2013)** **5.1.8** 制砂机、洗泥机、沉砂箱周围设置通道应符合以下要求： 1）牢固、平整、整洁、无障碍、无积水。 2）宽度不小1.00m。 3）危险地段设置防护设施和警告标志。 4）冬季雪后有防滑措施。 **5.1.9** 螺旋洗砂槽、洗泥槽的上部应设置安全防护网。 **2. 电力行业标准《水电水利工程施工通用安全技术规程》(DL/T 5370—2017)** **7.3.19** 棒磨机转动筒与行人通道的距离应不小于1.5m，并设高度不小于1.2m的护栏（网）将通道与棒磨机隔开；装棒侧宜设有宽度不小于5m的工作平台，平台边缘临空高度大于2m时应设有防护栏杆。 **3. 水利行业标准《水利水电工程土建施工安全技术规程》(SL 399—2007)** **5.4.19** 棒磨机应符合下列安全技术要求： 1）筒体人孔盖板应上紧，并定期检查其是否牢固可靠。 2）棒磨机运行时，人员离机体外壳的安全距离不应小于1.5m；严禁用手或其他工具接触正在转动的机体。 3）作业人员应佩戴防噪声的防护用品上岗，布置在棒磨机附近的操作室应采取隔音措施	1. 现场查看。 2. 对检查标准所列数据现场用卷尺进行测量、核验

四、砂石料加工配套设施

砂石料加工系统中除了生产设施设备外，还有办公生活营地、蓄水池、值班室、半成品堆料场、成品堆料场、除尘系统、污水处理系统等配套设施，为砂石料加工过程提供配套服务。砂石料加工配套设施安全检查重点、要求及方法见表2-11-11。

表 2-11-11 砂石料加工配套设施安全检查重点、要求及方法

序号	检查重点	标准要求	检查方法
1	砂石料加工配套办公生活用房、库房、污水处理系统等建（构）筑物一般要求	**电力行业标准《水电水利工程施工安全防护设施技术规范》（DL 5162—2013）** **3.4.1** 施工用各种库房、加工车间、生活营地及办公用房等临建设施，应布置在不受山洪、江洪、滑坡、塌方及危石等威胁的区域，基础坚固，稳定性好，周围排水畅通。 **3.4.5** 现场值班房、移动式工具房、抽水房、空气压缩机房、电工值班房等应符合以下规定： 1）值班房搭设应避开可能坠落物区域，特殊情况无法避开时，房顶应设置有效的隔离防护层。 2）值班房高处临边位置应设有防护栏杆。 3）移动式工具房应设有4个经过验算的吊环。 4）配备有灭火装置或灭火器材。 5）配备有可靠的通信设施	现场查看。 注：临建设施消防器材配置及布置要求检查重点详见本篇第十六章防火与消防设施配备
2	砂石料加工配套除尘系统、压力容器要求	**1. 水利行业标准《水利水电工程施工安全管理导则》（SL 721—2015）** **9.2.5** 施工单位现场的空气压缩机必须搭设防砸、防雨棚。 **2. 电力行业标准《水电水利工程施工通用安全技术规程》（DL/T 5370—2017）** **5.8.1** 空气压缩站（房）应选择在基岩或土质坚硬、地势较高的地点。并应适当离开要求安静和防震要求较高的场所。 **5.8.2** 空气压缩机站应远离散发爆炸性、腐蚀性气体、产生粉尘的场所和生活区，并做好防火、防洪、防高温等各项措施。 **5.8.4** 机房宜设排风、降温设施。 **5.8.6** 机组之间应有足够的宽度，一般不少于2.5m～3m，机组一侧与墙之间的距离不小于2.5m，另一侧应有宽敞的空地。 **5.8.8** 空气压缩机的安全阀、压力表、空气阀、调压装置，应齐全、灵敏、可靠，并按有关规定进行定期检验和标定。 **5.8.9** 储气罐应符合以下要求： 1）储气罐罐体应符合国家有关压力容器的规定。 2）安装在机房外，距离不小于2.5m～3m。 3）应安装安全阀，该阀全开时的通气量应大于空气压缩机排气量。 4）罐与供气总管之间应装设切断阀门。 5）储气罐应定期检验和进行压力试验。 **5.8.13** 移动式空气压缩机应停放在牢固基础上，并设防雨、防晒棚和隔离护栏等设施。 **5.8.14** 供风管道布设在道路、设施的边缘，联接牢固，标志清楚，通过道路、作业场地时宜采用埋设。 **3.《特种设备使用单位落实使用安全主体责任监督管理规定》（国家市场监督管理总局令第74号）** **第二十条** 压力容器使用单位应当依法配备压力容器安全总监和压力容器安全员，明确压力容器安全总监和压力容器安全员的岗位职责。 **4.《特种设备作业人员监督管理办法》（国家质检总局令第140号）** **第五条** 特种设备生产、使用单位（以下统称用人单位）应当聘（雇）用取得《特种设备作业人员证》的人员从事相关管理和作业工作，并对作业人员进行严格管理。特种设备作业人员应当持证上岗，按章操作，发现隐患及时处置或者报告	1. 现场查看。 2. 对检查标准所列数据现场用卷尺进行测量、核验。 3. 查阅安全阀、压力表、空气阀、储气罐等设施的出厂合格证明、定期检测检验报告等资料。 4. 查看安全总监和压力容器安全员等相关人员资质证件有效性

续表

序号	检查重点	标 准 要 求	检查方法
3	砂石料加工配套半成品与成品料堆场、挡墙要求	**1. 水利行业标准《水利水电工程土建施工安全技术规程》(SL 399—2007)** **5.1.4** 当砂石料料堆起拱堵塞时，严禁人员直接站在料堆上进行处理。应根据料物粒径、堆料体积、堵塞原因采取相应措施进行处理。 **2. 电力行业标准《水电水利工程施工安全防护设施技术规范》(DL 5162—2013)** **3.4.1** 施工用各种库房、加工车间、生活营地及办公用房等临建设施，应布置在不受山洪、江洪、滑坡、塌方及危石等威胁的区域，基础坚固，稳定性好，周围排水畅通。 **3. 电力行业标准《水电水利工程土建施工安全技术规程》(DL/T 5371—2007)** **6.1.1** 凡从事地基与基础工程的施工人员，应经过安全生产教育，熟悉本专业和相关专业安全技术操作规程，并自觉遵守	现场查看
4	砂石料加工配套水泵站(房)、蓄水池等要求	**电力行业标准《水电水利工程施工安全防护设施技术规范》(DL 5162—2013)** **3.7.1** 水泵站(房)应符合以下要求： 1)基础稳固、岸坡稳定，水泵机组应牢固地安装在基础上。 2)应配备防洪器材及救生衣等救生设施。 3)应配备可靠的通信设施。 4)泵房内应有足够的通道，机组间距应不小于0.80m，泵房门应朝外打开。 **3.7.4** 蓄水池的布设应符合以下要求： 1)地基稳固，边坡稳定，排水排污畅通。 2)应设有指示灯、报警器等极限水位警示连锁装置。 3)水池和池间通道的边缘应设有钢防护栏杆。 4)在寒冷地区应有防冻设施。 5)供生活用水水池应设有高度不低于2.00m的实体围墙	1. 现场检查，检查现场防护栏杆、围挡是否稳固，是否存在松动、紧固装置缺失等现象，应急物资是否齐全有效。 2. 对检查标准所列数据现场用卷尺进行测量、核验。 3. 检查蓄水池现场是否配备救生圈，是否做好定期检查维护工作
5	砂石料加工配套给、排水管路要求	**电力行业标准《水电水利工程施工安全防护设施技术规范》(DL 5162—2013)** **3.7.6** 给、排水管路采用柔性材料时应有防脱、防爆等措施。 **5.1.10** 应设置专用排水沟或排水管处理洗砂、洗泥等废水	现场查看
6	砂石采场供电系统要求	**国家标准《金属非金属矿山安全规程》(GB 16423—2020)** **5.6.1.2** 主变电所主变压器设置应遵守以下规定： 1)矿山一级负荷的两个电源均需经主变压器变压时，应采用2台变压器。 2)主变压器为2台及以上时，若其中1台停止运行，其余变压器应至少保证一级负荷的供电。 **5.6.1.3** 采矿场和排土场的手持式电气设备的电压不大于220V。 **5.6.1.4** 采矿场采用双回路供电时，每回路供电能力应均能供全负荷；采用三回路供电时，每个回路的供电能力不应小于全部负荷的50%。 **5.6.1.8** 固定式高压架空电力线路不应架设在爆破作业区和未稳定的排土区内。 **5.6.1.9** 移动式电气设备应使用矿用橡套软电缆。	1. 现场查看，是否按照设计方案建设供电系统，安全设备设施是否设置到位等。 2. 使用欧姆表现场检测接地电阻。 3. 查看接地电阻定期检测记录。 4. 查看供电系统作业人员是否持证上岗，所持证件是否与作业内容相匹配，是否真实有效

续表

序号	检查重点	标　准　要　求	检查方法
6	砂石采场供电系统要求	**5.6.5.1** 矿山应建立电气作业安全制度，规定工作票、工作许可、监护间断、转移和终结等工作程序。电气作业应遵守下列规定： 1）电气设备和线路的操作维修应由专职电气工作人员进行，严禁非电气专业人员从事电气作业。 2）不应单人作业。 3）未经许可不得操作、移动和恢复电气设备。 4）紧急情况下可以为切断电源而操作电气设备。 5）停电检修时，所有已切断的电源的开关把手均应加锁，并验电、放电、将线路接地，悬挂“有人作业，禁止送电”的警示牌。只有执行这项工作的人员才有权取下警示牌并送电。 6）不应带电检修或搬动任何带电设备和电缆、电线；检修或搬动时，应先切断电源，并将导体完全放电和接地。 7）移动设备司机离开时应切断设备电源。 8）接地电阻应每年测定 1 次，测定工作应在该地区最干燥地下水位最低的季节进行。 **5.6.5.2** 主变电所应符合下列规定： 1）有防雷、防火、防潮措施。 2）有防止小动物窜入的措施。 3）有防止电缆燃烧的措施。 4）所有电气设备正常不带电的金属外壳应有保护接地。 5）带电的导线、设备、变压器、油开关附近不应有易燃易爆物品。 6）电气设备周围应有保护措施并设置警示标志。 **5.6.5.3** 电气室内的各种电气设备控制装置上应注明编号和用途，并有停送电标志；电气室入口应悬挂“非工作人员禁止入内”的标志牌，高压电气设备应悬挂“高压危险”的标志牌，并应有照明	
7	砂石料加工配电系统要求	**电力行业标准《水电水利工程施工通用安全技术规程》（DL/T 5370—2017）** **5.1.3** 电气作业的人员应持证上岗，从事电气安装、维修作业的人员应按规定穿戴和配备相应的劳动防护用品，定期进行体检。 **5.1.4** 现场施工用电设施，除经常性维护外，每年检修不宜少于 2 次，其时间应安排在雨季和冬季到来之前，保证其绝缘电阻等符合要求。 **5.3.1** 施工用的 10kV 及以下变压器装于地面时，应有 0.5m 的高台，高台的周围应装设栅栏，其高度不低于 1.8m，栅栏与变压器外廓的距离不得小于 1m，杆件结构平台上变压器安装的高度应不低于 2.5m，并挂“止步、高压危险”的警示标志。 **5.3.3** 配电室应符合以下要求： 1）配电室应靠近电源，并应设在无灰尘、无蒸汽、无腐蚀介质及振动的地方。 2）成列的配电屏（盘）和控制屏（台）两端应与重复接地线及保护零线作电气连接。 3）配电室应能自然通风，并应采取防止雨雪和动物进入措施。 4）配电室内各种通道的净宽应不小于下表的规定：	1. 现场查看，是否按照设计方案建设配电系统，安全设备设施是否设置到位等。 2. 使用卷尺测量各部位安全距离是否满足要求。 3. 查看接地电阻定期检测记录。 4. 查看配电系统作业人员是否持证上岗，所持证件是否与作业内容相匹配，是否真实有效。 注：高压配电室、自备电源、用电线路等用电情况检查重点详见本篇第十八章施工用电

续表

<table>
<tr><th>序号</th><th>检查重点</th><th>标准要求</th><th>检查方法</th></tr>
<tr><td>7</td><td>砂石料加工配电系统要求</td><td>
<table>
<tr><th colspan="4">配电室内各种通道的最小净宽（m）</th></tr>
<tr><th rowspan="2">开关柜布置方式</th><th rowspan="2">柜后维修通道</th><th colspan="2">柜前操作通道</th></tr>
<tr><th>固定式开关柜</th><th>移动式开关柜（手持式）</th></tr>
<tr><td>单排布置</td><td>0.8</td><td>1.5</td><td>单车长度加1.2</td></tr>
<tr><td>双排面对面布置</td><td>0.8</td><td>2.0</td><td>双车长度加0.9</td></tr>
<tr><td>双排背对背布置</td><td>1.0</td><td>1.5</td><td>单车长度加1.2</td></tr>
</table>
5）在配电室内设值班或检修室时，距电屏（盘）的水平距离应大于1m，并采取屏障隔离。
6）配电室的门应向外开，并配锁。
7）配电室内的裸母线与地面垂直距离小于2.5m时，采用遮栏隔离，遮栏下面通行道的高度不小于1.9m。
8）配电室的围栏上端与垂直上方带电部分的净距，不得小于1.0m。
9）配电装置的上端距天棚不小于0.5m。
10）配电室的建筑物和构筑物的耐火等级应不低于3级，室内应配置砂箱和适宜于扑救电气类火灾的灭火器。
5.5.1 动力配电箱与照明配电箱宜分别设置，如合置在同一配电箱内，动力和照明线路应分别设置；动力末级配电箱与照明末级配电箱应分别设置。
5.5.2 配电箱及开关箱安装使用应符合以下要求：
1）配电箱、开关箱及漏电保护开关的配置应实行“三级配电，两级漏电保护”，配电箱内电器设置应按“一机、一闸、一漏”原则设置。
2）配电箱与开关箱的距离不得超过30m；开关箱与其控制的固定式用电设备的水平距离不宜超过3m。
3）配电箱、开关箱应装设在干燥、通风及常温场所；不得装设在有严重损伤作用的瓦斯、烟气、蒸汽、液体及其他有害介质环境中，不得装设在易受外来固体物撞击、强烈振动，液体浸溅及热源烘烤的场所。
4）配电箱、开关箱周围应有足够二人同时工作的空间和通道，不得堆放妨碍操作、维修的物品，不得有灌木、杂草。
5）固定式配电箱的中心与地面的垂直距离宜为1.4m～1.6m，安装应平正、牢固。户外落地安装的配电箱、柜，其底部离地面应不小于0.2m，室内高出地面不应低于0.5m。
6）配电箱、开关箱内的开关电器（含插座）应选用合格产品，并按其规定的位置安装在电器安装板上，不得歪斜和松动。
7）配电箱、开关箱内的工作零线应通过接线端子板连接，并应与保护零线接线端子板分设。
8）配电箱内的连接线应采用铜排或铜芯绝缘导线，当采用铜排时应有防护措施；连接导线不应有接头、线芯损伤及断股；开关箱内的连接线应采用绝缘导线，接头不得松动，不得有外露带电部分。
9）配电箱的金属箱体、金属电器安装板以及电器正常不带电金属底座、外壳等应通过保护导体PE汇流排可靠接地。
</td><td></td></tr>
</table>

续表

序号	检查重点	标准要求	检查方法
7	砂石料加工配电系统要求	10）配电箱、开关箱应防雨、防尘和防砸。 11）配电箱、开关箱应有电压、危险标志。 12）在距配电箱、开关箱15m范围内，不应存放易燃易爆、腐蚀性危险物品。 **5.5.3** 总配电箱、分配电箱进线应设置隔离开关、总断路器，当采用带隔离功能的断路器时，可不设置隔离开关。各分支回路应设置具有短路、过负荷、接地故障保护功能的电器。总断路器的额定值应与分路断路器的额定值相匹配。总配电箱宜装设电压表、总电流表、电能表。 **5.5.4** 每台用电设备应有各自专用的开关箱，不得用同一个开关电器直接控制两台及两台以上用电设备（含插座）	

五、砂石料加工机械设备检修作业

对于砂石料加工系统的破碎机、皮带机、筛分机等机械设备，在使用过程中需要日常检修维护，因此设备检修工作也是砂石料生产的主要工作内容之一，其中的高处作业、焊接作业、起重作业、受限空间作业等是安全管理的重点。

在现场检查时，应结合重点检修作业检查作业票情况，如高处作业、有限空间、临时用电、起重吊装等作业在施工前应办理作业许可，并根据作业许可检查现场施工过程中安全防控措施落实情况，如设备检修须关闭设备电源开关，并挂上“正在检修，禁止合闸”安全警示牌，做到谁挂牌谁取牌；动火作业、有限空间作业须在作业现场配备相应的应急物资、安排专人在现场负责监护等。下料斗堵料检修时，禁止人工破拱下料，确需人工破拱时，必须采取可靠的安全措施，设专人进行安全监护。

第十二章

爆　破　作　业

第一节 爆破作业概述

一、术语或定义

（1）爆破：指利用炸药爆炸瞬时释放的能量，使介质压缩、松动、破碎或抛掷等，以达到开挖或拆毁目的的手段。

（2）爆破作业人员：指从事爆破作业的工程技术人员、爆破员、安全员和保管员。

（3）爆破器材：为工业炸药、起爆器材和器具的统称。

（4）盲炮：指因各种原因未能按设计起爆，造成药包拒爆的装药或部分装药。

（5）爆破振动：指爆破引起传播介质沿其平衡位置作直线或曲线往复运动的过程。

二、主要检查要求综述

爆破作业安全检查主要是对爆破器材的采购、运输、储存、领用退库、检验、销毁等环节管理情况以及爆破作业时作业环境、装药、警戒、起爆、爆后安全检查、盲炮处理等作业活动进行检查，确认这些要素是否符合相关标准、规程、规范和规定的要求，避免民用爆炸物品丢失及火灾、爆炸等事故的发生。

第二节 爆破器材

爆破器材安全检查重点、要求及方法见表 2-12-1。

表 2-12-1　　爆破器材安全检查重点、要求及方法

序号	检查重点	标准要求	检查方法
1	爆破器材的采购管理要求	**1.《民用爆炸物品安全管理条例》（国务院令第 466 号）** **第十九条**　民用爆炸物品销售企业持《民用爆炸物品销售许可证》到工商行政管理部门办理工商登记后，方可销售民用爆炸物品。 **第二十二条**　民用爆炸物品使用单位申请购买民用爆炸物品的，应当向所在县级人民政府公安机关提出购买申请。受理申请的公安机关应当自受理申请之日起 5 日内对提交的有关材料进行审查，对符合条件的，核发《民用爆炸物品购买许可证》。 **2. 国家标准《爆破安全规程》（GB 6722—2014）** **14.1.1.1**　爆破器材应办理审批手续后持证购买，并按制定线路运输	1. 查阅销售单位“民用爆炸物品销售许可证”。 2. 查阅使用单位“民用爆炸物品购买许可证”

续表

序号	检查重点	标 准 要 求	检查方法
2	爆破器材的运输管理要求	**1.《民用爆炸物品安全管理条例》(国务院令第466号)** **第二十七条** 运输民用爆炸物品的，应当凭《民用爆炸物品运输许可证》，按照许可的品种、数量运输。 **2. 国家标准《爆破安全规程》(GB 6722—2014)** **14.1.1.3** 运输爆破器材应使用专用车船。 **14.1.1.6** 当需要将雷管与炸药装载在同一运输车内运输时，应采用符合有关规定的专用的同载车运输。 **14.1.6.4** 用人工搬运爆破器材时，不应一人同时携带雷管和炸药；雷管和炸药应分别放在专用背包（木箱）内，不应放在衣袋内	1. 查阅使用单位“民用爆炸物品运输许可证”。 2. 查阅资料并现场检查运输爆破器材专用车辆使用。 3. 现场检查爆破器材搬运人员情况
3	爆破器材的储存管理要求	**1.《民用爆炸物品安全管理条例》(国务院令第466号)** **第四十条** 民用爆炸物品应当储存在专用仓库内，并按照国家规定设置技术防范措施。 **2. 国家标准《土方与爆破工程施工及验收规范》(GB 50201—2012)** **5.1.6** 爆破器材临时储存必须得到当地相关行政主管部门的许可。 **3. 国家标准《爆破安全规程》(GB 6722—2014)** **14.2.1.2** 爆破器材应贮存在爆破器材库内，任何个人不得非法贮存爆破器材。 **4. 公共安全行业标准《民用爆炸物品储存库治安防范要求》(GA 837—2009)** **4.2.2** 应安装具有联网报警功能的入侵报警、视频监控等技术手段的防范系统，其中，库房应安装入侵报警、视频监控装置；库区及重要通道应安装周界报警、视频监控装置。 **4.3.8** 储存库实行24h专人值守，每班值班守护人员不少于3人，其中1人值守报警值班室。 **4.5.1** 库区应配备2条（含）以上看护犬。 **5. 水利行业标准《水利水电工程施工通用安全技术规程》(SL 398—2007)** **8.3.4** 爆破器材应按下列规定堆垛：宽度宜小于5m，垛与垛之间宽度宜为0.7～0.8m，堆垛与墙壁之间应有0.4m的空隙，炸药堆垛高度宜为1.6m。爆破材料不应直接堆放在地面上，应采用方木和垫板垫高20cm。库房内严禁火种。 **8.5.3** 各种爆破器材库之间及仓库与临时存放点之间的距离，应大于相应的殉爆安全距离。各种爆破作业中，不同时起爆的药包之间的距离，也应满足不殉爆的要求	1. 查阅相关民用爆炸物品库房的许可材料。 2. 查阅民用爆炸物品库房值班记录等。 3. 现场检查民用爆炸物品库房治安防范措施（人防、犬防、技防、安全警示标志设置情况）。 4. 现场检查民用爆炸物品库房、临时存放点安全距离及堆存情况
4	爆破器材的领用、退库管理要求	**1. 国家标准《土方与爆破工程施工及验收规范》(GB 50201—2012)** **5.1.4** 爆破工程所用的爆破器材，应根据使用条件选用，并符合国家标准或行业标准。严禁使用过期、变质的爆破器材，严禁擅自配置炸药。 **2. 国家标准《爆破安全规程》(GB 6722—2014)** **14.3.2.3** 变质的过期的和性能不详的爆破器材，不应发放使用。 **14.3.2.4** 爆破器材应按出厂时间和有效期的先后顺序发放使用。	1. 检查爆破器材的领用、退库记录： (1) 核查出入库记录与爆破设计等是否相符； (2) 爆破器材是否按出厂时间和有效期先后顺序发放。

续表

序号	检查重点	标准要求	检查方法
4	爆破器材的领用、退库管理要求	**14.3.2.6** 爆破器材的发放应在单独的发房间（发放硐室）里进行，不应在库房硐室或壁槽内发放。 **3. 水利行业标准《水利水电工程施工通用安全技术规程》(SL 398—2007)** **8.3.5** 爆破器材领用 ——使用爆破器材应遵守严格的领取、清退制度。领取数量不应超过当班使用量，剩余的要当天退回。 ——应指定专人（爆破员）负责爆破器材的领取工作，禁止非爆破员领取爆破器材。 ——严禁任何单位和个人私拿、私用、私藏、赠送、转让、转卖、转借爆破器材。严禁使用爆破器材炸鱼、炸兽。 ——严禁使用非标准和过期产品，选用爆破器材要适合环境的要求	2. 现场检查爆破器材发放间（主要查看发放间是否单独设置）。 3. 现场巡查爆破器材的领用
5	爆破器材的检验管理要求	**1. 国家标准《土方与爆破工程施工及验收规范》(GB 50201—2012)** **5.1.9** 现场使用的起爆设备和检测仪表，应定期检查标定，确保性能良好。 **5.1.11** 爆破器材的现场检测、加工必须在符合安全要求的场所进行。 **2. 国家标准《爆破安全规程》(GB 6722—2014)** **6.3.1.1** 爆破工程使用的炸药、雷管、导爆管、导爆索、电线、起爆器、量测仪表均应做现场检测，检测合格后方可使用。 **14.3.3.2** 爆破器材的外观检验应由保管员负责定期抽样检查。 **14.3.3.4** 对新入库的爆破器材，应抽样进行性能检验；有效期内的爆破器材，应定期进行主要性能检验	1. 查阅相关检查和检验记录。 2. 现场检查爆破器材外观情况
6	爆破器材的销毁管理要求	**1. 国家标准《土方与爆破工程施工及验收规范》(GB 50201—2012)** **5.1.5** 施工单位必须按规定处置不合格及剩余的爆破器材。 **2. 国家标准《爆破安全规程》(GB 6722—2014)** **14.3.4.1** 经过检验，确认失效及不符合国家标准或技术条件要求的爆破器材，均应退回原发放单位销毁。 **3. 水利行业标准《水利水电工程施工通用安全技术规程》(SL 398—2007)** **8.3.6** 对运输、保管不当，质量可疑及储存过期的爆炸器材，均应按有关规定进行检验。经检验变质和过期失效的不合格爆破器材，应及时清理出库，予以销毁。销毁前要登记造册，提出实施方案，报上级主管部门批准，并向所在地县、市公安局备案，在县、市公安局指定的适当地点妥善销毁。销毁后应有两名以上销毁人员签名，并建立台账及销毁档案	查阅爆破器材销毁台账及档案

第三节 爆破作业

爆破作业安全检查重点、要求及方法见表 2-12-2。

表 2-12-2 爆破作业安全检查重点、要求及方法

序号	检查重点	标准要求	检查方法
1	爆破作业单位及人员资质	**1.《民用爆炸物品安全管理条例》(国务院令第466号)** **第三十二条** 营业性爆破作业单位持《爆破作业单位许可证》到工商行政管理部门办理工商登记后，方可从事营业性爆破作业活动。 **第三十三条** 爆破作业单位应当对本单位的爆破作业人员、安全管理人员、仓库管理人员进行专业技术培训。爆破作业人员应当经设区的市级人民政府公安机关考核合格，取得《爆破作业人员许可证》后，方可从事爆破作业。 **第三十四条** 爆破作业单位应当按照其资质等级承接爆破作业项目，爆破作业人员应当按照其资格等级从事爆破作业。 **2. 国家标准《土方与爆破工程施工及验收规范》(GB 50201—2012)** **5.1.1** 承接爆破工程的施工企业，必须具有行政主管部门审批核发的爆破施工企业资质证书、安全生产许可证书及爆破作业许可证书，爆破作业人员应按核定的作业级别、作业范围持证上岗	1. 查阅爆破作业单位许可证（登录中国爆破行业协会——爆破从业单位查询 http://www.cseb.org.cn/）。 爆破作业人员许可证（登录中国爆破网查询 http://www.cbsw.cn/）。 2. 查阅爆破作业相关记录资料
2	爆破作业施工方案编制情况	**1. 国家标准《土方与爆破工程施工及验收规范》(GB 50201—2012)** **5.1.3** 爆破工程应编制专项施工方案，方案应依据有关规定进行安全评估，并报经所在地公安部门批准后，再进行爆破作业。 **2. 国家标准《爆破安全规程》(GB 6722—2014)** **8.1.9** 在城市，大海、河流，湖泊、水库、地下积水下方及复杂地质条件下实施地下爆破时，应做专项安全设计并应有切实可行的应急预案。 **3. 水利行业标准《水利水电工程施工通用安全技术规程》(SL 398—2007)** **8.5.1** 爆破作业设计时，爆炸源与人员和其他保护对象之间的安全允许距离应按爆破各种有害效应（地震波、冲击波、个别飞石等）分别核定，并取最大值。 **8.5.7** 为防止房屋、建筑物、岩体等因爆破震动而受到损坏，应按照允许振速确定安全距离	1. 查阅爆破作业专项施工及评估资料。 2. 查阅资料或现场查看爆破作业安全距离
3	爆破作业环境	**1. 国家标准《爆破安全规程》(GB 6722—2014)** **6.1.3** 露天和水下爆破装药前，应与当地气象、水文部门联系，及时掌握气象、水文资料，遇以下恶劣气候和水文情况时，应停止爆破作业，所有人员应立即撤离到安全地点。 ——热带风暴或台风即将来临时； ——雷电、暴雨雪来临时； ——大雾天气或沙尘暴，能见度不超过100m时； ——现场风力超过8级，浪高大于1.0m时或水位暴涨暴落时。 **2. 国家标准《土方与爆破工程施工及验收规范》(GB 50201—2012)** **5.1.7** 在爆破作业区域内有两个及以上爆破施工单位同时实施爆破作业时，必须由建设单位负责统一协调指挥。 **5.1.8** 爆破区域的杂散电流大于30mA时，宜采用非电起爆系统。使用电雷管在遇雷电和暴风雨时，应立刻停止爆破作业，将已连接好的各主、支网线端头解开，并将导线短路或断路，用绝缘胶布包紧裸露的接头后，迅速撤离爆破危险区并设置警戒。 **5.1.14** 露天爆破当遇浓雾、大雨、大风、雷电等情况均不得起爆，在视距不足或夜间不得起爆。 **3. 国家标准《爆破安全规程》(GB 6722—2014)** **8.2.1** 用爆破法贯通巷道，两工作面相距15m时，只准从一个工	1. 查阅爆破作业安全措施。 2. 现场查看爆破区域周围自然条件及环境

续表

序号	检查重点	标　准　要　求	检查方法
3	爆破作业环境	作面向前掘进，并应在双方通向工作面的安全地点设置警戒，待双方作业人员全部撤至安全地点后，方可起爆。 **8.2.2** 间距小于20m的两个平行巷道中的一个巷道工作而需进行爆破时，应通知相邻巷道工作面的作业人员撤到安全地点。 **8.2.3** 独头巷道掘进工作面爆破时，应保持工作面与新鲜风流巷道之间畅通，爆破后，作业人员进入工作面之前，应进行充分通风。 **4. 国家标准《建筑与市政施工现场安全卫生与职业健康通用规范》(GB 55034—2022)** **3.12.1** 爆破作业前应对爆区周围的自然条件和环境状况进行调查，了解危及安全的不利环境因素，并应采取必要的安全防范措施。 **3.12.5** 有下列情况之一时，严禁进行爆破作业： 1 爆破可能导致不稳定边坡、滑坡、崩塌等危险； 2 爆破可能危及建（构）筑物、公共设施或人员的安全； 3 危险区边界未设警戒的； 4 恶劣天气条件下。 **5. 水利行业标准《水利水电工程施工通用安全技术规程》(SL 398—2007)** **8.4.5** 夜间无照明、浓雾天、雷雨天和5级以上风（含5级）等恶劣天气，均不应进行露天爆破作业。 **8.4.24** 地下井挖，洞内空气含沼气或二氧化碳浓度超过1%时，禁止进行爆破作业	
4	爆破作业装药	**1. 国家标准《土方与爆破工程施工及验收规范》(GB 50201—2012)** **5.1.12** 爆破作业人员应按爆破设计进行装药，当需调整时，应征得现场技术负责人员同意并作好变更记录。在装药和填塞过程中，应保护好爆破网线；当发生装药阻塞，严禁用金属杆（管）捣捅药包。爆前应进行网路检查，在确认无误的情况下再起爆。 **2. 国家标准《爆破安全规程》(GB 6722—2014)** **6.5.1** 从炸药运入现场开始，应划定装药警戒区，警戒区内禁止烟火，并不得携带火柴、打火机等火源进入警戒区域；采用普通电雷管起爆时，不得携带手机或其他移动式通信设备进入警戒区。 **3. 国家标准《建筑与市政施工现场安全卫生与职业健康通用规范》(GB 55034—2022)** **3.12.3** 爆破作业人员应按设计药量进行装药。 **4. 电力行业标准《水电水利工程爆破施工技术规范》(DL/T 5135—2013)** **3.1.9** 炮孔装药后应采用土壤、细砂或其他混合物堵塞，严禁使用块状、可燃的材料堵塞。 **5. 水利行业标准《水利水电工程施工通用安全技术规程》(SL 398—2007)** **8.4.11** 装药时，严禁将爆破器材放在危险地段或机械设备和电源、火源附近。 **8.4.12** 在下列情况下，禁止装药： 1 炮孔位置、角度、方向、深度不符合要求。 2 孔内岩粉未按要求清除。 3 孔内温度超过35℃。 4 炮区内的其他人员未撤离。 **8.4.13** 装药和堵塞应使用木、竹制作的炮棍。严禁使用金属棍棒装填。 **8.4.27** 炮孔装药与堵塞，应遵守下列规定：	1. 现场检查爆破作业行为（人员着装、安检、现场警戒及警示、炮棍材质等）。 2. 查阅相关爆破设计方案及爆破器材领用记录（确认装药量）

续表

序号	检查重点	标 准 要 求	检查方法
4	爆破作业装药	1 炮孔的装药结构、药卷直径，应符合设计要求。 2 爆破炮孔，四周的大块石应首先清除。 3 深孔装药可用提绳将药放入孔中，药卷不应直接抛掷入孔。 4 禁止将起爆药包从孔中拔出或拉出。 5 利用机械装药不宜采用电力起爆，若应采用时，应使用抗静电雷管，并应有相应安全措施，以防静电引起早爆。 6 炮孔堵塞物应采用土壤、细砂或其他混合物。严禁使用块状的及可燃的材料。 7 除扩药壶外，禁止采用不堵塞炮孔的爆破方法。 8 装药和堵塞过程中，均须谨慎保护导爆索、导爆管以及连接件等。 9 严禁边打孔边装药。 10 进行深孔的装药、堵塞作业时，应有爆破技术人员在现场进行技术指导和监督。 11 各种爆破作业都应做好装药原始记录	
5	爆破作业警戒	**1. 国家标准《爆破安全规程》(GB 6722—2014)** **6.7.1** 装药警戒范围由爆破技术负责人确定，装药时应在警戒区边界设置明显标识并派出岗哨；爆破警戒范围由设计确定，在危险区边界，应设有明显标识，并派出岗哨。 **6.7.2** 预警信号、起爆信号、解除信号均应使爆破警戒区域及附近人员能清楚地听到或看到。 **2. 国家标准《建筑与市政施工现场安全卫生与职业健康通用规范》(GB 55034—2022)** **3.12.2** 爆破作业前应确定爆破警戒范围，并应采取相应的警戒措施。应在人员、机械、车辆全部撤离或者采取防护措施后方可起爆。 **3. 电力行业标准《水电水利工程爆破施工技术规范》(DL/T 5135—2013)** **3.1.11** 爆破前，按照爆破设计确定的危险区边界设置明显标志，规定爆破时间和信号，在爆破时应安排岗哨警戒。 **4. 水利行业标准《水利水电工程施工通用安全技术规程》(SL 398—2007)** **8.4.16** 暗挖放炮，自爆破器材进洞开始，即通知有关单位施工人员撤离，并在安全地点设警戒员。禁止非爆破工作人员进入	1. 现场检查爆破作业警戒的标识标志等。 2. 查阅爆破安全日志及相关记录，查看安全警戒及措施落实情况
6	爆破作业起爆	**1. 国家标准《爆破安全规程》(GB 6722—2014)** **6.4.8** 起爆网路检查，应由有经验的爆破员组成的检查组担任，检查组不得少于两人；大型或复杂起爆网路检查应由爆破工程技术人员组织实施。 **2. 国家标准《建筑与市政施工现场安全卫生与职业健康通用规范》(GB 55034—2022)** **3.12.3** 网路敷设后应进行起爆网路检查，起爆信号发出后现场指挥应再次确认达到安全起爆条件，然后下令起爆。 **3. 电力行业标准《水电水利工程爆破施工技术规范》(DL/T 5135—2013)** **3.1.12** 爆破作业应统一起爆时间，由爆破负责人统一指挥；几个临近工作面进行爆破作业时，应选择好起爆顺序，不得出现同时起爆。 **4. 水利行业标准《水利水电工程施工通用安全技术规程》(SL 398—2007)** **8.4.19** 起爆药包应根据每次爆破需要量进行加工，不应存放、积压，加工起爆药包应在专用的加工房内进行。	查阅爆破专项施工方案及爆破记录，或现场检查爆破作业情况

续表

序号	检查重点	标 准 要 求	检查方法
6	爆破作业起爆	**8.4.20** 加工起爆药包所使用的炸药、雷管、导火索、传爆线，应是经过检验合格的产品，电力起爆时，同一网路应使用同厂同型号的电雷管。 **8.4.30** 雷雨天严禁采用电爆网路	
7	爆破作业爆后检查	**1. 国家标准《土方与爆破工程施工及验收规范》(GB 50201—2012)** **5.1.13** 实施爆破后应进行安全检查，检查人员进入爆破区发现盲炮及其他险情应及时上报，根据实际情况按规定处理。 **2. 国家标准《建筑与市政施工现场安全卫生与职业健康通用规范》(GB 55034—2022)** **3.12.4** 露天浅孔、深孔、特种爆破实施后，应等待5min后方准许人员进入爆破作业区检查；当无法确认有无盲炮时，应等待15min后方准许人员进入爆破作业区检查；地下工程爆破后，经通风除尘排烟确认井下空气合格后，应等待15min后方准许人员进入爆破作业区检查。 **3. 电力行业标准《水电水利工程爆破施工技术规范》(DL/T 5135—2013)** **3.1.13** 明挖爆破时，应在爆破后5min进入工作面；当不能确认有无盲炮时，应在爆破后15min进入工作面；地下洞室爆破应在爆破后15min，并经检查确认洞室内空气合格后，方可准许人员进入工作面；拆除爆破应等待倒塌建（构）筑物和保留建（构）筑物稳定后，方可准许人员进入现场	查阅爆破记录资料，或现场检查爆破作业情况
8	爆破作业盲炮处理	**1. 国家标准《爆破安全规程》(GB 6722—2014)** **6.9.1.1** 处理盲炮前应由爆破技术负责人定出警戒范围，并在该区域边界设置警戒，处理盲炮时无关人员不许进入警戒区。 **6.9.1.2** 应派有经验的爆破员处理盲炮，硐室爆破的盲炮处理应由爆破工程技术人员提出方案并经单位技术负责人批准。 **6.9.1.3** 电力起爆网路发生盲炮时，应立即切断电源，及时将盲炮电路短路。 **6.9.1.4** 导爆索和导爆管起爆网路发生盲炮时，应首先检查导爆索和导爆管是否有破损或断裂，发现有破损或断裂的可修复后重新起爆。 **6.9.1.5** 严禁强行拉出炮孔中的起爆药包和雷管。 **6.9.1.6** 盲饱处理后，应再次仔细检查爆堆，将残余的爆破器材收集起来统一销毁，在不能确认爆堆无残留的爆破器材之前，应采取预防措施并派专人监督爆堆挖运作业。 **6.9.1.7** 盲炮处理后应由处理者填写登记卡片或提交报告，说明产生盲炮的原因、处理的方法、效果和预防措施。 **2. 水利行业标准《水利水电工程施工通用安全技术规程》(SL 398—2007)** **8.4.33** 处理盲炮时，应遵守下列规定： 1 发现或怀疑有盲炮时，应立即报告，并在其附近设立标志，派人看守，并采取相应的安全措施。 2 处理盲炮应派有经验的炮工进行。 3 处理时，无关人员严禁在场，危险区内严禁进行其他工作。 4 严禁掏出或拉出起爆药包。 5 发生电炮盲炮时，应及时将盲炮电路短路。 6 盲炮处理后，应仔细检查爆堆，并将残余的爆破器材收集起来，未判明有无残药前，应采取预防措施。 7 处理裸露爆破的盲炮时，可用手小心地去掉部分封泥，安置起爆雷管重新封泥起爆	1. 查阅相关爆破日志及盲炮处理登记卡或报告。 2. 查阅盲炮处理是否制订专项方案及安全措施。 3. 现场查看盲炮处理是否划定警戒范围。 4. 现场查看盲炮处理过程中操作人员是否按照操作规程规范作业

第十三章

架空输电线路工程施工

第一节　架空输电线路工程施工概述

一、术语或定义

输电线路是联络各发电厂、变电站（所）使之并列运行，实现电力系统联网和功率传递任务的输送通道。目前采用的输电线路有两种：一种是电力电缆，一种是架空线路。架空输电线路一般由基础、杆塔、架空导地线及其附属设施组成。

二、主要检查要求综述

架空输电线路施工面临诸多安全风险，可能导致触电、火灾、高处坠落、中毒、窒息、坍塌、机械伤害、起重伤害、爆炸等伤害后果。本章的目的是使各级架空输电线路工程建设人员，能够快速掌握架空输电线路工程建设现场安全管理重点和检查方法，坚持高标准、严要求、硬约束，推动架空输电线路工程建设安全工作持续提升，降低施工安全风险。

架空输电线路施工中所用个人安全防护装备检查重点、要求及检查方法可参见本篇第六章第二节相关内容。

第二节　架空输电线路施工绝缘安全防护

一、架空输电线路施工绝缘安全防护电容型验电器

架空输电线路施工绝缘安全防护电容型验电器安全检查重点、要求及方法见表 2－13－1。

表 2－13－1　架空输电线路施工绝缘安全防护电容型验电器安全检查重点、要求及方法

序号	检查重点	标准要求	检查方法
1	架空输电线路施工绝缘安全防护电容型验电器使用要求	**电力行业标准《电力建设安全工作规程　第 2 部分：电力线路》（DL 5009.2—2024）** **3.4.33**　绝缘安全工器具 1　电容型验电器 1）使用电容型验电器时，操作人员应戴绝缘手套，穿绝缘靴（鞋）。人体与带电部分距离应符合本章第四节表中“邻近或交叉其他高压电力线工作的安全距离”的规定。	现场检查

续表

序号	检查重点	标准要求	检查方法
1	架空输电线路施工绝缘安全防护电容型验电器使用要求	2）验电器的工作电压与被测设备的电压不符、指示灯不亮或无声响等不得使用。 3）使用抽拉式电容型验电器时，绝缘杆应完全拉开。 4）验电前，应先在有电设备上进行试验，确认验电器良好方可使用	

二、接地线

架空输电线路施工绝缘安全防护接地线安全检查重点、要求及方法见表2-13-2。

表2-13-2　架空输电线路施工绝缘安全防护接地线安全检查重点、要求及方法

序号	检查重点	标准要求	检查方法
1	架空输电线路施工绝缘安全防护接地线要求	**电力行业标准《电力建设安全工作规程　第2部分：电力线路》（DL 5009.2—2024）** **3.4.33**　绝缘安全工器具 2　接地线 1）工作接地线应用多股软铜线，截面积不得小于25mm²，接地线应有透明外护层，护层厚度大于1mm。 4）接地线有绞线断股、护套严重破损以及夹具断裂松动等缺陷时不得使用	外观检查
2	架空输电线路施工绝缘安全防护接地线使用要求	**电力行业标准《电力建设安全工作规程　第2部分：电力线路》（DL 5009.2—2024）** **3.2.3**　施工用电 8　电气设备及电动工具的使用应遵守下列规定： 1）电动机具及设备应装设接地保护。接地线应采用焊接、压接、螺栓连接或其他可靠方法连接，不得缠绕或钩挂。接地线应采用绝缘多股铜线。电动机械与保护零线（PE线）连接线截面一般不得小于相线截面积的1/3且不得小于2.5mm²，移动式电动机具与PE线的连接线截面一般不得小于相线截面积的1/3且不得小于2.5mm²，手提式电动机具与PE线的连接线截面一般不得小于相线截面积的1/3且不得小于1.5mm²。 2）金属外壳应接地。 3）不得将电线直接钩挂在闸刀上或直接插入插座内使用。 **3.4.15**　电焊机 3　电焊机导线应具有良好的绝缘，绝缘电阻不得小于2MΩ。不得将电焊机导线放在高温物体附近。电焊机接地线的接地电阻不得大于4Ω，接地线不得接在管道、机械设备和建筑物金属物体上。 **3.4.33**　绝缘安全工器具 2　接地线 2）接地线的两端线夹应保证接地线与导体和接地装置接触良好、拆装方便。 3）保安接地线仅作为预防感应电使用，不得以此代替工作接地线。个人保安接地线应使用截面积不小于16mm²的多股软铜线。 **4.5.4**　电气设备、索道和金属支撑架等均应可靠接地。 **5.3.11**　机电设备使用前应进行全面检查，确认机电装置完整、绝缘良好、接地可靠。	1. 现场检查。 2. 检查作业票

续表

序号	检查重点	标准要求	检查方法
2	架空输电线路施工绝缘安全防护接地线使用要求	**6.8.2** 抱杆应坐落在坚实稳固平整的地基上，若为软弱地基时应采取防止抱杆下沉的措施，并可靠接地。 **6.9.8** 起重机组塔应遵守下列规定： 4 在电力线附近组塔时，起重机应接地良好。 **7.1** 跨越架搭设 **7.1.1** 一般规定 11 各类型金属跨越架架顶应采取防磨措施，架体应有可靠接地装置。 **7.3.8** 张力放线前应由专人检查下列工作： 1 牵引设备及张力设备的锚固应可靠，接地应良好。 **7.9.1** 装设接地装置应遵守下列规定： 1 接地线不得用缠绕法连接，应使用专用夹具，连接应可靠。 2 接地棒宜镀锌，直径不应小于12mm，插入地下的深度应大于0.6m。 3 装设接地线时，应先接接地端，后接导线或地线端，拆除时的顺序相反。 4 挂接地线或拆接地线时应设监护人。操作人员应使用绝缘棒（绳）、戴绝缘手套，并穿绝缘鞋。 **7.9.2** 张力放线时的接地应遵守下列规定： 1 架线前，放线施工段内的杆塔应与接地装置连接，并确认接地装置符合设计要求。 2 牵引设备和张力设备应可靠接地。操作人员应站在干燥的绝缘垫上并不得与未站在绝缘垫上的人员接触。 3 牵引机及张力机出线端的牵引绳及导线上应安装接地滑车。 4 跨越不停电线路时，跨越档两端的导线应接地。 5 应根据平行电力线路情况，采取专项接地措施。 **7.9.4** 紧线时的接地应遵守下列规定： 1 紧线段内的接地装置应完整并接触良好。 2 耐张塔挂线前，应用导体将耐张绝缘子串短接。 **7.9.5** 附件安装时的接地应遵守下列规定： 1 附件安装作业区间两端应装设接地线。施工的线路上有高压感应电时，应在作业点两侧加装工作接地线。 2 施工人员应在装设个人保安接地线后，方可进行附件安装。 3 地线附件安装前，应采取接地措施。 4 附件（包括跳线）全部安装完毕后，应保留部分接地线并做好记录，竣工验收后方可拆除。 **8.1.3** 机动绞磨以及跨越档相邻两侧杆塔上的导线、地线、钢丝绳等导体等均应全程采用专用接地装置进行保护。 **8.2.6** 接地应遵守下列规定： 1 验明线路确无电压后，施工人员应立即在作业范围的两端装设接地线，并三相短路。凡有可能送电到停电线路的分支线也应装设接地线。 2 装设接地线时，应先接接地端，后接导线、地线端。接地线连接应可靠，不得缠绕。拆除时的顺序与此相反。 3 装、拆工作接地线时，施工人员应使用绝缘棒或绝缘绳，人体不得碰触接地线。	

续表

序号	检查重点	标 准 要 求	检查方法
2	架空输电线路施工绝缘安全防护接地线使用要求	4 若有感应电压反映在停电线路上时，应在工作范围内加挂接地线或使用个人保安线。拆除接地线时，应防止感应电触电。 5 在绝缘架空地线上工作时，应先将该架空地线接地。 **8.2.7** 工作间断或过夜时，作业地段内的全部接地线应保留。恢复作业前，应检查接地线是否完整、可靠。 **8.2.8** 施工结束后，现场施工负责人应对现场进行全面检查，待全部施工人员和所用的工具、材料撤离杆塔后方可命令拆除停电线路上的接地线。 **8.2.9** 接地线一经拆除，该线路即视为带电，任何人不得再登杆塔进行任何工作。 **8.2.10** 工作终结后，现场施工负责人（工作负责人）应报告工作许可人，报告的内容如下：施工负责人姓名，该线路上某处（说明起止杆塔号、分支线名称等）工作已经完工，线路改动情况，工作地点所挂的接地线已全部拆除，杆塔和线路上已无遗留物，施工人员已全部撤离。 **10.4** 参数测试设备和被试验设备的接地端或外壳应可靠接地。 **10.6** 挂接试验线、变更或拆除接线时，被测线路应保持可靠接地状态。 **10.8** 试验用电源应有断路明显的开关、电源指示灯及漏电保护器。更改接线或试验结束时，应首先断开试验电源，再将被测线路可靠接地。 **10.9** 试验中如发生异常情况，应立即断开电源，并经充分放电、接地后方可检查。	

第三节 架空输电线路杆塔施工

组塔前，基础混凝土强度应满足《110kV～750kV 架空输电线路施工及验收规范》（GB 50233—2014）要求：“7.2.1 分解组立铁塔时，基础混凝土的抗压强度必须达到设计强度的 70%。7.2.21 整体立塔时，基础混凝土的抗压强度应达到设计强度的 100%”。

一、架空输电线路杆塔施工主要机具及工器具

（一）架空输电线路杆塔施工机动绞磨、卷扬机

机动绞磨、卷扬机为起重时用于牵引钢丝绳的动力设备，适用于线路施工中组立杆塔，牵引吊装重物。具有机动灵活，制动可靠的特点。

架空输电线路杆塔施工机动绞磨、卷扬机安全检查重点、要求及方法见表 2-13-3。

表 2-13-3 架空输电线路杆塔施工机动绞磨、卷扬机安全检查重点、要求及方法

序号	检查重点	标 准 要 求	检查方法
1	架空输电线路杆塔施工机动绞磨、卷扬机使用要求	**1. 电力行业标准《输变电工程用机动绞磨》（DL/T 733—2022）** **6.5.1** 机动绞磨应水平放置，且可靠锚固，并有防滑动措施。受力前方不得有人。 **6.5.3** 钢丝绳的选用应符合 GB 8918 或 GB/T 20118 的规定，钢丝绳破断拉力安全系数应符合 DL 5009.2 的规定，钢丝绳的使用	1. 现场检查机动绞磨、卷扬机布置。 2. 检查机动绞磨、卷扬机铭牌，核查机具受力状态

续表

序号	检查重点	标　准　要　求	检查方法
1	架空输电线路杆塔施工机动绞磨、卷扬机使用要求	及报废应按照GB/T 5972的规定执行。 **6.5.4**　牵引时钢丝绳在磨芯上应不重叠。 **6.5.5**　使用时，钢丝绳牵引方向与磨芯轴线的夹角宜为90°±5°，进绳端应靠近变速箱侧。 **6.5.6**　对于双卷筒绞磨，钢丝绳缠绕圈数应不少于5圈。 **6.5.7**　对于磨芯式绞磨，钢丝绳缠绕圈数应不少于5圈，且使用荷载不应大于95%额定牵引力。 **2. 电力行业标准《电力建设安全工作规程　第2部分：电力线路》(DL 5009.2—2024)** **3.4.18**　机动绞磨和卷扬机 1　绞磨和卷扬机应放置平稳，锚固应可靠，并有防滑动措施。受力前方不得有人。 2　拉磨尾绳不应少于2人，且应位于绳圈外侧，不得站在绳圈内。 3　机动绞磨宜设置过载保护装置。不得采用松尾绳的方法卸荷。 4　卷筒应与牵引绳保持垂直。牵引绳应从卷筒下方卷入，且排列整齐，通过磨芯时不得重叠或相互缠绕，在卷筒或磨芯上缠绕不得少于5圈，绞磨卷筒与牵引绳最近的转向滑车应保持5m以上的距离。 5　机动绞磨和卷扬机不得带载荷过夜。 6　拖拉机绞磨两轮胎应在同一水平面上，前后支架应均衡受力。 7　作业中，人员不得跨越正在作业的卷扬钢丝绳。物件提升后，操作人员不得离开机械。 8　被吊物件或吊笼下面不应有人员停留或通过。 9　卷扬机的使用应遵守下列规定： 1）作业前应进行检查和试车，确认卷扬机设置稳固，防护设施完备。 2）作业中如发现异响、制动不灵等异常情况时，应立即停机检查，排除故障后方可使用。 3）卷扬机未完全停稳时不得换挡或改变转动方向。 4）设置导向滑车应对正卷筒中心。导向滑轮不得使用开口拉板式滑轮。滑车与卷筒的距离不应小于卷筒（光面）长度的20倍，与有槽卷筒的距离不应小于15倍，且应不小于15m	
2	架空输电线路杆塔施工机动绞磨、卷扬机布置要求	**国网企业标准《电力建设安全工作规程　第2部分：线路》(Q/GDW 11957.2—2020)** **附录H**　H.4　风险编号04080303 绞磨应放置在主要吊装面侧面，当塔全高大于33m时，绞磨距塔中心的距离不应小于40m，当塔全高小于或等于33m时，绞磨距塔中心的距离不应小于铁塔全高的1.2倍，绞磨排设位置应平整，放置平稳。场地不满足要求时，增加相应的安全措施	距离测量

（二）架空输电线路组塔施工抱杆

架空输电线路组塔施工抱杆指在输电线路施工中通过绞磨、卷扬机、牵引机等驱动机构牵引连接在承力结构上的绳索而达到提升、移动、安装杆塔、附件等的一种起重设备，简称抱杆。抱杆主要有单抱杆、人字抱杆、摇臂抱杆、平臂抱杆、组合式抱杆等结构形式。

架空输电线路组塔施工抱杆安全检查重点、要求及方法见表2-13-4。

表2-13-4　　架空输电线路组塔施工抱杆安全检查重点、要求及方法

序号	检查重点	标准要求	检查方法
1	架空输电线路组塔施工抱杆使用要求	**1. 电力行业标准《架空输电线路施工抱杆通用技术条件及试验方法》(DL/T 319—2018)** **5.1.5** 抱杆用钢丝绳应符合GB/T 20118的要求，优先采用线接触型钢丝绳。 **5.1.6** 额定起重载荷50kN及以上的抱杆驱动机构不宜采用单卷筒绞磨。 **5.1.7** 抱杆组装后，杆体或起重臂轴向直线度偏差不得超过$L/1000$（L为抱杆杆体或起重臂长度）。 **5.5.1** 平臂抱杆应设置高度限位器、幅度限位器、起重量限制器、起重力矩限制器（应能显示起重载荷和幅度）、回转限位缓冲装置、风速仪、小车防断绳和防断轴装置、终端缓冲装置，允许多臂同时起吊的平臂抱杆应设置起重力矩差限制器。 **5.5.2** 摇臂抱杆宜按5.5.1要求设置相应的安全装置。 **5.5.3** 起重量限制器、起重力矩限制器、起重力矩差限制器，达到90%额定起重载荷时，应有声光报警。 **5.5.7** 摇臂抱杆应设置臂架低位置和臂架高位置的幅度限位开关，以及吊钩防冲顶装置。 **5.5.8** 所有电控柜及电气设备的金属外壳均应可靠接地，其接地电阻不宜大于10Ω。 **5.5.9** 主回路、控制电路、所有电气设备的相间绝缘电阻和对地绝缘电阻不应小于0.5MΩ。 **2. 电力行业标准《电力建设安全工作规程　第2部分：电力线路》(DL 5009.2—2024)** **3.4.19** 抱杆 2　抱杆连接螺栓应按规定使用，不得以小代大。 3　金属抱杆的整体轴向直线度偏差不得超过$L/1000$（L为抱杆整体长度）。局部弯曲严重、磕瘪变形、表面腐蚀、裂纹或脱焊不得使用。 4　抱杆帽和其他配件表面有裂纹、螺纹变形或螺栓缺少不得使用	1. 现场检查。 2. 接地电阻测试仪测试。 3. 绝缘电阻测试仪测试

（三）架空输电线路杆塔施工起重滑车

起重滑车是一种提升重物的简单起重机械，能够改变牵引钢索的方向，能省力的起吊或移动运转物体，广泛应用在建筑安装作业中。

架空输电线路杆塔施工起重滑车安全检查重点、要求及方法见表2-13-5。

表2-13-5　　架空输电线路杆塔施工起重滑车安全检查重点、要求及方法

序号	检查重点	标准要求	检查方法
1	架空输电线路杆塔施工起重滑车使用要求	**电力行业标准《电力建设安全工作规程　第2部分：电力线路》(DL 5009.2—2024)** **3.4.23** 起重滑车 1　滑车的缺陷不得焊补。	1. 现场检查。 2. 目测。 3. 米尺测量

续表

<table>
<tr><th>序号</th><th>检查重点</th><th colspan="5">标　准　要　求</th><th>检查方法</th></tr>
<tr><td rowspan="3">1</td><td rowspan="3">架空输电线路杆塔施工起重滑车使用要求</td><td colspan="5">2　滑车出现下述情况之一时应报废：
1）裂纹。
2）轮槽径向磨损量达钢丝绳名义直径的25%。
3）轮槽壁厚磨损量达基本尺寸的10%。
4）轮槽不均匀磨损量达3mm。
5）其他损害钢丝绳的缺陷。
3　吊钩出现下述情况之一时应报废：
1）裂纹。
2）危险断面磨损量大于基本尺寸的5%。
3）吊钩变形超过基本尺寸的10%。
4）扭转变形超过10°。
5）危险断面或吊钩颈部产生塑性变形。
4　在受力方向变化较大的场合或在高处使用时应采用吊环式滑车。
5　使用开门式滑车时应将门扣锁好。采用吊钩式滑车，应有防止脱钩的钩口闭锁装置。
6　滑车组的钢丝绳不得产生扭绞。使用时滑车组两滑车轴心间的距离不得小于下表的规定。</td><td rowspan="3"></td></tr>
<tr><td>滑车起重量（t）</td><td>1</td><td>5</td><td>10～20</td><td>32～50</td></tr>
<tr><td>滑车轴心最小允许距离（mm）</td><td>700</td><td>900</td><td>1000</td><td>1200</td></tr>
</table>

（四）架空输电线路杆塔施工地锚

架空输电线路杆塔施工地锚安全检查重点、要求及方法见表2－13－6。

表2－13－6　　架空输电线路杆塔施工地锚安全检查重点、要求及方法

序号	检查重点	标　准　要　求	检查方法
1	架空输电线路杆塔施工地锚检查要求	**1. 电力行业标准《架空输电线路临时锚体》（DL/T 2536—2022）** **9.1.1**　临时锚体应设清晰可辨识标识，标识应包含以下内容： a）产品名称和型号； b）额定荷载； c）临时锚体质量； d）制造单位名称； e）外形尺寸； f）出厂编号、出厂日期。 **9.1.2**　标识应明显、准确、牢固、不易磨损。 **2. 电力行业标准《电力建设安全工作规程　第2部分：电力线路》（DL 5009.2—2024）** **3.4.30**　地锚、地钻 1　锚体、地钻强度应满足相连接的绳索的受力要求。 2　钢制锚体的加强筋或拉环等焊接缝有裂纹或变形时不得使用。 3　木质锚体应使用质地坚硬的木料。发现有虫蛀、腐烂变质者不得使用。 **6.1.11**　临时地锚设置应遵守下列规定： 1　采用板锚时，地锚绳套引出位置应开挖马道，马道与受力方向应一致。	现场检查

续表

序号	检查重点	标 准 要 求	检查方法
1	架空输电线路杆塔施工地锚检查要求	2 采用桩锚或旋锚时，一组桩的主桩应控制一根拉绳。 3 临时地锚埋设应设专人检查验收，回填土层应逐层夯实，并采取措施避免被雨水浸泡。 **6.1.12** 不得利用树木或外露岩石等承力大小不明物体作为受力钢丝绳的地锚。 **3. 国网企业标准《电力建设安全工作规程 第2部分：线路》(Q/GDW 11957.2—2020)** 11.1.6 临时地锚设置应遵守下列规定： a）采用埋土地锚时，地锚绳套引出位置应开挖马道，马道与受力方向应一致。 b）采用角铁桩或钢管桩时，一组桩的主桩上应控制一根拉绳。 c）临时地锚应采取避免被雨水浸泡的措施。 d）地锚埋设应设专人检查验收，回填土层应逐层夯实。 e）地钻设置处应避开呈软塑及流塑状态的黏性土、淤泥质土、人工填土及有地表水的土质（如水田、沼泽）等不良土质。 f）地钻埋设时，一般通过静力（人力）旋转方式埋入土中，应尽可能保持锚杆的竖直状态，避免产生晃动，以减少对周围土体的扰动。 g）不得利用树木或外露岩石等承力大小不明物体作为受力钢丝绳的地锚	

（五）架空输电线路杆塔施工用钢丝绳

架空输电线路杆塔施工用钢丝绳安全检查重点、要求及方法见表2-13-7。

表2-13-7 架空输电线路杆塔施工用钢丝绳安全检查重点、要求及方法

<table>
<tr><th>序号</th><th>检查重点</th><th colspan="3">标 准 要 求</th><th>检查方法</th></tr>
<tr><td rowspan="12">1</td><td rowspan="12">架空输电线路杆塔施工用钢丝绳选择及使用要求</td><td colspan="3">电力行业标准《电力建设安全工作规程 第2部分：电力线路》(DL 5009.2—2024)
3.4.20 钢丝绳
1 钢丝绳应具有产品检验合格证，并按《钢丝绳通用技术条件》GB/T 20118 的规定或出厂技术数据使用。
2 钢丝绳的安全系数、动荷系数、不均衡系数分别不得小于下表的规定。
钢丝绳的安全系数 K</td><td rowspan="12">1. 现场检查。
2. 检查施工方案</td></tr>
<tr><td>序号</td><td>工作性质及条件</td><td>K</td></tr>
<tr><td>1</td><td>起立杆塔或其他构件的吊点固定绳（千斤绳）</td><td>4.0</td></tr>
<tr><td>2</td><td>各种构件临时用拉线</td><td>3.0</td></tr>
<tr><td>3</td><td>其他起吊及牵引用的牵引绳</td><td>4.0</td></tr>
<tr><td>4</td><td>起吊物件的捆绑钢丝绳</td><td>5.0</td></tr>
<tr><td colspan="3">动荷系数 K_1</td></tr>
<tr><td>序号</td><td>启动或制动系统的工作方法</td><td>K_1</td></tr>
<tr><td>1</td><td>通过滑车组用人力绞车或绞磨牵引</td><td>1.1</td></tr>
<tr><td>2</td><td>直接用人力绞车或绞磨牵引</td><td>1.2</td></tr>
</table>

续表

<table>
<tr><th>序号</th><th>检查重点</th><th>标 准 要 求</th><th>检查方法</th></tr>
<tr><td>1</td><td>架空输电线路杆塔施工用钢丝绳选择及使用要求</td><td>
续表
<table>
<tr><th>序号</th><th>启动或制动系统的工作方法</th><th>K_1</th></tr>
<tr><td>3</td><td>通过滑车组用机动绞磨、拖拉机或汽车牵引</td><td>1.2</td></tr>
<tr><td>4</td><td>直接用机动绞磨、拖拉机或汽车牵引</td><td>1.3</td></tr>
<tr><td>5</td><td>通过滑车组用制动器控制时的制动系统</td><td>1.2</td></tr>
<tr><td>6</td><td>直接用制动器控制时的制动系统</td><td>1.3</td></tr>
<tr><td colspan="3">不均衡系数 K_2</td></tr>
<tr><td>序号</td><td>可能承受不均衡荷重的起重工具</td><td>K_2</td></tr>
<tr><td>1</td><td>用人字抱杆或双抱杆起吊时的各分支抱杆</td><td rowspan="3">1.2</td></tr>
<tr><td>2</td><td>起吊门型或大型杆塔结构时的各分支绑固吊索</td></tr>
<tr><td>3</td><td>利用两条及以上钢丝绳牵引或起吊同一物体的绳索</td></tr>
</table>
3 滑轮、卷筒的槽底或细腰直径与钢丝绳直径之比应符合以下规定：
1）起重滑车：机械驱动不得小于11，人力驱动不得小于10。
2）绞磨卷筒（磨心）不得小于10。
4 钢丝绳（套）有下列情况之一者应报废或截除：
1）钢丝绳的断丝数超过本规程附录B中表B.1、表B.2的数值时。
2）绳芯损坏或绳股挤出、断裂。
3）笼状畸形、严重扭结或金钩弯折。
4）压扁严重，断面缩小，实测相对公称直径减小10%（防扭钢丝绳的3%）时，未发现断丝也应予以报废。
5）受过火烧或电灼，化学介质的腐蚀外表出现颜色变化时。
6）钢丝绳的弹性显著降低，不易弯曲，单丝易折断时。
5 钢丝绳端部用绳夹固定连接时，绳夹压板应在钢丝绳主要受力的一边，并不得正反交叉设置。绳夹间距不应小于钢丝绳直径的6倍，连接端的绳夹数量应符合下表规定。
<table>
<tr><td>钢丝绳公称直径 d(mm)</td><td>$d \leq 18$</td><td>$18 < d \leq 26$</td><td>$26 < d \leq 36$</td><td>$36 < d \leq 44$</td><td>$44 < d \leq 60$</td></tr>
<tr><td>钢丝绳夹最少数量（个）</td><td>3</td><td>4</td><td>5</td><td>6</td><td>7</td></tr>
</table>
6 插接的环绳或绳套，其插接长度应不小于钢丝绳直径的15倍，且不得小于300mm。
7 采用钢丝绳铝合金压制接头，应符合《钢丝绳铝合金压制接头》GB/T 6946的相关规定，接头在使用中不得受弯。
8 在捆扎或吊运物件时，不得使钢丝绳直接和物体的棱角相接触。
9 钢丝绳使用后应及时除去污物，并存放在通风干燥处。
10 通过滑车及卷筒的钢丝绳不得有接头。
11 钢丝绳不得直接相互套挂连接
</td><td></td></tr>
</table>

二、架空输电线路杆塔组装

架空输电线路杆塔组装作业安全检查重点、要求及方法见表2-13-8。

表2-13-8　架空输电线路杆塔组装作业安全检查重点、要求及方法

序号	检查重点	标 准 要 求	检查方法
1	架空输电线路杆塔组装作业地面组装检查要求	**电力行业标准《电力建设安全工作规程　第2部分：电力线路》（DL 5009.2—2024）** **6.3.1**　杆塔地面组装场地应平整，障碍物应清除。 **6.3.2**　山地铁塔地面组装时应遵守下列规定： 1　塔材不得顺斜坡堆放。 2　选料应由上往下搬运，不得强行拽拉。 3　山坡上的塔片垫物应稳固，且应有防止构件滑动的措施。 4　组装管形构件时，构件间未连接前应采取防止滚动的措施。 **6.3.3**　组装断面宽大的塔片，在竖立的构件未连接牢固前应采取临时固定措施。 **6.3.4**　分片组装铁塔时，所带辅材应能自由活动。辅材挂点螺栓的螺帽应露扣。辅材自由端朝上时应与相连构件进行临时捆绑固定。 **6.3.5**　构件连接对孔时，不得将手指伸入螺孔找正	1. 现场检查。 2. 检查施工方案
2	架空输电线路杆塔组装作业塔上组装检查要求	**电力行业标准《电力建设安全工作规程　第2部分：电力线路》（DL 5009.2—2024）** **6.3.6**　传递工具或材料不得抛掷。 **6.3.7**　塔上组装应遵守下列规定： 1　塔片就位时应先低侧后高侧，主材与侧面大斜材未全部连接牢固前，不得在吊件上作业。 2　多人组装同一塔段（片）时，应由一人负责指挥。 3　高处作业人员应站在塔身内侧或其他安全位置且安全防护用具已设置可靠后方准作业。 4　需要地面人员协助操作时，应经现场指挥人下达操作指令	1. 现场检查。 2. 检查施工方案

三、架空输电线路铁塔组立

铁塔组立常用施工方法包括内悬浮内（外）拉线抱杆分解组塔、落地抱杆分解组塔、流动式起重机组塔等。

（一）架空输电线路施工内悬浮内（外）拉线抱杆分解组塔

架空输电线路施工内悬浮内（外）拉线抱杆分解组塔安全检查重点、要求及方法见表2-13-9。

表2-13-9　架空输电线路施工内悬浮内（外）拉线抱杆分解组塔安全检查重点、要求及方法

序号	检查重点	标 准 要 求	检查方法
1	架空输电线路施工内悬浮内（外）拉线抱杆分解组塔作业抱杆布置及提升操作	**1. 电力行业标准《电力建设安全工作规程　第2部分：电力线路》（DL 5009.2—2024）** **6.1.6**　组立220kV及以上电压等级线路的杆塔时，不得使用木抱杆。 **6.1.7**　组立杆塔前应检查抱杆正直、焊接、铆固、连接螺栓紧固等情况，判定合格后方可使用。 **6.1.8**　用于组立杆塔或抱杆的临时拉线均应使用钢丝绳。	1. 现场检查。 2. 检查施工方案

续表

序号	检查重点	标准要求	检查方法
1	架空输电线路施工内悬浮内（外）拉线抱杆分解组塔作业抱杆布置及提升操作	**6.7.1** 承托绳的悬挂点应设置在有大水平材的塔架断面处，若无大水平材时应验算塔架强度，必要时应采取补强措施。 **6.7.2** 承托绳应绑扎在主材节点的上方。承托绳与主材连接处宜设置专门夹具，夹具的握着力应满足承托绳的承载能力。承托绳与抱杆轴线间夹角不应大于45°。 **6.7.3** 抱杆内拉线的下端应绑扎在靠近塔架上端的主材节点下方。 **6.7.4** 提升抱杆宜设置两道腰环，且间距应根据抱杆长度合理设置。 **6.7.5** 构件起吊过程中抱杆腰环不得受力。 **6.7.8** 抱杆长度超过30m无法一次整体起立时，宜采用“倒装”方式。 **2. 电力行业标准《110kV～750kV架空输电线路铁塔组立施工工艺导则》（DL/T 5342—2018）** **5.1.2** 内悬浮内拉线抱杆两内拉线平面与抱杆的夹角不应小于15°	
2	架空输电线路施工内悬浮内（外）拉线抱杆分解组塔作业构件吊装	**电力行业标准《电力建设安全工作规程 第2部分：电力线路》（DL 5009.2—2024）** **6.1.4** 杆塔组立过程中，吊件坠落半径内不得有人。 **6.7.6** 应视构件结构情况在其上、下部位绑扎控制绳，下控制绳（也称攀根绳）宜使用钢丝绳。 **6.7.7** 构件起吊过程中，下控制绳应随吊件的上升随之松出，保持吊件与塔架间距不小于100mm	1. 现场检查。 2. 检查施工方案

（二）架空输电线路施工落地抱杆分解组塔

架空输电线路施工落地抱杆分解组塔安全检查重点、要求及方法见表2-13-10。

表2-13-10 架空输电线路施工落地抱杆分解组塔安全检查重点、要求及方法

序号	检查重点	标准要求	检查方法
1	架空输电线路施工落地抱杆分解组塔作业抱杆布置及提升操作	**1. 电力行业标准《电力建设安全工作规程 第2部分：电力线路》（DL 5009.2—2024）** **6.8.1** 抱杆杆体组装应正直，连接螺栓的规格应符合规定，并应全部拧紧。 **6.8.2** 抱杆应坐落在坚实稳固平整的地基上，若为软弱地基时应采取防止抱杆下沉的措施，并可靠接地。 **6.8.3** 提升抱杆不得少于两道腰环，腰环固定钢丝绳应呈水平并收紧。 **6.8.4** 抱杆就位后，四侧拉线应收紧并固定，组塔过程中应有专人值守。 **6.8.5** 构件吊装过程中，应对抱杆的垂直度进行监视。 **6.8.6** 抱杆顶升（提升）过程中，应监视腰环与抱杆不得卡阻，抱杆顶升（提升）时拉线应呈松弛状态。 **6.8.8** 摇臂的中部位置或非吊挂滑车位置不得悬挂起吊滑车或其他临时拉线。 **6.8.11** 平臂抱杆应配置力矩监控装置。 **2. 电力行业标准《110kV～750kV架空输电线路铁塔组立施工工艺导则》（DL/T 5342—2018）**	1. 现场检查。 2. 检查施工方案

续表

序号	检查重点	标 准 要 求	检查方法
1	架空输电线路施工落地抱杆分解组塔作业抱杆布置及提升操作	**8.1.2** 抱杆宜使用内拉线，拉线宜设置于主抱杆的回转装置下方。 **8.1.3** 抱杆变幅摇臂宜配置保险绳，变幅动力设备宜布置于回转装置之下的杆身内部	
2	架空输电线路施工落地抱杆分解组塔作业构件吊装	**1. 电力行业标准《电力建设安全工作规程 第2部分：电力线路》(DL 5009.2—2024)** **6.8.7** 停工或过夜时，应将起吊滑车组收紧在地面固定。不得悬吊构件在空中停留过夜。 **6.8.9** 抱杆采取单侧摇臂起吊构件时，对侧摇臂的起吊滑车组应收紧作为平衡拉线。 **6.8.10** 无拉线摇臂抱杆不宜双侧同时起吊构件。若双侧起吊构件应设置抱杆临时拉线。 **2. 电力行业标准《110kV～750kV架空输电线路铁塔组立施工工艺导则》(DL/T 5342—2018)** **10.2.3** 座地双平臂抱杆作业高度和作业半径应满足构件垂直起吊和就位要求，并应水平覆盖整个吊装范围，且应采用两侧平衡起吊方式	1. 现场检查。 2. 检查施工方案

(三) 架空输电线路施工起重机组塔

架空输电线路施工起重机组塔作业安全检查重点、要求及方法见表2-13-11。

表2-13-11 架空输电线路施工起重机组塔作业安全检查重点、要求及方法

序号	检查重点	标 准 要 求	检查方法
1	架空输电线路施工起重机组塔作业检查要求	**1. 电力行业标准《电力建设安全工作规程 第2部分：电力线路》(DL 5009.2—2024)** **6.9** 流动式起重机组塔 **6.9.1** 起重机司机应熟悉组立杆塔的吊装程序和工艺技术要求。 **6.9.2** 起重机作业前应对起重机进行全面检查并空载试运转。 **6.9.3** 起重机作业应按起重机操作规程操作。起重臂及吊件下方应划定作业区，地面应设安全监护人。 **6.9.4** 吊装铁塔前，应对已组塔段（片）进行全面检查。 **6.9.5** 吊件离开地面约100mm时应暂停起吊并进行检查，确认正常且吊件上无搁置物及人员后方可继续起吊，起吊速度应均匀。 **6.9.6** 起重机在作业中出现异常时，应采取措施放下吊件，停止运转后进行检修，不得在运转中进行调整或检修。 **6.9.7** 指挥人员看不清作业地点或操作人员看不清指挥信号时，均不得进行起吊作业。 **6.9.8** 流动式起重机组塔应遵守下列规定： 1 起重机工作位置的地基应稳固，附近的障碍物应清除。 2 分段吊装铁塔时，上下段间有任一处连接后，不得用旋转起重臂的方法进行移位找正。 3 分段分片吊装铁塔时，控制绳应随吊件同步调整。 4 在电力线附近组塔时，起重机应接地良好。与带电体的最小安全距离应符合下表规定。	1. 现场检查。 2. 检查施工方案

续表

<table>
<tr><th>序号</th><th>检查重点</th><th colspan="3">标 准 要 求</th><th>检查方法</th></tr>
<tr><td rowspan="17">1</td><td rowspan="17">架空输电线路施工起重机组塔作业检查要求</td><td colspan="3">起重机械及吊件与带电体的安全距离</td><td rowspan="17"></td></tr>
<tr><td rowspan="2">电压等级（kV）</td><td colspan="2">安全距离（m）</td></tr>
<tr><td>沿垂直方向</td><td>沿水平方向</td></tr>
<tr><td>≤10</td><td>3.00</td><td>1.50</td></tr>
<tr><td>20～40</td><td>4.00</td><td>2.00</td></tr>
<tr><td>60～110</td><td>5.00</td><td>4.00</td></tr>
<tr><td>220</td><td>6.00</td><td>5.50</td></tr>
<tr><td>330</td><td>7.00</td><td>6.50</td></tr>
<tr><td>500</td><td>8.50</td><td>8.00</td></tr>
<tr><td>750</td><td>11.00</td><td>11.00</td></tr>
<tr><td>1000</td><td>13.00</td><td>13.00</td></tr>
<tr><td>±50及以下</td><td>5.00</td><td>4.00</td></tr>
<tr><td>±400</td><td>8.50</td><td>8.00</td></tr>
<tr><td>±500</td><td>10.00</td><td>10.00</td></tr>
<tr><td>±660</td><td>12.00</td><td>12.00</td></tr>
<tr><td>±800</td><td>13.00</td><td>13.00</td></tr>
<tr><td colspan="3">5 使用两台起重机抬吊同一构件时，起重机承担的构件重量应考虑不平衡系数后且不应超过单机额定起吊重量的80%。两台起重机应互相协调，起吊速度应基本一致。
2. 电力行业标准《110kV～750kV架空输电线路铁塔组立施工工艺导则》（DL/T 5342—2018）
11.1.3 流动式起重机吊装塔材时，应留有施工裕度，吊重不宜超过相应幅度额定负荷的90%</td></tr>
</table>

四、架空输电线路水泥杆、钢管杆施工

水泥杆、钢管杆多用于66kV及以下电力线路，在安全检查中可参照上述要求执行。

第四节 架空输电线路架线施工

一、架空输电线路架线施工主要施工机械、工器具

（一）架空输电线路架线施工牵引机、张力机

输电线路张力架线施工中，牵引机、张力机用于牵引导线、展放导线的设备。

架空输电线路架线施工牵引机、张力机安全检查重点、要求及方法见表2-13-12。

表 2-13-12　架空输电线路架线施工牵引机、张力机安全检查重点、要求及方法

序号	检查重点	标　准　要　求	检查方法
1	架空输电线路架线施工牵引机、张力机使用要求	**1. 电力行业标准《电力建设安全工作规程　第2部分：电力线路》(DL 5009.2—2024)** **3.4.13**　牵引机和张力机 1　操作人员应按照使用说明书要求进行各项功能操作，不得超速、超载、超温、超压或带故障运行。 2　使用前应对设备的布置、锚固、接地装置以及机械系统进行全面的检查，并做运转试验。 3　牵引机、张力机进出口与邻塔悬挂点的高差角及与线路中心线的夹角应满足其机械的技术要求。 4　牵引机牵引卷筒槽底直径不得小于被牵引钢丝绳直径的25倍。对于使用频率较高的钢丝绳卷筒应定期检查槽底磨损状态，及时维修。 **2. 电力行业标准《输电线路张力架线用张力机通用技术条件》(DL 1109—2019)** **8.1.2**　所有的操纵杆、手柄手轮均应有清晰标明其用途和操纵方向的标志，紧急制动手柄应有明显的区分标志。指示灯、信号灯、按钮均应清晰标明其用途。 **8.1.3**　在经常需要检查、维修的重要部位，应设有提示标牌。 **8.1.4**　应设置表示起吊点位置、锚固点位置和接地点位置的标志。 **3. 电力行业标准《输电线路张力架线用牵引机通用技术条件》(DL 372—2019)** **8.1.2**　所有的操纵杆、手柄手轮均应有清晰标明其用途和操纵方向的标志，紧急制动手柄应有明显的区分标志。指示灯、信号灯、按钮均应清晰标明其用途。 **8.1.3**　在经常需要检查、维修的重要部位，应设有提示标牌。 **8.1.4**　应设置表示起吊点位置、锚固点位置和接地点位置的标志	1. 现场检查。 2. 检查施工方案
2	架空输电线路架线施工牵引机、张力机布置	**国网企业标准《电力建设安全工作规程　第2部分：线路》(Q/GDW 11957.2—2020)** **附录H**　H.4　风险编号 04090501 牵引机一般布置在线路中心线上，顺线路布置。牵引机进出口与邻塔悬挂点的高差角及与线路中心线的夹角满足：与邻塔边线放线滑车水平夹角不应大于7°，大于7°应设置转向滑车。如需转向，需使用专用的转向滑车，锚固必须可靠。各转向滑车的荷载应均衡，不得超过其允许承载力。 锚线地锚位置应在牵引机前5m左右，与邻塔导线挂线点间仰角不得大于25°。 牵引机进线口、张力机出线口与邻塔导线悬挂点的仰角不宜大于15°，俯角不宜大于5°。牵引设备锚固应可靠，牵引机设置单独接地，牵引绳必须使用接地滑车进行可靠接地。张力机应设置单独接地，避雷线必须使用接地滑车进行可靠接地。 牵引机卷扬轮、张力机张力轮的受力方向必须与其轴线垂直。 钢丝绳卷车与牵引机的距离和方位应符合机械说明书要求，且必须使尾绳、尾线不磨线轴或钢丝绳。 张力机、牵引机使用前应对设备的布置、锚固、接地装置以及机械系统进行全面的检查，并做运转试验。 导线、牵引绳的尾绳在线盘或绳盘上的盘绕圈数均不得少于6圈。	1. 现场检查。 2. 现场测量

续表

序号	检查重点	标　准　要　求	检查方法
2	架空输电线路架线施工牵引机、张力机布置	设备在运行前应按照施工方案中的数值设定牵引力值，以防止发生过牵引。 运行时牵引机、张力机进出口前方不得有人通过。各转向滑车围成的区域内侧禁止有人。 遇有五级及以上风或暴雨、雷电、冰雹、大雪、大雾、沙尘暴等恶劣气候时，立即停止牵引作业。 紧线作业区间两端装设接地线。施工的线路上有高压感应电时，在作业点两侧加装工作接地线。 张力机一般布置在线路中心线上，顺线路布置。张力机进出口与邻塔悬挂点的高差角及与线路中心线的夹角满足其机械的技术要求。与邻塔边线放线滑车水平夹角不应大于7°	

（二）架空输电线路架线施工连接器、卡线器

架空输电线路架线施工连接器、卡线器安全检查重点、要求及方法见表2-13-13。

表2-13-13　架空输电线路架线施工连接器、卡线器安全检查重点、要求及方法

序号	检查重点	标　准　要　求	检查方法
1	架空输电线路架线施工导线、地线网套连接器使用要求	**电力行业标准《电力建设安全工作规程　第2部分：电力线路》(DL 5009.2—2024)** **3.4.26**　网套连接器 1　连接网套的使用应与所夹持的导线、地线规格相匹配。 2　导线、地线穿入网套应到位。网套夹持导线、地线的长度不得少于导线、地线直径的30倍。 3　网套末端应用铁丝绑扎，绑扎不得少于20圈。 4　每次使用前应检查，发现有断丝者不得使用。 5　较大截面的导线穿入网套前，其端头应做坡面梯节处理。用于导线对接的两个网套之间宜设置防扭连接器	1. 现场检查。 2. 米尺测量
2	架空输电线路架线施工抗弯连接器使用要求	**电力行业标准《电力建设安全工作规程　第2部分：电力线路》(DL 5009.2—2024)** **3.4.28**　抗弯连接器 1　抗弯连接器表面应平滑，与连接的绳套相匹配。 2　抗弯连接器有裂纹、变形或连接件拆卸不灵活时不得使用	现场检查
3	架空输电线路架线施工旋转连接器使用要求	**电力行业标准《电力建设安全工作规程　第2部分：电力线路》(DL 5009.2—2024)** **3.4.29**　旋转连接器 1　旋转连接器使用前，检查外观应完好无损，转动灵活无卡阻现象。不得超负荷使用。 2　旋转连接器的横销应拧紧到位，与钢丝绳或网套连接时应安装滚轮并拧紧横销。 3　旋转连接器不宜长期处于受力状态。 4　发现有裂纹、变形或连接件拆卸不灵活时不得使用	现场检查
4	架空输电线路架线施工卡线器使用要求	**电力行业标准《电力建设安全工作规程　第2部分：电力线路》(DL 5009.2—2024)** **3.4.27**　卡线器 1　卡线器的使用应与所夹持的线（绳）规格相匹配。 2　卡线器有裂纹、弯曲、转轴不灵活或钳口斜纹磨平等缺陷不得使用	现场检查

（三）架空输电线路架线施工放线滑车

架空输电线路架线施工放线滑车安全检查重点、要求及方法见表 2-13-14。

表 2-13-14　架空输电线路架线施工放线滑车安全检查重点、要求及方法

<table>
<tr><th>序号</th><th>检查重点</th><th>标　准　要　求</th><th>检查方法</th></tr>
<tr><td>1</td><td>架空输电线路架线施工放线滑车使用要求</td><td>
1. 电力行业标准《放线滑轮基本要求、检验规定及测试方法》（DL/T 685—1999）
3　滑轮直径、槽形放线滑轮直径和槽形应符合下表的规定。
放线滑轮直径和槽形主要技术参数
<table>
<tr><th>滑轮底径 D /mm</th><th>适用导线截面 /mm^2</th><th>轮槽倾斜角 β</th><th>轮槽底部半径 R_g /mm</th><th>轮槽深度 S /mm</th></tr>
<tr><td>280</td><td>150 及以下</td><td rowspan="6">15°～20°</td><td>≤18</td><td>45</td></tr>
<tr><td>400</td><td>185～240</td><td>≤22</td><td>50</td></tr>
<tr><td>560</td><td>300～400</td><td>≤26</td><td>50</td></tr>
<tr><td>710</td><td>500～630</td><td>≤30</td><td>56</td></tr>
<tr><td>800</td><td>710～800</td><td>≤32</td><td>58</td></tr>
<tr><td>900</td><td>1000</td><td>≤34</td><td>60</td></tr>
</table>
2. 电力行业标准《架空输电线路放线滑车》（DL/T 371—2019）
6.2.2　钢芯铝绞线用滑轮槽底直径不应小于 $20d$（d 为导线直径），其中，碳纤维复合材料芯导线等特殊导线用滑轮槽底直径按相关标准要求确定；地线用滑轮槽底直径不应小于 $15d$（d 为相应线索直径），光纤架空复合地线用滑轮槽底直径应不小于 $40d$（d 为相应线索直径），且大于 500mm。
3. 电力行业标准《电力建设安全工作规程　第 2 部分：电力线路》（DL 5009.2—2024）
7.3.2　使用放线滑车应遵守下列规定：
1　放线滑车允许荷载应满足放线强度要求，安全系数不得小于 3。
2　放线滑车悬挂应根据计算对导引绳、牵引绳的上扬严重程度，选择悬挂方法及挂具规格。
3　转角塔（包括直线转角塔）的预倾滑车及上扬处的压线滑车应设专人监护。
7.3.5　吊挂绝缘子串前，应检查绝缘子串弹簧销是否齐全、到位。吊挂绝缘子串或放线滑车时，吊件的垂直下方不得有人。
7.7.6　拆除多轮放线滑车时，不得直接用人力松放。
4. 电力行业标准《110kV～750kV 架空输电线路张力架线施工工艺导则》（DL/T 5343—2018）
4.3.2　当有下列情况之一时，每相（极）应挂双放线滑车，双滑车间可用支撑杆间隔：
1　垂直荷载超过滑车的最大额定工作荷载；
2　接续管及接续管保护套过滑车时的荷载超过其允许荷载，可能造成接续管弯曲时；
3　放线张力正常时，导线在放线滑车上的包络角超过 30°
</td><td>1. 现场检查。
2. 检查施工方案</td></tr>
</table>

二、架空输电线路架线施工跨越架搭设

跨越架是指在放线施工中，为使被展放导地线安全通过被跨障碍物而搭设的临时设施。

架空输电线路架线施工跨越架搭设安全检查重点、要求及方法见表 2－13－15。

表 2－13－15　架空输电线路架线施工跨越架搭设安全检查重点、要求及方法

<table>
<tr><th>序号</th><th>检查重点</th><th>标　准　要　求</th><th>检查方法</th></tr>
<tr><td>1</td><td>架空输电线路架线施工跨越架搭设或拆除一般规定</td><td>
1. 电力行业标准《电力建设安全工作规程　第 2 部分：电力线路》(DL 5009.2—2024)
7.1.1　一般规定
1　跨越架应采取防倾覆措施。采用提升架提升或拆除架体时，应控制拉线并监测调整垂直度。
2　搭设及拆除跨越架应设专责监护人。
3　搭设及拆除跨越架，应事先与被跨越设施的单位取得联系，必要时应请其派员监督检查。
4　跨越架的中心应在线路中心线上，宽度应考虑施工期间牵引绳或导地线风偏后超出新建线路两边线各 2.0m，且架顶两侧应设外伸羊角。
5　跨越架与铁路、公路及通信线的最小安全距离应符合下表的规定：
跨越架与被跨越物的最小安全距离
<table>
<tr><th>跨越物名称／跨越架部位</th><th>一般铁路</th><th>一般公路</th><th>高速公路</th><th>通信线</th></tr>
<tr><td>与架面水平距离（m）</td><td>至铁路轨道：2.5</td><td>至路边：0.6</td><td>至路基（防护栏）：2.5</td><td>0.6</td></tr>
<tr><td>与封顶杆垂直距离（m）</td><td>至轨顶：6.5</td><td>至路面：5.5</td><td>至路面：8</td><td>1.0</td></tr>
</table>
跨越架与高速铁路的最小安全距离应符合下表规定：
跨越架与高速铁路的最小安全距离
<table>
<tr><th colspan="2">安全距离</th><th>高速铁路</th></tr>
<tr><td>水平距离（m）</td><td>架面距铁路附加导线</td><td>不小于 7m 且位于防护栅栏外</td></tr>
<tr><td rowspan="2">垂直距离（m）</td><td>封顶网（杆）距铁路轨顶</td><td>不小于 12m</td></tr>
<tr><td>封顶网（杆）距铁路电杆顶或距导线</td><td>不小于 4m</td></tr>
</table>
6　跨越架上应悬挂醒目的警告标志及夜间警示装置。
7　跨越架应经验收合格后方可使用。
8　强风、暴雨等极端天气过后应对跨越架进行检查，确认合格后方可使用。
9　整体组立跨越架，应遵守本规程第 6.4 节的有关规定。
10　跨越架横担中心应设置在新架线路每相（极）导线的中心垂直投影上。
11　各类型金属跨越架架顶应采取防磨措施，架体应有可靠接地装置。
</td><td>1. 现场检查。
2. 检查施工方案、记录。
3. 检查作业票</td></tr>
</table>

续表

序号	检查重点	标准要求	检查方法
1	架空输电线路架线施工跨越架搭设或拆除一般规定	12 附件安装完毕后，方可拆除跨越架。钢管、木质、毛竹跨越架应自上而下逐根拆除并应有人传递，不得抛扔。不得上下同时拆架或将跨越架整体推倒。 13 跨越架架体的强度，应能在发生断线或跑线时承受冲击荷载。 14 跨越公路的跨越架，应在公路来车方向距跨越架适当距离设置提示标志。 **2. 电力行业标准《跨越电力线路架线施工规程》（DL/T 5106—2017）** **3.1** 一般规定 **3.1.1** 施工单位应根据交叉跨越处的地形地貌、架线施工方法及其他具体情况，选择合理的跨越施工方式。 **3.1.2** 跨越方式应遵循简单、易行、安全、可靠、经济的原则。 **3.1.3** 施工单位应根据跨越施工的实际情况，依据本规程，制定专项施工方案并按规定履行审批手续。 **3.1.6** 跨越不停电电力线的跨越架，应适当加固并应用绝缘材料封顶：当采用悬索式跨越架，且为停电封、拆网时，并封、拆间隔时间较长时，其承力索也可以用延性小的钢索。 **3.1.7** 重要被跨物上方的封顶设施、不得有任何容易松动、脱落的构件存在。 **3.1.8** 跨越重要线路，应缩短导线牵引段，减少跨越施工时间。 **3.1.9** 跨越施工设备应能承受断线或跑线的冲击荷载	
2	架空输电线路架线施工金属格构式跨越架搭拆	**1. 电力行业标准《电力建设安全工作规程　第2部分：电力线路》（DL 5009.2—2024）** **7.1.2** 使用金属格构式跨越架的规定 1 新型金属格构式跨越架架体应经过静载加荷试验，合格后方可使用。 2 跨越架架体宜采用起重机组立。 3 跨越架的拉线位置应根据现场地形情况和架体组立高度确定。 **2. 电力行业标准《跨越电力线路架线施工规程》（DL/T 5106—2017）** **3.2.11** 使用金属格构式跨越设备时应符合以下规定： 1 新型金属格构跨越设备应进行静载试验和断线冲击试验。 2 金属格构跨越设备构件表面应有防腐衣层。 3 金属格构跨越设备组立后的弯曲度应不大于 $L/1000$，L 金属格构跨越总长	1. 现场检查。 2. 检查施工方案、记录。 3. 检查作业票
3	架空输电线路架线施工移动式跨越架搭拆	**电力行业标准《电力建设安全工作规程　第2部分：电力线路》（DL 5009.2—2024）** **7.1.3** 使用移动式跨越架应遵守下列规定： 1 跨越架架体顶面应能进行调整，确保被牵引物垂直投影与架体顶面位置平分线重合，宽度应满足本节中表“跨越架与被跨越物的最小安全距离”有关规定。 2 跨越架架体高度及支架位置应及时调整，控制被牵引物弧垂与架体顶面的垂直距离应在施工方案中明确	现场检查

续表

序号	检查重点	标 准 要 求	检查方法
4	架空输电线路架线施工悬索跨越架搭拆	**电力行业标准《电力建设安全工作规程 第2部分：电力线路》(DL 5009.2—2024)** **7.1.4** 使用悬索跨越架应遵守下列规定： 1 悬索跨越架的承载索应用纤维编织绳，其综合安全系数在事故状态下应不小于6，钢丝绳应不小于5。拉网（杆）绳、牵引绳的安全系数应不小于4.5。网撑杆的强度和抗弯能力应根据实际荷载要求，安全系数应不小于3。承载索悬吊绳安全系数应不小于5。 2 承载索、循环绳、牵网绳、支承索、悬吊绳、临时拉线等的抗拉强度应在施工方案中明确。 3 可能接触带电体的绳索，使用前均应经绝缘测试并合格。 4 绝缘网宽度应满足导线风偏后的保护范围。 5 绝缘绳、网使用前应进行外观检查，绳、网有严重磨损、断股、污秽及受潮时不得使用	1. 现场检查。 2. 检查施工方案、记录。 3. 检查作业票
5	架空输电线路架线施工木质、毛竹、钢管跨越架搭拆	**1. 电力行业标准《电力建设安全工作规程 第2部分：电力线路》(DL 5009.2—2024)** **7.1.5** 使用木质、毛竹、钢管跨越架应遵守下列规定： 1 木质跨越架所使用的立杆有效部分的小头直径不得小于70mm，60mm～70mm的可双杆合并或单杆加密使用。横杆有效部分的小头直径不得小于80mm。 2 木质跨越架所使用的木杆，发现木质腐朽、损伤严重或弯曲过大等任一情况的不得使用。 3 毛竹跨越架的立杆、大横杆、剪刀撑和支杆有效部分的小头直径不得小于75mm，50mm～75mm的可双杆合并或单杆加密使用。小横杆有效部分的小头直径不得小于50mm。 4 毛竹跨越架所使用的毛竹，如有青嫩、枯黄、麻斑、虫蛀以及其裂纹长度通过一节以上等任一情况的不得使用。 5 木、竹跨越架的立杆、大横杆应错开搭接，搭接长度不得小于1.5m，绑扎时小头应压在大头上，绑扣不得少于3道。立杆、大横杆、小横杆相交时，应先绑2根，再绑第3根，不得一扣绑3根。 6 木、竹跨越架立杆均应垂直埋入坑内，杆坑底部应夯实，埋深不得少于0.5m，且大头朝下，回填土后夯实。遇松土或地面无法挖坑时应绑扫地杆。跨越架的横杆应与立杆成直角搭设。 7 钢管跨越架宜用外径48mm～51mm的钢管，立杆和大横杆应错开搭接，搭接长度不得小于0.5m。 8 钢管跨越架所使用的钢管，如有弯曲严重、磕瘪变形、表面有严重腐蚀、裂纹或脱焊等任一情况的不得使用。 9 钢管立杆底部应设置扫地杆，横杆、立杆扣件距离端部不得小于100mm。 10 跨越架两端及每隔6根～7根立杆应设置剪刀撑、支杆或拉线。拉线的挂点或支杆或剪刀撑的绑扎点应设在立杆与横杆的交接处，且与地面的夹角不得大于60°。支杆埋入地下的深度不得小于0.3m。 11 各种材质跨越架的立杆、大横杆及小横杆的间距不得大于下表规定：	1. 现场检查。 2. 检查施工方案、记录。 3. 检查作业票

续表

序号	检查重点	标准要求	检查方法
5	架空输电线路架线施工木质、毛竹、钢管跨越架搭拆	（见下）	

跨越架类别	立杆/m	大横杆/m	小横杆/m	
			水平	垂直
钢管	2.0	1.2	4.0	2.4
木	1.5		3.0	2.4
竹	1.2		2.4	2.4

2. 电力行业标准《跨越电力线路架线施工规程》（DL/T 5106—2017）

3.2.12 使用钢管、木质、毛竹跨越设备时应符合以下规定：

1 钢管、木质、毛竹跨越设备的两端以及每隔6根～7根立杆应设置剪刀撑。

2 木质、毛竹跨越架架体的立杆、纵向水平杆及横向水平杆和排间距不应大于下表的规定：

立杆、纵向水平杆及横向水平杆的间距和跨越架排间距（m）

跨越架类别	立杆（跨距）	纵向水平杆（步距）	横向水平杆	排间距
木	1.5	1.2	1.5	2.5
竹	1.2		1.2	2

3 木质、毛竹跨越架拉线的挂点或绑扎点应设在立杆与横杆的交节点处，与地面的夹角不应大于60°。不同高度跨越架的拉线间距及跨越架排数不应大于下表规定：

不同高度跨越架的拉线间距及跨越架排数

毛竹（木）跨越架高度	纵向拉线间距	拉线层数	跨越架排数
$h \leqslant 10m$	6m	1	2
$10m < h \leqslant 15m$	6m	2	3
$15m < h \leqslant 20m$	6m	2	4

4 钢管跨越架不同高度跨越架的拉线间距及跨越架排数应不大于下表规定：

不同高度跨越架的拉线间距及排数

钢管跨越架高度	纵向拉线间距	拉线层数	跨越架排数
$h \leqslant 10m$	6m	1	1
$10m < h \leqslant 20m$	6m	2	3
$20m < h \leqslant 25m$	6m	2	4

5 钢管跨越架的立杆、纵向水平杆及横向水平杆的间距和跨越架排间距应不大于下表的要求。

立杆、纵向水平杆及横向水平杆的间距和跨越架排间距（m）

跨越架类别	立杆	纵向水平杆	横向水平杆	排间距
钢管	2.0	1.2	2	2.5～3

续表

序号	检查重点	标准要求	检查方法
5	架空输电线路架线施工木质、毛竹、钢管跨越架搭拆	6 木质跨越设备所使用的立杆有效部分的小头直径应不小于70mm。横杆有效部分的小头直径应不小于80mm，小头直径为60mm～80mm应双杆合并或单杆加密使用。 7 毛竹跨越设备应采用3年生长期以上的毛竹。立杆、大横杆、剪刀撑和支杆有效部分的小头直径应不小于90mm，小头直径为60mm～90mm应双杆合并或单杆加密使用。 8 钢管跨越设备宜选用外径为48mm～51mm的钢管	

三、架空输电线路架线施工张力放线

（一）架空输电线路架线施工张力放线

架空输电线路架线施工张力放线安全检查重点、要求及方法见表2-13-16。

表2-13-16　架空输电线路架线施工张力放线安全检查重点、要求及方法

序号	检查重点	标准要求	检查方法
1	架空输电线路架线施工张力放线	**1. 电力行业标准《电力建设安全工作规程　第2部分：电力线路》(DL 5009.2—2024)** **7.3.1** 牵引场转向布设时应遵守下列规定： 1 使用专用的转向滑车，锚固必须可靠。 2 各转向滑车的荷载应均衡，不得超过允许承载力。 3 牵引过程中，各转向滑车围成的区域内侧不得有人。 **7.3.4** 飞行器展放初级导引绳应遵守下列规定： 1 飞行器的信号传输距离、飞行气象条件及起降场地等应符合要求。 2 展放导引绳前应对飞行器进行试运行至规定时间后，检查各部运行状态是否良好。 3 初级导引绳为钢丝绳时安全系数不得小于3；为纤维绳时安全系数不得小于5。 **7.3.6** 牵引过程中，牵引绳进入的主牵引机高速转向滑车与钢丝绳卷车的内角侧不得有人。 **7.3.8** 张力放线前应由专人检查下列工作： 1 牵引设备及张力设备的锚固应可靠，接地应良好。 2 牵张段内的跨越架结构应牢固、可靠。 3 通信联络点不得缺岗，通信应畅通。 4 转角杆塔放线滑车的预倾措施和导线上扬处的压线措施应可靠。 5 交叉、平行或邻近带电体的放线区段接地措施应在施工方案中明确。 **7.3.9** 牵引场、张力场应设专人指挥。 **7.3.10** 展放的绳、线不宜从带电线路下方穿过，若必须从带电线路下方穿过时，应编制专项安全技术措施并设专人监护。 **7.3.11** 牵引时接到任何岗位的停车信号都应立即停止牵引，停止牵引时应先停牵引机，再停张力机。恢复牵引时应先开张力机，再开牵引机。 **7.3.12** 导线的尾线或牵引绳的尾绳在线盘或绳盘上的盘绕圈数均不得少于6圈。 **7.3.13** 导线或牵引绳带张力过夜应采取临锚安全措施。	1. 现场检查。 2. 检查施工方案。 3. 检查作业票

续表

序号	检查重点	标准要求	检查方法
1	架空输电线路架线施工张力放线	**7.3.14** 旋转连接器不得直接进入牵引轮或卷筒。 **7.3.15** 牵引过程中发生导引绳、牵引绳或导线跳槽、走板翻转或平衡锤搭在导线上等情况时，应停机处理。 **7.3.16** 牵引过程中，牵引机、张力机进出口前方不得有人通过。 **7.3.17** 导引绳、牵引绳或导线临锚时，其临锚张力不得小于对地距离为5m时的张力，同时应满足对被跨越物距离的要求。 **2. 电力行业标准《110kV～750kV架空输电线路张力架线施工工艺导则》(DL/T 5343—2018)** **5.4.14** 每相（极）导线放完时，在牵引机、张力机前应将导线临时锚固，锚线水平张力最大不应超过导线保证计算拉断力的16%。锚线后导线距离地面不应小于5m	

（二）架空输电线路架线施工压接

输电线路张力架线施工中，液压压接是导地线连接的主要方式。

架空输电线路架线施工液压压接安全检查重点、要求及方法见表2-13-17。

表2-13-17　架空输电线路架线施工液压压接安全检查重点、要求及方法

序号	检查重点	标准要求	检查方法
1	架空输电线路架线施工液压压接要求	**1. 电力行业标准《输变电工程架空导线（800mm² 以下）及地线液压压接工艺规程》(DL/T 5285—2018)** **4.7.1** 施工操作人员应经过培训并持有压接操作许可证，作业过程中应有专业人员见证并及时记录原始数据。 **2. 电力行业标准《电力建设安全工作规程　第2部：电力线路》(DL 5009.2—2024)** **7.4.2** 液压机压接应符合下列规定： 1　使用前检查液压钳体与顶盖的接触口，液压钳体有裂纹者不得使用。 2　液压机启动后先空载运行，检查各部位运行情况，正常后方可使用。压接钳活塞起落时，人体不得位于压接钳上方。 3　放入顶盖时，应使顶盖与钳体完全吻合，不得在未旋转到位的状态下压接。 4　液压泵操作人员应与压接钳操作人员密切配合，并注意压力指示，不得过荷载。 5　液压泵的安全溢流阀不得随意调整，并不得用溢流阀卸荷。 **7.4.3** 高空压接应遵守以下规定： 1　压接前应检查起吊液压机的绳索和起吊滑轮完好，位置设置合理，方便操作，宜采用高空压接平台进行作业。 2　液压机升空后应做好悬吊措施，并做好二道保护。 3　高空人员压接工器具及材料应做好防坠落措施。 4　导线应有防跑线措施。 **3. 国网企业标准《电力建设安全工作规程　第2部分：线路》(Q/GDW 11957.2—2020)** **12.4.3** 高空压接应遵守以下规定： a）压接前应检查起吊液压机的绳索和起吊滑轮完好，位置设置合理，方便操作，宜采用高空压接平台进行作业。 b）液压机升空后应做好悬吊措施，起吊绳索作为二道保险。 c）高空人员压接工器具及材料应做好防坠落措施。 d）导线应有防跑线措施	1. 现场检查。 2. 检查证件、记录

四、架空输电线路架线施工紧线、附件安装和平衡挂线

架空输电线路架线施工紧线、附件安装和平衡挂线安全检查重点、要求及方法见表2-13-18。

表2-13-18 架空输电线路架线施工紧线、附件安装和平衡挂线安全检查重点、要求及方法

序号	检查重点	标 准 要 求	检查方法
1	架空输电线路架线施工紧线	**电力行业标准《电力建设安全工作规程 第2部分：电力线路》（DL 5009.2—2024）** **7.5.1** 导线、地线升空作业应与紧线作业密切配合并逐根进行，导线、地线的线弯内角侧不得有人。 **7.5.2** 升空作业必须使用压线装置，不得直接用人力压线。 **7.5.3** 压线滑车应设控制绳，压线钢丝绳回松应缓慢。 **7.5.4** 升空场地在山沟时，升空的钢丝绳应有足够长度。 **7.6.4** 紧线过程中监护人员应遵守下列规定： 1 不得站在悬空导线、地线的垂直下方。 2 不得跨越将离地面的导线或地线。 3 监视行人不得靠近牵引中的导线或地线。 4 传递信号应及时、清晰，不得擅自离岗。 **7.6.5** 展放余线的人员不得站在线圈内或线弯的内角侧。 **7.6.6** 导线、地线应使用卡线器或其他专用工具，其规格应与线材规格匹配，不得代用。 **7.6.7** 耐张线夹安装应遵守下列规定： 1 高处安装螺栓式线夹时，应将螺栓装齐拧紧后方可回松牵引绳。 2 高处安装耐张线夹时，应采取防止跑线的可靠措施。 3 地面安装耐张线夹时，导线、地线的锚固应可靠。 **7.6.8** 挂线时，当连接金具接近挂线点时应停止牵引，然后施工人员方可从安全位置到挂线点操作。 **7.6.9** 挂线后应缓慢回松牵引绳，在调整拉线的同时应观察耐张金具串和杆塔的受力变形情况。 **7.6.10** 分裂导线的锚线作业应遵守下列规定： 1 导线在完成地面临锚后应及时在操作塔设置过轮临锚，临锚角度应满足设计要求。 2 导线地面临锚和过轮临锚的设置应相互独立，工器具应满足各自能承受全部紧线张力的要求	1. 现场检查。 2. 检查施工方案。 3. 检查作业票
2	架空输电线路架线施工附件安装	**电力行业标准《电力建设安全工作规程 第2部分：电力线路》（DL 5009.2—2024）** **7.7.1** 相邻杆塔不得同时在同相（极）位安装附件，作业点坠落半径范围内不得有人。 **7.7.2** 提线工器具应挂在横担的施工孔上提升导线，无施工孔时，承力点位置应在施工方案中明确，并在绑扎处衬垫软物。 **7.7.3** 附件安装时，安全绳或速差自控器应拴在横担主材上。安装间隔棒时，安全带应挂在一根子导线上，后备保护绳应拴在整相导线上。 **7.7.4** 在跨越电力线、铁路、公路或通航河流等的线段杆塔上安装附件时，应采取防止导线或地线坠落的措施。 **7.7.5** 在带电线路上方的导线上测量间隔棒距离时，应使用干燥	1. 现场检查。 2. 检查施工方案。 3. 检查作业票

续表

<table>
<tr><th>序号</th><th>检查重点</th><th>标 准 要 求</th><th>检查方法</th></tr>
<tr><td>2</td><td>架空输电线路架线施工附件安装</td><td>的绝缘绳，不得使用带有金属丝的测绳、皮尺。
7.7.6 拆除多轮放线滑车时，不得直接用人力松放。
7.7.7 使用飞车应遵守下列规定：
1 施工人员应熟悉飞车使用安全规定。
2 行驶中遇有接续管时应减速。
3 安装间隔棒时，前后轮应卡死（刹牢）。
4 随车携带的工具和材料应绑扎牢固。
5 导线上有冰霜时应停止使用。
6 飞车越过带电线路时，飞车最下端（包括携带的工具、材料）与电力线的最小安全距离不得小于下表的规定，并设专人监护。
邻近或交叉其他高压电力线工作的安全距离
<table>
<tr><th>电压等级
kV</th><th>安全距离
m</th><th>电压等级
kV</th><th>安全距离
m</th></tr>
<tr><td colspan="4">交流线路</td></tr>
<tr><td>10 及以下</td><td>1.0</td><td>330</td><td>5.0</td></tr>
<tr><td>20、35</td><td>2.5</td><td>500</td><td>6.0</td></tr>
<tr><td>66、110</td><td>3.0</td><td>750</td><td>9.0</td></tr>
<tr><td>220</td><td>4.0</td><td>1000</td><td>10.5</td></tr>
<tr><td colspan="4">直流线路</td></tr>
<tr><td>±50</td><td>3.0</td><td>±660</td><td>10.0</td></tr>
<tr><td>±400[注]</td><td>8.2</td><td>±800</td><td>11.1</td></tr>
<tr><td>±500</td><td>7.8</td><td>±1100</td><td>18.0</td></tr>
<tr><td colspan="4">注：±400kV 数据按海拔 3000m 至 5300m 数据校正后，为全线统一使用的数值。750kV 数据按海拔 2000m 校正；其他电压等级数据按海拔 1000m 校正。</td></tr>
</table>
</td><td></td></tr>
<tr><td>3</td><td>架空输电线路架线施工平衡挂线</td><td>**电力行业标准《电力建设安全工作规程 第 2 部分：电力线路》（DL 5009.2—2024）**
7.8.2 平衡挂线时，不得在同一相邻耐张段的同相（极）导线上进行其他作业。
7.8.3 待割的导线应在断线点两端事先用绳索绑牢，割断后应通过滑车将导线松落至地面。
7.8.4 高处断线时，施工人员不得站在放线滑车上操作。割断最后一根导线时，应注意防止滑车失稳晃动。
7.8.5 割断后的导线宜在当天挂接完毕。
7.8.6 高空锚线应有二道保护措施。</td><td>1. 现场检查。
2. 检查施工方案。
3. 检查作业票</td></tr>
</table>

第十四章

海上风电工程施工

第一节 海上风电工程施工概述

一、术语或定义

（1）海上作业平台：指为海上风电场工程海域施工而搭设的作业场地。

（2）海上作业：指海上风电场工程项目的施工管理人员、船员、特种作业人员及其他施工人员等在施工海域进行的施工作业。

（3）舷外作业：指在空载水线以上的船体外部进行的作业。

（4）重力式基础：指通过自身重力来平衡风力发电机组上部结构及波浪、潮流所产生的水平力、铅直力的基础形式。

（5）拖航：指采用拖轮、拖具及固定装置对海上自升式平台、浮船坞、无动力装置的驳船等进行牵引运输的方式。

二、主要检查要求综述

依据国家现行法律、法规和标准的有关规定，将海上风电工程施工分为六个检查项目，包括：综合管理、海上交通运输、海上风力发电基础施工、海上风力发电设备安装、海底电缆敷设和施工机具。

第二节 海上风电工程施工综合管理

海上风电工程施工综合管理检查重点、要求及方法见表 2-14-1。

表 2-14-1　　海上风电工程施工综合管理检查重点、要求及方法

序号	检查重点	标准要求	检查方法
1	海上风电工程施工经营者、船舶、码头等综合项目	**1.《中华人民共和国海上交通安全法》（2021 年 4 月 29 日第十三届全国人民代表大会常务委员会第二十八次会议修订）** **第九条**　中国籍船舶、在中华人民共和国管辖海域设置的海上设施、船运集装箱，以及国家海事管理机构确定的关系海上交通安全的重要船用设备、部件和材料，应当符合有关法律、行政法规、规章以及强制性标准和技术规范的要求，经船舶检验机构检验合格，取得相应证书、文书。证书、文书的清单由国家海事管理机构制定	1. 检查船舶和海上设施设备是否按要求取得相应证书、文书，并依法定期进行安全技术检验。 2. 检查船舶是否取得国籍证书。

续表

序号	检查重点	标 准 要 求	检查方法
1	海上风电工程施工经营者、船舶、码头等综合项目	并公布。 持有相关证书、文书的单位应当按照规定的用途使用船舶、海上设施、船运集装箱以及重要船用设备、部件和材料，并应当依法定期进行安全技术检验。 **第十条** 船舶依照有关船舶登记的法律、行政法规的规定向海事管理机构申请船舶国籍登记、取得国籍证书后，方可悬挂中华人民共和国国旗航行、停泊、作业。 中国籍船舶灭失或者报废的，船舶所有人应当在国务院交通运输主管部门规定的期限内申请办理注销国籍登记；船舶所有人逾期不申请注销国籍登记的，海事管理机构可以发布关于拟强制注销船舶国籍登记的公告。船舶所有人自公告发布之日起六十日内未提出异议的，海事管理机构可以注销该船舶的国籍登记。 **第十一条** 中国籍船舶所有人、经营人或者管理人应当建立并运行安全营运和防治船舶污染管理体系。 海事管理机构经对前款规定的管理体系审核合格的，发给符合证明和相应的船舶安全管理证书。 **第十三条** 中国籍船员和海上设施上的工作人员应当接受海上交通安全以及相应岗位的专业教育、培训。 中国籍船员应当依照有关船员管理的法律、行政法规的规定向海事管理机构申请取得船员适任证书，并取得健康证明。 外国籍船员在中国籍船舶上工作的，按照有关船员管理的法律、行政法规的规定执行。 船员在船舶上工作，应当符合船员适任证书载明的船舶、航区、职务的范围。 **第十四条** 中国籍船舶的所有人、经营人或者管理人应当为其国际航行船舶向海事管理机构申请取得海事劳工证书。船舶取得海事劳工证书应当符合下列条件： （一）所有人、经营人或者管理人依法招用船员，与其签订劳动合同或者就业协议，并为船舶配备符合要求的船员； （二）所有人、经营人或者管理人已保障船员在船舶上的工作环境、职业健康保障和安全防护、工作和休息时间、工资报酬、生活条件、医疗条件、社会保险等符合国家有关规定； （三）所有人、经营人或者管理人已建立符合要求的船员投诉和处理机制； （四）所有人、经营人或者管理人已就船员遣返费用以及在船就业期间发生伤害、疾病或者死亡依法应当支付的费用提供相应的财务担保或者投保相应的保险。 海事管理机构商人力资源社会保障行政部门，按照各自职责对申请人及其船舶是否符合前款规定条件进行审核。经审核符合规定条件的，海事管理机构应当自受理申请之日起十个工作日内颁发海事劳工证书；不符合规定条件的，海事管理机构应当告知申请人并说明理由。 海事劳工证书颁发及监督检查的具体办法由国务院交通运输主管部门会同国务院人力资源社会保障行政部门制定并公布。 **第三十三条** 船舶航行、停泊、作业，应当持有有效的船舶国籍证书及其他法定证书、文书，配备依照有关规定出版的航海图书资料，悬挂相关国家、地区或者组织的旗帜，标明船名、船舶识别号、	3. 检查船舶所有人、经营人或者管理人是否建立并运行安全营运和防治船舶污染管理体系。 4. 检查中国籍船员和海上设施上的工作人员是否接受相应岗位的教育培训，并取得适任证书和健康证明。 5. 检查中国籍船舶所有人、经营人或者管理人是否取得海事劳工证书。检查是否与船员签订劳动合同或者就业协议；是否为船员提供相应的财务担保或者投保相应的保险。 6. 检查船舶航行、停泊、作业是否持有有效的船舶国籍证书及其他法定证书、文书，配备航海图书资料，悬挂相关国家、地区或者组织的旗帜，标明船名、船舶识别号、船籍港、载重线标志，是否满足最低安全配员要求，配备持有合格有效证书的船员。 7. 检查船舶载运或者拖带超长、超高、超宽、半潜的船舶、海上设施或者其他物体航行，是否采取安全保障措施并在开航前向海事管理机构报告航行计划。 8. 检查船舶是否在符合安全条件的码头、泊位、装卸站、锚地、安全作业区停泊。 9. 检查施工作业是否取得海上施工作业许可。 10. 检查船舶是否依法取得并随船携带相应的防治船舶污染海洋环境的证书、文书

续表

序号	检查重点	标 准 要 求	检查方法
1	海上风电工程施工经营者、船舶、码头等综合项目	船籍港、载重线标志。 船舶应当满足最低安全配员要求，配备持有合格有效证书的船员。 海上设施停泊、作业，应当持有法定证书、文书，并按规定配备掌握避碰、信号、通信、消防、救生等专业技能的人员。 **第四十五条** 船舶载运或者拖带超长、超高、超宽、半潜的船舶、海上设施或者其他物体航行，应当采取拖拽部位加强、护航等特殊的安全保障措施，在开航前向海事管理机构报告航行计划，并按有关规定显示信号、悬挂标志；拖带移动式平台、浮船坞等大型海上设施的，还应当依法交验船舶检验机构出具的拖航检验证书。 **第四十七条** 船舶应当在符合安全条件的码头、泊位、装卸站、锚地、安全作业区停泊。船舶停泊不得危及其他船舶、海上设施的安全。 船舶进出港口、港外装卸站，应当符合靠泊条件和关于潮汐、气象、海况等航行条件的要求。 超长、超高、超宽的船舶或者操纵能力受到限制的船舶进出港口、港外装卸站可能影响海上交通安全的，海事管理机构应当对船舶进出港安全条件进行核查，并可以要求船舶采取加配拖轮、乘潮进港等相应的安全措施。 **第四十八条** 在中华人民共和国管辖海域内进行施工作业，应当经海事管理机构许可，并核定相应安全作业区。取得海上施工作业许可，应当符合下列条件： （一）施工作业的单位、人员、船舶、设施符合安全航行、停泊、作业的要求； （二）有施工作业方案； （三）有符合海上交通安全和防治船舶污染海洋环境要求的保障措施、应急预案和责任制度。 从事施工作业的船舶应当在核定的安全作业区内作业，并落实海上交通安全管理措施。其他无关船舶、海上设施不得进入安全作业区。 在港口水域内进行采掘、爆破等可能危及港口安全的作业，适用港口管理的法律规定。 **2.《防治船舶污染海洋环境管理条例》（国务院令第561号，2018年修订）** **第十条** 船舶的结构、设备、器材应当符合国家有关防治船舶污染海洋环境的技术规范以及中华人民共和国缔结或者参加的国际条约的要求。 船舶应当依照法律、行政法规、国务院交通运输主管部门的规定以及中华人民共和国缔结或者参加的国际条约的要求，取得并随船携带相应的防治船舶污染海洋环境的证书、文书。 **第十一条** 中国籍船舶的所有人、经营人或者管理人应当按照国务院交通运输主管部门的规定，建立健全安全营运和防治船舶污染管理体系。 海事管理机构应当对安全营运和防治船舶污染管理体系进行审核，审核合格的，发给符合证明和相应的船舶安全管理证书	

续表

序号	检查重点	标准要求	检查方法
2	海上风电工程施工海上作业人员资格、培训、取证及自身防护	**1. 国家标准《风力发电机组 吊装安全技术规程》（GB/T 37898—2019）** **4.1.1** 现场作业人员应持证上岗，且证书在有效期内。 **4.1.2** 吊装现场应设置专职安全员。 **4.1.3** 起重机械的安装、拆卸和操作人员应具备相应资质。 **4.1.4** 现场作业人员身体健康并经具备体检资质的医院体检合格，无妨碍从事本岗位工作的生理缺陷和疾病以及疾病史；现场作业人员如身体不适、情绪不稳定禁止作业。 **4.1.7** 吊装现场人员应正确使用劳动防护用品，且防护用品合格、有效。 **4.1.10** 现场作业人员应熟练掌握急救方法，正确使用消防器材、安全工/器具。 **4.1.11** 从事有职业病危害工作的人员应依据有关规定定期进行职业病专项体检和培训。 **4.1.12** 现场作业人员应根据季节气候特点做好饮食卫生、防降温、防寒保暖、防中毒、卫生防疫等工作。 **4.2.1** 海上施工现场的人员，应正确穿戴救生衣，并熟练掌握救生用具的使用方法。 **4.2.2** 海上施工现场的人员，应进行海上求生、急救、消防、艇筏操纵培训并取得相关证书。 **4.2.3** 从事水上、水下作业的人员，应具备相应资质且经过专项安全技术交底。 **4.2.4** 海上施工的船舶应按规定配备足以保证船舶安全的合格船员，且船员应持有合格的适任证书。 **2. 能源行业标准《海上风电场工程施工安全技术规范》（NB/T 10393—2020）** **3.0.5** 海上作业人员、特种作业人员和特种设备操作人员应经专门的安全技术培训并考试合格，取得相应资格后方可上岗作业。 **3.0.11** 施工单位应根据工程施工作业特点、危险和有害因素及相应的安全操作规程或安全技术措施，向施工人员进行安全技术交底，并履行签认手续。 **4.1.1** 海上作业人员应具备基本的身体条件及心理素质，了解海上施工作业场所和工作岗位存在的危险和有害因素及相应的防范措施和事故应急措施。 **4.1.2** 海上作业人员出海前及在船期间不得饮酒；不得在无监护的情况下单独作业，不得在出海期间下海游泳、捞物。 **4.1.3** 海上作业期间，作业人员应正确佩戴个人防护用品和使用劳动防护用品、用具。在船施工人员非作业时间，不得进入危险区域。 **4.1.4** 进入下列场所的人员，应正确穿戴好救生衣： 1 在无护栏或1m以下低舷墙的船甲板上。 2 在各类施工船舶的舷外或临水高架上。 3 在乘坐交通工作船和上下船时。 4 在未成型的码头、栈桥、墩台、平台或构筑物上。 5 在已成型的码头、栈桥、墩台、平台或构筑物边缘2m的范围内。 6 在其他水上构筑物或临水区作业的危险区域。	1. 查看人员管理台账，核实证件的有效性；查看应急管理部门颁发的“高处作业特种作业操作证”“电工作业特种作业操作证”。其他人员持证要求。查看交底记录和工作票执行情况。 2. 查看现场作业人员是否正确穿戴救生衣、劳动防护用品是否配备并正确使用，人员是否存在饮酒、独自作业、下海游泳等违规行为。 3. 查看不同工作面的作业人员是否按要求与指定联系人保持联系。 4. 查看现场专职安全员配备情况；查看现场人员体检情况；查看海上作业人员安全技术交底记录、培训记录及证书。 5. 查看从事水上、水下作业的人员是否具备相应资质且经过专项安全技术交底。 6. 查看船员的证书及配备是否满足要求

续表

序号	检查重点	标准要求	检查方法
2	海上风电工程施工海上作业人员资格、培训、取证及自身防护	**4.12.6** 施工现场应配置安全网、救生衣、救生筏、救生圈等安全用具，配置的安全用具应符合国家规定的有关质量标准。 **4.13.1** 开工前，施工单位应对施工现场产生的粉尘、噪声、紫外线等职业危害因素进行识别、评价和分级，并制定相应的防范措施和应急预案，如实告知施工人员。 **4.13.2** 施工单位应提供个人使用的职业病防护用品，并采取措施保障施工人员获得职业卫生保护。 **4.13.3** 产生粉尘危害、噪声危害及毒物危害的作业场所，施工单位应采取措施，将粉尘浓度、噪声强度及毒物排放控制在国家有关标准规定的范围内，并应有防护措施和警示标志。 **3. 能源行业标准《风电场工程劳动安全与职业卫生设计规范》(NB/T 10219—2019)** **6.0.4** 海上作业人员应进行岗前安全培训，培训内容应包括以下内容： 1 海上求生。 2 救生艇、救生筏操纵。 3 海上急救。 4 应急逃生。 **4. 中华人民共和国海事局《中华人民共和国海上设施工作人员海上交通安全技能培训管理办法》(海船员〔2021〕239号)** **第四条** 海上交通安全技能培训是指海上设施工作人员应接受的消防、救生等技能的基本培训和避碰、信号、通信等技能的专业培训。在中华人民共和国管辖水域内停泊、作业的海上设施上的所有工作人员应接受基本培训，承担避碰、信号与通信有关职责的工作人员还应接受专业培训。 **第十七条** 海上设施所有人、经营人或者管理人应确保其雇佣的海上设施工作人员按照要求接受海上交通安全技能培训，持有相应的《培训合格证明》。本办法规定的海上交通安全技能培训不替代海上设施工作人员依照有关法律法规和国际公约的规定，应接受的其他岗位专业技能培训	
3	海上风电工程施工临时设施	**能源行业标准《海上风电场工程施工安全技术规范》(NB/T 10393—2020)** **4.2.1** 海上风电场工程陆上转运基地宜靠近风电场场址，其场地应满足防洪、防潮、防台风等要求。 **4.2.2** 临时码头宜选择在水域开阔、岸坡稳定、波浪和流速较小、水深适宜、地质条件较好、陆路交通便利的岸段，并设置安全警示标志。 **4.2.4** 海上作业平台的施工场地应充分考虑施工人员的作业安全，并应设置安全警示标志、防护设施和救生器材。 **4.2.6** 海上临时人行跳板的宽度不宜小于0.6m，强度和刚度应满足使用要求。跳板应设置安全护栏或张挂安全网，跳板端部应固定或系挂，板面应设置防滑设施。 **4.2.7** 施工现场供水水质应符合要求。寒冷及严寒地区供水管线应有保温防冻措施。 **4.2.8** 施工现场危险区域和部位应采取防护措施并设置明显的安全警示标志。	现场检查确认是否设置有安全警示标志、防护设施和救生器材；跳板是否符合要求；通信设备配备是否符合相关要求；临时码头的选址是否符合相关要求

续表

序号	检查重点	标准要求	检查方法
3	海上风电工程施工临时设施	**4.2.9** 施工船舶、海上作业平台及陆上基地应配备无线电和卫星电话等通信设备，通信设备配备应满足无线电通信设备标准和《国际海上人命安全公约》的要求	
4	海上风电工程施工用电	**能源行业标准《海上风电场工程施工安全技术规范》(NB/T 10393—2020)** **4.3.1** 施工用电应按工程规模、场地特点、负荷性质、用电容量、地区供用电条件合理设置。 **4.3.2** 水上和潮湿地带的电缆线应绝缘良好并具有防水功能。电缆线的接头应进行防水处理。 **4.3.3** 用于潮湿或腐蚀介质场所的漏电保护器应采用防溅型产品。 **4.3.4** 船舶进出的航行通道、抛锚区和锚缆摆区不得架设或布设临时电缆线。 **4.3.5** 临时安放在施工船舶、海上作业平台上的发电机组应单独设置供电系统，不得随意与施工船舶的供电系统并网连接。 **4.3.6** 使用船电作业应符合下列规定： 1 船舶电气检修应切断电源，并在启动箱或配电板处悬挂“禁止合闸”警示牌。 2 配电板或电闸箱附近应配备扑救电气火灾的灭火器材。 3 带电作业应有专人监护，并采取可靠的防护、应急措施。 4 船上人员不得随意改动线路或增设电器，不得使用超过设计容量的电器。 5 船舶上使用的移动灯具的电压不得大于36V，电路应设过载和短路保护。 6 蓄电池工作间应通风良好，不得存放杂物，并应设置安全警示标志	1. 现场检查电缆线绝缘状态，接头有无防水处理。 2. 现场检查发电机组是否单独设置供电系统。 3. 现场检查使用船电作业是否符合规定要求
5	海上风电工程施工防火防爆	**能源行业标准《海上风电场工程施工安全技术规范》(NB/T 10393—2020)** **4.5.1** 施工船舶和海上作业平台应设置消防、防雷措施，配备足够的灭火器材，在禁烟场所设立明显的禁烟标志。施工现场的疏散通道、安全出口、消防通道应保持畅通。 **4.5.2** 消防水带、灭火器、沙袋等消防器材应放置在明显、易取处，不得任意移动或遮盖，不得挪作他用。 **4.5.3** 氧气、乙炔、汽油、防腐涂料等危险品应存放在阴凉、干燥、通风良好的仓库内，并应远离火种、热源。防腐涂料容器应密封，并与氧化剂、碱类化学品分开存放。 **4.5.4** 施工船舶蓄电池室内严禁烟火，通风应良好。 **4.5.5** 动火作业前，应履行审批手续，清除动火现场、周围及上下方易燃易爆物品。高处动火作业应采取防止火花溅落措施	1. 检查船上消防、防雷措施以及禁烟标志的设置。 2. 检查疏散通道、安全出口、消防通道是否畅通。 3. 检查消防器材设置情况。 4. 检查氧气、乙炔、汽油、防腐涂料等危险品存放是否规范。 5. 检查动火作业票落实情况
6	海上风电工程施工船舶作业	**能源行业标准《海上风电场工程施工安全技术规范》(NB/T 10393—2020)** **4.6.1** 船舶作业性能应满足所在海域的工况条件。 **4.6.2** 遇大风、大雾、雷雨、风暴等恶劣天气时，施工船舶应停止作业，并将人员撤离到安全区域。 **4.6.3** 施工船舶夜间作业时，应配备足够的照明设施，设置警示灯光或信号标志。 **4.6.4** 船舶吊装作业应符合下列要求：	1. 现场检查吊装作业、舷外作业是否符合要求。 2. 检查现场夜间作业的照明设施、警示灯等夜间作业工具是否齐全、是否合格

续表

序号	检查重点	标 准 要 求	检查方法
6	海上风电工程施工船舶作业	1 吊装前，应检查吊钩升降、吊臂仰俯及制动性能，安全装置应正常有效。 2 应根据船舶位置和吊装要求，确定驳船锚位和系缆位置。 3 应根据船舶甲板尺寸和形状及物件结构，将物件放置、固定在船舶甲板上。 4 吊装结束后，船舶应退离安装位置，并对起重吊钩进行封钩。 5 物件卸下后，应用栏杆等设施对物件进行隔离。 **4.6.5** 舷外作业应符合下列要求： 1 船上应悬挂慢车信号，作业现场应设置安全警示标志。 2 作业人员应穿救生衣。 3 作业现场应有监护人员，并配备救生设备。 4 船舶在航行中或摇摆较大时，不得进行舷外作业。 5 舷外应设置安全可靠的工作脚手架或吊篮	
7	海上风电工程施工吊装作业	**国家标准《风力发电机组 吊装安全技术规程》（GB/T 37898—2019）** **5.1.2.2** 海上起重机械特殊要求如下： a）海上大型施工机械的安全性能应达到风力发电机组吊装要求； b）海上施工船舶应满足法定检验部门的现行要求，并取得认证证书或证明文件； c）海上施工船舶作业前应向海事局申办许可证等相关手续。 **5.4** 吊/索具要求 **5.4.1** 吊/索具应由专业制造商按国家标准规定生产、检验，具有合格证和维护，保养说明书。 **5.4.2** 吊/索具应有铭牌，铭牌应包含吊/索具的生产日期、出厂日期。 **5.4.3** 吊/索具应在其安全使用周期内使用。 **5.4.4** 吊/索具存储应符合吊/索具存储条件和环境。 **5.4.5** 不同制造商生产的吊/索具不宜进行混用。 **5.4.6** 吊/索具使用及报废要求如下： a）合成纤维吊装带应符合 JB/T 8521 的要求； b）卸扣应符合 GB/T 25854 的要求； c）链条索具应符合 GB/T 24816 的要求； d）钢丝绳应符合 GB/T 20118、GB/T 8918 和 GB/T 5972 的要求； e）合成纤维栓紧带应符合 JB/T 8521 的要求； f）吊环螺钉应符合 GB/T 825 的要求； g）手拉葫芦应符合 JB/T 7334 的要求； h）滑车应符合 JB/T 9007 的要求； i）梁式吊具应符合 GB/T 26079 的要求； j）其他吊/索具应严格按照 LD 48 和制造商提供的指导文件进行使用和操作。 **7.1.2** 特殊要求。吊装作业前特殊要求如下： a）起重机械在驳船上作业时，应制定专项施工方案，并组织专家进行论证； b）起重机械吊臂及吊钩应设置固定装置； c）风力等级大于或等于 6 级，不应进行陆上风力发电机组的吊	1. 检查吊装作业是否符合起重机械要求。 2. 检查吊装作业特殊要求是否符合。 3. 检查吊索具及其他吊装作业工具是否符合要求

续表

序号	检查重点	标 准 要 求	检查方法
7	海上风电工程施工吊装作业	装作业；风力等级大于或等于7级，不应进行海上风力发电机组的吊装作业。 **7.2.2** 特殊要求。吊装作业中特殊要求如下： a）吊装作业时，应确认风速、风向、浪高、海流流速、流向和能见度在安全限值内； b）吊装作业时，海上施工平台或船舶上的起吊设备的吊高、吊重、作业半径等应满足风力发电机组设备的吊装要求； c）船舶施工作业时，应考虑潮位变化的影响，保持一定的安全水深； d）驻位下锚后，船舶的稳定性和安全性应满足风力发电机组设备吊装作业的要求； e）船舶甲板、通道和施工场所应根据需要采取防滑措施； f）部件起吊后，运输船舶要及时撤离现场； g）潮间带作业时，在退潮露滩之前，要落实好现场所有船舶坐滩前的安全措施	
8	海上风电工程施工焊接作业	**能源行业标准《海上风电场工程施工安全技术规范》（NB/T 10393—2020）** **4.8.1** 在施工船舶、海上作业平台上进行焊接作业，应根据不同作业环境采取防止触电、高处坠落、一氧化碳中毒和火灾的安全措施。 **4.8.2** 在规定的禁火区内或在已贮油的油区内进行焊接与切割作业时，应遵守该区域有关安全管理规定。 **4.8.3** 作业区域应保持干燥，雨天应停止露天电焊作业。 **4.8.4** 氧气瓶与乙炔瓶应分开存放，两者间距不应小于5m；运输和作业过程中，氧气瓶、乙炔瓶应固定牢靠；存放、运输和作业过程中应采取防晒措施；作业时，使用的氧气瓶、乙炔瓶与动火点距离不应小于10m。 **4.8.5** 焊接作业应符合下列规定： 1 水上焊接时，必须系安全带，穿救生衣，必要时在下面铺设安全网；作业点上方，不得同时进行其他作业。 2 水下焊接时，应整理好供气管、电缆和信号绳等，并将供气泵置于上风处。供气管与电缆应捆扎牢固，避免相互绞缠。供气管应用1.5倍工作压力的蒸汽或热水清洗，胶管内外不得黏附油脂	现场检查焊接作业的环境、工具、安全措施等是否符合规定要求
9	海上风电工程施工潜水作业	**能源行业标准《海上风电场工程施工安全技术规范》（NB/T 10393—2020）** **4.9.1** 潜水人员的从业资格应符合现行行业标准《潜水人员从业资格条件》JT/T 955的有关规定。 **4.9.2** 潜水作业现场应配备急救箱及相应的急救器具，作业水深超过30m的应配置减压舱等设备。 **4.9.3** 在下列施工水域进行潜水作业时，应采取相应的安全防护措施： 1 水温低于5℃。 2 流速大于1m/s。 3 存在噬人海生物、障碍物或污染物。 **4.9.4** 潜水作业应设专人控制信号绳、潜水电话和供气管线。潜水员下水应使用专用潜水爬梯，爬梯应与潜水船连接牢固。	1. 根据潜水人员类别，核查其资格条件是否满足。 2. 现场检查急救器具、设备配备情况是否满足作业需求。 3. 现场检查潜水作业安全防护措施落实情况。 4. 现场检查潜水作业是否符合规定要求。 5. 大直径护筒内作业，检查筒内外侧水位情况

续表

序号	检查重点	标 准 要 求	检查方法
9	海上风电工程施工潜水作业	**4.9.5** 为潜水员递送工具、材料和物品应使用绳索，不得直接向水下抛掷。 **4.9.6** 潜水员水下安装构件应符合下列要求： 1 构件就位稳定后，潜水员方可靠近待安装构件。 2 构件安装应使用专用工具调整构件的安装位置。不得将供气管置于构件夹缝处。 3 潜水员不得将身体的任何部位置于两构件之间。流速较大时，潜水员应在逆水流方向操作。 **4.9.7** 潜水员在大直径护筒内作业前，应清除护筒内障碍物和内壁外露的尖锐物，筒内侧水位应高于外侧水位	
10	海上风电工程季节及特殊环境施工	**能源行业标准《海上风电场工程施工安全技术规范》（NB/T 10393—2020）** **4.10.1** 海上施工过程中，应根据季风的不同风向安排施工船舶的锚位。 **4.10.2** 雷雨季节到来前，应对施工现场起重、打桩等设备的避雷装置进行检查。 **4.10.3** 高温季节施工，应按时发放防暑降温物品，合理调整作业时间，采取通风和降温措施。 **4.10.4** 冬季施工，现场的道路、海上作业平台、上下楼梯、脚手板及船舶甲板等应采取防滑措施，作业前应将冰雪清除干净。船舶甲板上的泡沫灭火器、油水管路和救生艇的升降装置等应采取防冻措施。 **4.10.5** 季风期间，施工船舶应适度加长锚缆；风浪、流压较大时应及时调整船位；船舶的门窗、舱口、孔洞的水密设施应完好，排水系统应畅通；船舶上的桩架、起重臂、桥架、吊钩、桩锤、起重机等设备应配备封固装置。 **4.10.6** 施工单位应制定防台风应急预案。台风来临前，船舶应提前进入避风锚地；装有物资的船舶应尽快卸载，未能及时卸载的，应调整平衡，并进行封固；甲板两舷及人行通道应设置临时护绳和护栏	1. 季风期间，检查船舶锚位安排是否存在走锚碰撞风险，水密设施和排水系统是否完好，设备及活动物件有无封固措施。 2. 冬季施工，检查防滑措施和防冻措施落实情况。 3. 台风季，检查有无应急预案，封固措施是否可靠，是否设置有护绳和护栏。 4. 雷雨天气，检查确认无高处落物风险并清除覆盖的冰雪后方可攀爬塔架爬梯。 5. 高温季节施工，检查防暑降温措施落实情况
11	海上风电工程施工防护设施	**1. 能源行业标准《风电场工程劳动安全与职业卫生设计规范》（NB/T 10219—2019）** **3.2.19** 海上变电站防护栏杆的设计应符合下列规定： 1 海上变电站平台露天甲板区、走道和甲板开口处，以及坠落高度在1.2m及以上的平台边缘，均应设置可靠的安全防护栏杆。 2 栏杆高度不应小于1.2m且不应大于1.5m。 3 栏杆的最低一档距平台顶面距离不应大于0.23m，其他横档的间距不应大于0.38m。 4 为逃生需要而设置的栏杆缺口，应在栏杆缺口处至少设置有上下两横档活动式防护链。 **5.2.17** 海上变电站和风电机组塔架内作业点，应设有足够的通风、换风设施，控制并监测有毒有害和可燃气体浓度，必要时应配备氧气头罩、面罩。 **2. 能源行业标准《海上风电场工程施工安全技术规范》（NB/T 10393—2020）** **4.12.1** 施工现场安全防护设施的配置应与工程建设进度同步进	1. 检查栏杆设置是否符合规定。 2. 检查海上变电站和风电机组塔架内作业点的通风、换风设施设置情况。 3. 检查现场安全防护设施设置情况。 4. 检查施工现场提供的安全防护装备是否到位。 5. 检查现场各项安全设备、设施运作是否正常

续表

序号	检查重点	标 准 要 求	检查方法
11	海上风电工程施工防护设施	行。施工现场安全防护设施应验收合格后方可使用。 **4.12.2** 施工现场安全防护设施的设置、使用应符合施工现场安全防护要求。 **4.12.3** 在有坠落风险的临边、孔、洞处，应设置有效防护设施。 **4.12.6** 施工现场应配置安全网、救生衣、救生筏、救生圈等安全用具，配置的安全用具应符合国家规定的有关质量标准	
12	海上风电工程施工应急避险场所	**能源行业标准《风电场工程劳动安全与职业卫生设计规范》（NB/T 10219—2019）** **7.0.3** 风电场工程应急设施设备的配置应按工程全生命周期考虑，并保证在工程全生命周期各阶段中其功能均完好有效。 **7.0.7** 海上风电场工程应急避难场所应符合以下要求： 1 能够容纳作业场所内全部生产作业人员。 2 配备供避难人员至少5天所需的救生食品、饮用水。 3 配备急救箱、救生衣、防水手电及配套电池，基本医疗包扎用品和日常药品。 4 配备应急通信装置。 **7.0.9** 海上变电站应设置逃生集合站，集合站的设置应符合下列要求： 1 集合站应设置在紧靠救生筏或救生艇登乘站的地方。 2 集合站应设置在甲板上的无障碍场地，以容纳该站集合的所有人员。 3 集合站应设置由应急电源照明系统提供的足够照明。 4 脱险通道、集合点应有明显标志，所有高压设备附近，均应设有危险警示牌。 5 脱险标识照明应由应急电源供电，并应考虑任何单个灯的故障或切除不会导致标识的整体失效。 **7.0.14** 海上风电设置应急平台的，平台逃生和救生装置应能在平台所处海域的气温范围内存放而不损坏，并能在该海域的水温范围内正常使用，同时还应配置反光带。平台逃生和救生装置应标明其适用年限或必须更换的日期	1. 检查海上风电场工程应急避难场所设置是否符合要求。 2. 检查海上变电站逃生集合站设置是否符合要求。 3. 检查海上风电场应急平台的逃生和救生装置是否配置有反光带，是否在有效期内
13	海上风电工程施工救生装备	**1. 能源行业标准《海上风电场工程施工安全技术规范》（NB/T 10393—2020）** **4.12.6** 施工现场应配置安全网、救生衣、救生筏、救生圈等安全用具，配置的安全用具应符合国家规定的有关质量标准。 **2. 能源行业标准《风电场工程劳动安全与职业卫生设计规范》（NB/T 10219—2019）** **7.0.10** 海上变电站应配备足够的救生衣，救生衣的设置应满足下列规定： 1 应至少按定员12人配备救生衣，救生衣的数量为定员人数的210%，其中避难室配备100%，逃生集合点附近配备100%，平台工作区内配备10%。 2 工作区内配备的救生衣应存放在干燥、安全的柜内，该柜应位于易到达的地方，并有可识别的标记。 3 寒冷地区的平台应至少配备12套保温救生服。 **7.0.11** 海上变电站平台上应配备足够的救生圈，救生圈的设置应满足下列规定：	1. 现场检查安全用具配置是否符合规定。 2. 检查海上变电站救生衣配备是否符合规定要求。 3. 检查海上变电站平台上救生圈配置是否符合规定要求。 4. 检查海上变电站平台是否配备有抛绳设备。 5. 检查海上风电场变电站平台、海上作业平台等海上施工场地的救生筏或救生艇的配置是否符合要求

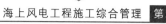

续表

序号	检查重点	标准要求	检查方法
13	海上风电工程施工救生装备	1 应至少配备2个带自亮浮灯的救生圈，4个带自亮浮灯和自发烟雾信号的救生圈。每个带自亮浮灯和自发烟雾信号的救生圈应配备一根可浮救生索，可浮救生索的长度应为从救生圈的存放位置至最低天文潮位水面高度的1.5倍，并不应小于30m。 2 平台救生圈应沿甲板的各边缘合理布置。 3 救生圈应存放在人员易于到达的支架上，应能随时取用，不应永久固定。 **7.0.12** 海上变电站平台应配备一套抛绳设备，抛绳设备应存放在易于到达的地方，并随时可用。 **7.0.13** 海上风电场变电站平台应配备至少容纳12人的救生筏或救生艇。救生筏的设置应满足下列要求： 1 救生筏应尽可能沿平台甲板边缘布置。 2 救生筏应能在最短时间内降落到水面。 3 救生筏应设有供水中人员攀登救生筏的适宜设施。 4 应根据救生筏的存放位置，在尽量接近水面的甲板边缘设置绳梯或其他等效的登乘装置。 5 驻守人员生活起居处到救生筏的存放位置至少应设有尽可能远离的两个通道，所设通道、梯道及出口应设足够的照明和应急照明	
14	海上风电工程施工个体防护	**1. 国家标准《个体防护装备配备规范》(GB 39800.1—2020)** **3.5** 用人单位应对其使用的劳务派遣工、临时聘用人员、接纳的实习生和允许进入作业地点的其他外来人员进行个体防护装备的配备及管理。 **5.1.1** 用人单位应建立健全个体防护装备管理制度，至少应包括采购、验收、保管、选择、发放、使用、报废、培训等内容，并应建立健全个体防护装备管理档案。 **5.1.2** 用人单位应在入库前对个体防护装备进行进货验收，确定产品是否符合国家或行业标准；对国家规定应进行定期强检的个体防护装备，用人单位应按相关规定，委托具有检测资质的检验检测机构进行定期检验。 **5.4.1** 用人单位应制定培训计划和考核办法，并建立和保留培训和考核记录。 **5.4.2** 用人单位应按计划定期对作业人员进行培训，培训内容至少应包括工作中存在的危害种类和法律法规、标准等规定的防护要求，本单位采取的控制措施，以及个体防护装备的选择、防护效果、使用方法及维护、保养方法、检查方法等。 **2. 能源行业标准《海上风电场工程施工安全技术规范》(NB/T 10393—2020)** **4.12.4** 风力发电机组作业人员应按现行国家标准《风电机组安全手册》GB/T 35204的有关规定配置个体防护装备。个体防护装备应符合现行国家标准《个体防护装备选用规范》GB/T 11651的有关规定。 **4.12.5** 个体防护装备的采购、检验、发放、使用、监督、保管等应有专人负责，并建立台账。个体防护装备应正确使用，并经常检查和定期试验，其检查试验的要求和周期应符合有关规定	1. 检查个体防护装备是否配备齐全。 2. 现场检查个体防护装备是否正确使用。 3. 检查个体防护装备台账建立情况和检查试验情况。 4. 检查个体防护装备培训和考核情况。 5. 检查个体防护装备是否有效期内

第三节 海上风电工程施工海上交通运输

海上风电工程施工海上交通运输安全检查重点、要求及方法见表 2－14－2。

表 2－14－2　　海上风电工程施工海上交通运输安全检查重点、要求及方法

序号	检查重点	标准要求	检查方法
1	海上风电工程施工海上交通运输一般规定	**1. 国家标准《海上风力发电工程施工规范》（GB/T 50571—2010）** **4.1.1**　施工运输应根据施工海域气象、水文、航道等资料，确定合适的航线和运输时段，应与交通主管部门、海事部门进行沟通协调，取得批准。 **4.2.3**　海上施工运输前，应向地方行政部门和国家海事部门申请，建立海上施工安全作业区。海上运输时，应遵守运输安全操作规程和各分隔航道的通航制度，制订特殊航线的安全运行措施。 **2. 能源行业标准《海上风电场工程施工安全技术规范》（NB/T 10393—2020）** **4.4.1**　施工单位应详细登记登船出海人员姓名、年龄、所属单位、登离船舶及离岸到岸时间、联系电话等信息。 **4.4.2**　船舶航行应按规定显示号灯或号型。船舶航行中，乘船人员不得靠近无安全护栏的舷边。 **4.4.3**　施工单位应在船舶调遣前制定调遣、拖航计划和应急预案，并对施工船进行封舱加固；船舶调遣拖航时应确保通信畅通，关注记录气象、海浪信息，由专人监视、记录被拖船的航行灯、吃水线标志及航行状态；在调遣途中需避风锚泊时，应按规定进港停船或锚泊。 **3. 能源行业标准《风电场工程劳动安全与职业卫生设计规范》（NB/T 10219—2019）** **5.2.3**　海上风电场工程施工交通应设置航道标识、恶劣天气状况的规避路线及避风港口，位于潮间带区域的风电场工程场内主要施工临时道路的防潮水标准不应低于施工场地的防潮水标准。 **5.2.4**　海上风电场工程施工运输前应建立海上施工安全作业区，针对存在的特殊区域，采取相应安全防范措施。 **5.2.8**　海上风电场工程施工船舶在进行坐滩施工前，应核实附近的海底条件和障碍物的情况，避免船只局部受力；在吊装作业与打桩作业前，应注意核算船只的稳定性，防止船只在吊装作业过程中出现大幅度的横倾、中拱甚至侧翻。 **5.2.10**　海上风电场工程施工区域应设置警示标志，施工船只锚缆布置应设置明显的标志或采取其他的安全措施。 **5.2.11**　海上风电场工程应对海上变电站平台和风电机组设置临时的防船舶撞击装置。 **5.2.12**　海上风电工程施工船舶应配备守护船、雷达、雾笛以及助航报警灯等可靠的安全装置	1. 检查登船出海人员信息登记情况。 2. 检查航行时是否按要求显示号灯或号型，人员有无靠近无护栏舷边。 3. 检查调遣拖航记录是否合规。 4. 检查施工运输是否取得批准。 5. 检查是否建立海上施工安全作业区。 6. 检查运输安全操作规程是否齐全。 7. 检查是否设置航道标识、规避路线及避风港口。 8. 检查特殊区域是否采取防范措施。 9. 船舶坐滩作业前检查是否核实海底条件和障碍物情况。 10. 检查施工区域是否设置警示标志。 11. 检查是否设置有防船舶撞击装置。 12. 检查船舶是否配置可靠安全装置
2	海上风电工程施工船舶航行	**能源行业标准《海上风电场工程施工安全技术规范》（NB/T 10393—2020）** **4.4.4**　交通船舶航行应符合下列要求： 1　按核定的载人数量运送人员，不得超载。 2　不得装运和携带易燃易爆、有毒有害等危险物品，不得人货混装。	1. 核查载人数量是否超过核定数量。 2. 检查有无装运或携带易燃易爆、有毒有害等危险物品，有无人货混装。

续表

序号	检查重点	标　准　要　求	检查方法
2	海上风电工程施工船舶航行	3　接放缆绳的船员应穿好救生衣，站在适当的位置，待船到位靠稳后系牢缆绳，做好人员上下船保护	3. 检查接放缆绳的船员是否正确穿着救生衣。 4. 检查船舶航速的控制是否符合要求
3	海上风电工程施工设备设施运输	**1. 国家标准《海上风力发电工程施工规范》(GB/T 50571—2010)** **4.1.4**　设备运输过程前，应拟定应对突发恶劣天气状况及其他紧急情况的应急预案，海上运输前还应选定运输过程中及海上驻留时躲避恶劣天气状况的规避路线及避风港口。 **4.2.4**　风力发电机组运输装船时，应采取有效的加固措施，防止设备在运输过程中发生移动、碰撞受损。 **4.2.5**　设备海上运输前，应对气象、海况进行调查，及时掌握短期预报资料，选择合适的运输时间，规避大风大浪、暴雨情况下的运输；船舶航行作业的气象、海况控制条件应根据船舶配置情况及性能、设备技术要求等综合考虑后确定。 **4.2.7**　海上运输、拖运过程中应遵守国家相关法律法规及地方政府的相关规定。 **4.3.3**　重力式基础宜在靠近港口附近的陆地、大型驳船或船坞上进行预制；预制好的重力式基础可通过大型履带式起重机、起重船或高压滚动气囊调运至驳船、半潜驳或浮动式船坞甲板进行运输作业，并应符合下列规定： 1　采用半潜驳、甲板驳等干运时，对下潜装载、运输过程及下潜卸载的各个作业阶段应验算船舶的吃水、稳定性、总体强度、甲板强度、局部承载力及风、浪、海流作用下的船舶运输响应； 2　对于大型重力式沉箱基础，采用拖航浮游运输时，下水前应复核各工况下沉箱的浮游稳定性，根据转运港口、水域实际情况选择合适的下水方式； 3　重力式沉箱基础进行浮游、拖运前，应对其进行吃水、压载、浮游稳定的验算。 **2. 能源行业标准《海上风电场工程施工安全技术规范》(NB/T 10393—2020)** **4.4.5**　大型设备设施运输应符合下列要求： 1　大型设备设施的放置位置应满足船舶甲板的结构强度要求。 2　大型设备设施应与船舶可靠固定，并采取防倾倒措施；叶片、轮毂或其组合体运输时，应用支架支撑和固定；设备之间应采取加固措施，以免相互碰撞。 3　海上升压站、风力发电机组中的设备设施应固定牢靠，防止坠物。 4　船舶应缓速慢行，避免运输过程中的大幅晃动。 5　风力发电机组整体运输时，叶片应调整至顺桨位置。 **6.0.1**　设备装驳应根据驳船的稳性和构件安装时的起吊顺序绘制构件装驳布置图，并按布置图装船。设备装船后应根据工况条件进行封固。 **6.0.2**　设备运输船甲板承载力应满足设备装载要求，并应有足够的零部件存放场地。 **6.0.3**　运输船、起重船及辅助船均应按施工组织设计要求进行抛锚、定位及设置抛锚标志，定时检查锚位，防止走锚。	1. 比对船舶甲板承载能力和设备重量，核对确认结构强度是否满足要求。 2. 检查防倾倒措施和加固措施落实情况。 3. 检查设备设施运输时船舶的航行速度。 4. 检查叶片装载情况是否处于顺桨位置。 5. 检查设备是否按要求封固。 6. 检查设备运输船甲板承载能力是否满足。 7. 检查是否按要求设置抛锚标志。 8. 检查有无应急预案，是否选定有恶劣天气规避路线及避风港口。 9. 检查设备加固措施是否有效。 10. 检查是否有根据气象预报策划运输。 11. 检查是否对运输作业进行验算核算

续表

序号	检查重点	标准要求	检查方法
3	海上风电工程施工设备设施运输	**3. 能源行业标准《风电场工程劳动安全与职业卫生设计规范》(NB/T 10219—2019)** **5.2.5** 海上风电场工程风电机组运输装船时，应采取有效的加固措施，防止设备在运输过程中发生移动、碰撞受损，并应设置运输过程中防止人员进入设备装载区的防护措施。 **5.2.6** 海上风电场工程设备海上运输前，应对气象、海况进行调查，及时掌握短期预报资料，选择合适的运输时间窗口，避免在大风大浪、暴雨、雷电、寒流、潮流变化等期间运输、施工	
4	海上风电工程施工桩基础运输	**国家标准《海上风力发电工程施工规范》(GB/T 50571—2010)** **4.3.4** 桩基础运输应符合下列规定： 1 管桩装船前应核算运输船舶甲板的强度、吃水、装载过程中不同压载情况下的船舶稳定性，装船后船舶在风、浪、海流作用下的稳定性。 3 水平放置时，管桩之间应通过固定工装确保管桩运输过程中的风、浪、海流作用下不会发生滚动、碰撞而受损。竖直放置时，确保管桩不会在风浪作用下发生倾倒，与固定装置发生碰撞而受损	检查桩基础的装船布置、运输是否符合规定
5	海上风电工程施工导管架运输	**国家标准《海上风力发电工程施工规范》(GB/T 50571—2010)** **4.3.5** 导管架运输应符合下列规定： 1 导管架结构通过驳船或其他船只运输时，其装船作业时应保证船体处于平衡、稳定状态，甲板的强度足够承受导管架运输作业要求。 3 导管架运输作业时，应安装足够的系紧件保证导管架固定牢固，防止导管架运输过程中受损，系紧件应便于现场清除。 4 采用浮游拖运的导管架结构应保证其灌排水系统、水密性的安全、可靠，通过滑道下水时，还应对其滑道系统进行精心设计	检查导管架装船布置、运输是否符合规定
6	海上风电工程施工塔架运输	**国家标准《海上风力发电工程施工规范》(GB/T 50571—2010)** **4.3.6** 塔架运输应符合下列规定： 1 塔架运输前，应核算甲板的承载能力及塔架在风浪作用下的稳定性。 2 塔架运输时，应固定牢靠，在明显部位标上重量及重心位置	检查塔架装船布置、运输是否符合规定
7	海上风电工程施工机舱运输	**国家标准《海上风力发电工程施工规范》(GB/T 50571—2010)** **4.3.7** 机舱运输应符合下列规定： 1 装船作业前，应根据其尺寸、重量核算运输船舶结构是否满足强度要求，并根据气象条件核算运输过程中的风、浪、海流作用下的稳定性。 3 固定工装应牢固，防止运输过程中受风浪作用而移动，碰撞受损。 4 机舱运输过程中应采取一定的保护措施，避免机舱内设备进水或受腐蚀介质侵蚀而受损	检查机舱装船布置、运输是否符合规定
8	海上风电工程施工叶片、轮毂运输	**国家标准《海上风力发电工程施工规范》(GB/T 50571—2010)** **4.3.8** 叶片、轮毂运输时，应固定牢靠；叶片的薄弱部位、螺纹和配合面在运输、装卸过程中应加以保护，防止碰伤、堵塞	检查叶片、轮毂装船布置、运输是否符合规定

续表

序号	检查重点	标 准 要 求	检查方法
9	海上风电工程施工风力发电机组整体运输	**国家标准《海上风力发电工程施工规范》(GB/T 50571—2010)** **4.3.9** 风力发电机组整体运输应符合下列规定： 1 根据运输风力发电机组台数和部件参数，配置合适的运输船舶和相应的引导船。 2 根据水文、气象资料及船舶配置情况，核算船舶甲板承载能力及风力发电机组运输过程中稳定性，采取相应措施，并取得船检部门批准。 3 运输前，应在运输驳船上做适当紧固处理，并对风轮进行适当的卡位、紧固，避免风力发电机组部件运输过程中因转动、移位、倾斜、磕碰受损	检查风力发电机组整体装船布置、运输是否符合规定
10	海上风电工程施工海上变电站运输	**国家标准《海上风力发电工程施工规范》(GB/T 50571—2010)** **4.3.10** 海上变电站宜采用整体运输方式进行运输。运输前，应预先在陆地完成全部或部分组装工作，转运至码头指定位置，利用起吊设备平稳吊运至运输船舶甲板上，运至指定海域；根据其吨位和相关尺寸核算船舶甲板是否满足强度要求及装船后船舶在风、浪、海流作用下的稳定性，采取必要的固定措施	检查海上变电站的相关部件装船布置、运输是否符合规定
11	海上风电工程施工拖轮拖航	**1. 国家标准《海上风力发电工程施工规范》(GB/T 50571—2010)** **4.3.3** 重力式基础宜在靠近港口附近的陆地、大型驳船或船坞上进行预制；预制好的重力式基础可通过大型履带式起重机、起重船或高压滚动气囊调运至驳船、半潜驳或浮动式船坞甲板进行运输作业，并应符合下列规定： 4 拖航作业时，应根据船舶吨位、功率及潮流、风浪情况，选择合适的拖缆长度，测定船位以防止偏离航线；当航线上航行的船舶较多时，应加强瞭望和注意避让； 5 根据主拖船性能和海区情况，应配备为主拖船引航、开道，放置潜水设备，紧急情况下助拖，航行中遇雾讯号等不同类型的辅助船舶。 **2. 能源行业标准《海上风电场工程施工安全技术规范》(NB/T 10393—2020)** **4.4.6** 拖轮拖航应符合下列要求： 1 拖航前应制定拖带方案，船舶稳定性及拖带强度等应满足海事相关规定。 2 启拖时，拖轮应待拖缆受力后方可逐渐加速。拖航中，拖缆附近不得站人或跨缆行走。调整拖缆时，应控制航行速度。 3 拖轮傍靠被拖船时，靠泊角度不宜过大，并应控制船速。傍拖时，各系缆受力应均衡有效。 4 拖轮与被拖船间放置缓冲垫时，船员不得骑跨或站在舷墙上操作。 **3. 能源行业标准《风电场工程劳动安全与职业卫生设计规范》(NB/T 10219—2019)** **5.2.7** 海上风电场工程拖航作业前应查阅当地、当时的潮汐资料，核算当地、当时的潮位与历时，根据船只吃水情况，计算船只开始拖航、航行的时机，同时需获知准确的天气预报，配置相应的守护船并在作业区进行警戒	1. 检查拖轮拖航是否符合规定要求。 2. 检查是否获取天气预报，是否配置有守护船

续表

序号	检查重点	标 准 要 求	检查方法
12	海上风电工程施工解系缆绳	**能源行业标准《海上风电场工程施工安全技术规范》（NB/T 10393—2020）** **4.4.7** 解系缆绳作业应符合下列要求： 1 解系缆绳人员应按指挥人员的命令进行作业，不得擅自操作。抛撇缆绳前应观察周围情况，并提示现场人员。 2 作业人员不得骑跨缆绳或站在缆绳圈内，向缆桩上还缆时不得用手握在缆绳圈端部。 3 不得在未成型的码头、墩台或其他构筑物上系挂缆绳。 4 绞缆时，操作人员应根据缆绳的受力状态适时调整绞缆机运转速度，不得强行收绞缆绳，不得兜拽其他物件，危险部位有人时应立即停机。 5 船舶靠泊期间，系缆长度应根据水位变化及时调节。 6 陆域带缆应检查地锚的牢固性。缆绳通过的地段，应悬挂明显的安全警示标志，必要时设专人看护	1. 检查作业人员站位情况。 2. 检查绞缆机运转情况。 3. 检查系缆长度是否合适。 4. 检查地锚的牢固性，缆绳通过地段是否设置有安全警示标志。 5. 检查缆绳连接装置与缆绳磨损情况
13	海上风电工程施工抛锚作业	**1. 国家标准《海上风力发电工程施工规范》（GB/T 50571—2010）** **5.1.5** 船只抛锚应考虑对通航、施工作业的影响，各锚缆布置应设置明显的标志或采取其他的安全措施。 **2. 能源行业标准《海上风电场工程施工安全技术规范》（NB/T 10393—2020）** **4.4.8** 抛锚作业应符合下列要求： 1 应由专人指挥，根据风向、潮流、水底底质等确定抛出锚缆长度和位置，并应避开水下管线、构筑物及禁止抛锚区。 2 抛锚过程中，船舶的锚机操作者应视锚艇和本船移动的速度以及锚缆的松紧程度松放缆绳，不得突然刹车。 3 船舶临时锚泊时，应对锚泊地进行水深测量，选择工况条件和水底底质适应的水域，并具有足够的船舶回转水域和富余水深。 4 船舶抛锚避风期间，各船之间应保持足够的安全距离，并派专人值班，避免走锚	1. 检查核对抛锚位置是否与水下管线或构筑物干涉，是否在禁止抛锚区。 2. 检查核对是否有足够的回转水域和富余水深。 3. 检查船舶与船舶之间是否保持足够的安全距离，有无安排人员值班
14	海上风电工程施工收放船舶舷梯	**能源行业标准《海上风电场工程施工安全技术规范》（NB/T 10393—2020）** **4.4.9** 收放船舶舷梯应符合下列要求： 1 收放舷梯应控制舷梯的升降速度，舷梯上不得站人。 2 舷梯、桥梯的踏步应设置防滑装置。 3 舷梯、桥梯下宜张挂安全网	1. 检查收放舷梯时舷梯上不得站人。 2. 检查踏步有无设置防滑装置。 3. 检查安全措施是否到位
15	海上风电工程施工人员过驳与登乘	**能源行业标准《海上风电场工程施工安全技术规范》（NB/T 10393—2020）** **4.4.10** 人员过驳与登乘应符合下列要求： 1 上下船舶时，应做好船上人员信息登记。 2 上下船舶应安设跳板。使用软梯上下船舶应设专人监护，并配备带安全绳的救生圈。 3 上下船应待船舶停稳后，按顺序上下，不得擅自跨越上下船	1. 检查船上人员信息登记情况。 2. 检查有无安设跳板，软梯上下船舶有无专人监护，是否配备有带安全绳的救生圈。 3. 检查过驳、登乘人员是否正确穿戴救生衣等海上安全装备

续表

序号	检查重点	标准要求	检查方法
16	海上风电工程施工恶劣环境条件下船舶航行	**能源行业标准《海上风电场工程施工安全技术规范》(NB/T 10393—2020)** **4.4.11** 恶劣环境条件下，船舶航行应符合下列要求： 1 大雾中航行时，应减速慢行、测定船位，按规定鸣放雾号，注视雷达信息，并派专人进行瞭望。 2 大风浪中航行时，应做好船舶上物品和设备设施加固，应在甲板设专人监护，船舶甲板、通道和作业场所宜增设临时安全护绳。 3 强风来袭时，应选择避风锚地抛锚避风	1. 大雾中航行，检查是否按规定鸣放雾号，是否安排专人瞭望。 2. 大风浪中航行，检查物品和设备设施加固情况
17	海上风电工程施工船舶停靠	**能源行业标准《海上风电场工程施工安全技术规范》(NB/T 10393—2020)** **4.4.8** 抛锚作业应符合下列要求： 1 应由专人指挥，根据风向、潮流、水底底质等确定抛出锚缆长度和位置，并应避开水下管线、构筑物及禁止抛锚区。 2 抛锚过程中，船舶的锚机操作者应视锚艇和本船移动的速度以及锚缆的松紧程度松放缆绳，不得突然刹车。 3 船舶临时锚泊时，应对锚泊地进行水深测量，选择工况条件和水底底质适应的水域，并具有足够的船舶回转水域和富余水深。 4 船舶抛锚避风期间，各船之间应保持足够的安全距离，并派专人值班，避免走锚	1. 查气象信息，检查船舶是否停靠在起重船的下风侧。 2. 检查船舶锚链长度是否满足抛锚条件。 3. 查看船舶锚点坐标附近 150m 是否有电缆敷设。 4. 与附近船舶联系，查看其抛锚锚位在哪个位置，两锚之间安全距离是否满足。 5. 对照证书，检查载重线

第四节 海上风电工程基础施工

海上风电工程基础施工安全检查重点、要求及方法见表 2-14-3。

表 2-14-3 海上风电工程基础施工安全检查重点、要求及方法

序号	检查重点	标准要求	检查方法
1	海上风电工程基础施工一般规定	**1. 国家标准《海上风力发电工程施工规范》(GB/T 50571—2010)** **5.1.1** 基础工程施工前应根据工程实际情况及施工区海域的气象、水文条件等编制详细的施工方案。 **5.1.3** 施工作业前应对气象、海况等进行调查，及时掌握短期预报资料，避开不利施工时间。基础施工作业时，应根据设备技术要求及施工船舶配置情况限定工作环境条件。 **5.1.4** 施工过程中施工区域应设立警示标志，并向相关行政主管部门申请发布航行通告；同时还应符合本规范第 10 章有关施工安全、环境、质量等方面的规定。 **5.3.12** 桩基础上部结构的施工应符合下列规定： 1 对上部结构的吊装作业，应考虑结构强度和起吊设备的总体适应性。 2 起吊前，应根据被吊物重量、结构形式、吊点布置等因素核	1. 检查是否按要求编制有基础工程专项施工方案。 2. 检查水深测量结果，水下障碍物是否已清除。 3. 检查沉桩设备及其安全装置，确认状态良好。 4. 检查导桩架和海上作业平台是否设置有防护栏和防滑装置，是否配置有救生圈及救生绳。

续表

序号	检查重点	标准要求	检查方法
1	海上风电工程基础施工一般规定	算基础上部各构件起吊过程中的受力及稳定性。 3 应根据设计要求对上部结构进行调整，确保正确的对正和标高控制。 4 上部结构安装完成后，应根据相关技术规范规定安装爬梯、栏杆、接地装置、靠船构件及其他附件。 **2. 能源行业标准《海上风电场工程施工安全技术规范》（NB/T 10393—2020）** **5.1.1** 施工前应收集施工海域地形地貌、地质及海洋水文气象等海洋环境资料，并编制基础工程专项施工方案。 **5.1.2** 施工前应检查施工环境，进行水深测量，清除水下障碍物；安全设施应可靠，防护用品应齐全。 **5.1.3** 施工前应对沉桩设备、安全装置进行检查，并使其处于良好状态。 **5.1.4** 导桩架和海上作业平台应设置防护栏和防滑装置，配置救生圈及救生绳。 **5.1.5** 施工现场应设置安全标志及夜间警示灯。施工船舶应设置瞭望哨及探照灯，对施工现场进行监视	5. 检查施工现场是否设置有安全装置和夜间警示灯，施工船舶是否设置有瞭望哨和探照灯。 6. 检查桩基础上部结构施工是否符合规定要求
2	海上风电工程桩基施工	**能源行业标准《海上风电场工程施工安全技术规范》（NB/T 10393—2020）** **5.2.1** 打桩船和运桩船驻位应按船舶驻位图抛设锚缆，设抛锚标志，应防止锚缆相互绞缠。打桩船进退作业时，应注意锚缆位置，避免缆绳绊桩。 **5.2.2** 桩起吊作业应符合下列要求： 1 桩的吊点数量、位置应根据设计要求或经计算确定。 3 起吊离开桩驳时应避免拖桩、碰桩。 4 打桩船吊桩时桩锤应置于桩架底部，捆桩绳扣应采取防滑措施，不得斜拉或越钩吊桩。 **5.2.3** 立桩作业应符合下列要求： 1 立桩前应测量水深情况。 3 立桩时打桩船应离开运桩驳船一定距离，并应缓慢、均匀地升降吊钩。 **5.2.4** 桩在自沉过程中不得压锤，并应做好桩位、稳桩的观测。桩沉放时应设置固定桩位的导桩架，导桩架应牢固可靠。桩自沉结束，在压锤、沉桩前，应在抱桩器周围或稳桩平台区域设置警戒范围，避免人员伤害。 **5.2.5** 沉桩施工作业应符合下列要求： 1 沉桩设备就位后，应设置用于施工中观测深度和斜度的装置。 3 应密切注意桩与桩架及替打的工作情况，避免偏心锤击。发现桩下沉深度反常、贯入度反常、桩身突然下降、过大倾斜、移位等情况时，应立即停止锤击。 4 液压锤或振动锤的控制器应设专人操控。 5 移船时应观察打桩船锚缆附近其他作业船舶和人员的情况，锚缆不得绊桩。 6 潮流过急、风浪及涌浪过大时应暂停沉桩。 7 锤击期间，抱桩器上部、下部抱箍通道内不得站人。 **5.2.6** 沉桩完成后，应及时在桩顶设置高出水面的安全警示标志。	1. 检查打桩船和运桩船抛锚后是否设置有抛锚标志。 2. 检查桩起吊作业是否符合要求。 3. 检查立桩作业是否符合要求。 4. 检查抱桩器周围和稳桩平台区域是否设置有警戒。 5. 检查沉桩施工是否符合要求。 6. 检查沉桩完成后桩顶是否设置有高出水面的安全警示标志。 7. 检查孔洞防护措施的落实情况。 8. 检查嵌岩桩施工是否符合规定要求。 9. 检查钢管桩类型是否属于封闭式桩尖类型或半封闭桩尖，若是，需符合规定要求采取防止钢管桩上浮措施或采取防止管涌措施。 10. 检查高桩承台基础割桩作业是否符合要求。 11. 检查钢管桩基础抛石作业是否符合要求

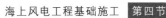

续表

序号	检查重点	标 准 要 求	检查方法
2	海上风电工程桩基施工	**5.2.7** 封闭式桩尖的钢管桩沉桩，应采取防止钢管桩上浮措施。在砂性土中打开口或半封闭桩尖的钢管桩，应采取防止管涌措施。 **5.2.8** 群桩沉桩后应及时进行夹桩，桩锤应落地或封固在桩架底部。 **5.2.9** 开口基础管桩上方工作面上直径或边长大于0.15m的孔洞周边，应设置临时防护设施。 **5.2.10** 在高桩承台基础割桩作业时，应设置可靠作业平台，作业完成后立即拆除。 **5.2.11** 进行桩基础抛石加固处理或敷设砂被时，不得碰撞桩身及其附属构件。 **5.2.12** 嵌岩桩施工应符合下列规定： 1 钻机安装应平稳、牢固，钻架应加设斜撑或缆风绳。 2 钻机不得超负荷作业。提升钻头受阻时，不得强行提拔。 3 当钻孔内有承压水时，护筒顶应高于稳定后的承压水位1.5m～2.0m。 4 泥浆池的泥浆不得外泄，周围应设置安全护栏和安全警示标志。 5 对冲击成孔的钻机，应经常检查冲锤、钢丝绳、绳卡和吊臂等的磨损或变形情况。 6 开孔时应低锤密击。正常冲击时冲程应根据土质的软硬程度调整，最大冲程不宜超过4m，并应防止发生空锤。 7 清孔排渣时应保持孔内水头，防止坍塌。 8 人员进入孔内时应采取防毒、防溺、防坍塌等安全措施	
3	海上风电工程钢构件施工	**能源行业标准《海上风电场工程施工安全技术规范》(NB/T 10393—2020)** **5.3.1** 钢构件吊装应符合下列要求： 1 吊装前应根据钢构件的种类、形状和重量，选配适宜的起重船机设备、绳扣及吊装索具，钢构件上的杂物应清理干净。 2 起吊后，起重设备在旋转、变幅、移船和升降钩时，应缓慢平稳，钢构件或起重船的锚缆不得碰撞或兜拽其他构件、设施。 3 钢构件安装应使用控制绳控制构件的摇摆，待钢构件基本就位后，人员方可靠近。 4 吊索受力应均匀，吊架、卡钩不得偏斜。 **5.3.2** J型管吊装时，应采取防止摩擦或磕碰的措施	1. 检查钢构件吊装是否符合要求。 2. 检查J型管吊装，有无采取防止摩擦或磕碰的措施
4	海上风电工程混凝土施工	**能源行业标准《海上风电场工程施工安全技术规范》(NB/T 10393—2020)** **5.4.1** 钢筋笼的安装应符合下列要求： 1 钢筋笼搬运堆放时，应与船机设备保持安全距离，可靠放置。 2 吊运钢筋笼时应设置吊点，必要时钢筋笼应采取整体加固措施，并设控制绳，钢筋不得与其他物件混吊。 3 钢筋笼下放时应防止碰撞孔壁。 4 钢筋笼分节吊装对接，宜在施工平台上设置悬吊装置。 5 钢筋笼安装就位后，应将其固定。 **5.4.2** 高桩承台基础钢套箱的安装、拆除应符合下列规定： 1 竖向吊运不应少于2个吊点，水平吊运不应少于4个吊点。 2 模板及支架上严禁堆放超过设计荷载的材料和设备。	1. 检查钢筋笼安装是否符合要求。 2. 检查高桩承台基础钢套箱的安装、拆除是否符合规定要求。 3. 检查临空边缘是否设有防护栏杆和挡脚板，下料口在停用时是否有加盖封闭。 4. 检查泵送混凝土作业是否符合要求。

续表

序号	检查重点	标 准 要 求	检查方法
4	海上风电工程混凝土施工	3 模板安装过程中，应设置防变形和倾覆的临时固定设施。 4 模板拆除应采取防止模板倾覆或坠落的措施。不得任意拆除模板及其支架和支撑。 5 施工用的临时照明和动力线应用绝缘线和绝缘电缆，且不得直接固定在钢模板上。 **5.4.3** 混凝土浇筑平台脚手板应铺满、平整，临空边缘应设防护栏杆和挡脚板，下料口在停用时应加盖封闭。 **5.4.4** 泵送混凝土作业时应符合下列要求： 1 混凝土搅拌船应在可靠锚泊后，方可进行混凝土泵送作业。 4 拆卸混凝土输送管道接头前，应释放管内剩余压力。 5 处理泵管堵塞时，应配置护目镜。 **5.4.5** 混凝土振捣作业时应符合下列要求： 1 作业人员应穿好绝缘鞋、戴好绝缘手套。 2 搬运振动器或暂停工作应将振动器电源切断。 3 移动振捣器不得使用其电缆线拖动。 4 混凝土振捣器的配电箱应安装漏电保护装置，接零保护应安全可靠。 5 振捣器不得与高桩承台基础的基础环直接接触，施工人员不得站在基础环上。 **5.4.6** 单桩连接段、导管架等部位灌浆作业，高压调节阀应设置防护设施，连接段四周应预先设置靠船设施、钢爬梯及平台等	5. 检查混凝土振捣作业是否符合要求。 6. 检查灌浆作业高压调节阀是否设置有防护设施，连接段四周是否设置有靠船设施
5	海上风电工程重力式基础施工	**国家标准《海上风力发电工程施工规范》(GB/T 50571—2010)** **5.2.4** 基槽开挖时，应符合下列规定： 1 基槽开挖的尺寸、坡度应满足设计要求，并控制超挖。 2 基槽开挖深度较大时宜分层开挖，每层开挖高度应根据土质条件和开挖方法确定。 3 基槽挖至设计深度时，应对地质情况进行复核。 4 爆破开挖水下岩石基槽时，应严格控制用药量，爆破基面平整度应控制在设计规定的范围内。 **5.2.8** 重力式基础的安装应符合下列规定： 1 起吊荷载应根据重力式基础重量、尺寸、底板附着力等进行计算，并应选用合适的起吊设备。 2 对基础精确定位后，应根据起重船舶的工作性能参数确定合适的驻泊位置、吊具、起吊位置及吊点数量，通过定位锚或支撑结构固定船身。 3 运输船舶应按指定位置抛锚停靠，采用半潜驳、船坞运输大型基础时，可将半潜驳、船坞降到合适位置。 4 基础吊装前，应通过潜水员检验基槽开挖平整处理是否达到设计要求，经检验合格后方可开始吊装作业	1. 检查基槽开挖是否符合规定要求。 2. 检查重力式基础的安装是否符合规定要求
6	海上风电工程单桩基础施工	**国家标准《海上风力发电工程施工规范》(GB/T 50571—2010)** **5.3.2** 单桩基础沉桩施工前应进行下列准备工作： 2 沉桩前应检查沉桩区有无障碍物，对施工区域有碍沉桩的水下管线、沉排或抛石棱体等障碍物进行清理； 3 根据选用的设备性能、桩长和施工时的水位变化情况，检查沉桩区泥面标高和水深是否符合沉桩要求； 5 打桩船应满足施工作业对稳定性的要求，桩架应具有足够的	1. 检查沉桩区有无障碍物。 2. 检查沉桩区泥面标高和水深是否符合沉桩要求。 3. 检查单桩基础沉桩施工是否符合规定要求。

续表

序号	检查重点	标 准 要 求	检查方法
6	海上风电工程单桩基础施工	架高，并满足沉桩作业时的吊重要求。 **5.3.3** 单桩基础应按下列规定进行沉桩施工： 1 打桩船抛锚、定位应满足沉桩施工作业时稳定的要求； 2 沉桩船吊桩时，其吊点、吊具、起吊方式应进行精心设计，按实际要求布置； 6 沉桩过程应连续；在砂土中沉桩时，应防止发生管涌；当沉桩遇贯入度反常、桩身突然下降或倾斜等异常情况时，应立即停止锤击，及时查明原因，采取有效措施； 7 水上沉桩需接桩时，应控制下节桩顶标高，使接桩不受潮水影响，应避免使下节桩桩端置于软土层上；当下节桩入土较浅时，应采取措施防止倾倒；接桩时，上节和下节桩应保持在同一轴线上，接头应拼接牢固，经检查符合要求后，方可继续沉桩； 8 锤击沉桩，应考虑锤击振动和挤土等对基床土体或邻近相关设施的影响，采用合适的施工方法和程序，并适当控制打桩速率；沉桩过程中应对邻近设施的位移和沉降等进行观察；及时记录，如有异常变化，应停止沉桩并采取措施； 12 在已沉放桩区两端应设置警示标志，不得在已沉放的桩上系缆	4. 检查沉桩设备是否符合规定要求
7	海上风电工程三桩和四桩基础施工	**国家标准《海上风力发电工程施工规范》（GB/T 50571—2010）** **5.3.5** 三桩和四桩基础的导管架的竖立与调平应符合下列规定： 2 采用起重船从运输驳船吊放导管架时，应合理设计吊具，吊索应固定于导管架的重心以上，避免起吊过程中损坏导管架和驳船。 3 通过下滑入水的导管架，应对下滑系统、压载、密封和排水系统进行检验，确认各系统完好并处于合适的工况。 4 导管架进行安装作业时，起重船和运输船应有适当的锚泊，锚抓力应足以承受在安装期间可能发生的最强的潮流、海流和风的作用，锚缆布置时应采取措施防止不同船只锚索、牵索相互缠绕或损坏；当锚泊要求不可能完全满足时，起重船、运输船及其他辅助船舶的方位应在走锚时，背离导管架运动。 **5.3.6** 三桩和四桩基础的安装作业应按下列规定进行： 1 采用吊环起吊桩段时，吊环的设计应根据提升桩段时和将桩段插入时所产生的应力来确定，并考虑冲击力。当采用气割孔眼来代替吊环时，孔眼设置应不降低管桩强度，并考虑在打桩过程中可能产生的不利影响。	1. 检查三桩和四桩基础的导管架竖立与调平是否符合规定要求。 2. 检查三桩和四桩基础的安装作业是否符合规定要求。 3. 检查三桩和四桩基础施工作业的施工设备是否满足要求
8	海上风电工程多桩基础施工	**国家标准《海上风力发电工程施工规范》（GB/T 50571—2010）** **5.3.9** 多桩基础的沉桩作业应符合下列规定： 1 打桩船应吊起桩身至适当高度后再立桩入导向装置。打桩船就位时，应掌握水深情况，防止桩尖触及泥面，使桩身折断。斜桩下桩过程中，桩架宜与桩的设计倾斜度保持一致。 2 当船行波影响沉桩船稳定时，应暂停锤击； **5.3.10** 多桩基础的承台浇筑应按下列规定进行： 2 当承台位于水下或水位变动区时，宜设置钢套箱、预制混凝土套箱或采用钢板桩围堰方式，变水下施工为陆上施工	1. 检查多桩基础的沉桩作业是否符合规定要求。 2. 检查多桩基础的承台浇筑是否符合要求。 3. 检查多桩基础施工的施工设备是否满足要求

第五节 海上风电工程风力发电设备安装

海上风电工程风力发电设备安装安全检查重点、要求及方法见表2-14-4。

表2-14-4 海上风电工程风力发电设备安装安全检查重点、要求及方法

序号	检查重点	标准要求	检查方法
1	海上风电工程风力发电设备安装一般规定	**1. 国家标准《海上风力发电工程施工规范》(GB/T 50571—2010)** **6.1.4** 进行吊装作业时，应根据设备配置情况、吊装施工作业时的难易程度确定风速、浪高、海流流速、能见度等安全限值，超过该限值不得进行吊装作业。 **6.1.5** 安装作业时，海上施工平台或船舶上的起吊设备应有足够的吊高、吊重、作业半径等，满足起吊风力发电机组设备的要求，各部件的吊运方法应符合设备安装要求。 **6.1.6** 施工船舶应具有足够结构强度，安装过程中船舶、设备、固定装置所产生的静、动应力均应在允许限度内。 **6.1.7** 船舶施工作业时，应考虑潮位变化的影响，保持一定的安全水深。驻位下锚后，船舶的稳定性和安全性应满足风力发电机组设备安装作业的要求。 **2. 能源行业标准《海上风电场工程施工安全技术规范》(NB/T 10393—2020)** **6.0.4** 根据设备的种类、形状和重量，应选配适宜的起重船机设备、绳扣及吊装索具。设备上的杂物应清理干净。 **6.0.5** 海上测风塔、海上升压站及风力发电机组等部件吊装时，风速不应高于相关规定。 **6.0.8** 海上风力发电机组安装完成后，应将刹车系统松闸，使机组处于自由旋转状态。 **6.0.9** 海上测风塔、海上升压站及风力发电机组塔架安装过程中应设置防坠装置。 **6.0.10** 设备安装现场的临边、孔洞应采取防坠落措施，并设置警示标志。 **6.0.11** 设备安装使用液压工具或扳手时，作业人员应戴护目镜、手套和安全帽，穿安全鞋。 **6.0.13** 在设备安装期间，应设置警戒船提示经过施工水域的其他船舶减速慢行	1. 检查设备上杂物是否清理干净，风速是否满足吊装要求。 2. 安装完成后，机组刹车系统是否松闸处于自由旋转状态。 3. 检查安装过程是否设置防坠装置。 4. 检查临边、孔洞是否有防坠措施，是否设置有警示标志。 5. 检查作业人员是否正确使用劳动防护用品。 6. 检查有否设置警戒船。 7. 检查确认风浪条件、气候条件和吊装技术是否满足要求。 8. 检查船舶结构强度和安全水深是否满足。 9. 安装完成后刹车系统是否松闸；引雷电阻和电位有无异常
2	海上风电工程风力发电设备整体吊装	**1. 国家标准《海上风力发电工程施工规范》(GB/T 50571—2010)** **6.2.5** 整体组装应符合下列规定： 2 整体组装完成后，应检查机舱和风轮、机舱和塔架之间的连接是否达到要求。 3 陆上组装完成后，应对装配作业进行检验，经检验合格后方可进行转运。 **6.2.6** 整体移位应符合下列规定： 1 根据组装后的风力发电机组的尺寸和重量，选择合适的转运设备。 3 转运前，应检查风力发电机组的固定设备是否固定牢靠，转动部件是否处于锁定状态。 4 转运过程中应加强对风力发电机组各部件的保护。	1. 检查海上测风塔、海上升压站及风力发电机组等设备的整体吊装是否符合要求。 2. 检查整体组装是否符合规定要求。 3. 检查整体移位是否符合规定要求。 4. 检查风力发电机组各部件转运过程中的加固、安全措施是否到位

续表

序号	检查重点	标 准 要 求	检查方法
2	海上风电工程风力发电设备整体吊装	5 风力发电机组转运至船舶甲板前，应核算船舶甲板承载能力是否满足要求。 **6.2.8** 整体吊装应符合下列规定： 2 整体吊装前，应检查风力发电机组设备是否满足整体吊装要求，受损部件经检修合格后方可进行整体吊装。 3 起吊前，应根据吊具、吊重、吊点、起重机械性能及气象和海况条件核算各构件的受力及稳定性。 4 风力发电机组整体起吊后应平缓移动，采取特殊的吊具确保塔架法兰螺纹孔对准，并按对称拧紧方法拧紧。 **2. 能源行业标准《海上风电场工程施工安全技术规范》（NB/T 10393—2020）** **6.0.6** 海上测风塔、海上升压站及风力发电机组等设备的整体吊装应符合下列要求： 1 起吊作业时应缓慢平稳，避免碰撞或兜拽其他构件、设施。 2 应采取措施控制吊装设备摆动，待设备稳定且基本就位后施工人员方可靠近。 3 吊索受力应均匀，吊架、卡钩不得偏斜。起吊设备时应待钩绳受力、设备尚未离地、挂钩人员退至安全位置后方可起升。 4 吊装速度应兼顾船舶的运动，平缓进行，起升过程中应观察钢结构整体和起重设备的状况，发现异常及时处理。 **6.0.8** 海上风力发电机组安装完成后，应将刹车系统松闸，使机组处于自由旋转状态	
3	海上风电工程风力发电设备分体吊装	**能源行业标准《海上风电场工程施工安全技术规范》（NB/T 10393—2020）** **6.0.7** 海上风力发电机组的分体吊装应符合下列要求： 1 机舱及叶轮吊装时，应设置缆风绳。采用船舶牵带缆风绳时，船舶应抛锚。 2 机舱就位时，应用导向销棒进行粗导向，使用临时螺栓穿入，不得使用重锤大力捶击。 3 安装塔架法兰螺栓时，穿入螺栓过程应尽可能缓慢，防止施工人员的脚、手被挤压。 **6.0.8** 海上风力发电机组安装完成后，应将刹车系统松闸，使机组处于自由旋转状态	1. 检查海上风力发电机组的分体吊装及连接螺栓是否符合要求。 2. 检查风机机组部件吊装的风速条件是否满足
4	海上风电工程风力发电设备塔架安装	**1. 国家标准《海上风力发电工程施工规范》（GB/T 50571—2010）** **6.2.2** 塔架安装应符合下列规定： 3 塔架起吊前，应检查所固定的构件是否有松动和遗漏，并根据吊具、吊重、吊点、起重设备性能核算塔架起吊过程受力及稳定性。 4 起吊点要保持塔架直立后下端处于水平位置，应有导向绳索进行导向。 5 塔架起吊过程中应平缓移动，塔架法兰螺纹孔对准对应的螺孔位置后应轻放，并按照对称拧紧方法拧紧，以保证受力均匀。 8 塔架安装完成后应立即进行上部机舱的安装作业，当因特殊情况不能连续施工时，应对塔架顶部端口进行封闭保护。 **2. 国家标准《风力发电机组 装配和安装规范》（GB/T 19568—2017）** **4.3.4** 地基应有良好的接地装置，其接地电阻应不大于4Ω。	1. 检查塔架安装是否符合规定要求。 2. 检查塔架起吊是否设置有导向绳。 3. 塔架就位后检查引雷导线是否立即连接。 4. 检查有无防坠措施。 5. 顶段塔架安装后无法立即安装机舱时，检查有无防摆动措施。 6. 检查基础接地装置是否良好。

续表

序号	检查重点	标 准 要 求	检查方法
4	海上风电工程风力发电设备塔架安装	**4.5.1.3** 塔架起吊前应检查所固定的构件不应有松动和遗漏。 **4.5.1.6** 安装过程中，需等到下节塔段的连接螺栓全部以不小于50%的额定扭矩预紧后，才能安装上节塔段。 **4.5.1.8** 最后安装的一节（或两节）塔段应和机舱在同一天内吊装完成。 **4.5.1.9** 在机舱吊装前，确认所有塔架螺栓都按50%的额定扭矩紧固完成；机舱吊装后，所有塔架螺栓按100%额定扭矩紧固，紧固要求按3.2.1执行。 **3. 国家标准《风力发电机组高强螺纹连接副安装技术要求》（GB/T 33628—2017）** **7.5.1.4** 机组吊装负载的控制 机组吊装负载的控制应按以下要求执行： a）塔筒吊装过程中，塔筒各段法兰盘螺纹连接副分三次紧固：初拧为10%扭矩值，复拧为50%扭矩值，终拧为100%扭矩值。螺纹连接副在安装过程中吊车起吊负载的控制按以下要求进行： 1）完成复拧后起吊负载宜释放50%； 2）完成终拧后起吊负载应完全释放。 **4. 国家标准《风力发电机组 吊装安全技术规程》（GB/T 37898—2019）** **6.1.7** 塔架吊装时不应将零部件和工/器具等放置于塔架顶平台上。 **6.1.8** 塔架翻身完成后，应将塔架妥善放置于专用支架上，然后拆卸塔架辅助吊具。 **5. 能源行业标准《风电机组钢塔筒设计制造安装规范》（NB/T 10216—2019）** **5.3.9** 塔筒吊装时应设有临时安全控制绳或防坠装置，攀爬无临时防坠装置的塔筒应采用双钩钢丝绳交替固定。 **5.3.10** 为避免涡激振动对风电机组造成的结构破坏及疲劳损伤，塔筒安装应符合下列规定： 1 塔筒为三段时，顶段塔筒和机舱应在同一天内完成安装。 2 塔筒为四段、五段时，后两段塔筒与机舱应在同一天完成安装。 3 对于发电机和叶轮不能及时完成吊装的，不得长期停滞在四段以上吊装阶段。 4 因特殊原因，无法避开涡激振动频发吊装阶段，如果一天之内无法完成吊装，主吊车不得松钩。 **5.4.1** 梯子及梯架支撑应安装牢靠，上下成直线。塔筒底部进人门处梯子应保证接地。 **5.4.5** 塔筒吊装就位后应及时连接各段塔筒内的防雷接地导线，保证塔筒可靠接地	7. 塔架起吊前检查所固定的构件是否有松动或遗漏。 8. 安装上节塔段前检查确认下节塔段的连接螺栓是否全部以不小于50%的额定扭矩预紧。 9. 机舱吊装前检查确认所有塔架螺栓均按50%的额定扭矩紧固完成。 10. 塔筒吊装时检查是否设有临时安全控制绳或防坠装置。 11. 检查塔筒安装过程是否符合要求避免涡激振动。 12. 检查塔筒底部进人门处梯子是否接地良好。 13. 塔架吊装前检查是否有零部件和工/器具等放置在顶平台上
5	海上风电工程风力发电设备机舱安装	**1. 国家标准《海上风力发电工程施工规范》（GB/T 50571—2010）** **6.2.3** 机舱安装应符合下列规定： 1 机舱安装前应对机舱的重量、外形尺寸、重心位置进行检查。 2 机舱起吊前，应根据吊具、吊重、吊点、起重设备性能核算机舱起吊过程中的受力及稳定性。 **2. 国家标准《风力发电机组 装配和安装规范》（GB/T 19568—2017）** **4.5.2.1** 机舱吊装前应制定详细的安全吊装方案，且保证所有部	1. 检查机舱安装是否符合规定要求。 2. 检查是否有人员随机舱起吊。 3. 完成机舱安装后，检查机舱的顶部盖板和窗口是否关闭。

续表

序号	检查重点	标　准　要　求	检查方法
5	海上风电工程风力发电设备机舱安装	件安装合格。 **4.5.2.2** 正式吊装前应试吊，保证机舱吊起后其安装法兰面水平。 **4.5.2.4** 机舱吊装完成后，需待所有机舱与塔架连接的螺栓紧固到50%扭矩值之后，安装人员此时方可进入机舱，撤除机舱掉具。 **3. 国家标准《风力发电机组高强螺纹连接副安装技术要求》（GB/T 33628—2017）** **7.5.1.4** 机组吊装负载的控制 机组吊装负载的控制应按以下要求执行： b）机舱与塔筒安装过程中，螺栓分三次紧固：初拧为10%扭矩值，复拧为50%扭矩值，终拧为100%扭矩值。螺栓在安装过程中吊车起吊负载的控制按以下要求进行： 1）完成复拧后起吊负载宜释放50%； 2）完成终拧后起吊负载应完全释放。 **4. 国家标准《风力发电机组　吊装安全技术规程》（GB/T 37898—2019）** **6.2.1** 主机部件应有合理的吊点。 **6.2.2** 主机部件应有明确、清晰的定位标识。 **6.2.3** 主机部件应明确标识出重量、重心位置（或吊点位置）。 **6.2.4** 主机部件在地面放置时，较大受风面宜与主风向一致。 **6.2.5** 主机部件在对接法兰面附近应有安全挂点	4. 检查机舱起吊后是否有试吊且保证安装法兰面水平。 5. 检查是否按要求在机舱与塔架连接螺栓紧固到50%扭矩值后人员再撤除机舱吊具。 6. 检查主机部件是否符合吊装作业要求
6	海上风电工程风力发电设备风轮安装	**1. 国家标准《海上风力发电工程施工规范》（GB/T 50571—2010）** **6.2.4** 风轮安装应符合下列规定： 1　起吊风轮时，吊具应与风轮固定牢靠，起吊过程应平稳有序。 3　吊装风轮时，叶片叶尖应进行牵引，以免发生转动、磕碰受损，导向绳长度和强度应足够。 4　风轮吊装也可以采取叶片和轮毂分别吊装的方式进行。 **2. 国家标准《风力发电机组　装配和安装规范》（GB/T 19568—2017）** **4.5.4.1** 叶片安装时需使用专用吊具，保证叶片起吊角度适宜，吊装前检查叶片。 **4.5.4.2** 叶片安装时应保证叶片前缘零刻度与变桨轴承内圈（外圈）零刻度对正，紧固过程中不准许叶片带负荷变桨。 **4.5.4.3** 在一台轮毂的三个叶片全部安装完成之前，具有防叶轮倾斜措施。在风轮储存过程中，需根据风速变化将叶片调至开桨位置，同时将叶片固定。 **4.5.4.4** 风轮吊装前，应保证叶片连接全部按额定力矩紧固合格，轮毂与主轴连接面和螺纹孔应清理干净。 **4.5.4.5** 风轮安装过程中，应使用牵引风绳控制风轮方向，风绳的安装应便于拆卸。 **4.5.4.6** 风轮安装时，应避免叶尖触碰地面和塔架。 **4.5.4.7** 风轮吊装完成后，双馈机型需保证风轮与机舱超过一半的连接螺栓紧固到50%扭矩值之后，才可以撤除风轮吊具；直驱机型需保证风轮与发电机全部连接螺栓紧固到100%扭矩值之后，才可撤除风轮吊具。 **4.5.4.8** 风轮吊具撤除后，应盘动高速轴，检查旋转部位，确保风轮转动时不发生干涉，同时以50%扭矩值拧紧风轮与机舱的剩余螺栓（直驱机型不需要此步骤）。 **4.5.4.9** 以100%额定扭矩按3.2.1的要求紧固叶片连接件、风	1. 检查风轮安装是否符合规定要求。 2. 起吊叶轮和叶片时检查导向绳是否有两条。 3. 检查叶片所处位置，并确认是否可靠锁定。 4. 叶片吊装前，检查引雷线阻值是否达到规定要求。 5. 叶轮起吊前检查是否可靠固定。 6. 叶片安装时检查紧固过程是否存在叶片带负荷变桨。 7. 风轮储存时检查叶片是否根据风速变化调至开桨位置，是否固定。 8. 风轮吊装前，检查叶片连接是否全部按额定力矩紧固合格，轮毂与主轴连接面和螺纹孔是否清理干净，牵引风绳是否便于拆卸。 9. 风轮吊装完成后撤除吊具前检查确认连接螺栓紧固是否符合要求。 10. 检查叶片是否符合吊装要求

续表

序号	检查重点	标 准 要 求	检查方法
6	海上风电工程风力发电设备风轮安装	轮与机舱、塔架与机舱及塔架之间的所有连接螺栓。 **3. 国家标准《风力发电机组高强螺纹连接副安装技术要求》（GB/T 33628—2017）** **7.5.1.4** 机组吊装负载的控制 机组吊装负载的控制应按以下要求执行： c）叶片与轮毂安装过程中，叶根螺栓分两次紧固：初拧为50%扭矩值，终拧为100%扭矩值。在安装过程中吊车起吊负载始终保持，在螺栓连接副完成终拧后起吊负载宜完全释放。 d）风轮与机舱安装过程中，风轮与转子连接螺栓分两次紧固：初拧为50%扭矩值，终拧为100%扭矩值。在安装过程中吊车起吊负载始终保持，在螺栓连接副完成终拧后起吊负载宜完全释放。 **4. 国家标准《风力发电机组　吊装安全技术规程》（GB/T 37898—2019）** **6.3.3** 叶片在地面放置时，叶片轴线应与主风向一致，且采取固定措施	
7	海上风电工程风力发电设备电气安装	**1. 国家标准《风力发电机组　装配和安装规范》（GB/T 19568—2017）** **4.5.5.2** 电缆敷设前应对电缆检查，电缆外观是否良好，电缆的型号、规格及长度是否符合要求，是否有外力损伤，电缆用1000V兆欧表测绝缘电阻，阻值一般不低于1MΩ。 **4.5.5.6** 同一通道内电缆数量较多时，若在同一侧的多层支架上敷设时应按电压等级由高至低的电力电缆、强电至弱电的控制和信号电缆、通信电缆"由上而下"的顺序排列。除弱电电缆有防干扰保护情况下，强弱电要保持距离，距离宜为电缆直径的2倍。 **4.5.5.7** 同一层支架上电缆排列的配置，宜符合下列规定： a）控制和信号电缆可紧靠或多层叠置； b）除交流系统用单芯电力电缆的同一回路可采取品字形（三叶形）配置外，对重要的同一回路多根电力电缆，不宜叠置； c）除交流系统用单芯电缆情况外，电力电缆相互间宜有1倍电缆外径的空隙。 **4.5.5.13** 电缆固定用部件的选择，应符合下列规定： a）除交流单芯电力电缆外可采用经防腐处理的扁钢制夹具、尼龙扎带或镀塑金属扎带。强腐蚀环境，应采用尼龙扎带或镀塑金属扎带； b）交流单芯电力电缆的刚性固定宜采用铝合金等不构成磁性闭合回路的夹具；其他固定方式可采用尼龙扎带或绳索； c）不得用铁丝直接捆扎电缆。 **4.5.5.14** 机舱动力电缆垂放时，应符合下列规定 a）单根电缆依次垂放，其悬垂高度由工艺文件做出规定； b）电缆采用穿越扭缆平台敷设形式时，扭缆平台上的电缆穿入、穿出口应做好碰撞防护； c）机舱到塔基的长电缆在敷设时，电缆应在完成当前平台内的固定后再进行到下一平台的垂放与固定。 **4.5.7.3** 接地线及防雷跨接线安装时，应将接触面清理干净，并按照接线端子连接面的大小将接触面平整的打磨出金属光泽，并涂以电力复合脂；在完成接线后，再对裸露出的打磨面进行防腐处理。	1. 检查塔筒母线槽安装是否符合要求。 2. 电缆敷设前检查电缆外观是否良好，电缆型号、规格及长度是否符合要求，阻值是否符合要求。 3. 检查通道内电缆安装布置，距离是否符合要求。 4. 检查同一层支架上电缆排列配置是否符合规定要求。 5. 检查电缆固定用部件选择是否符合规定要求。 6. 检查机舱动力电缆垂放是否符合规定要求。 7. 接地线及防雷跨接线安装时，检查接触面是否干净平整，防腐处理情况。 8. 检查接地绝缘电阻是否符合要求

续表

序号	检查重点	标 准 要 求	检查方法
7	海上风电工程风力发电设备电气安装	**4.5.7.4** 电气系统的所有电气连接要可靠，接地电阻满足要求，绝缘电阻不小于1MΩ。 **2. 能源行业标准《风电机组钢塔筒设计制造安装规范》（NB/T 10216—2019）** **5.4.9** 塔筒母线槽安装应满足下列要求： 1 安装前应检查母线槽，不得受潮和变形，绝缘应良好。 4 母线槽两端应通过电缆连接箱与电缆进行连接。 5 母线槽安装完成后应测试相间和相对地的绝缘电阻值	
8	海上风电工程海上变电站安装	**国家标准《海上风力发电工程施工规范》（GB/T 50571—2010）** **6.3.2** 海上变电站可采用整体吊装，并应符合下列规定： 1 海上变电站组装完成各部件经检验合格后，方可进行转运吊装作业。 2 海上变电站吊装作业前，应根据其尺寸、重量和吊装进度要求等选用吊装船舶设备。 3 吊装作业前，对其起吊设备、吊具、吊点、吊装方式应进行设计。 4 吊装过程中，对变电站内各构件应加强保护	检查海上变电站整体吊装是否符合规定要求

第六节 海上风电工程海底电缆敷设

海上风电工程海底电缆敷设安全检查重点、要求及方法见表2-14-5。

表2-14-5 海上风电工程海底电缆敷设安全检查重点、要求及方法

序号	检查重点	标 准 要 求	检查方法
1	海上风电工程海底电缆敷设作业一般规定	**1. 国家标准《海上风力发电工程施工规范》（GB/T 50571—2010）** **7.1.2** 海底电缆敷设施工前，应检验施工船舶的容量、甲板的面积、稳定性、推扭架（栈桥）、电缆输送机、刹车装置、张力计量、长度测量、水深测量、导航与定位仪表、通信设备及附属设备是否符合要求。 **2. 能源行业标准《海上风电场工程施工安全技术规范》（NB/T 10393—2020）** **7.0.1** 海底电缆敷设作业宜在风力5级、波浪高度1.5m、流速1m/s及以下的海洋环境下进行。敷设设备投放与回收作业宜在平流期间进行。 **3. 能源行业标准《风电场工程劳动安全与职业卫生设计规范》（NB/T 10219—2019）** **3.2.31** 海底电缆登陆点和海底电缆穿越堤防处的转换井、架空结构等建筑物结构应满足防洪防汛要求，宜设水位指示和警戒标志。 **8.0.8** 海上风电场工程海底电缆的登陆点处应设置醒目的警告标志	1. 检查海缆敷设作业环境是否满足。 2. 检查船舶、设备、计量器具等是否符合要求。 3. 检查建筑物结构是否满足防洪防汛要求，是否设置有水位指示和警戒标志
2	海上风电工程海底电缆敷设作业船舶管理	**能源行业标准《海上风电场工程施工安全技术规范》（NB/T 10393—2020）** **7.0.2** 敷缆船舶与海上构筑物的安全停靠距离不宜小于30m。 **7.0.3** 敷缆船舶上的构件材料应采取加固措施，电缆盘周围不得	1. 检查敷缆船舶与海上构筑物的安全距离。 2. 检查敷缆船舶上构件材料加固措施是否落

续表

序号	检查重点	标　准　要　求	检查方法
2	海上风电工程海底电缆敷设作业船舶管理	堆放易燃易爆物品，不得进行电焊、气割作业。 **7.0.4**　敷缆船舶抛锚作业安全应符合下列规定： 1　在敷缆船舶附近至少应配备1艘锚艇，随时监控锚位，防止敷缆船舶发生走锚。 2　抛锚前应使用定位设备进行定位，并校核。 3　抛锚船不得将锚抛入管线禁锚范围内，并与抛锚禁区保持适当的安全距离。 4　施工中遇强对流天气时，应立即抛锚固定船位，锚位应远离水下管线，并设专人监护。 **7.0.7**　辅助船舶不得从缆线上方穿越，需要跨越施工区域的应从施工船后方绕行	实，检查电缆盘周围是否堆放易燃易爆物品。 3. 检查敷缆船舶抛锚作业是否满足规定要求。 4. 检查是否存在辅助船舶跨越施工区域航行
3	海上风电工程海底电缆敷缆作业	**1. 国家标准《海上风力发电工程施工规范》（GB/T 50571—2010）** **7.2.1**　海底电缆的装船与盘绕应符合以下要求： 1　装船工作应计算装载后电缆敷设船的平衡和倾斜程度，通过调整船舶压载水或通过拖轮配合，提高敷设船舶的抗风浪、海流能力，保持船体处于正常工作状态。 **7.2.8**　敷设作业完成后，应按国家海洋管理部门的规定设置警示装置。 **7.2.9**　海底电缆敷设完成后，应测试导体直流电阻值、直流耐压、绝缘电阻和泄漏电流值等数据，测试结果应按现行国家标准《电气装置安装工程　电气设备交接试验标准》GB 50150和《电气装置安装工程　电缆线路施工及验收规范》GB 50168的规定执行。 **2. 能源行业标准《海上风电场工程施工安全技术规范》（NB/T 10393—2020）** **7.0.5**　埋设犁应缓慢下降，防止与船舷发生碰撞，雪架固定后方可松钩。 **7.0.6**　布缆机发生故障时应立即停止施工并原地定位，同时监控船位防止船舶偏移航线或走锚。 **7.0.8**　用机械牵引电缆穿堤时，施工人员不得站在牵引钢丝绳内角处。 **7.0.9**　电缆穿越已有的通信光缆、石油管道等海底设施，应与有关各方协调，采取可靠措施，保障原有设施的正常运行。 **7.0.10**　海底电缆敷设完成后，应按规定及时设置警示标志。 **7.0.11**　海底电缆终端、接头、锚固装置、接地箱和接地电缆等的制作与安装应满足生产厂家的技术要求，并应符合现行国家标准《电气装置安装工程 电缆线路施工及验收规范》GB 50168的有关规定	1. 用机械牵引电缆穿堤时，检查施工人员站位。 2. 检查保障原有设施的可靠措施落实情况。 3. 检查敷设完成后警示标志设置。 4. 检查海底电缆终端、接头、锚固装置、接地箱和接地电缆等制作是否合规。 5. 检查电缆装船与盘绕是否合规。 6. 敷设完成后，测量导体直流电阻值、直流耐压、绝缘电阻和泄漏电流值等是否合规

第七节　海上风电工程施工机具

海上风电工程施工机具安全检查重点、要求及方法见表2-14-6。

表 2-14-6　　海上风电工程施工机具安全检查重点、要求及方法

序号	检查重点	标准要求	检查方法
1	海上风电工程施工船机设备	**能源行业标准《海上风电场工程施工安全技术规范》(NB/T 10393—2020)** **4.11.1** 船舶应具有相应的有效证书，应按规定配备船员。 **4.11.2** 船舶技术状态应良好，安全保护装置及检测仪表、报警装置等应齐全、有效。 **4.11.3** 船舶应配备必要的通风器材、防毒面具、急救医疗器材、氧气呼吸装置等应急防护设备，并应配置救生衣、救生筏、救生圈等安全用具。 **4.11.4** 船舶的梯口、应急场所等应设明显的安全警示标志，楼梯、走廊、通道应保持畅通，并根据需要设防滑装置。 **4.11.5** 施工船舶应配备可靠的通信设备，保障船舶联系畅通。 **4.11.6** 施工船舶不得从事与规定工作无关的工作，不得超载或超负荷施工。 **4.11.7** 运输船舶应在船舶露天甲板上安装护栏。 **4.11.8** 施工设备、机具传动与转动的露出部分应装设安全防护装置。 **4.11.9** 施工用电气设备应可靠接地，接地电阻不应大于4Ω。露天使用的电气设备应选用防水型或采取防水措施。在易燃易爆气体的场所，电气设备与线路应满足防爆要求	1. 检查船舶证书和船员配置情况。 2. 检查安全装置、测量仪表、报警装置，以及应急防护设备、安全用具和通信设备配置情况。 3. 检查运输船舶露天甲板上是否安装有护栏。 4. 检查施工设备、机具安全防护装置是否齐全。 5. 检查接地、防水、防爆措施是否可靠
2	海上风电工程施工海洋平台起重机	**国家标准《海洋平台起重机一般要求》(GB/T 37443—2019)** **5.3.3** 起升机构按照规定的使用方式应能够稳定的起升和下降SWL，应采取必要的措施保证起吊过程中钢丝绳有序缠绕。 **5.3.4** 变幅机构按照规定的使用方式在起升机构起吊SWL时，能够安全的在最大和最小幅度之间提升和下放臂架。不能带载变幅的变幅机构应能保持臂架在静止状态。 **5.3.5** 回转机构应按照规定的使用方式在允许的工作状态下（包括允许的平台倾斜和摇摆）平稳的启动和停止，将起吊的SWL放到应到达的位置。 **5.4.4** 卷筒结构要求任何情况下留存在卷筒上的钢丝绳应不少于3圈。在未配置防止钢丝绳跳出的装置时，当钢丝绳全部绕上卷筒后，卷筒法兰凸缘应高出最上层钢丝绳顶端不少于2.5倍的钢丝绳直径。卷筒和滑轮的底径应不小于钢丝绳直径的19倍。 **5.4.5** 起重机各机构应设有制动器。起升与变幅机构用制动器应为常闭式，即使失去动力也能保证重物不致下落。制动器安全系数（制动力矩与额定力矩之比）应不小于1.5。 **5.6.1** 人员起吊时的负荷应不超过货物负荷的50%。 **5.7.1** 起重机发生运转动力故障时应使起重机与所吊运载荷自动保持在位，同时应发出报警。如动力为电力时，供电恢复后，操作机构应复位后才能继续进行起重机的操作运转。应设置手动应急释放装置，在出现动力故障时可将载荷下放到安全位置。 **5.7.2** 起重机应设有起升高度限位器、最大与最小幅度限位器、回转角度限位器（适用于回转角度有限制的起重机）、行走限位器。这些限位器动作后，应发出报警、切断运转动力并能将吊运的载荷与起重机保持在限位器动作时的位置上。如起重机某机构需要越过限位器所限制的位置（如需将臂架放倒），应设有停止限位器动作的越控开关，并适当保护措施，防止发生意外操作。	1. 检查钢丝绳是否有序缠绕；卷筒、滑轮、制动器是否合规。 2. 检查人员起吊时是否超过规定负荷限定。 3. 检查安全装置是否齐全有效。 4. 检查负荷指示器和超负荷保护装置是否齐全有效。 5. 检查起重机标记是否规范设置

续表

序号	检查重点	标　准　要　求	检查方法
2	海上风电工程施工海洋平台起重机	**5.7.3** 起重机应设有负荷指示器和超负荷保护装置。超负荷保护动作应设置在不超过110%SWL。 **5.10.1** 起重机应在臂架根部等醒目处及操作处作标记。标记应包括SWL及相应的工作范围等内容	
3	海上风电工程施工船用克令吊	**船舶行业标准《船用克令吊》(CB/T 4289—2013)** **3.3** 标准作业工况。克令吊在确定安全工作负荷时所处的作业工况，包括： a）克令吊工作时，船舶横倾角度不大于5°、纵倾角度不大于2°； b）在港内作业； c）克令吊工作时风速不超过20m/s，相应风压不超过250Pa； d）起重负荷的运动不受外力的制约； e）起重作业的性质，即作业的频次与动载荷特性与本标准规定的因素载荷相一致。 **4.3.3** 标记要求。应在吊臂或相应部件上醒目标记克令吊的公称规格，包含安全工作负荷和最大工作半径。 **5.1.1.1** 克令吊的设计应满足在船舶横倾角5°、纵倾角2°、货物摆角同时发生的情况下，能安全有效地工作。 **5.1.1.3** 克令吊的设计应满足克令吊处于不工作时搁置状态下，能承担船舶在航行中的运动载荷，并能安全可靠地固定在甲板上。 **5.1.5** 制动安全系数。起升、变幅回转机构各设有1套制动器时，对应的各制动器的安全系数（制动力矩与最大静力矩之比）应不低于1.5。如某机构设有2套制动器时，该机构每套制动器的制动安全系数应不低于1.25。 **5.3.1** 卷筒长度和钢丝绳卷绕层数。卷筒的长度应满足钢丝绳均匀整齐地缠绕在卷筒上，必要时应设置排绳器。卷筒上所绕的钢丝绳一般不应超过3层，如果符合下列任一要求，所绕钢丝绳可多于3层： a）设置有排绳器； b）卷筒上有绳槽； c）排绳角度限制在2°以下。 **5.3.2** 卷筒钢丝绳卷绕直径。卷筒和滑轮上钢丝绳卷绕直径（钢丝绳中径）与钢丝绳公称直径之比不小于19：1。 **5.3.3** 钢丝绳长度。卷筒上的钢丝绳长度，应适合于设计范围内的任何位置使用，并在卷筒内留存的钢丝绳在任何工作状态下应不少于3圈，在非工作状态下（吊钩搁置在舱底或吊臂搁置状态）应不少于2圈。 **5.3.4** 卷筒凸缘边与最外层钢丝绳间距离。当钢丝绳的最大工作长度完全、均匀地缠绕在卷筒上时，其卷筒凸缘应高出最上层钢丝绳不少于2.5倍钢丝绳直径。 **5.8.1** 紧急停止。克令吊应具有一个快速作用的紧急停止机构，当操纵者进行紧急停止时，此机构能切断克令吊的动力源，并使自动控制制动系统起作用。紧急停止机构应放置在明显、操作人员容易接近而又能避免误操纵的位置上。 **5.8.2** 限位装置。限位器或类似的装置应能避免克令吊在任何操作方法下超程。限位器也可重新设定，以限制克令吊的运动范围，避开某些暂时的或固定的障碍物。	1. 检查克令吊的作业环境是否满足。 2. 检查克令吊标记是否符合要求。 3. 检查船舶倾斜角度是否符合克令吊使用。 4. 检查船舶航行时，克令吊能否承担运动载荷安全可靠地固定。 5. 检查克令吊的安全系数是否满足要求。 6. 检查卷筒长度和钢丝绳卷绕层数是否符合要求。 7. 检查卷筒钢丝绳卷绕直径比例是否符合要求。 8. 检查钢丝绳长度是否符合要求。 9. 检查卷筒凸缘是否符合要求。 10. 检查克令吊是否设置有紧急停止机构。 11. 检查克令吊安全装置设置是否齐全有效。 12. 检查克令吊是否设置有越控开关。 13. 检查克令吊超载保护是否有效

续表

序号	检查重点	标　准　要　求	检查方法
3	海上风电工程施工船用克令吊	克令吊应设有下列限位器： a）升降限位器：限制升降运动上下极限； b）变幅限位器：限制吊臂角的最大和最小以及吊臂搁置架的位置； c）差动限位器：限制吊钩装置和吊臂顶端的距离； d）回转限位器：适用于回转角度有限制的双吊或有特殊要求的其他克令吊。 **5.8.3**　越控开关。克令吊某机构需要越过限位开关限制的位置（如将吊臂搁置），则可设有停止限位开关动作的越控开关，此开关应适当加以保护，防止发生意外。 **5.8.4**　超载保护。克令吊应设有超载保护装置，超载保护应调整在110%安全工作负荷范围内动作，到达110%安全工作负荷时，货物离地不超过1m时应能自动切断运转动力	

第十五章

起　重　施　工

第一节　起重施工概述

一、术语或定义

(1) 起重施工：为工程项目施工中物件的装卸、厂（场）内拖运与吊装作业的统称。

(2) 吊索：指起重施工作业时，连接吊钩或承载设施与物件的柔性元件。

(3) 索具：为起重用绳索及与其配合使用的绳夹、滑轮组、卸扣、吊索等起重部件的总称。

(4) 吊具：为起重施工作业时，连接吊钩或承载设施和物件与吊索的刚性结构件的统称。

二、主要检查要求综述

起重施工安全检查主要是对起重施工中的人员、机械、工器具、吊索具、作业环境、施工方案、安全技术交底和作业行为等进行检查，确认这些要素是否符合相关标准、规程、规范和规定的要求，避免设备损坏、人身伤害等事故的发生。

第二节　起重施工通用规定

起重施工通用安全检查重点、要求及方法见表 2-15-1。

表 2-15-1　　起重施工通用安全检查重点、要求及方法

序号	检查重点	标　准　要　求	检查方法
1	起重施工人员资格要求	**1. 电力行业标准《电力建设安全工作规程　第 1 部分：火力发电》(DL 5009.1—2014)** **4.12.1**　通用规定 3　起重机械操作人员、指挥人员（司索信号工）应经专业技术培训并取得操作资格证书。 **2. 电力企业联合会标准《电力建设工程起重施工技术规范》(T/CEC 5023—2020)** **3.1.1**　从事起重施工人员应年满 18 周岁、且不超过国家法定退休年龄，同时健康状况应符合起重施工要求。 **3.1.2**　从事起重施工人员应具有必要的起重知识，熟悉有关规程、	1. 起重指挥人员和属于特种设备的起重机司机资格证书查询方式见第五篇第一章第一节。 2. 汽车起重机和全地面起重机下车司机需持公安交通管理部门颁发的大型货车驾驶证。 3. 起重司索、安装维修作业人员，汽车起重

续表

序号	检查重点	标　准　要　求	检查方法
1	起重施工人员资格要求	规范。起重指挥、司机等人员应取得相应的特种设备作业人员或建筑施工特种作业人员资格证书，严禁无证上岗。 **3.1.4** 起重机械司索作业人员、安装维修人员、起重机械地面操作人员和遥控操作人员、液压提升装置操作人员、卷扬机操作人员、桅杆起重机司机，由使用单位组织培训和管理，并保存培训和考核合格记录	机和全地面起重机司机，起重机械地面和遥控操作人员，液压提升装置、卷扬机操作人员，桅杆起重机司机等查询培训记录
2	起重机操作人员及操作要求	**1. 国家标准《起重机械安全规程　第1部分：总则》（GB/T 6067.1—2010）** **12.3.1** 职责 司机应遵照制造商说明书和安全工作制度负责起重机的安全操作。 **2. 电力行业标准《电力建设安全工作规程　第1部分：火力发电》（DL 5009.1—2014）** **4.12.1** 通用规定 12 起重机械操作人员未确定指挥人员（司索信号工）取得指挥操作资格证时，不得执行其操作指令。 **4.12.2** 起重机操作人员及操作应符合下列规定： 2 作业前应检查起重机的工作范围，清除妨碍起重机行走及回转的障碍物。轨道应平直，轨距及高差应符合规定。 6 起重机作业时，无关人员不得进入操作室。作业时操作人员应精力集中，未经指挥人员许可，操作人员不得擅自离开工作岗位。 7 操作人员应按指挥人员的指挥信号进行操作。指挥信号不清或发现有事故风险时，操作人员应拒绝执行并立即通知指挥人员。操作人员应听从任何人发出的危险信号。 8 操作人员在操作起重机每个动作前，均应发出警示信号。 9 起吊重物时，吊臂及吊物上严禁有人或有浮置物。 **4.12.4** 起重作业应符合下列规定： 15 指挥人员看不清工作地点、操作人员看不清或听不清指挥信号时，不得进行起重作业	1. 查看证件的有效性。 2. 现场查看操作室有无无关人员和操作人员在岗情况。 3. 现场查看操作人员作业行为
3	起重指挥人员要求	**电力行业标准《电力建设安全工作规程　第1部分：火力发电》（DL 5009.1—2014）** **4.12.1** 通用规定 2 作业应统一指挥。指挥人员和操作人员应集中精力、坚守岗位，不得从事与作业无关的活动。 **4.12.3** 起重指挥人员应符合下列规定： 1 指挥人员应按照《起重机手势信号》GB 5082的规定进行指挥。 2 指挥人员发出的指挥信号应清晰、准确。 3 指挥人员应站在使操作人员能看清指挥信号的安全位置上。 4 当发现错传信号时，应立即发出停止信号。 5 操作、指挥人员不能看清对方或负载时，应设中间指挥人员逐级传递信号。采用对讲机指挥作业时，作业前应检查对讲机工作正常、电量充足，并保持不间断传递语音信号。信号中断应立即停止动作，待信号正常方可恢复作业。 6 负载降落前，指挥人员应确认降落区域安全方可发出降落信号。 7 当多人绑挂同一负载时，应做好呼唤应答，确认绑挂无误后，方可由指挥人员负责指挥起吊。 8 两台起重机吊运同一负载时，指挥人员应双手分别指挥各台起重机。多台起重机械联合起升，应统一指挥。	1. 查看证件的有效性。 2. 现场查看指挥人员站位及指挥行为

续表

序号	检查重点	标 准 要 求	检查方法
3	起重指挥人员要求	9 在开始起吊时，应先用微动信号指挥，待负载离开地面100mm～200mm并稳定后，再用正常速度指挥。在负载最后降落就位时，也应使用微动信号指挥。 **4.12.4** 起重作业应符合下列规定： 15 指挥人员看不清工作地点、操作人员看不清或听不清指挥信号时，不得进行起重作业	
4	起重机械状况	**1. 电力行业标准《电力建设安全工作规程 第1部分：火力发电》(DL 5009.1—2014)** **4.12.1** 通用规定 5 起重作业前应对起重机械、工机具、钢丝绳、索具、滑轮、吊钩进行全面检查。 **2. 电力企业联合会标准《电力建设工程起重施工技术规范》(T/CEC 5023—2020)** **3.2.1** 起重机械应符合起重施工方案中规格型号和性能等要求。 **3.2.2** 起重机械安装完毕后，应按照安装使用说明书及安全技术标准的有关要求进行自检、调试和载荷试验。自检合格的，应出具自检合格证明。 **3.2.3** 属于特种设备的起重机械，应经核准的检验机构检验合格，方可投入使用。不属于特种设备的起重机械，应有生产厂家出具的合格证明文件和自检合格证明。 **3.2.4** 起重机械作业前应检查作业环境和外观、金属结构、主要零部件、安全保护和防护装置、液压及电气系统、司机室、起重机械安全监控管理系统等	1. 资料检查： (1) 检查起重机械、工机具、吊索具的检查记录。 (2) 检查起重机械的自检合格报告和合格证明文件。 2. 现场查看起重机械、工机具、吊索具的符合性和外观状况及安全防护装置。 3. 起重机械状况检查详见本篇第十七章
5	起重施工用工器具、吊索具状况	**1. 电力行业标准《电力建设安全工作规程 第1部分：火力发电》(DL 5009.1—2014)** **4.12.1** 通用规定 5 起重作业前应对起重机械、工机具、钢丝绳、索具、滑轮、吊钩进行全面检查。 **2. 电力企业联合会标准《电力建设工程起重施工技术规范》(T/CEC 5023—2020)** **3.3.1** 外购吊索具及工器具的设计与制造单位应有相应资质，吊索具及工器具应有合格证明文件，标识应清晰，外观应无缺陷，施工单位应检查验证，使用期间应按设计或制造厂家的要求定期检查。自行设计、制作的吊索具及工器具应经计算校验、检查验收合格。 **3.3.2** 插编钢丝绳首次使用前应验收合格，每次使用前应外观检查。 **3.3.3** 合成纤维吊带使用前应安全检查，表面应无擦伤、割口、承载芯裸露、化学侵蚀、热损伤或摩擦损伤、端配件损伤或变形等缺陷	1. 资料检查： (1) 检查工机具、吊索具的检查记录。 (2) 检查吊索具、工器具的合格证明文件。 2. 现场查看工机具、吊索具的符合性和外观状况
6	起重施工工作环境要求	**1. 电力行业标准《电力建设安全工作规程 第1部分：火力发电》(DL 5009.1—2014)** **4.6.5** 起重机械应符合下列规定： 21 流动式起重机 1) 起重机停放或行驶时，其车轮、支腿或履带的前端、外侧与	现场查看、测量： (1) 查看测量起重机距离沟坑边沿距离是否满足要求。 (2) 查看吊车站位位

续表

序号	检查重点	标 准 要 求	检查方法
6	起重施工工作环境要求	沟、坑边缘的距离不得小于沟、坑深度的1.2倍，小于1.2倍时应采取防倾倒、防坍塌措施。 2）作业时，起重机应置于平坦、坚实的地面上，机身倾斜度不得超过制造厂的规定。 6）履带起重机行驶时，地面的接地比压要符合说明书的要求，必要时可在履带下铺设路基板，回转盘、臂架及吊钩应固定住，汽车式起重机下坡时不得空挡滑行。 **4.12.1** 通用规定 10 严禁以运行的设备、管道以及脚手架、平台等作为起吊重物的承力点。利用建（构）筑物或设备的构件作为起吊重物的承力点时，应经核算满足承力要求，并征得原设计单位同意。 **2. 电力企业联合会标准《电力建设工程起重施工技术规范》（T/CEC 5023—2020）** **1.0.12** 起重机通道、安装、运行、操作、拆卸、支撑等场地条件和温度、湿度、海拔、风力、雨雾、潮汐、沙尘、腐蚀性、易燃易爆等环境条件应符合起重机械使用要求。 **3.7.1** 起重机械支撑条件应符合下列规定： 1 起重机械支撑点应避开地下管线、暗沟或廊道等，否则应对地下设施采取保护措施。 2 起重机械吊装站位基础需特殊处理的应在起重施工方案中明确地基承载力和水平度要求；不能明确承载力的基础，应测试地基承载力，测试结果符合起重方案要求后，方可作业。 3 起重机械行走或停放时，车轮、支腿的前端、外侧与沟、坑边缘的距离不得小于沟、坑深度的1.2倍，小于1.2倍时应采取防倾倒、防坍塌措施。 **3.7.2** 起重机械与周围障碍物应符合下列规定： 1 起重机械作业时应确保起重机械与周围障碍物等有足够的安全距离。 2 起重机械接近架空输电线路安全距离作业时，应制订防触碰应急措施，并应符合下列规定： 1）确认架空输电线路是否带电。 2）在可能与带电输电线接触的场所，工作开始前，应征求当地电力主管部门的意见。 3）在邻近输电线路区域作业，应做好起重机械可靠接地等安全措施。 3 起重机械臂架、吊索具及物件等，与输电线的最小安全距离应符合规定。 4 起重机械馈电裸滑线与周围设施的安全距离应符合规定，否则应采取安全防护措施	置地基有无沉降现象。 （3）查看、测量起重机或吊物距离输电线路距离是否满足要求。 （4）查看起吊的承力点、起重机械的支撑点是否符合要求
7	起重施工天气情况要求	**1. 电力行业标准《电力建设安全工作规程 第1部分：火力发电》（DL 5009.1—2014）** **4.12.1** 通用规定 11 严禁在恶劣天气或照明不足情况下进行起重作业。当作业地点的风力达到五级时，不得吊装受风面积大的物件；当风力达到六级及以上时，不得进行起重作业。 **4.12.2** 起重机操作人员及操作应符合下列规定：	1. 现场查看天气和照明。 2. 手持风速仪或机械自带风速仪测量风速是否满足吊装要求，五级：（8.0～10.7m/s）；六级：（10.8～13.8m/s）。

续表

序号	检查重点	标　准　要　求	检查方法
7	起重施工天气情况要求	5　雨、雪、大雾、雾霾天气应在保证良好视线的条件下作业，在作业前检查各制动器并进行试吊，确认可靠后方可进行作业，并有防止起重机各制动器受潮失效的措施。 **2. 电力企业联合会标准《电力建设工程起重施工技术规范》（T/CEC 5023—2020）** **3.7.3**　气候条件应符合下列规定： 1　起重机械作业，应符合起重机械温度、湿度、海拔、腐蚀度等条件要求。 2　露天作业的起重机械，应符合风速、雨雾、雷电等条件要求。 3　流动式起重机应预留应急通道，该通道不得被占用	3. 现场查看流动式起重机是否有应急通道；起重机制动器防潮措施

第三节　起重施工工器具和吊索具

一、电动葫芦

电动葫芦安全检查重点、要求及方法见表 2-15-2。

表 2-15-2　　电动葫芦安全检查重点、要求及方法

序号	检查重点	标　准　要　求	检查方法
1	电动葫芦合格证书及标志	**机械行业标准《钢丝绳电动葫芦　第1部分：型式与基本参数、技术条件》（JB/T 9008.1—2014）** **7.3.1**　每台电动葫芦应进行出厂检验，检验合格后（包括用户特殊要求检验项目）方能出厂，出厂产品应附有产品合格证。 **8.1**　每台电动葫芦应在明显位置上装设标牌。其要求应符合 GB/T 13306 的规定。标牌上至少应包括下列内容：制造商名称、产品名称、产品型号、出厂日期、出厂编号、额定起重量、机构工作级别、起升高度、起升速度、运行速度	现场目视检查设备有无标志及合格证等
2	电动葫芦安全装置	**机械行业标准《钢丝绳电动葫芦　第1部分：型式与基本参数、技术条件》（JB/T 9008.1—2014）** **5.4.1.1**　电动葫芦应设置上升和下降极限位置限位器，且能保证当吊钩起升和下降到极限位置时自动切断动力电源，此时反方向的动作应可以进行。 **5.4.1.3**　在吊钩组醒目处应标示额定起重量，并设置钩口闭锁装置。吊运熔融金属的电动葫芦不宜设置闭锁装置。 **5.4.1.5**　电动葫芦应设置常闭式工作制动器。 **5.4.1.7**　按钮装置上应设有紧急停止开关，当有紧急情况时，应能切断动力电源。 **5.4.2.1**　当吊钩下降到最低极限位置时，钢丝绳在卷筒上的剩余安全圈数（固定绳尾的圈数除外）至少应保持2圈。 **5.4.2.4**　电动葫芦应设置导绳器或采取其他防乱绳措施	现场目视检查安全装置是否设置齐全有效

二、手拉葫芦

手拉葫芦安全检查重点、要求及方法见表 2-15-3。

表 2-15-3　　手拉葫芦安全检查重点、要求及方法

序号	检查重点	标准要求	检查方法
1	手拉葫芦标志及合格证书	**机械行业标准《手拉葫芦》(JB/T 7334—2016)** **7.1** 应在手拉葫芦的明显位置设置清晰、永久的标牌。内容包括产品型号和名称、基本参数、出厂编号及制造日期、制造商名称、商标、执行标准编号等； **7.2.2** 手拉葫芦发货时，至少应包括下列随行文件：产品使用说明书、产品合格证	现场目视检查设备有无标志及合格证等
2	手拉葫芦外观检查	**1. 电力行业标准《电力建设安全工作规程　第1部分：火力发电》(DL 5009.1—2014)** **4.7.3.2** 链条葫芦 1）使用前检查吊钩、链条、传动及制动器应可靠。 4）制动器严防沾染油脂。 **2. 机械行业标准《手拉葫芦》(JB/T 7334—2016)** **4.3.4** 手拉葫芦应配置适当的导链和挡链装置，对链条、链轮和游轮正确啮合起辅助作用，而且在手拉葫芦随意放置或晃动时，链条不应从链轮或游轮环槽中脱落。 **4.3.7** 制动器、齿轮副均应装设防护罩。 **4.4.1** 手拉葫芦各外露零部件不应有影响外观和使用的裂纹、伤痕、毛刺等缺陷。 **3. 水利行业标准《水电水利工程施工通用安全技术规程》(DL/T 5370—2017)** **8.2.1** 手拉葫芦（链式起重机）在符合《手拉葫芦》JB/T 7334、《手拉葫芦安全规则》JB/T 9010规定的同时，还应遵守以下规定： 1　链式起重机在使用前，应详细检查吊钩、链条与轴是否变形、损坏，链条终端部位的销子是否固定牢固；链子是否打扭、手拉链条是否有滑链或掉链现象。所有检查工作完成后先做无负荷起落一次，检查刹车和传动装置是否灵活，然后进行工作	目视检查外观，实际操作检查传动、制动及链条防护情况
3	手拉葫芦使用过程中检查	**电力行业标准《电力建设安全工作规程　第1部分：火力发电》(DL 5009.1—2014)** **4.7.3.2** 链条葫芦 2）吊钩应经过索具与被吊物连接，严禁直接钩挂被吊物。 3）起重链不得打扭，并且不得拆成单股使用。 5）不得超负荷使用，起重能力在5t以下的允许1人拉链，起重能力在5t以上的允许两人拉链，不得随意增加人数猛拉。操作时，人不得站在链条葫芦的正下方。 6）吊起的重物确需在空中停留较长时间时，应将手拉链拴在起重链上，并在重物上加设安全绳，安全绳选择应符合本标准4.12的规定	现场目视检查施工过程中的操作是否符合规程要求

三、千斤顶

千斤顶安全检查重点、要求及方法见表2-15-4。

表 2-15-4　　千斤顶安全检查重点、要求及方法

序号	检查重点	标准要求	检查方法
1	千斤顶标志及合格证书	**国家标准《立式油压千斤顶》(GB/T 27697—2011)** **7.1.1** 每台千斤顶都应在醒目位置设置清晰、永久的标牌。内容包括： a）制造厂名称；	现场检查产品检验合格证

续表

序号	检查重点	标　准　要　求	检查方法
1	千斤顶标志及合格证书	b）产品名称、型号； c）额定起重量、最低高度、起升高度、调整高度； d）出厂编号及制造日期、商标、执行标准编号等。 **7.1.2** 每台千斤顶上或使用说明书中应有提示操作者安全操作的警示标志。 **7.2** 每台千斤顶发货时至少应包括下列随行文件：产品使用说明书及产品质量检验合格证	
2	千斤顶使用前检查	**1. 国家标准《立式油压千斤顶》（GB/T 27697—2011）** **5.1** 目测检查千斤顶表面涂层质量是否符合要求，承载面是否采用防滑结构。 **5.2** 尺寸检查。千斤顶置于平板上，活塞杆、调整螺杆处于全收缩状态，测量千斤顶承载面到底部支撑面的垂直距离即最低高度；操作千斤顶活塞杆上升至可靠限位位置，测量千斤顶的起升高度；对带有调整螺杆的千斤顶，使调整螺杆升至限位位置，测量千斤顶的调整高度。 **5.3** 在空载条件下，对带有调整螺杆的千斤顶，用手旋动调整螺杆，检查其转动情况及限位情况。 **5.4** 安全阀试验。使千斤顶承受载荷，操作千斤顶直至安全阀开启，载荷显示值达到稳定，该显示值即为千斤顶的安全阀开启载荷。 **5.5.1** 在承载面上施加适当压力，操作千斤顶使活塞杆上升，直至限位装置起作用。检查千斤顶的限位情况。 **2. 电力行业标准《电力建设安全工作规程　第1部分：火力发电》（DL 5009.1—2014）** **4.7.3.1** 千斤顶 1）使用前应进行检查；油压式千斤顶的安全栓有损坏、螺旋式千斤顶或齿条式千斤顶的螺纹或齿条的磨损量达20%时，严禁使用。 2）应设置在平整、坚实处，并用垫木垫平。千斤顶必须与荷重面垂直，其顶部与重物的接触面间应加防滑垫层	目视检查损坏及外观情况，手动操作检查限位、安全阀等
3	千斤顶使用过程中检查	**1. 电力行业标准《电力建设安全工作规程　第1部分：火力发电》（DL 5009.1—2014）** **4.7.3.1** 千斤顶 3）严禁超载使用，不得加长手柄或超过规定人数操作。 4）使用油压式千斤顶时，任何人不得站在安全栓的前面。 5）在顶升的过程中，应随着重物的上升在重物下加设保险垫层，到达顶升高度后应及时将重物垫牢。 6）用两台及以上千斤顶同时顶升一个物体时，千斤顶的总起重能力应大于荷重的两倍。顶升时应由专人统一指挥，各千斤顶的顶升速度应一致、受力应均衡。 7）油压式千斤顶的顶升高度不得超过限位标志线；螺旋及齿条式千斤顶的顶升高度不得超过螺杆或齿条高度的3/4。 8）不得在无人监护下承受荷重。 9）下降速度应缓慢，严禁在带负荷的情况下使其突然下降。 **2. 水利行业标准《水电水利工程施工通用安全技术规程》（DL/T 5370—2017）** **8.2.9** 使用千斤顶应注意的事项： 5　液压千斤顶不得作永久支承。如必须作长时间支承时，应在重物下面增加固定支撑	现场目视检查是否按照规程要求操作

四、滑车及滑车组

滑车及滑车组安全检查重点、要求及方法见表 2－15－5。

表 2－15－5　　滑车及滑车组安全检查重点、要求及方法

序号	检查重点	标准要求	检查方法
1	滑车及滑车组使用环境	**1. 国家标准《石油化工大型设备吊装工程规范》（GB 50798—2012）** **8.1.1** 吊装所用滑轮组应按出厂铭牌和产品使用说明书选用。 **2. 电力行业标准《电力建设安全工作规程　第 1 部分：火力发电》（DL 5009.1—2014）** **4.12.6.5** 滑车及滑车组 滑车应按铭牌规定的允许负荷使用。 **3. 水利行业标准《水电水利工程施工通用安全技术规程》（DL/T 5370—2017）** **8.2.8** 使用滑轮应注意的事项： 1　严格按滑轮与滑轮组铭牌的起重量进行使用，不得超载。无铭牌时，应作必要的鉴定后，方可使用。 4　滑轮与钢丝绳选配要合适，选用滑轮时，轮槽宽度应比钢丝绳直径大 1mm～2.5mm	现场查看滑车铭牌，检查吊物重量，用卡尺测量轮槽宽度及钢丝绳直径
2	滑车及滑车组磨损情况	**1. 国家标准《石油化工大型设备吊装工程规范》（GB 50798—2012）** **8.1.2** 滑轮的轮槽表面应光滑，不得有裂纹、凹凸等缺陷。 **2. 电力行业标准《电力建设安全工作规程　第 1 部分：火力发电》（DL 5009.1—2014）** **4.12.6.5** 滑车及滑车组 2）滑车及滑车组使用前应进行检验和检查。轮槽壁厚磨损达原尺寸的 20%，轮槽不均匀磨损达 3mm 以上，轮槽底部直径减少量达钢丝绳直径的 50%，以及有裂纹、轮沿破损等情况时应报废	测量磨损尺寸
3	滑车及滑车组防脱措施	**1. 国家标准《石油化工大型设备吊装工程规范》（GB 50798—2012）** **8.1.8** 吊钩上的防止脱钩装置应齐全完好，无防止脱钩装置时，应将钩头加封。 **2. 电力行业标准《电力建设安全工作规程　第 1 部分：火力发电》（DL 5009.1—2014）** **4.12.6.5** 滑车及滑车组 3）在受力方向变化较大的场合和高处作业中，应采用吊环式滑车；如采用吊钩式滑车应采取防脱钩措施	目视检查有无防脱措施
4	滑车及滑车组使用间距、角度	**1. 电力行业标准《电力建设安全工作规程　第 1 部分：火力发电》（DL 5009.1—2014）** **4.12.6.5** 滑车及滑车组 5）滑车组使用中两滑车滑轮中心间的最小距离不得小于以下规定。滑车起重量分别为以下级别时：1t、5t、10～20t、32～50t，滑轮车间最小允许距离分别为 700mm、900mm、1000mm、1200mm。 **2. 电力企业联合会标准《电力建设工程起重施工技术规范》（T/CEC 5023—2020）** **5.8.4** 滑轮组成对使用时，动滑轮与定滑轮轮轴间的最小距离不得小于滑轮轮径的 5 倍，走绳进入滑轮的侧偏角不宜大于 3°～5°	用卷尺测量安全距离、角度是否满足要求

五、卸扣

卸扣安全检查重点、要求及方法见表 2－15－6。

表 2－15－6　　卸扣安全检查重点、要求及方法

序号	检查重点	标准要求	检查方法
1	卸扣合格证及标志	**国家标准《一般起重用 D 形和弓形锻造卸扣》（GB/T 25854—2010）** **13.2** 制造商应对每批卸扣签发合格证。 **14.1** 每个卸扣均应采用不影响其机械性能的方法做出清晰的永久性标志	现场查验合格证，目视检查外观
2	卸扣的使用	**1. 电力行业标准《电力建设安全工作规程　第 1 部分：火力发电》（DL 5009.1—2014）** **4.12.6** 钢丝绳（绳索）、吊钩和滑轮应符合下列规定： 2 卸扣 1）卸扣不得横向受力。 2）卸扣的销轴不得扣在活动性较大的索具内。 3）不得使卸扣处于吊件的转角处，必要时应加衬垫并使用加大规格的卸扣。 4）卸扣发生扭曲、裂纹和明显锈蚀、磨损，应更换部件或报废。 **2. 电力企业联合会标准《电力建设工程起重施工技术规范》（T/CEC 5023—2020）** **5.6.1** 卸扣严禁超载使用，不得使用无额定载荷标记的卸扣。 **5.6.2** 卸扣使用前应进行外观检查，表面应光滑，不得有毛刺、裂纹、尖角、夹层等缺陷；卸扣弯环或横销出现扭曲、明显锈蚀、磨损、裂纹及塑性变形等不得使用；卸扣不得用焊接方法修补。 **5.6.3** 卸扣使用时，只应承受纵向拉力，严禁横向受力。 **5.6.4** 卸扣的销轴不得扣在活动性较大的索具内。 **5.6.5** 卸扣不得处于物件转角处，必要时应加衬垫并使用加大规格的卸扣。 **5.6.6** 卸扣安装时，应将卸扣挂入吊钩受力中心位置，不得挂在吊钩钩尖部位。 **3. 电力行业标准《水电水利工程施工通用安全技术规程》（DL/T 5370—2017）** **8.2.6** 使用卸扣应注意的事项： 1 按规定负荷使用卸扣，不得超负荷使用，以防止出现问题； 2 为防止卸扣横向受力，在连接绳索或吊环时，应将其中一根套在横销上，另一根套在弯环上，不得分别套在卸扣的两个直段上面； 3 起吊作业进行完毕后，要及时卸下卸扣，并将横销插入弯环内，上好丝扣； 4 卸扣上的螺纹部分，要定时涂油，保证其润滑不生锈； 5 卸扣要存放在干燥的地方，并用木板将其垫好； 6 不得使用横销无螺纹的卸扣	现场目视检查卸扣的使用方法是否符合规程要求
3	卸扣的更换报废	**电力行业标准《电力建设安全工作规程　第 1 部分：火力发电》（DL 5009.1—2014）** **4.12.6.2** 卸扣 4）卸扣发生扭曲、裂纹和明显锈蚀、磨损，应更换部件或报废	现场目视检查卸扣损坏程度

六、钢丝绳扣

钢丝绳扣安全检查重点、要求及方法见表 2-15-7。

表 2-15-7 钢丝绳扣安全检查重点、要求及方法

序号	检查重点	标 准 要 求	检查方法
1	钢丝绳扣检验合格证明	**电力行业标准《电力建设安全工作规程 第 1 部分：火力发电》(DL 5009.1—2014)** **4.12.6.1** 钢丝绳 1）钢丝绳的选用应符合《重要用途钢丝绳》GB 8918 中规定的多股钢丝绳，并应有产品检验合格证。 16）绳扣的插接长度应为钢丝绳直径的 20 倍～24 倍，破头长度应为钢丝绳直径的 45 倍～48 倍，绳扣的长度应为钢丝绳直径的 18 倍～24 倍，且不小于 300mm。插接锥数不得小于 27 锥，绳股只能在股缝中插入，避开麻芯	现场检查外购钢丝绳、外购成品钢丝绳扣的产品检验合格证；现场测量插接的钢丝绳扣是否符合规程要求
2	钢丝绳扣的存放及润滑	**电力行业标准《电力建设安全工作规程 第 1 部分：火力发电》(DL 5009.1—2014)** **4.12.6.1** 钢丝绳 5）钢丝绳应保持良好的润滑状态，润滑剂应符合该绳的要求并不影响外观检查。 13）钢丝绳应存放在室内通风、干燥处，并有防止损伤、腐蚀或其他物理、化学因素造成性能降低的措施	现场目视检查钢丝绳扣存放环境
3	钢丝绳扣的使用	**1. 国家标准《石油化工大型设备吊装工程规范》(GB 50798—2012)** **7.2.4.1** 钢丝绳放绳时应防止发生扭结现象。 **7.2.4.5** 钢丝绳不得与电焊导线或其他电线接触，当可能相碰时，应采取防护措施。 **7.2.4.6** 钢丝绳不得与设备或构筑物的棱角直接接触，必须接触时应采取防护措施。 **7.2.4.7** 钢丝绳不得扭曲、扭结，也不得受夹、受砸而成扁平状。 **2. 电力行业标准《电力建设安全工作规程 第 1 部分：火力发电》(DL 5009.1—2014)** **4.12.1** 通用规定 7 钢丝绳应在建（构）筑物、被吊物件棱角处采取垫木方或半圆管等防止钢丝绳损坏的保护措施，且有防止木方或半圆管坠落的措施。 8 吊挂绳索与被吊物的水平夹角不宜小于 45°。 **4.12.4** 起重作业应符合下列规定： 2 两台及以上起重机械抬吊同一物件 4）抬吊过程中，各台起重机械操作应保持同步，起升钢丝绳应保持垂直，保持各台起重机械受力大小和方向变化最小。 4 起吊物应绑挂牢固。吊钩悬挂点应在吊物重心的垂直线上，吊钩绳索应保持垂直，不得偏拉斜吊。落钩时应防止由于吊物局部着地而引起吊绳偏斜。吊物未放置平稳时严禁松钩。 6 吊装零散小件物件时，钢丝绳应采取缠绕绑扎方式；当采用容器吊装时，应固定牢固。 **4.12.6** 钢丝绳（绳索）、吊钩和滑轮应符合下列规定： 1 钢丝绳（绳索）	目视检查是否按照规程使用钢丝绳扣

续表

序号	检查重点	标准要求	检查方法
3	钢丝绳扣的使用	7）钢丝绳不得与物体的棱角直接接触，应在棱角处垫半圆管、木板等。 8）起重机的起升机构和变幅机构不得使用编结接长的钢丝绳。 9）钢丝绳在机械运行中不得与其他物体或相互间发生摩擦。 10）钢丝绳严禁与任何带电体接触。 11）钢丝绳严禁与炽热物体或火焰接触。 12）钢丝绳不得相互直接套挂连接。 13）钢丝绳应存放在室内通风、干燥处，并有防止损伤、腐蚀或其他物理、化学因素造成性能降低的措施。 14）钢丝绳端部用绳夹固定时，钢丝绳夹座应在受力绳头的一边，每两个钢丝绳夹的间距不应小于钢丝绳直径的6倍；绳夹的数量应不少于表4.12.6-2的要求。两根钢丝绳用绳夹搭接时，绳夹数量应比表4.12.6-2的规定增加50%。 15）应经常对绳夹连接的牢固程度进行检查。对不易接近处可采用将绳头放出安全观察弯的方法进行监视。 17）通过滑轮的钢丝绳不得有接头。 19）钢丝绳一个捻距内发现两处或多处的局部断丝或断丝数达到本标准表4.12.6-3的规定数值时应报废。 **3. 电力企业联合会标准《电力建设工程起重施工技术规范》（T/CEC 5023—2020）** **5.1.3** 索具应按产品技术文件规定的技术参数使用，使用载荷不得超过额定值，且不得与锐利的物体直接接触，不可避免时应加垫保护物。 **5.2.3** 钢丝绳应符合下列要求： 3 钢丝绳在机械运行中不得与其他物体或相互间发生摩擦。 4 钢丝绳不得与带电导线接触，当钢丝绳与带电导线交叉时，应采取防护措施； 6 钢丝绳使用时不得叠压、缠绕或打结；钢丝绳严禁与炽热物体或火焰接触； 7 钢丝绳不得相互套挂连接。 **5.3.2** 无承载能力和禁吊点标志的无接头钢丝绳圈不得使用。 **5.3.3** 无接头钢丝绳圈使用时，绳圈上标有红色或其他标记的禁吊点部位不得挂在吊钩或吊点位置。 **7.2.2** 吊索具与被吊物件的水平夹角不宜小于45°。 **7.2.4** 吊索具不得叠压。 **7.2.5** 吊装零散物件时，吊索应采取缠绕绑扎方式；当采用容器吊装时，应固定牢固，采取防止物件散落的措施。 **7.2.6** 物件应绑挂牢固，吊钩悬挂点应在物件重心的铅垂线上，吊钩钢丝绳应保持竖直，不得偏拉斜吊。落钩时应防止由于物件局部着地引起吊索偏斜	
4	钢丝绳扣报废标准	**1. 国家标准《起重机　钢丝绳　保养、维护、检验和报废》（GB/T 5972—2023）** **6.4.3** 局部减小 如果发现直径有明显的局部减小，如由绳芯或钢丝绳中心区损伤导致的直径局部减小，应报废该钢丝绳。 **6.5** 断股 如果钢丝绳发生整股断裂，则应立即报废。 **6.7.5** 钢丝的环状突出 钢丝突出通常成组出现在钢丝绳与滑轮槽接触面的背面，发生钢	目视检查及利用测量工具检查钢丝绳扣损坏程度是否达到报废标准

续表

<table>
<tr><th>序号</th><th>检查重点</th><th>标 准 要 求</th><th>检查方法</th></tr>
<tr><td>4</td><td>钢丝绳扣报废标准</td><td>丝突出的钢丝绳应立即报废。
6.7.6 绳径局部增大
钢芯钢丝绳直径增大5%及以上，纤维芯钢丝绳直径增大10%及以上，应查明其原因并考虑报废钢丝绳。
6.7.8 扭结
发生扭结的钢丝绳应立即报废。
6.7.9 折弯
折弯严重的钢丝绳区段经过滑轮时可能会很快劣化并出现断丝，应立即报废钢丝绳。
6.7.10 热和电弧引起的损伤
钢丝绳受到异常高温的影响，外观能够看出钢丝被加热过后颜色的变化或钢丝绳上润滑脂的异常消失，应立即报废。
2. 电力行业标准《电力建设安全工作规程 第1部分：火力发电》（DL 5009.1—2014）
4.12.6.1 钢丝绳
21）如钢丝绳断丝紧靠在一起形成局部聚集，则钢丝绳应报废。如断丝聚集在小于6d的绳长范围内，或者集中在任一绳股里，钢丝绳应予以报废。
22）钢丝绳发生绳股断裂、绳径因绳芯损坏而减小、外部磨损、弹性降低、内外部出现腐蚀、变形、受热或电弧引起的损坏等任一情况均应报废。
3. 电力行业标准《水电水利工程施工通用安全技术规程》（DL/T 5370—2017）
8.2.5 钢丝绳应符合以下规定：
2 钢丝绳有下列情况之一时应报废：
1）钢丝绳的断丝数达到下表所规定的数值时。
钢丝绳断丝数量报废数值
<table><tr><th>钢丝绳型号</th><th>6d 内断丝数</th><th>30d 内断丝数</th></tr><tr><td>6×19+NF</td><td>5</td><td>10</td></tr><tr><td>6×37+NF</td><td>10</td><td>19</td></tr></table>2）当吊运熔化或炽热金属、酸溶液、爆炸物、易燃物及有毒物品时，上表所规定的断丝数相应减少一半。
3）断丝紧靠在一起形成局部聚集时。
4）出现整根绳股的断裂时。
5）当钢丝绳的纤维芯损坏或绳芯（或多层结构中的内部绳股）断裂而造成绳径显著减少时。
6）钢丝绳的弹性显著减少，虽未发现断丝，但钢丝绳明显不易弯曲或直径减小时。
7）当外层钢丝磨损达到其直径的40%时，钢丝绳直径相对于公称直径减小7%或更多时。
8）当钢丝绳表面因腐蚀而出现深坑，钢丝相对松弛时。
9）当确认钢丝绳有严重的内部腐蚀。
10）钢丝绳压扁变形及表面起毛刺严重。
11）当钢丝绳出现笼状畸变、严重的钢丝挤出、绳径局部严重增大或减小、扭结、压扁、波形变形等情况之一时。
12）由于热或电弧的作用而引起损坏的钢丝绳。
13）钢丝绳受冲击负荷后，长度伸长0.5%时</td><td></td></tr>
</table>

七、吊装带

吊装带安全检查重点、要求及方法见表 2－15－8。

表 2－15－8　　吊装带安全检查重点、要求及方法

序号	检查重点	标　准　要　求	检查方法
1	吊装带合格证查验	**机械行业标准《编织吊索安全性　第 1 部分：一般用途合成纤维扁平吊装带》（JB/T 8521.1—2007）** **D.2.1**　在吊装带首次使用前，应确保： a）吊装带的规格与订单上的要求一致； b）取得制造商提供的证书； c）吊装带上标识的名称和极限工作载荷与证书上的内容一致。 **D.2.2**　每次使用前，应检查吊装带是否有缺陷，并确保吊装带的名称和规格正确。不应使用没有标识或存在缺陷的吊装带；应将没有标识或存在缺陷的吊装带送交有资质的部门进行检测	现场检查产品检验合格证
2	吊装带使用过程中检查	**1. 国家标准《石油化工大型设备吊装工程规范》（GB 50798—2012）** **7.5.1.3**　吊装带不允许叠压或扭转使用。 **7.5.1.4**　吊装带不允许在地面上拖曳。 **7.5.1.5**　当接触尖角、棱边时应采取保护措施。 **7.5.3**　吊装带存在下列情况之一时，不得使用： 1　吊装带本体被损伤、带股松散、局部破裂； 2　合成纤维出现变色、老化、表面粗糙、合成纤维剥落、弹性变小、强度减弱； 3　吊装带发霉变质、酸碱烧伤、热熔化、表面多处疏松、腐蚀； 4　吊装带有割口或被尖锐的物体划伤。 **2. 电力行业标准《电力建设安全工作规程　第 1 部分：火力发电》（DL 5009.1—2014）** **4.12.1**　通用规定 9　吊运精密仪器、控制盘柜、电器元件、精密设备等易损设备时应使用吊装带、尼龙绳进行绑扎、吊运。 **4.12.4**　起重作业应符合下列规定： 3　吊装电气设备、控制设备、精密设备等易损物件时，应使用专用吊装带，严禁使用钢丝绳。 **3. 机械行业标准《编织吊索安全性　第 1 部分：一般用途合成纤维扁平吊装带》（JB/T 8521.1—2007）** **D.2.3**　吊装带使用期间，应经常检查吊装带是否有缺陷或损伤，包括被污垢掩盖的损伤。这些被掩盖的损伤可能会影响吊装带的继续安全使用。应对任何与吊装带相连的端配件和提升零件进行上述检查。 如果有任何影响使用的状况发生，或所需标识已经丢失或不可辨识，应立即停止使用，送交有资质的部门进行检测。 影响吊装带继续安全使用可能产生的缺陷或损伤如下： a）表面擦伤。正常使用时，表面纤维会有擦伤。这些属于正常擦伤，几乎不会对吊装带的性能造成影响。但是这种影响是会变化的，因此继续使用时，应减轻一些承重。应重视所有严重的擦伤，尤其是边缘的擦伤。局部磨损不同于一般磨损，可能是在吊装带受力拉直时，被尖锐的边缘划伤造成的，并且可能造成承重减小。	现场查看纤维吊装带使用状况及用法；现场目视或利用放大镜、尺子等工具对吊装带的损伤进行测量

续表

序号	检查重点	标 准 要 求	检查方法
2	吊装带使用过程中检查	b）割口。横向或纵向的割口，织边的割口或损坏，针脚或环眼的割口。 c）化学侵蚀。化学侵蚀会导致吊装带局部消弱或织带材料的软化，表现为表面纤维脱落或擦掉。 d）热损伤或摩擦损伤。纤维材料外观十分光滑，极端情况下纤维材料可能会熔合在一起。 e）端配件损伤或变形。 **4. 电力企业联合会标准《电力建设工程起重施工技术规范》（T/CEC 5023—2020）** **3.3.3** 合成纤维吊带使用前应安全检查，表面应无擦伤、割口、承载芯裸露、化学侵蚀、热损伤或摩擦损伤、端配件损伤或变形等缺陷。 **5.5.1** 合成纤维吊装带（以下简称“吊装带”）应有极限工作载荷和有效长度标识，并应符合下列规定： 4 吊装带不允许交叉或扭转使用，不允许打结、打拧； 5 吊装带不得在粗糙表面上使用，移动吊带和货物时，不得拖曳； 6 吊装带与物体的棱角接触时，应有保护措施； 7 吊装带当负载吊装时，不允许吊带悬挂货物时间过长； 8 当几条吊装带同时负载时，严禁单根吊带受力，宜使负载均匀分布在每根吊装带上； 9 吊装带吊装作业中，禁止吊装带打结或用打结方法连接，应采用吊装带专用连接件连接	
3	吊装带的维护保养	**国家标准《石油化工大型设备吊装工程规范》（GB 50798—2012）** **7.5.2** 合成纤维吊装带维护保养应符合下列规定： 1 吊装带应避开热源、腐蚀品、日光或紫外线长期辐射。 2 吊装带应存放在干燥、通风、清洁的场所内。 3 对潮湿的吊装带应晾干后保存	查看吊装带保存环境，是否按规范执行

第四节 起重施工一般吊装作业

起重施工一般吊装作业安全检查重点、要求及方法见表 2-15-9。

表 2-15-9 起重施工一般吊装作业安全检查重点、要求及方法

序号	检查重点	标 准 要 求	检查方法
1	起重施工一般吊装作业吊点的选择与要求	**1. 电力行业标准《电力建设安全工作规程 第1部分：火力发电》（DL 5009.1—2014）** **4.12.4** 起重作业应符合下列规定： 2 两台及以上起重机械抬吊同一物件 3）选取吊点时，应根据各台起重机械的允许起重量按计算比例分配负荷进行绑扎。 16 起重吊装的吊点应按施工方案设置，不得任意更改。吊索及吊环应经计算确定。 **4.12.5** 大型设备吊装应符合下列规定：	现场检查吊点数量、布置和捆绑方式是否合理

续表

序号	检查重点	标准要求	检查方法
1	起重施工一般吊装作业吊点的选择与要求	6　屋顶桁架吊装起吊时应根据吊装方法对桁架进行加固，吊装绑绳点必须在节点处，缆绳拉设位置不能影响后续桁架的吊装。桁架吊装应正式就位、固定牢固，指挥人员确认后，起重机方可解除受力、拆除钢丝绳。摘钩时，施工人员必须使用攀登自锁器或速差自控器。 **2. 电力企业联合会标准《电力建设工程起重施工技术规范》（T/CEC 5023—2020）** **3.4.7**　吊装大直径薄壁型物件或大型桁架结构，吊点选择应根据被吊物件整体强度、刚度和稳定性要求及吊点处的局部强度、刚度和稳定性要求确定。 **3.4.8**　对捆绑/兜绑式吊点，应根据被吊物件的形状、重量、整体和松散性，选择捆绑/兜绑的吊点数量、位置和结索方式	
2	起重施工一般吊装作业吊耳的型式和使用	**1. 电力行业标准《电力建设安全工作规程　第1部分：火力发电》（DL 5009.1—2014）** **4.12.5**　大型设备吊装应符合下列规定： 8　大板梁吊装作业前应提前设置好安装就位用操作平台和安全防护设施。组合吊装使用的吊耳、加固等应经计算，使用前应验收合格。 **2. 电力企业联合会标准《电力建设工程起重施工技术规范》（T/CEC 5023—2020）** **5.11.2**　吊耳安装方向应与其受力方向一致。当吊耳强度无法满足侧向力时，应增加侧向加强筋等增加吊耳抗弯能力的措施。 **5.11.6**　吊耳制作和使用还应符合下列要求： 1　严禁使用螺纹钢作为起重吊耳； 6　严禁违反吊耳用途和使用注意事项进行起重施工、组件对口作业； 7　严禁吊耳超负荷使用、受力方向不正确使用； 8　严禁使用有缺陷的吊耳。 **5.11.7**　板孔式吊耳设计应符合下列规定： 1　板孔式吊耳与吊索的连接应采用卸扣或销轴，不得将吊索与吊耳直接相连； 2　板孔式吊耳的设置应与受力方向一致，物件吊装过程中，对于受力方向随起升过程变化的吊耳，应在耳板的两侧设置加强筋； **5.11.9**　抱箍式吊耳设计应符合下列规定： 2　抱箍式吊耳安装应有防止抱箍在吊装载荷下沿物件轴向滑动的辅助设施	1. 资料检查吊耳验收合格文件。 2. 现场查看吊耳设计、制作、使用情况
3	起重施工一般吊装作业地锚及缆风绳的设置	**1. 电力行业标准《电力建设安全工作规程　第1部分：火力发电》（DL 5009.1—2014）** **4.6.5**　起重机械应符合下列规定： 24　扒杆及地锚 6）缆风绳与扒杆顶部及地锚的连接应牢固可靠。 7）缆风绳与地面的夹角一般不得大于45°。 8）缆风绳越过主要道路时，其架空高度不得小于7m。 9）缆风绳与架空输电线及其他带电体的安全距离应符合本标准表4.8.1的规定。	1. 资料检查地锚的计算。 2. 现场查看地锚及缆风绳的制作、布置和使用，查看地锚标志设置

续表

序号	检查重点	标 准 要 求	检查方法
3	起重施工一般吊装作业地锚及缆风绳的设置	10）地锚的规格、设置应根据锚定设备的最大受力进行计算确定。移动地锚不宜用于大型设备的锚定。 11）地锚的分布及埋设深度应根据地锚的受力情况及土质情况核算确定。 12）地锚坑在引出线露出地面的位置，其前面及两侧的 2m 范围内不得有沟、洞、地下管道或地下电缆等。 13）地锚坑引出线及其地下部分应经防腐处理。 14）地锚的埋设应平整，基坑无积水。 15）地锚埋设后应进行详细检查，试吊时应指定专人看守。 16）采用固定建（构）筑物、梁、柱作地锚时应经原设计部门核算确定。 **4.12.7** 运输及搬运作业应符合下列规定： 9 大型设备的运输及搬运 11）拖运滑车组的地锚应经计算，使用中应经常检查。严禁在不牢固的建（构）筑物或运行的设备上绑扎拖运滑车组。打桩绑扎拖运滑车组时，应了解地下设施情况并计算其承载。 **2. 电力企业联合会标准《电力建设工程起重施工技术规范》（T/CEC 5023—2020）** **3.5.2** 地锚制作和设置应符合施工方案规定。采用坑锚方式的地锚在回填时应分层夯实，回填高度应高出基坑周围地面，并做好隐蔽工程记录。 **3.5.3** 采取桩锚方式的地锚，锚桩布置时宜根据受力方向，反向倾斜 10°～15°布置，锚桩应与地面结合紧固，且不应侧向受力。 **3.5.4** 每个地锚均应编号并以受力点为基准在平面布置图中给出坐标，埋设及回填时应保证位置、方向符合设计要求。 **3.5.5** 地锚基坑的前方，即缆绳受力方向，坑深 2.5 倍的平面范围内不得有地沟、线缆、地下管道等，地锚埋设区域不得浸水。 **3.5.7** 地锚应设置许用工作拉力标志，不得超载使用。 **3.5.8** 禁止在运行的设备上设置地锚，利用建（构）筑物设置地锚时，应经核算或设计单位确认合格后设置。打桩绑扎拖运滑轮组时，应确认地下设施情况并计算承载能力	
4	起重施工一般吊装作业物件装卸及运输	**1. 电力行业标准《电力建设安全工作规程 第 1 部分：火力发电》（DL 5009.1—2014）** **4.12.7** 运输及搬运作业应符合下列规定： 6 使用厂（场）内专用机动车辆 1）驾驶人员应经考试合格并取得资格证书。 2）使用前应检查确认制动器、转向机构、喇叭完好。 3）装运物件应垫稳、捆牢，不得超载。 4）行驶时，驾驶室外及车厢外不得载人，驾驶员不得与他人谈笑。启动前应先鸣号。载货时车速不得超过 5km/h，空车车速不得超过 10km/h。停车后应切断动力源，扳下制动闸后，驾驶员方可离开。 5）电瓶车充电时应距明火 5m 以上并加强通风。 7 水路运输 1）船员应进行培训、考试合格并取得资格证；参加水上运输的人员应熟悉水上运输知识。	1. 资料检查。 （1）驾驶员、船员资格证书。 （2）船只合格证明文件、航运安全规程、安全航行管理制度。 2. 现场检查。 （1）车辆、船只外观部件。 （2）封车（船）状况。 （3）运输行为

续表

序号	检查重点	标准要求	检查方法
4	起重施工一般吊装作业物件装卸及运输	2）运输船只应合格。 3）应根据船只载重量及平稳程度装载。严禁超重、超高、超宽、超长、超航区航行。不得使用货船载运旅客。 4）船只出航前应对导航设备和通信设备进行严格检查，确认无误后方可出航。 5）器材应分类堆放整齐并系牢；危险品应隔离并妥善放置，由专人保管。 6）应由熟悉水路的人员领航，并按航运安全规程执行。 7）船只靠岸停稳前不得上下人员。跳板应搭设稳固。单行跳板的宽度不得小于500mm，厚度不得小于50mm，长度不得超过6m。 8）在水中绑扎或解散竹、木排的人员应会游泳，并佩戴救生衣等防护设备。 9）遇六级及以上大风、大雾、暴雨等恶劣天气，严禁水上运输，船只应靠岸停泊。 10）船只应由专人管理，并应有安全航行管理制度，救生设备应完好、齐全。 11）应注意收听气象台、站的广播，及时做好防台、防汛工作。 12）严禁不符合夜航条件的船只夜航。 **2. 电力企业联合会标准《电力建设工程起重施工技术规范》（T/CEC 5023—2020）** **6.1.3** 物件装卸应有防变形、防坠落和防倾倒措施。 **6.1.4** 装卸绑扎时，吊索与物件的棱角接触处应采取保护和防脱落措施。 **6.1.6** 被装卸的物件放在地面或运输车板上时，应采取支垫及防滑措施。 **6.1.7** 装车时，应使用钢丝绳、手拉葫芦或滑轮组等工具捆扎固定	
5	起重施工一般吊装作业物件搬运	**电力行业标准《电力建设安全工作规程 第1部分：火力发电》（DL 5009.1—2014）** **4.12.7** 运输及搬运作业应符合下列规定： 8 搬运 1）沿斜面搬运时，所搭设的跳板应牢固可靠，坡度不得大于1∶3，跳板厚度不得小于50mm。 2）在坡道上搬运时，物件应用绳索拴牢，并做好防止倾倒的措施。作业人员应站在侧面。下坡时应用绳索溜住。 3）搬运人员应穿防滑、防砸鞋，戴防护手套。多人搬运同一物件时，应有专人统一指挥。 9 大型设备的运输及搬运 2）搬运大型设备前，应对路基下沉、路面松软以及冻土开化等情况进行调查并采取措施，防止在搬运过程中发生倾斜、翻倒；对沿途经过的桥梁、涵洞、沟道等应进行详细检查和验算，必要时应采取加固措施。 3）大型设备运输道路的坡度不得大于15°；不能满足要求时，应征得制造厂同意并采取可靠的安全技术措施。 4）运输道路上方如有输电线路，通过时应保持安全距离，不能	现场查看： （1）地基情况。 （2）坡度情况。 （3）与输电线路距离。 （4）装车位置及封车情况。 （5）钢丝绳扣或牵引绳拴挂情况。 （6）设备装卸及牵引行为

续表

序号	检查重点	标准要求	检查方法
5	起重施工一般吊装作业物件搬运	保证安全通过时应采取绝缘隔离措施。 5）用拖车装运大型设备时，应进行稳定性计算并采取防止剧烈冲击或振动的措施。选择适合规格的绑扎钢丝绳、手拉葫芦和卸扣，采用合理方式进行绑扎固定。行车时应配备开道车及押运联络员。 6）采用自行式液压模块车运输大型设备时，设备装载重心、地面承载力等要符合车辆相关的要求。 7）从车辆或船上卸下大型设备时，卸车、卸船平台应牢固，并应有足够的宽度和长度。承载后平台不得有不均匀下沉现象。 8）搭设卸车、卸船平台时，应考虑到车、船卸载时弹簧弹起及船体浮起所造成的高差。 9）使用两台不同速度的牵引机械卸车、卸船时，应采取措施使设备受力均匀，牵引速度一致。牵引的着力点应在设备的重心以下。 10）被拖动物件的重心应放在拖板中心位置。拖运圆形物件时，应垫好枕木楔子；对高大而底面积小的物件，应采取防倾倒的措施；对薄壁或易变形的物件，应采取加固措施。 11）拖运滑车组的地锚应经计算，使用中应经常检查。严禁在不牢固的建（构）筑物或运行的设备上绑扎拖运滑车组。打桩绑扎拖运滑车组时，应了解地下设施情况并计算其承载。 12）在拖拉钢丝绳导向滑轮内侧的危险区内严禁人员通过或逗留。 13）中间停运时，应采取措施防止物件滚动。夜间应设红灯示警，并设专人看守	
6	起重施工一般吊装作业滚杠运输	**电力企业联合会标准《电力建设工程起重施工技术规范》（T/CEC 5023—2020）** **6.2.1** 滚杠拖运应符合下列要求： 3 放置滚杠时，滚杠轴线应与运输方向垂直且间距均匀，两滚杠中心距宜为250mm～350mm； 4 滚杠下的走道宜铺设平整，采用道木铺道时，道木接头处应错开； 5 排子滚杠运输坡度不宜超过5°，遇有坡度时，排子应有制动措施； 7 严禁戴手套调整滚杠	现场查看运输坡度、滚杠布置及拖运行为
7	起重施工一般吊装作业重物移运器拖运	**电力企业联合会标准《电力建设工程起重施工技术规范》（T/CEC 5023—2020）** **6.2.2** 重物移运器拖运应符合下列规定： 4 物件放在重物移运器上时，应确认物件平稳，支点与物件连接可靠，轨道平行，无变形现象，检查运行轨道内无其他障碍物等影响物件正常运行因素； 6 每个重物移运器的中线应与轨道的中线重合，物件移动时应保证两侧同步	现场查看运输坡度、重物移运器布置及拖运行为
8	起重施工一般吊装作业液压顶推装置推运	**电力企业联合会标准《电力建设工程起重施工技术规范》（T/CEC 5023—2020）** **6.2.3** 液压顶推装置推运应符合下列规定： 5 操作时应设专人统一指挥并监视液压顶推装置的同步性，发现位移偏差较大时，应立即停止动作，采用单台动作调整后再整体动作； 6 液压顶推装置工作时，任何人不得站在安全栓的前面	现场查看运输坡度、液压顶推装置布置及拖运行为

续表

序号	检查重点	标　准　要　求	检查方法
9	起重施工一般吊装作业	**1. 电力行业标准《电力建设安全工作规程　第1部分：火力发电》(DL 5009.1—2014)** **4.12.1**　通用规定 6　起吊前应检查起重机械及其安全装置；吊件吊离地面约100mm时应暂停起吊并进行全面检查，确认正常后方可正式起吊。 **4.12.4**　起重作业应符合下列规定： 4　起吊物应绑挂牢固。吊钩悬挂点应在吊物重心的垂直线上，吊钩绳索应保持垂直，不得偏拉斜吊。落钩时应防止由于吊物局部着地而引起吊绳偏斜。吊物未放置平稳时严禁松钩。 5　起吊大件或不规则组件时，应在吊件上拴挂牢固的溜绳。 6　吊装零散小件物件时，钢丝绳应采取缠绕绑扎方式；当采用容器吊装时，应固定牢固。 7　不得在被吊装物品上堆放或悬挂零星物件。吊起后进行水平移动时，其底部应高出所跨越障碍物500mm以上。 8　有主、副两套起升机构的起重机，主、副钩不得同时使用。设计允许同时使用的专用起重机除外。 9　起重机严禁同时操作三个动作。在接近额定载荷时，不得同时操作两个动作。臂架型起重机在接近额定载荷时，严禁降低起重臂。 10　起重工作区域内无关人员不得逗留或通过；起吊过程中严禁任何人员在起重机臂杆及吊物的下方逗留或通过。 11　起重机吊运重物时应走吊运通道，严禁从人员的头顶上方越过。 13　埋在地下或冻结在地面上等重量不明的物件不得起吊。 **2. 电力企业联合会标准《电力建设工程起重施工技术规范》(T/CEC 5023—2020)** **4.1.5**　起重机械起吊物件时，吊臂和物件上严禁有人或浮置物，起重臂与吊物下方严禁人员通过或逗留。 **4.1.13**　两台及以上起重机械在同一区域使用，可能发生碰撞时，应制定相应安全措施，并对相关人员安全技术交底。 **7.1.7**　起重机起重臂与被吊物的安全距离不应小于500mm。 **7.1.8**　物件正式吊装前应试吊。 **7.1.10**　对于易摆动的物件和大型设备吊装时两侧应拴好牵引绳。 **7.1.12**　作业区域应设置警戒线并派专人监护，无关人员和车辆禁止通过或逗留。 **7.4.2**　移动物件时，应符合下列要求： 1　起重机械严禁同时操作三个动作。在接近额定载荷时，不得同时操作两个动作。臂架型起重机在接近额定载荷时，严禁降低起重臂； 3　移动物件时，严禁从人员上方通过，且不宜从建（构）筑物或设备正上方通过； 5　吊起后水平移动时，底部宜高出所跨越障碍物500mm以上	现场查看： (1) 起重机械、工器具、吊索具完好性及使用正确性。 (2) 吊装行为的正确性
10	起重施工一般吊装作业吊装悬停	**1. 电力行业标准《电力建设安全工作规程　第1部分：火力发电》(DL 5009.1—2014)** **4.12.4**　起重作业应符合下列规定： 10　起重工作区域内无关人员不得逗留或通过；起吊过程中严禁任何人员在起重机臂杆及吊物的下方逗留或通过。对吊起的物件必	现场查看悬停时相关人员在岗情况及行为正确性

续表

序号	检查重点	标准要求	检查方法
10	起重施工一般吊装作业吊装悬停	须进行加工时，应采取可靠的支撑措施并通知起重机操作人员。 12 吊起的重物必须在空中作短时间停留时，指挥人员和操作人员均不得离开工作岗位。 14 起重机在作业中出现故障或不正常现象时，应采取措施放下重物，停止运转后进行检修，严禁在运转中进行调整或检修。起重机严禁采用自由下降的方法下降吊钩或重物。 **2. 电力企业联合会标准《电力建设工程起重施工技术规范》（T/CEC 5023—2020）** **7.4.1** 吊装过程中不允许与吊装施工无关的悬停，无法避免时应符合下列要求： 1 悬停时应保证物件的稳定性和安全性； 2 起重机械操作人员与指挥人员不得在物件悬停时离开工作岗位； 3 物件悬停期间应有专人监护现场，人员不得在悬停的物件下方通过或停留，在物件周边作业时设置可靠保护措施	
11	起重施工一般吊装作业抬吊吊装	**1. 电力行业标准《电力建设安全工作规程 第1部分：火力发电》（DL 5009.1—2014）** **4.12.4** 起重作业应符合下列规定： 2 两台及以上起重机械抬吊同一物件 1）宜选用额定起重量相等和相同性能的起重机械。严禁超负荷使用。 2）各台起重机械所承受的载荷不得超过本身80%的额定载荷。特殊情况下，应制定专项安全技术措施，经企业技术负责人和工程项目总监理工程师审批，企业技术负责人应现场旁站监督实施。 3）选取吊点时，应根据各台起重机械的允许起重量按计算比例分配负荷进行绑扎。 4）抬吊过程中，各台起重机械操作应保持同步，起升钢丝绳应保持垂直，保持各台起重机械受力大小和方向变化最小。 **2. 电力企业联合会标准《电力建设工程起重施工技术规范》（T/CEC 5023—2020）** **7.4.3** 两台及以上起重机械抬吊物件时，应符合下列要求： 2 各台起重机械承受的载荷不得超过本身80%的额定载荷；风力发电机组吊装工程起重量不应超过两台起重机械所允许起吊重量总和的75%，每一台起重机械的负荷量不宜超过其安全负荷量的80%。 4 抬吊过程中，各台起重机械吊钩钢丝绳应保持竖直，保持各台起重机械受力大小和方向变化最小，升降、行走应保持同步； 5 应统一指挥，明确各台起重机械的起始承载和就位卸载顺序	1. 检查技术方案和安全作业票等资料。 2. 现场查看。 （1）通过吊车操作显示屏查看吊装负荷率。 （2）吊车起升速度一致性和物件水平情况
12	起重施工一般吊装作业吊装就位	**1. 电力行业标准《电力建设安全工作规程 第1部分：火力发电》（DL 5009.1—2014）** **4.12.4** 起重作业应符合下列规定： 4 起吊物应绑挂牢固。吊钩悬挂点应在吊物重心的垂直线上，吊钩绳索应保持垂直，不得偏拉斜吊。落钩时应防止由于吊物局部着地而引起吊绳偏斜。吊物未放置平稳时严禁松钩。 17 吊装就位后，应待临时支撑、吊挂完成或就位固定牢靠后方可脱钩。严禁在未连接或未固定好的设备上作业。	现场查看就位着地、固定和人员安全站位情况

续表

序号	检查重点	标　准　要　求	检查方法
12	起重施工一般吊装作业吊装就位	**2. 电力企业联合会标准《电力建设工程起重施工技术规范》(T/CEC 5023—2020)** **7.5.1** 物件吊装就位应符合下列要求： 2 物件就位时，应将物件的重量分阶段回落到基础或支撑上，并观察基础或支撑承载情况，严禁在未连接或未固定好的设备上作业； 3 可采用手拉葫芦、千斤顶、专用装置等辅助就位。严禁偏拉斜吊，野蛮施工； 5 初步就位应确认，符合要求后方可落钩，落钩过程中应防止吊索具旋转缠绕；应固定的物件，待完成固定并经检查确认无误后方可解除吊索具	
13	起重施工一般吊装作业吊装系统恢复	**电力企业联合会标准《电力建设工程起重施工技术规范》(T/CEC 5023—2020)** **7.5.2** 系统恢复应符合下列要求： 1 吊装作业完成后，应恢复起重机械至停放状态，回收吊索具并妥善存放； 2 吊装作业结束后应及时拆除辅助吊装构架及加固设施	现场查看起重机械、工器具、吊索具及辅助吊装构架及加固设施恢复情况

第十六章

防火与消防设施配备

第一节 防火与消防设施配备概述

电力建设工程施工过程中，由于施工工艺需要使用许多可燃易燃品，如防腐作业常用的稀释剂、油漆和磷片等，施工机械设备需要的各类油品，切割常用的氧气、乙炔等气体，建筑施工的模板等木材，这些可燃易燃物质遇火源容易迅速点燃引发火灾或爆炸事故。因此，电力建设工程施工现场应严格按照国家防火设计有关标准进行施工现场布置，配备相应消防设施和灭火器材，防止火灾发生和提高灭火能力，保护人身和财产安全。

一旦发生火灾，灭火器是简单有效的灭火设施。灭火器配置场所的火灾种类可划分为以下六类：

（1）A类火灾：固体物质火灾。这种物质通常具有有机物性质，一般在燃烧时能产生灼热的余烬。

（2）B类火灾：液体或可熔化的固体物质火灾。

（3）C类火灾：气体火灾。

（4）D类火灾：金属火灾。

（5）E类火灾：物体带电燃烧的火灾，也表述为带电设备火灾。

（6）F类火灾：烹饪器具内的烹饪物（如动植物油脂）火灾。

灭火器的选择应考虑配置场所的火灾种类、场所的危险等级、灭火器的灭火效能和通用性、灭火剂对保护物品的污损程度、灭火器设置点的环境温度、使用灭火器人员的体能等因素。在同一灭火器配置场所，宜选用相同类型和操作方法的灭火器。当同一灭火器配置场所存在不同火灾种类时，应选用通用型灭火器。在同一灭火器配置场所，当选用两种或两种以上类型灭火器时，应采用灭火剂相容的灭火器。不相容的灭火剂如：磷酸铵盐干粉与碳酸氢钠、碳酸氢钾干粉不相容；碳酸氢钠、碳酸氢钾干粉与蛋白泡沫不相容。

A类火灾场所应选择水型灭火器、磷酸铵盐干粉灭火器、泡沫灭火器或卤代烷灭火器。B类火灾场所应选择泡沫灭火器、碳酸氢钠干粉灭火器、磷酸铵盐干粉灭火器、二氧化碳灭火器、灭B类火灾的水型灭火器或卤代烷灭火器。极性溶剂的B类火灾场所应选择灭 B 类火灾的抗溶性灭火器。C 类火灾场所应选择磷酸铵盐干粉灭火器、碳酸氢钠干粉灭火器、二氧化碳灭火器或卤代烷灭火器。D 类火灾场所应选择扑灭金属火灾的专用灭火器。E 类火灾场所应选择磷酸铵盐干粉灭火器、碳酸氢钠干粉灭火器、卤代烷灭火器或二氧化碳灭火器，但不得选用装有金属喇叭喷筒的二氧化碳灭火器。F 类火灾场所应选择适用于 E 类、F 类火灾的水基型灭火器。

第二节 防火与消防设施配备要求

防火与消防设施配备安全检查重点、要求及方法见表 2-16-1。

表 2-16-1 防火与消防设施配备安全检查重点、要求及方法

序号	检查重点	标 准 要 求	检查方法
1	防火一般要求	**1. 国家标准《建筑防火通用规范》(GB 55037—2022)** **11.0.1** 建筑施工现场应根据场内可燃物数量、燃烧特性、存放方式与位置，可能的火源类型和位置，风向、水源和电源等现场情况采取防火措施，并应符合下列规定： 1 施工现场临时建筑或设施的布置应满足现场消防安全要求。 2 易燃易爆危险品库房与在建建筑、固定动火作业区、邻近人员密集区、建筑物相对集中区及其他建筑的间距应符合防火要求。 3 当可燃材料堆场及加工场所、易燃易爆危险品库房的上方或附近有架空高压电力线时，其布置应符合以下规定：架空电力线路不应跨越生产或储存易燃、易爆物质的建筑，仓库区域，危险品站台，及其他有爆炸危险的场所，相互间的最小水平距离不应小于电杆或电塔高度的 1.5 倍。1kV 及以上的架空电力线路不应跨越可燃性建筑屋面。 4 固定动火作业区应位于可燃材料存放位置及加工场所、易燃易爆危险品库房等场所的全年最小频率风向的上风侧。 **2. 电力行业标准《电力建设安全工作规程 第 1 部分：火力发电》(DL 5009.1—2014)** **4.14.3** 防火应符合下列规定： 1 临时建筑及仓库的设计应符合《建筑防火设计规范》GB 50016 的规定。库房应通风良好，配置足够的消防器材，设置“严禁烟火”警示牌，严禁住人。 2 建筑物防火安全距离应符合《建设工程施工现场消防安全技术规范》GB 50720 的规定	现场检查，测量架空高压电力线路与附近易燃易爆场所和可燃物的最小水平距离。电塔高度应自地面算至电塔上最高一路调设线路吊杆的高度，电杆高度应自地面算至电杆上最高一路电线的高度
2	防火间距	**国家标准《建设工程施工现场消防安全技术规范》(GB 50720—2011)** **3.2.2** 施工现场主要临时用房、临时设施的防火间距不应小于下表规定，当办公用房、宿舍成组布置时，其防火间距可适当减小，但应符合下列规定： 1 每组临时用房的栋数不应超过 10 栋，组与组之间的防火间距不应小于 8m。 2 组内临时用房之间的防火间距不应小于 3.5m，当建筑构件燃烧性能等级为 A 级时，其防火间距可减少到 3m。	现场检查、实地测量相关数据

续表

<table>
<tr><th>序号</th><th>检查重点</th><th>标 准 要 求</th><th>检查方法</th></tr>
<tr><td>2</td><td>防火间距</td><td>
施工现场主要临时用房、临时设施的防火间距（m）
<table>
<tr><th>名称 \ 间距 \ 名称</th><th>办公用房、宿舍</th><th>发电机房、变配电房</th><th>可燃材料库房</th><th>厨房操作间、锅炉房</th><th>可燃材料堆场及其加工场</th><th>固定动火作业场</th><th>易燃易爆危险品库房</th></tr>
<tr><td>办公用房、宿舍</td><td>4</td><td>4</td><td>5</td><td>5</td><td>7</td><td>7</td><td>10</td></tr>
<tr><td>发电机房、变配电房</td><td>4</td><td>4</td><td>5</td><td>5</td><td>7</td><td>7</td><td>10</td></tr>
<tr><td>可燃材料库房</td><td>5</td><td>5</td><td>5</td><td>5</td><td>7</td><td>7</td><td>10</td></tr>
<tr><td>厨房操作间、锅炉房</td><td>5</td><td>5</td><td>5</td><td>5</td><td>7</td><td>7</td><td>10</td></tr>
<tr><td>可燃材料堆场及其加工场</td><td>7</td><td>7</td><td>7</td><td>7</td><td>7</td><td>10</td><td>10</td></tr>
<tr><td>固定动火作业场</td><td>7</td><td>7</td><td>7</td><td>7</td><td>10</td><td>10</td><td>12</td></tr>
<tr><td>易燃易爆危险品库房</td><td>10</td><td>10</td><td>10</td><td>10</td><td>10</td><td>12</td><td>12</td></tr>
</table>
注：1 临时用房、临时设施的防火间距应按临时用房外墙外边线或堆场、作业场、作业棚边线间的最小距离计算，当临时用房外墙有突出可燃构件时，应从其突出可燃构件的外缘算起；
2 两栋临时用房相邻较高一面的外墙为防火墙时，防火间距不限；
3 本表未规定的，可按同等火灾危险性的临时用房、临时设施的防火间距确定
</td><td></td></tr>
<tr><td>3</td><td>灭火器</td><td>
1. 国家标准《消防设施通用规范》（GB 55036—2022）
10.0.1 灭火器的配置类型应与配置场所的火灾种类和危险等级相适应，并应符合下列规定：
5 E类火灾场所应选择适用于E类火灾的灭火器。带电设备电压超过1kV且灭火时不能断电的场所不应使用灭火器带电扑救。
10.0.4 灭火器应设置在位置明显和便于取用的地点，且不应影响人员安全疏散。当确需设置在有视线障碍的设置点时，应设置指示灭火器位置的醒目标志。
10.0.5 灭火器不应设置在可能超出其使用温度范围的场所，并应采取与设置场所环境条件相适应的防护措施。
10.0.7 灭火器应定期维护、维修和报废。灭火器报废后，应按照等效替代的原则更换。
10.0.8 符合下列情形之一的灭火器应报废：
1 筒体锈蚀面积大于或等于筒体总表面积的1/3，表面有凹坑。
2 筒体明显变形，机械损伤严重。
3 器头存在裂纹、无泄压机构。
4 存在筒体为平底等结构不合理现象。
5 没有间歇喷射机构的手提式灭火器。
6 不能确认生产单位名称和出厂时间，包括铭牌脱落，铭牌模糊、不能分辨生产单位名称，出厂时间钢印无法识别等。
7 筒体有锡焊、铜焊或补缀等修补痕迹。
8 被火烧过。
9 出厂时间达到或超过规定的最大报废期限。
</td><td>现场查看</td></tr>
</table>

续表

<table>
<tr><th>序号</th><th>检查重点</th><th>标准要求</th><th>检查方法</th></tr>
<tr><td>3</td><td>灭火器</td><td>
<table>
<tr><th colspan="3">灭火器的最大报废期限</th></tr>
<tr><th colspan="2">灭火器类型</th><th>报废年限（年）</th></tr>
<tr><td rowspan="4">手提式、推车式</td><td>水基型灭火器</td><td>6</td></tr>
<tr><td>干粉灭火器</td><td rowspan="2">10</td></tr>
<tr><td>洁净气体灭火器</td></tr>
<tr><td>二氧化碳灭火器</td><td>12</td></tr>
</table>

2. 国家标准《建设工程施工现场消防安全技术规范》（GB 50720—2011）
5.2.1 在建工程及临时用房的下列场所应配置灭火器：
1 易燃易爆危险品存放及使用场所。
2 动火作业场所。
3 可燃材料存放、加工及使用场所。
4 厨房操作间、锅炉房、发电机房、变配电房、设备用房、办公用房、宿舍等临时用房。
5 其他具有火灾危险的场所。
5.2.2 施工现场灭火器配置应符合下列规定：
1 灭火器的类型应与配备场所可能发生的火灾类型相匹配。
2 灭火器最低配置应符合下表规定：

<table>
<tr><th colspan="5">灭火器的最低配置标准</th></tr>
<tr><th rowspan="2">项　目</th><th colspan="2">固体物质火灾</th><th colspan="2">液体或可熔化固体物质火灾、气体火灾</th></tr>
<tr><th>单具灭火器最小灭火级别</th><th>单位灭火级别最大保护面积（m^2/A）</th><th>单具灭火器最小灭火级别</th><th>单位灭火级别最大保护面积（m^2/B）</th></tr>
<tr><td>易燃易爆危险品存放及使用场所</td><td>3A</td><td>50</td><td>89B</td><td>0.5</td></tr>
<tr><td>固定动火作业场</td><td>3A</td><td>50</td><td>89B</td><td>0.5</td></tr>
<tr><td>临时动火作业点</td><td>2A</td><td>50</td><td>55B</td><td>0.5</td></tr>
<tr><td>可燃材料存放、加工及使用场所</td><td>2A</td><td>75</td><td>55B</td><td>1.0</td></tr>
<tr><td>厨房操作间、锅炉房</td><td>2A</td><td>75</td><td>55B</td><td>1.0</td></tr>
<tr><td>自备发电机房</td><td>2A</td><td>75</td><td>55B</td><td>1.0</td></tr>
<tr><td>变配电房</td><td>2A</td><td>75</td><td>55B</td><td>1.0</td></tr>
<tr><td>办公用房、宿舍</td><td>1A</td><td>100</td><td>—</td><td>—</td></tr>
</table>

3 灭火器的配置数量应按现行国家标准《建筑灭火器配置设计规范》（GB 50140）的有关规定经计算确定，且每个场所的灭火器数量不应少于2具。
4 灭火器的最大保护距离应符合下表规定
</td><td></td></tr>
</table>

续表

<table>
<tr><th>序号</th><th>检查重点</th><th>标 准 要 求</th><th>检查方法</th></tr>
<tr><td>3</td><td>灭火器</td><td>
<table>
<tr><th colspan="3">灭火器的最大保护距离（m）</th></tr>
<tr><th>灭火器配置场所</th><th>固体物质火灾</th><th>液体或可熔化固体物质火灾、气体火灾</th></tr>
<tr><td>易燃易爆危险品存放及使用场所</td><td>15</td><td>9</td></tr>
<tr><td>固定动火作业场</td><td>15</td><td>9</td></tr>
<tr><td>临时动火作业点</td><td>10</td><td>6</td></tr>
<tr><td>可燃材料存放、加工及使用场所</td><td>20</td><td>12</td></tr>
<tr><td>厨房操作间、锅炉房</td><td>20</td><td>12</td></tr>
<tr><td>发电机房、变配电房</td><td>20</td><td>12</td></tr>
<tr><td>办公用房、宿舍</td><td>25</td><td>—</td></tr>
</table>
3. 国家标准《建筑灭火器配置设计规范》（GB 50140—2005）
5.1.3 灭火器的摆放应稳固，其铭牌应朝外。手提式灭火器宜设置在灭火器箱内或挂钩、托架上，其顶部距离地面高度不应大于1.50m；底部距离地面高度不宜小于0.08m，灭火器箱不得上锁。
5.1.4 灭火器不宜设置在潮湿或强腐蚀性的地点。当必须设置时，应有相应的保护措施。灭火器设置在室外时，应有相应的保护措施。
4. 国家标准《建筑灭火器配置验收及检查规范》（GB 50444—2008）
5.3.1 存在机械损伤、明显锈蚀、灭火剂泄露、被开启使用过或符合其他维修条件的灭火器应及时进行维修
</td><td></td></tr>
<tr><td>4</td><td>消防通道</td><td>
1. 国家标准《建设工程施工现场消防安全技术规范》（GB 50720—2011）
3.3.1 施工现场内应设置临时消防车道，临时消防车道与在建工程、临时用房、可燃材料堆场及其加工场的距离不宜小于5m，且不宜大于40m；施工现场周边道路满足消防车通行及灭火救援要求时，施工现场内可不设置临时消防车道。
3.3.2 临时消防车道的设置应符合下列规定：
1 临时消防车道宜为环形，设置环形车道确有困难时，应在消防车道尽端设置尺寸12m×12m的回车场。
2 临时消防车道的净宽度和净空高度不应小于4m。
3 临时消防车道的右侧应设置消防车行进路线指示标识。
4 临时消防车道路基、路面及其下部设施应能承受消防车通行压力及工作荷载。
3.3.3 下列建筑应设置环形临时消防车道，设置环形临时消防车道确有困难时，除应按本规范第3.3.2条的规定设置回车场外，尚应按本规范3.3.4条的规定设置临时消防救援场地。
1 建筑高度大于24m的在建工程。
2 建筑工程单体占地面积大于3000m^{2}的在建工程。
3 超过10栋，且成组布置的临时用房。
3.3.4 临时消防救援场地的设置应符合下列规定：
1 临时消防救援场地应在在建工程装饰装修阶段设置。
2 临时消防救援场地应设置在成组布置的临时用房的长边一侧及在建工程的长边一侧。
</td><td>现场检查、实地测量相关数据</td></tr>
</table>

续表

序号	检查重点	标准要求	检查方法
4	消防通道	3　临时消防救援场地宽度应满足消防车正常操作要求，且不应小于6m，与在建工程外脚手架的净距离不宜小于2m，且不宜超过6m。 **2. 电力行业标准《电力建设安全工作规程　第1部分：火力发电》(DL 5009.1—2014)** **4.14.3**　防火应符合下列规定： 3　施工现场出入口不应少于2个，宜布置在不同方向，宽度满足消防车通行要求。只能设置一个出入口时，应设置满足消防车通行的环形车道。 4　施工现场的疏散通道、安全出口、消防通道应保持畅通	
5	临时消防给水系统	**1. 国家标准《建设工程施工现场消防安全技术规范》(GB 50720—2011)** **5.1.6**　临时消防给水系统的贮水池、消火栓泵、室内消防竖管及水泵接合器等应设置醒目标识。 **5.3.1**　施工现场或其附近应设置稳定、可靠的水源，并应能满足施工现场临时消防用水的需要。 **5.3.4**　临时用房建筑面积之和大于1000m^{2}或在建工程单体体积大于10000m^{3}时，应设置临时室外消防给水系统。当施工现场处于市政消火栓150m保护范围内，且市政消火栓的数量满足室外消防用水量要求时，可不设置临时室外消防给水系统。 **5.3.7**　施工现场临时室外消防给水系统的设置应符合下列规定： 1　给水管网宜布置成环状。 2　临时室外消防给水的管径，应根据施工现场临时消防用水量和干管内水流计算速度计算确定，并不应小于DN100。 3　室外消火栓应沿在建工程、临时用房和可燃材料堆场及其加工场均匀布置，与在建工程、临时用房和可燃材料堆场及其加工场的外边线的距离不应小于5m。 4　消火栓的间距不应大于120m。 5　消火栓的最大保护半径不应大于150m。 **5.3.8**　建筑高度大于24m或单体体积超过30000m^{3}的在建工程，应设置临时室内消防给水系统。 **2. 电力行业标准《电力建设安全工作规程　第1部分：火力发电》(DL 5009.1—2014)** **4.14.3**　防火应符合下列规定： 5　施工现场及生活区宜设消防水系统。 6　消防管道的管径及消防水的扬程应满足施工期最高消防点的需要。 7　室外消防栓应根据建（构）筑物的耐火等级和密集程度布设，一般每隔120m设置一个。仓库、宿舍、加工场地及重要的设备旁应有相应的灭火器材，一般按建筑面积每120m^{2}设置灭火器一具	现场检查、实地测量相关数据
6	消防设施管理	**1. 国家标准《消防设施通用规范》(GB 55036—2022)** **2.0.9**　消防设施投入使用后，应定期进行巡查、检查和维护，并应保证其处于正常运行或工作状态，不应擅自关停、拆改或移动。 **2.0.10**　消防设施上或附近应设置区别于环境的明显标识，说明文字应准确、清楚且易于识别，颜色、符号或标志应规范。手动操作按钮等装置处应采取防止误操作或被损坏的防护措施。	现场检查各类消防设施的管道、组件等外表或附近应设置明显的标志，如控制阀门的启闭状态

续表

序号	检查重点	标 准 要 求	检查方法
6	消防设施管理	**2. 国家标准《建设工程施工现场消防安全技术规范》(GB 50720—2011)** **5.1.1** 施工现场应设置灭火器、临时消防给水系统和应急照明等临时消防设施。 **5.1.2** 临时消防设施应与在建工程的施工同步设置。 **3. 电力行业标准《电力建设安全工作规程 第1部分：火力发电》(DL 5009.1—2014)** **4.14.3** 防火应符合下列规定： 8 消防设施应有防雨、防冻措施，并定期检查、试验，确保消防水畅通、灭火器有效。 9 消防水带、灭火器、砂桶（箱、袋）、斧、锹、钩子等消防器材应放置在明显、易取处，不得任意移动或遮盖，严禁挪作他用	
7	危化品及重点防火部位的防火管理	**电力行业标准《电力建设安全工作规程 第1部分：火力发电》(DL 5009.1—2014)** **4.14.3** 防火应符合下列规定： 10 在油库、木工间及易燃、易爆物品仓库等场所严禁吸烟，并设“严禁烟火”的明显标志，采取相应的防火措施。 11 氧气、乙炔、汽油等危险品仓库应有避雷及防静电接地设施，屋面应采用轻型结构，门、窗应向外开启，保持良好通风。 12 挥发性的易燃材料不得装在敞口容器内或存放在普通仓库内。 13 闪点在45℃以下的桶装易燃液体严禁露天存放。炎热季节应采取降温措施。 14 装过挥发性油剂及其他易燃物质的容器，应及时退库，并保存在距建（构）筑物不小于25m的单独隔离场所。 15 粘有油漆的棉纱、破布及油纸等易燃废物，应及时回收处理	现场检查、实地测量相关数据
8	用火、用电、用气管理	**国家标准《建设工程施工现场消防安全技术规范》(GB 50720—2011)** **6.3.1** 施工现场用火应符合下列规定： 1 动火作业应办理动火许可证；动火许可证的签发人收到动火申请后，应前往现场查验并确认动火作业的防火措施落实后，再签发动火许可证。 2 动火操作人员应具有相应资格。 4 施工作业安排时，宜将动火作业安排在使用可燃建筑材料的施工作业前进行。确需在使用可燃建筑材料的施工作业之后进行动火作业时，应采取可靠的防火措施。 6 焊接、切割、烘烤或加热等动火作业应配备灭火器材，并应设置动火监护人进行现场监护，每个动火作业点均应设置1个监护人。 7 五级（含五级）以上风力时，应停止焊接、切割等室外动火作业；确需动火作业时，应采取可靠的挡风措施。 8 动火作业后，应对现场进行检查，并应在确认无火灾危险后，动火操作人员再离开。 10 施工现场不应采用明火取暖。 11 厨房操作间炉灶使用完毕后，应将炉火熄灭，排油烟机及油烟管道应定期清理油垢。	现场检查

续表

序号	检查重点	标　准　要　求	检查方法
8	用火、用电、用气管理	**6.3.2** 施工现场用电应符合下列规定： 1 施工现场供用电设施的设计、施工、运行和维护应符合现行国家标准《建设工程施工现场供用电安全规范》GB 50194 的有关规定。 2 电气线路应具有相应的绝缘强度和机械强度，严禁使用绝缘老化或失去绝缘性能的电气线路，严禁在电气线路上悬挂物品。破损、烧焦的插座、插头应及时更换。 3 电气设备与可燃、易燃易爆危险品和腐蚀性物品应保持一定的安全距离。 4 有爆炸和火灾危险的场所，应按危险场所等级选用相应的电气设备。 5 配电屏上每个电气回路应设置漏电保护器、过载保护器，距配电屏 2m 范围内不应堆放可燃物，5m 范围内不应设置可能产生较多易燃、易爆气体、粉尘的作业区。 6 可燃材料库房不应使用高热灯具，易燃易爆危险品库房内应使用防爆灯具。 7 普通灯具与易燃物的距离不宜小于 300mm，聚光灯、碘钨灯等高热灯具与易燃物的距离不宜小于 500mm。 8 电气设备不应超负荷运行或带故障使用。 9 严禁私自改装现场供用电设施。 10 应定期对电气设备和线路的运行及维护情况进行检查。 **6.3.3** 施工现场用气应符合下列规定： 2 气瓶运输、存放、使用时，应符合下列规定： 1）气瓶应保持直立状态，并采取防倾倒措施，乙炔瓶严禁横躺卧放。 2）严禁碰撞、敲打、抛掷、滚动气瓶。 3）气瓶应远离火源，与火源的距离不应小于 10m，并应采取避免高温和防止曝晒的措施。 4）燃气储装瓶罐应设置防静电装置。 3 气瓶应分类储存，库房内应通风良好；空瓶和实瓶同库存放时，应分开放置，空瓶和实瓶的间距不应小于 1.5m。 4 气瓶使用时，应符合下列规定： 1）使用前，应检查气瓶及气瓶附件的完好性，检查连接气路的气密性，并采取避免气体泄漏的措施，严禁使用已老化的橡皮气管。 2）氧气瓶与乙炔瓶的工作间距不应小于 5m，气瓶与明火作业点的距离不应小于 10m。 3）冬季使用气瓶，气瓶的瓶阀、减压器等发生冻结时，严禁用火烘烤或用铁器敲击瓶阀，严禁猛拧减压器的调节螺丝。 4）氧气瓶内剩余气体的压力不应小于 0.1MPa。 5）气瓶用后应及时归库	